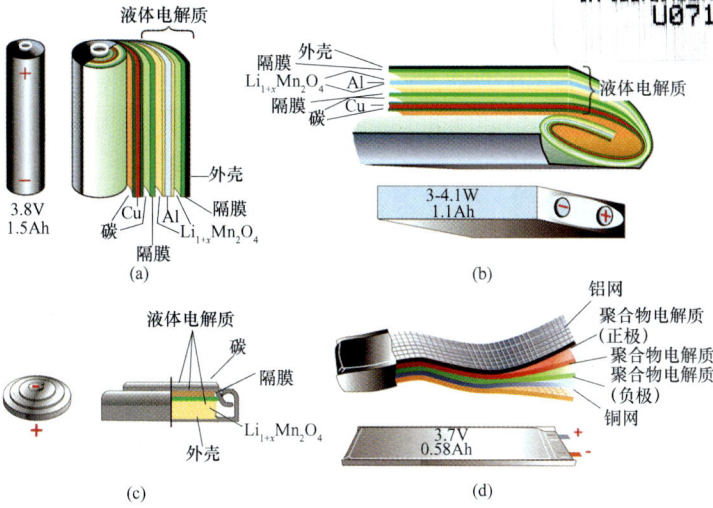

图1-6　不同类型锂离子电池的结构示意图[32]
（a）圆柱形；（b）方形；（c）扣式；（d）薄板形。

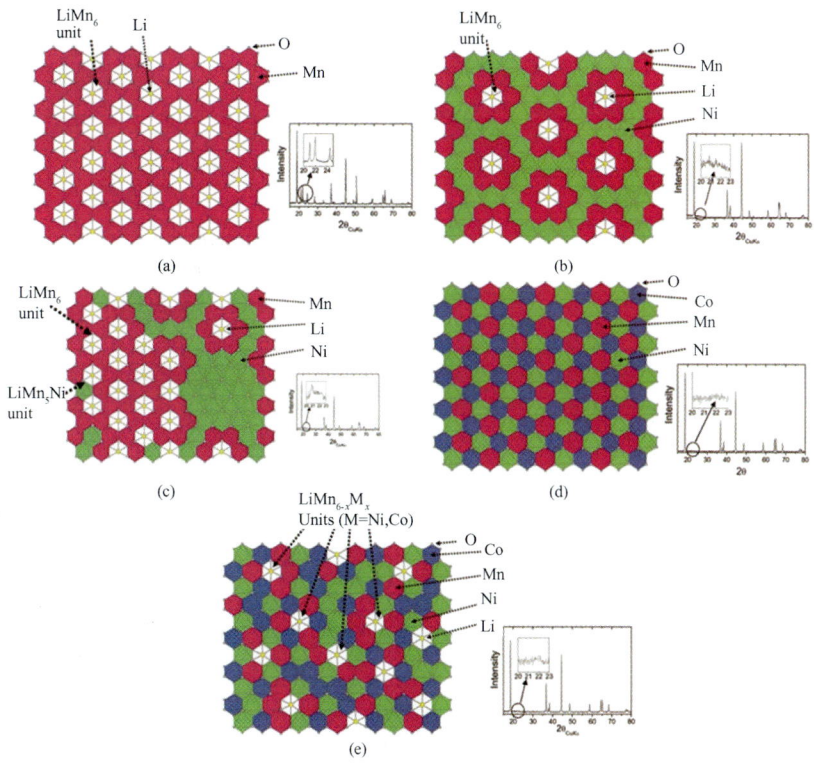

图2-10　几种材料的结构示意图
（a）Li_2MnO_3；（b）$LiNi_{1/2}Mn_{1/2}O_2$；（c）$Li_2MnO_3 \cdot LiNi_{1/2}Mn_{1/2}O_2$；
（d）$LiNi_{1/3}Mn_{1/3}Co_{1/3}O_2$；（e）$Li_2MnO_3 \cdot LiNi_{1/3}Mn_{1/3}Co_{1/3}O_2$[49]。

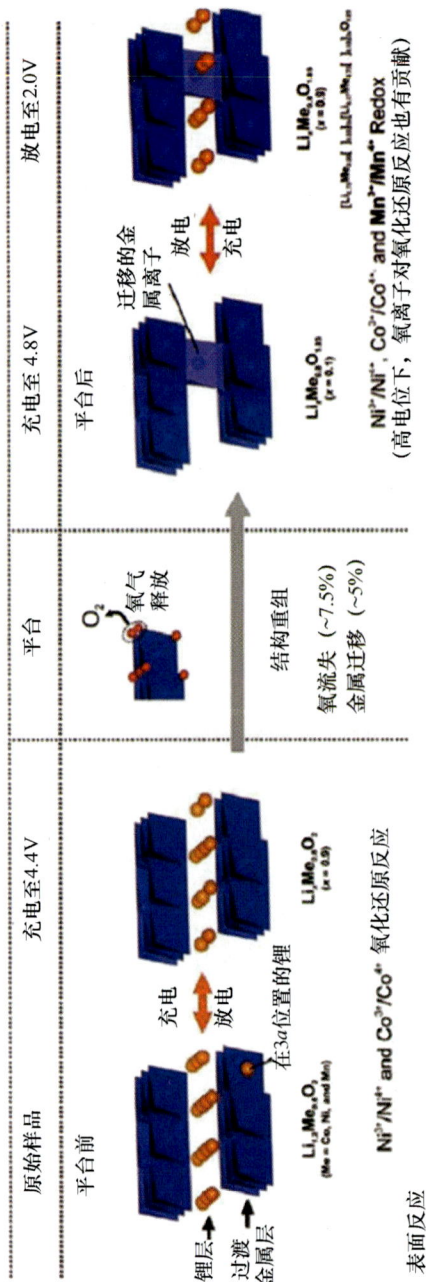

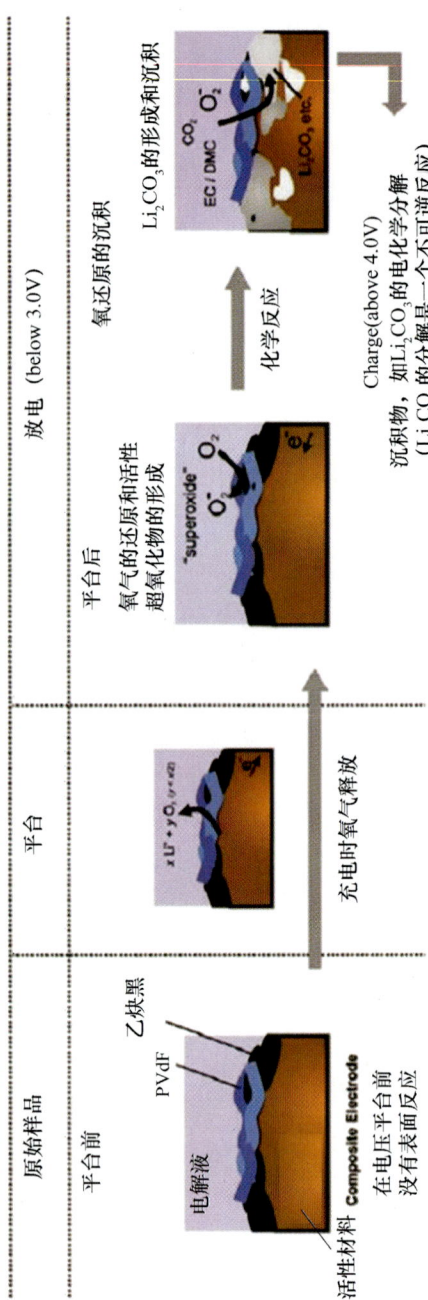

图2-12 富锂锰基正极可能的充放电机制示意图[65]

2

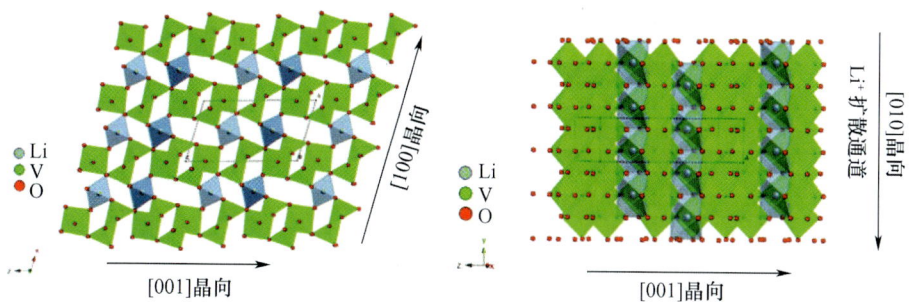

图 2 - 20 Li$_{1+x}$V$_3$O$_8$ 的晶体结构示意图

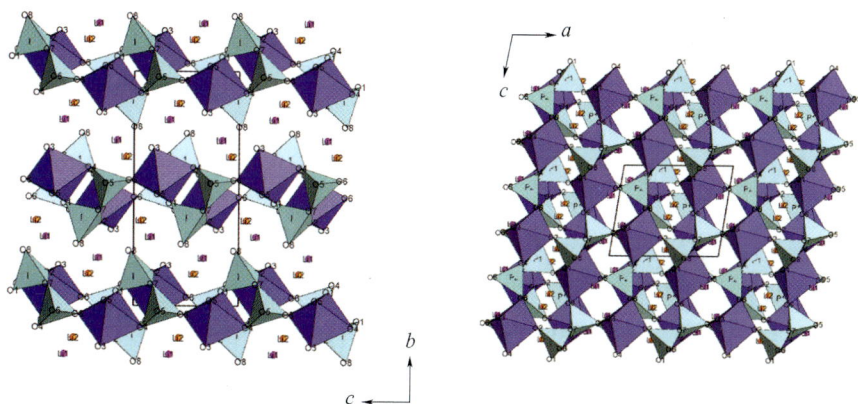

图 2 - 28 Li$_4$VO(PO$_4$)$_2$ 的晶体结构和 XRD 谱图

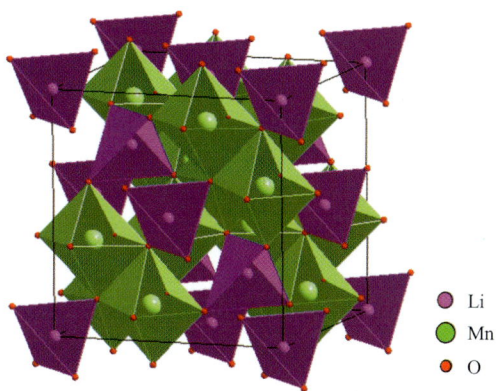

图 4 - 1 尖晶石型 LiMn$_2$O$_4$ 的结构示意图[2]

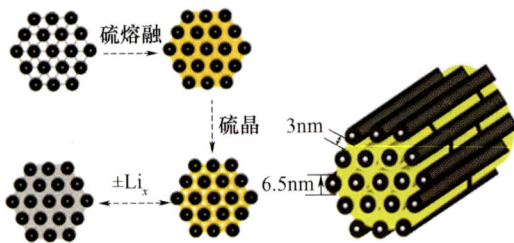

图 5 - 9　CMK - 3/S 复合正极结构原理示意图[32]

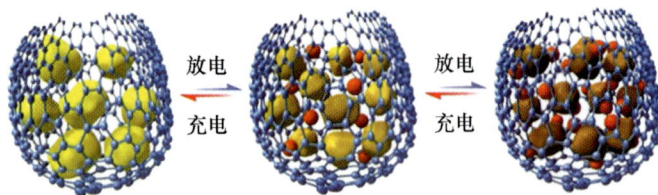

图 5 - 14　多孔石墨烯/硫复合机构原理示意图[60]

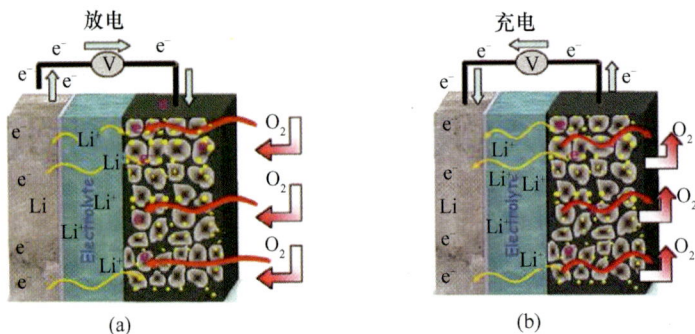

(a)　　　　　　　　　　　　　(b)

图 6 - 3　非水锂空气电池充放电过程示意图[1]

（a）非水锂 - 空气电池放电过程示意图；（b）非水锂 - 空气电池充电过程示意图。

图 8 - 18　机翼构件电芯图

新一代锂二次电池技术

谢凯 郑春满 洪晓斌 编著
韩喻 李德湛

国防工业出版社

·北京·

内 容 简 介

针对电动汽车、航空航天和武器装备等领域的发展需求,系统地讲述了新一代锂二次电池的基本原理、发展现状、存在问题、改进方法及发展趋势。内容包括新一代锂离子二次电池材料、新一代锂二次电池体系和全固态锂二次电池体系。

书中内容全面新颖、重点突出,汇集了国内外的最新科技成果与相关技术,体现了锂二次电池当今发展和研究趋势,是化学、物理、材料等学科的基础理论研究与应用技术的前沿集成反映。

本书适合于高等学校、科研院所、相关企业从事化学电源研发的科研人员、管理工作者和生产技术人员等,同时可作为相关专业师生的学习参考用书。

图书在版编目(CIP)数据

新一代锂二次电池技术/谢凯等编著. —北京:国防工业出版社,2013.8
ISBN 978-7-118-08894-6

I. ①新… II. ①谢… III. ①锂电池 IV. ①TM911

中国版本图书馆 CIP 数据核字(2013)第 179255 号

※

国防工业出版社 出版发行

(北京市海淀区紫竹院南路23号 邮政编码100048)
国防工业出版社印刷厂印刷
新华书店经售

*

开本 710×1000 1/16 印张 19½ 字数 400 千字
2013 年 8 月第 1 版第 1 次印刷 印数 1—2500 册 定价 58.00 元

(本书如有印装错误,我社负责调换)

国防书店:(010)88540777　　　　发行邮购:(010)88540776
发行传真:(010)88540755　　　　发行业务:(010)88540717

前　言

锂二次电池由于具有高能量密度、高功率密度、循环寿命长和使用温度范围宽等优点,在电动汽车、航空航天和武器装备等领域逐步得到广泛应用。上述领域技术的发展,对于电池的性能提出了越来越高的要求,目前商业化的锂二次电池已无法满足技术发展的需求。因此,必须研制和开发新的具有更高性能的锂二次电池。

本书针对电动汽车、航空航天和武器装备等领域的发展需求,系统地讲述新一代锂二次电池的基本原理与发展状况,结合作者在这一领域的研究成果和工程应用实际,重点阐述新一代锂二次电池存在的问题、改进方法及发展趋势。全书共分为3篇9章。

第1章:绪论。简要介绍锂电池的发展历史、分类及各类电池的基本情况。

第1篇:新一代锂离子二次电池材料。重点介绍以富锂锰基材料代表的高容量正极材料体系(第2章)、以 Si、Sn 为代表的高容量负极材料体系(第3章)和以 $LiNi_{0.5}Mn_{1.5}O_4$ 为代表的高电压正极材料体系(第4章),从电极材料的角度阐述了新一代锂离子二次电池材料体系的发展现状与趋势。

第2篇:新一代锂二次电池体系。重点介绍以金属锂为负极的新一代高能量密度的电池体系——锂—硫二次电池(第5章)和锂–空气电池(第6章)。从基本原理、存在问题、改善方法及发展趋势等方面对两种锂二次电池进行了论述。

第3篇:全固态锂二次电池体系。着眼于安全性的发展需求,对无机全固态锂二次电池(第7章)和多功能结构锂二次电池(第8章)的基本原理、制备技术、发展状况与趋势进行了系统的阐述。

第9章:展望。总结了美国、日本、欧洲等国家和地区的锂二次电池研制情况,对锂二次电池的发展作出了展望。

本书是作者从事化学电源教学和科研的总结,在编写过程中,参考了国内外有关专著和大量的文献资料,书中引用了参考文献中的部分内容、图表和数据。在此,特向文献的作者表示诚挚的谢意。

在编写过程中,谢凯负责全书的加工修改,并参与了第1、2、3、6和9章的撰写;郑春满参与了第1、3和4章的编写,并负责统稿;洪晓斌参与了第5章的编写;韩喻参与了第6和7章的编写;李德湛参与了第7和8章的编写;陈重学参与了第

III

3 和 4 章的编写;盘毅参与了第 4 章的编写;许静参与了第 2 章的编写;胡芸参与了第 8 章的编写。

　　本书的出版得到了国防工业出版社和国防科技大学的支持,在此表示衷心感谢。

　　最后,感谢刁岩、王珲、熊仕昭、金朝庆、刘相、陈宇方、芦伟、刘双科、宋植彦、朱敏、吴斌、张潇等,他们在本书的编写过程中同样付出了的辛勤劳动。

　　由于时间关系,书中错误在所难免,敬请国内外同行多加指正。

编 者

目　录

第 2 篇　新一代锂二次电池体系

第1章 绪 论

进入21世纪以来,在全球经济迅猛发展的同时,作为主要能源的煤炭、石油和天然气等化石燃料日益枯竭,环境污染不断加剧。保护自然环境与资源,实现人类可持续发展,开发新能源和可再生清洁能源已成为当务之急。在诸多新能源技术中,电池(也称化学电源)以其清洁、安全和便利等优点在国民经济和日常生活中发挥着越来越重要的作用。

1.1 概念和定义

本节内容涉及电池的基本概念和定义[1-6],这些概念和定义是深入理解新一代锂二次电池技术的基础。

1.1.1 电池

电池是一种能量转换器,从科学上讲,电池是指电化学电池或伽伐尼电池,可将化学能转化为电能,也可把电能转化为化学能。当两种具有不同的正标准还原电位的材料通过负载连接时,具有较低的正标准还原电位的材料发生氧化反应,通过外电路释放电子,而具有较高的正标准还原电位的材料发生还原反应。伴随反应的发生,将化学能转变成电能,并有电子流经外电路[1,2]。

如果外加与电池极性相反电压时电化学反应可逆,那么电池就可反复进行充电和放电而多次使用,此类电池称为二次电池(secondary battery),又称蓄电池或充电电池。如果其中一个电极或两个电极反应都不可逆,只能进行一次放电,此类电池称为一次电池(primary battery),又称原电池。

1.1.2 电池电动势

在等温等压条件下,当体系发生变化时,体系的吉布斯自由能发生变化,其减小等于对外所作的最大膨胀功,若非膨胀功仅有电功,则

$$\Delta G_{T,P} = -nFE \qquad (1-1)$$

式中:n 为电极在氧化或还原反应中电子的计量系数。

当电池中的化学能以不可逆方式转变为电能时,两极间的电位差 E' 一定小于可逆电动势 E。

$$\Delta G_{T,P} < -nFE' \tag{1-2}$$

以锂离子电池正极材料 $LiCoO_2$ 为例,假设正极材料的电极电位为 φ_c。在 CoO_2 中插入 Li^+ 和电子 e 时,电池正极反应吉布斯自由能的变化为

$$\Delta G_c = -F\varphi_c \tag{1-3}$$

式中:ΔG_c 为反应的吉布斯自由能;φ_c 为正电极电位;F 为法拉第常数,即因电极反应而生成或溶解的物质的量和通过的电量与该物质的化学当量成正比。

若以电池的负极电位 φ_a 为基准,则电池的电动势为

$$E = \varphi_c - \varphi_a \tag{1-4}$$

可以看到电池正、负极电极电位差别越大,电池电动势就越高。锂是电极电位最负($-3.045\ V$)的金属,因此以锂为负极的锂电池电动势通常在 $3.0\ V$ 以上。

1.1.3　电池内阻

电池内阻(R_i)为欧姆内阻(R_Ω)和极化内阻(R_f)之和。所谓欧姆内阻是指由电极材料、电解液、隔膜及各部分零件接触所形成的电阻。其中,隔膜电阻是当电流经过电解液时,隔膜有效微孔中电解液所产生的电阻(R_M)。

$$R_M = \rho_s \cdot J_i \tag{1-5}$$

式中:R_M 为隔膜电阻;ρ_s 为溶液比电阻;J 为表征隔膜微孔结构的因素等,其中结构因素包括膜厚、孔径、孔隙率和孔的弯曲程度等。

极化电阻是指电化学反应时由于材料极化所引起的电阻,包括电化学极化和浓差极化所引起的电阻。

1.1.4　电压、电流与倍率

1. 电压

开路电压是指外电路没有电流通过时电极之间的电位差。一般而言,开路电压小于或接近电池的电动势。

工作电压又称放电电压,指有电流通过外电路时电极两极之间的电位差。由于电池内阻的存在,电池的工作电压总是低于开路电压。

充电电压是指电池由恒流充电转入恒压充电时的电压值。基于安全性的角度,电池充电时可以容许的电压上限称为充电终止电压。保护电路检测出超过上限充电电压时,立即停止充电,并恢复原状。

电池在恒流放电时电压的降低和恒流充电时电压的升高有较长的一段相对平稳,称为电压平台。基于安全性的角度,电池放电时可以容许的电压的下限称为放电终止电压。当低于该电压时,电池不能再放电。

2. 电流

基于安全性或可靠性的角度,电池可以容许的最大的放电电流称为最大放电

电流。放电过程中,电池的放电电流不允许超过这个值。

在指定恒压充电时,电池终止充电时的电流称为充电终止电流。基于安全性或可靠性的角度,电池可以容许的最大的充电电流称为最大充电电流。充电过程中,电池充电电流不允许超过这个值。

3. 倍率

倍率是表示充、放电快慢的一种量度,指电池在规定时间内放出其额定容量所输出电流值,数值上等于额定容量的倍数。

倍率一般以 C 表示,如所有的容量 1h 放电完毕,称为 1C 放电;5h 放电完毕,则称为 C/5 放电。

1.1.5 容量、能量密度与功率密度

1. 容量

电池容量是指在一定放电条件下可以从电池获得的电量,分为理论容量、额定容量和实际容量。

理论容量(C_o)是指电池中活性物质完全反应理论上所放出的电量。

$$C_o = 26.8n \frac{m_o}{M} = \frac{1}{q} m_o (\text{A} \cdot \text{h}) \tag{1-6}$$

式中:C_o 为理论容量;m_o 为活性物质完全反应的质量;M 为活性物质的摩尔质量;n 为反应得失电子数;q 为活性物质的电化学当量。

额定容量指电池在设计和制造时,规定电池在一定放电条件下放出的最低限度的电量。对于锂离子电池而言,一般以 $0.2C$ 恒流放电时所具有的容量称为额定容量,以 A · h 或 mA · h 表示。

实际容量(C)是指在一定放电条件下,电池实际放出的电量。由于活性物质不可能 100% 参与反应,因此电池的实际容量总是低于电池的理论容量。一般用 η 表示活性物质的利用率。

$$\eta = \frac{m_1}{m} \times 100\% \text{ 或 } \eta = \frac{C}{C_o} \times 100\% \tag{1-7}$$

式中:m 是活性物质的实际质量;m_1 是给出实际容量时应消耗的活性物质的质量;C 为实际容量;C_o 为理论容量。

2. 能量密度

电池在一定条件下对外作功所输出的电能称为电池的能量,一般用 W · h 表示。单位质量或单位体积的电池所给出的能量称为能量密度,又称质量比能量或体积比能量,一般以 Wh · kg^{-1} 或 Wh · L^{-1} 表示。

3. 功率密度

电池的功率是在一定条件下,单位时间内电池所输出的能量,一般以 W 或 kW

3

表示。比功率是指单位质量或单位体积的电池输出的功率,一般以 $W \cdot kg^{-1}$ 或 $W \cdot L^{-1}$ 表示。

1.2 电池的发展历程

电池的历史可以追溯到两千多年前的古伊拉克时代,在伊拉克首都巴格达发现的陶壶实际上是一种使用铜和铁的电池,被认为是至今发现的最早的电池证据。1786 年,意大利解剖学家伽伐尼在解剖青蛙时,两手分别拿着不同的金属器械,无意中同时碰在青蛙的大腿上,青蛙腿部的肌肉立刻抽搐了一下,仿佛受到电流的刺激,而只用一种金属器械去触动青蛙,却并无此种反应。伽伐尼认为,出现这种现象是因为动物躯体内部产生"生物电"。1791 年,他将实验结果写成论文,公布于学术界[7]。

伽伐尼的发现引起了物理学家们极大兴趣,他们竞相重复伽伐尼的实验,企图找到一种产生电流的方法。意大利物理学家伏特在多次实验后认为:伽伐尼的"生物电"之说并不正确,青蛙的肌肉之所以能产生电流,大概是肌肉中某种液体在起作用。为了论证自己的观点,伏特把两种不同的金属片浸在各种溶液中进行试验。结果发现,两种金属片中只要有一种与溶液发生化学反应,金属片之间就能够产生电流。1799 年,伏特把一块锌板和一块银板浸在盐水里,发现连接两块金属的导线中有电流通过。于是,他把许多锌片与银片之间垫上浸透盐水的绒布或纸片平叠起来,用手触摸两端时,会感到强烈的电流刺激。伏特用这种方法成功地制成了世界上第一个电池——伏特电堆。实际上,伏特电堆就是串联的电池组[8]。

1836 年,英国的丹尼尔对"伏特电堆"进行了改良。他使用稀硫酸做电解液,解决了电池的极化问题,制造出第一个不极化、能保持平衡电流的锌—铜电池,又称"丹尼尔电池"。此后,陆续有去极化效果更好的"本生电池"和"格罗夫电池"等问世。但是,这些电池都存在电压随使用时间延长而下降的问题。

1860 年,法国的普朗泰发明出用铅做电极的电池。这种电池的独特之处在于当电池使用一段时间电压下降时,可以给它通以反向电流,使电池的电压回升。因为这种电池能充电,可反复使用,所以称为蓄电池或二次电池。

然而,无论哪种电池都需在两个金属板之间灌装液体,因此运输很不方便,特别是蓄电池所用液体是硫酸,在挪动时很危险。1860 年,法国的雷克兰士发明了世界上广泛使用的电池(碳 – 锌电池)的前身,其负极是锌和汞的合金棒,正极是以一个多孔的杯子装着二氧化锰和碳的混合物。在此混合物中插有一根碳棒作为电流收集器。负极棒和正极杯都被浸在作为电解液的氯化铵溶液中。此系统被称为湿电池。1887 年,英国人赫勒森发明了最早的干电池[9]。干电池的电解液为糊状,不会溢漏,便于携带,因此获得了广泛应用。

经过长期的研究和发展,化学电池的种类越来越多,应用非常广泛,大到一座建筑方能容纳的巨大装置,小到以毫米计的各种类型,数不胜数。现代电子技术的发展,对化学电池提出了很高的要求。实际上,每一次化学电池技术的突破,都带来了电子设备革命性的发展。

目前,化学电池主要包括包括锌-锰电池、锌-银电池、锂-锰电池、锌-锰电池、锌-空气电池等一次电池,镉-镍电池、镍-氢电池、铅-酸二次电池、锂离子二次电池、二次碱性锌-锰电池等二次电池。电池的发展过程如图1-1所示。

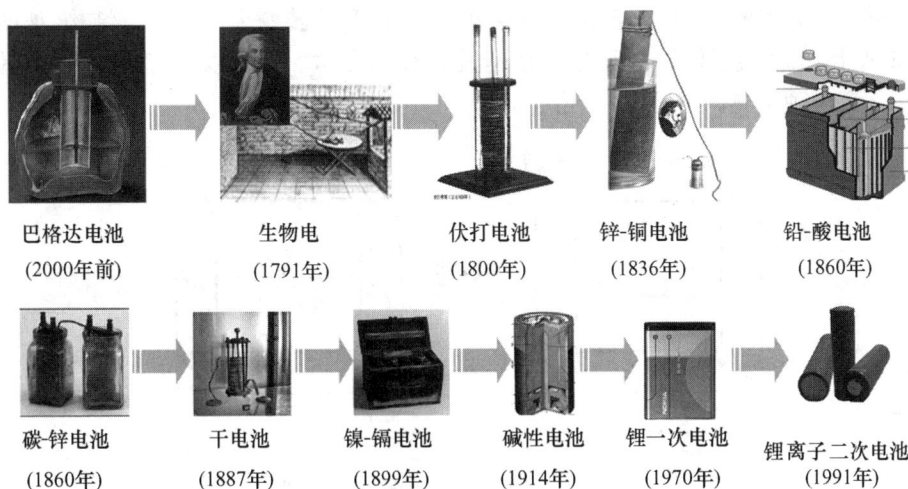

巴格达电池	生物电	伏打电池	锌-铜电池	铅-酸电池
(2000年前)	(1791年)	(1800年)	(1836年)	(1860年)

碳-锌电池	干电池	镍-镉电池	碱性电池	锂一次电池	锂离子二次电池
(1860年)	(1887年)	(1899年)	(1914年)	(1970年)	(1991年)

图1-1　电池的发展过程

在众多的化学电池中,锂二次电池由于具有高能量密度、高功率密度和高工作电压等优点,一直是国内外科学家研究的重点和热点。目前,世界范围内针对锂二次电池的研究主要针对于能否替代传统燃油成为新能源汽车的动力源。

1.3　锂元素物理和化学性质

锂(Lithium)的化学符号为Li,其原子序数是3,三个电子中的两个分布在K层,一个在L层。锂是碱金属中最轻的元素,在地壳中约含0.0065%,居第27位。锂仅以化合物的形式在自然界中广泛存在,主要包括^6Li和^7Li两种同位素形式。锂的矿物有三十余种,主要存在于锂辉石($LiAlSi_2O_6$)、锂云母、透锂长石以及磷铝石中。在人和动物的有机体、土壤、矿泉水、可可粉、烟叶、海藻中都有锂的存在[10,11]。

锂质软,呈银灰色,化学活性高,在空气中易被氧化,所以需贮存于固体石蜡或惰性气体中;能与水和酸作用放出氢气,易与氧、氮、硫等化合;锂盐在水中的溶解性不同于其他的碱金属盐,与镁盐类似。

1.3.1 物理性质

锂为第一周期元素,含一个价电子($1s^2 2s^1$),固态时密度约为 $0.534g \cdot cm^{-3}$,约为水的1/2,是非气态单质中最小的。锂的原子半径小,与其他的碱金属相比,其压缩性最小,硬度最大,熔点最高。

当温度高于 $-117\ ℃$ 时,锂是典型的体心立方结构,晶胞为体心立方晶胞,每个晶胞含有2个金属原子。晶格常数 $a = b = c = 3.51Å (1Å = 10^{-10}m)$,$\alpha = \beta = \gamma = 90°$;电导约为银的1/5。当温度降至 $-201\ ℃$ 时,开始转变为面心立方结构,如图 1-2 所示。温度越低,转变程度越大,但是转变不完全。除铁以外,锂可以很容易地与任意一种金属熔合,形成锂合金。

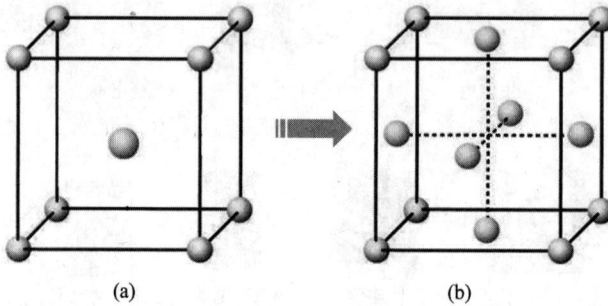

图 1-2 金属锂晶体结构转变示意图

(a) 体心立方结构;(b) 面心立方结构。

1.3.2 化学性质

金属锂的化学性质十分活泼,在一定条件下,能与除稀有气体外的大部分金属或非金属反应,但不像其他的碱金属那样容易[6]。

1. 锂与空气的反应

锂很软,可以用小刀轻轻切开,新切开的锂有金属光泽,但是暴露在空气中会慢慢失去光泽,表面变黑,若长时间暴露,最后会变为白色。这主要是锂与空气中的氧和水蒸气发生反应,其产物是白色锂的氧化物 Li_2O。某些锂的过氧化物 Li_2O_2 也是白色的。反应方程式如式(1-8)和式(1-9)所示。利用此反应,科研工作者成功研制出锂-空气二次电池。

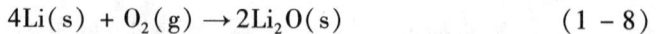

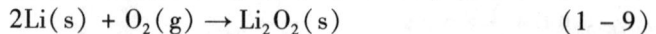

$$4Li(s) + O_2(g) \rightarrow 2Li_2O(s) \qquad (1-8)$$

$$2Li(s) + O_2(g) \rightarrow Li_2O_2(s) \qquad (1-9)$$

实际上,常温下在除去二氧化碳的干燥空气中,锂几乎不与氧气反应,但在 $100\ ℃$ 以上能与氧生成氧化锂,发生燃烧,呈蓝色火焰,但其蒸气火焰呈深红色,如同点燃的镁条一样,十分激烈、危险;尽管不如其他碱金属那样容易燃烧,但燃烧的

6

猛烈程度却是其他碱金属所无法比拟的。

2. 锂与水的反应

锂可以与水较快地发生作用,但是反应并不特别剧烈,不燃烧,也不熔化,其原因是它的熔点、着火点较高,且因生成物 LiOH 溶解度较小(20 ℃,每100g H_2O 中12.3 ~ 12.8 g),易附着在锂的表面阻碍反应继续进行。其反应式如式(1 – 10)所示。锂与水的反应慢于钠与水的反应。利用此反应,科研工作者成功研制出高能量密度的锂 – 海水一次电池。

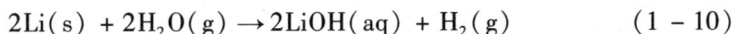

$$2Li(s) + 2H_2O(g) \rightarrow 2LiOH(aq) + H_2(g) \tag{1 – 10}$$

3. 锂与卤素的反应

锂能同卤素发生反应生成卤化锂。同 F_2、Cl_2、Br_2 及 I_2 的反应方程式如式(1 – 11) ~ 式(1 – 14)所示。

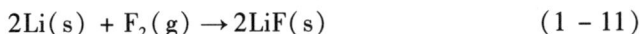

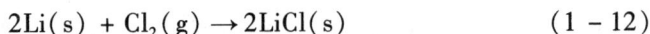

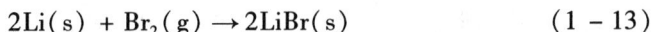

$$2Li(s) + F_2(g) \rightarrow 2LiF(s) \tag{1 – 11}$$

$$2Li(s) + Cl_2(g) \rightarrow 2LiCl(s) \tag{1 – 12}$$

$$2Li(s) + Br_2(g) \rightarrow 2LiBr(s) \tag{1 – 13}$$

$$2Li(s) + I_2(g) \rightarrow 2LiI(s) \tag{1 – 14}$$

4. 其他反应

氧族其他元素也能在高温下与锂反应生成相应的化合物。锂与碳在高温下生成碳化锂。在锂的熔点附近,锂很容易与氢反应,形成氢化锂。盐酸、稀硫酸、硝酸能与锂剧烈反应。浓硫酸和锂也能反应,有剧烈反应并熔化燃烧的可能性。

1.4 锂电池的分类及特点

锂电池的产生源于人们对金属锂的发现和应用,锂元素是所有元素中标准电位最低(25 ℃标准电位为 – 3.04 V vs. SHE)、密度最小(0.534 g·cm^{-3})、电化学当量最低(0.26 g·A·h^{-1})、理论比容量最高(3861mA·h·g^{-1})的金属元素。

因而,金属锂具有非常高的能量密度,以金属锂为负极的电池具有更高的能量密度和工作电压。

1.4.1 锂一次电池

最早出现的锂电池是爱迪生发现的,该电池通过式(1 – 15)的氧化还原反应实现电池的放电。

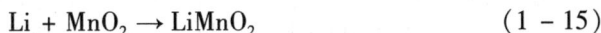

$$Li + MnO_2 \rightarrow LiMnO_2 \tag{1 – 15}$$

由于锂的化学特性非常活泼,使得金属锂的加工、保存和使用对环境要求非常高,所以长期以来锂电池没有得到应用。

1. 发展历程

20 世纪 60 年代末,石油危机迫使人们去寻找新的替代能源,同时军事、航空、医药等领域也对电源提出新的要求。当时的电池已不能满足高能量密度电源的需要,迫切要求电池具有长寿命、高体积比能量和可靠的耐漏液性能。

由于在所有金属中锂密度很小、电极电势极低,是能量密度很大的金属,锂电池体系理论上能获得最大的能量密度,因此它顺理成章地进入了电池设计者的视野。与其他碱金属相比较,锂金属是在室温下与水反应速度比较慢,但要让锂金属应用在电池体系中,"非水电解质"的引入是关键的一步。

1958 年,Harris 提出采用有机电解质作为锂金属原电池的电解质[5]。1962年,在波士顿召开的电化学学会会议上,来自美国军方 Lockheed Missile、Space Co. 的 Chilton Jr. 和 Cook 提出"锂非水电解质体系"的设想[12]。这是学术界第一篇有关锂电池概念的研究报告,第一次把活泼金属锂引入到电池设计中,锂电池的雏形由此诞生[13]。

1970 年,日本松下电器公司与美国军方同时独立合成出新型正极材料——碳氟化物。松下电器制备了分子式为 $(CF_x)_n$ ($0.5 \leqslant x \leqslant 1$) 的结晶碳氟化物,将其作为锂原电池正极[14]。美国军方研究人员设计了 $(CF_x)_n$ ($3.5 \leqslant x \leqslant 7.5$) | 无机锂盐 + 有机溶剂 | Li 电化学体系,拟用于太空探索[15]。

1973 年,氟化碳锂原电池在松下电器实现量产[16],首次装置在渔船上。氟化碳锂原电池发明的意义不仅在于实现锂电池的商品化,还在于它第一次将嵌入化合物引入到锂电池设计中。

1975 年,三洋公司的 Li/MnO_2 电池开发成功[17]。1976 年,锂 - 碘原电池出现[18]。1978 年,锂 - 二氧化锰电池实现量产。

随后,各种商品化锂原电池相继出现。许多用于医药领域的专用锂电池应运而生,其中锂银钒氧化物 $(Li/Ag_2V_4O_{11})$ 电池最为畅销,它占据植入式心脏设备用电池的大部分市场份额。

目前已经商品化生产的锂一次电池有:锂 - 碘电池 (Li/I_2)、锂 - 二氧化锰电池 (Li/MnO_2)、锂 - 氧化铜电池 (Li/CuO)、锂 - 聚氟化碳电池 $(Li/(CF)_n)$、锂 - 亚硫酰氯电池 $(Li/SOCl_2)$、锂 - 二氧化硫电池 (Li/SO_2) 等。

2. 工作原理及特性

锂一次电池是以金属锂为负极,固体盐类或溶于有机溶剂的盐类为电解质,金属氧化物或其他固体、液体氧化剂为正极活性物。锂一次电池是这一类以使用金属锂为负极材料的化学电源系列的总称。

由于金属锂是一种活泼金属,遇水会激烈反应释放出氢气,所以这类锂电池必须采用非水电解质,它们通常由有机溶剂和无机盐组成,以不与锂和电池其他材料发生持续的化学反应为原则,常用 $LiClO_4$、$LiAsF_6$、$LiAlCl_4$、$LiBF_4$、$LiBr$、$LiCl$ 等无机盐作锂电池的电解质,而有机溶剂则一般是用碳酸乙烯酯(EC)、碳酸丙烯酯

（PC）、碳酸二甲酯（DMC）、碳酸丁烯酯（BC）、四氢呋喃（THF）、二甲氧基乙烷（DME）、碳酸己丙酯（EPC）中的二或三种混合作为溶剂使用。

常用的锂一次电池的正极活性物质包括：固态卤化物如氟化铜（CuF_2）、氯化铜（$CuCl_2$）、氯化银（AgCl）、聚氟化碳（$(CF_4)_n$），固态硫化物如硫化铜（CuS）、硫化铁（FeS）、二硫化铁（FeS_2），固态氧化物如二氧化锰（MnO_2）、氧化铜（CuO）、三氧化钼（MoO_3）、五氧化二钒（V_2O_5），固态含氧酸盐如铬酸银（Ag_2CrO_4）、铋酸铅（$Pb_2Bi_2O_5$），固态卤素如碘（I_2），液态氧化物如二氧化硫（SO_2），液态卤氧化物如亚硫酰氯（$SOCl_2$）。

锂一次电池原理示意图如图 1 - 3 所示。在放电过程中，金属锂转变为锂离子，同时通过有机电解质和隔膜进入到正极活性物质的晶格中，或者与活性物质发生化学反应生成其他化合物，同时电子从外电路传输至正极，实现电荷平衡。

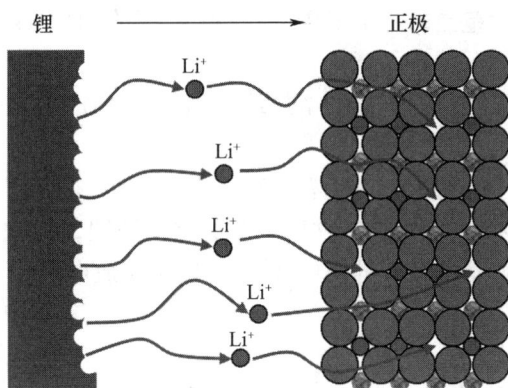

图 1 - 3　金属锂一次电池原理示意图

3. 锂—二氧化锰电池（Li/MnO_2）

锂—二氧化锰电池是锂一次电池中价格最低、安全性最好的电池品种，开路电压为 3.3 V 左右，负载电压为 2.8 V，标称电压为 3.0 V，截止电压是 2.0 V，放电电压比较平稳，适合大功率放电。

锂—二氧化锰电池以经过特殊工艺处理的二氧化锰为正极活性物质，以高比能量的金属锂为负极活性物质，电解液采用导电性能良好的有机电解质溶液，如无机盐高氯酸锂（$LiClO_4$）溶于碳酸丙烯酯（PC）和 1,2 - 二甲氧基乙烷（DME）的混合有机溶剂。电池结构有全密封和半密封两种组成形式。其化学表达式为

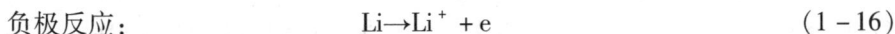

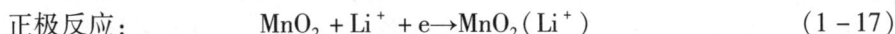

$$(-) Li/LiClO_4 \rightarrow PC + DME/MnO_2(+)$$

负极反应：　　　　　　　　$Li \rightarrow Li^+ + e$　　　　　　　　（1 - 16）

正极反应：　　　　$MnO_2 + Li^+ + e \rightarrow MnO_2(Li^+)$　　　　（1 - 17）

电池总反应：　　　　$Li + MnO_2 \rightarrow MnO_2(Li^+)$　　　　（1 - 18）

锂—二氧化锰电池的反应机理不同于一般电池,在非水有机溶剂中,负极锂溶解下的锂离子通过电解质迁移进入到 MnO_2 的晶格中,生成 $MnO_2(Li^+)$。Mn 由 + 4 价还原为 + 3 价,其晶体结构不发生变化。

Li/MnO_2 电化学体系可以按不同的设计和机构来制造,以适应不同用途对小型化、轻型化移动电源的多方面要求。它可以有多种结构形式,包括钱币式、碳包式、卷绕式和方形电池组体。

锂—二氧化锰电池主要有以下的性能:

(1)高电压和高能量密度。锂—二氧化锰电池的电压高达 3 V 以上,是普通电池的 2 倍,这对用电器来说,意味着可节省电源空间和减轻重量。

(2)优良的放电性能。即使经过长期的放电,仍保持稳定的工作电压,这大大地改善了使用电器的可靠性,使用电器达到免维护的程度。

(3)优越的温度特性。优质、导电性能良好的有机电解质溶液的应用,使电池能在 $-20 \sim 60℃$ 温度范围内正常工作,经过特殊工艺及配方,还可满足 $-40 \sim 80℃$ 的工作温度要求。

(4)良好的防漏性能。可靠的密封结构和采用优质的电液及正、负极活性物质,使电池具有良好的防漏性能。

(5)长寿命的工作特性。由于有机物与锂的作用,在锂负极表面上形成保护膜层,这是锂电池能长时间保持其性能不变的根本原因,再加上精密、可靠的电池密封结构及高稳定性活性物质的使用,使电池的年自放电率低于2%。

1.4.2 锂二次电池

锂一次电池在组装完成后,电池两端即存在电压,因此并不需要充电。当然,这种电池也可充电,但其循环性能差,在充、放电循环过程中容易形成锂结晶,造成电池内部短路,所以一般情况下是禁止充电的。随着微电子技术的发展,小型化设备日益增多,对电源提出了很高的要求,在这种情况下出现了锂二次电池。

所谓的锂二次电池是指电化学体系中含有锂(包括金属锂、锂合金和锂离子、锂聚合物),使用非水电解质溶液的可充电的电池,又称锂蓄电池。

1. 发展历程

锂一次电池的成功研发和应用激起了二次电池的研究热潮,学术界的研究开始集中在"如何使该电池反应变得可逆"。

20 世纪 60 年代末,贝尔实验室的 Broadhead 等[19,20]开始"电化学嵌入反应"方面的研究,将碘或硫嵌入到二元硫化物(如 NbS_2)的层间结构时发现,在放电深度低的情况下反应具有良好的可逆性。与此同时,斯坦福大学的 Armand 等[21]研究发现了一系列富电子的分子与离子可以嵌入到层状二硫化物的层间结构中,如二硫化钽(TaS_2)等。此外,Armand 等研究了碱金属嵌入石墨晶格中的反应,指出

10

石墨嵌碱金属的混合导体能够应用在二次电池中[21]。

1972年,Exxon公司设计了以TiS_2为正极、锂金属为负极、$LiClO_4$/二噁茂烷为电解液的二次电池[23,24]。研究表明,电池的循环接近1000次,每次循环损失低于0.05%[22]。实际上,由于循环过程中的"锂枝晶"问题,该电池寿命较短、安全性能差。20世纪80年代末,加拿大Moli能源公司将Li/MoS_2锂金属二次电池推向市场[25],第一块商品化锂二次电池诞生[26]。1989年,Li/MoS_2二次电池发生起火事故[27],大部分企业退出金属锂二次电池开发,锂金属二次电池研发基本停顿。

鉴于锂金属二次电池的安全性问题,人们选择嵌入化合物代替金属锂。20世纪70年代初,Armand开始研究石墨嵌入化合物[28]。1977年,他在专利中指出嵌锂石墨化合物可充当二次电池的电极材料。1980年,他提出了"摇椅式电池概念"(Rocking Chair Battery,RCB)[29]。在该锂二次电池中,正、负材料均由嵌入化合物充当。同年,Scrosati等[30]发表基于两种无机嵌入化合物的锂二次电池的论文。RCB的概念令电池设计思路豁然开朗,但是要让"概念"得以实现,必须跨越三道"障碍":①找到合适的嵌锂正极材料;②找到适用的嵌锂负极材料;③找到可以在负极表面形成稳定界面的电解液。

20世纪70年代末,贝尔实验室的研究发现作为电极材料"氧化物能够提供更大容量以及更高电压",氧化物代替二硫化物开始进入研究者的视野[31]。由于$M-O$与$M-S$相比具有更显著的离子键特性,过渡金属氧化物具有更高的嵌入电压[32]。层状金属氧化物具有更高的比容量和电压,在该体系中寻找合适的嵌入化合物,符合RCB对正极材料的要求。

1980年,Mizushima和Goodenough J B等[33]提出$LixCoO_2$或$LixNiO_2$可能的应用价值,但由于当时主流观点认为高工作电压影响有机电解质的稳定性,该工作没有得到重视。1983年,Thackeray M M和Goodenough J B等[34]发现锰尖晶石是优良的正极材料,具有低价、稳定和优良的导电、导锂性能。其分解温度高,且氧化性远低于钴酸锂,即使出现短路、过充电,也能够避免燃烧、爆炸等危险。1996年,Badhi A K和Goodenough J B等[35]首次提出将橄榄石型$LiFePO_4$作为锂离子电池正极材料的构想,该材料因引入高稳定性PO_4聚阴离子基团而具有良好的热稳定性和安全性,同时铁和磷元素具有储量丰富、价格低廉和环境友好等优点,因此引起人们极大的兴趣。

1991年,日本索尼公司[36]发明了以碳材料为负极,以含锂的化合物作正极的锂电池——锂离子二次电池。这种电池在充、放电过程中,没有金属锂存在,只有锂离子。当对电池进行充电时,电池的正极上有锂离子生成,生成的锂离子经过电解液运动到负极。而作为负极的碳呈层状结构,有很多微孔,达到负极的锂离子就嵌入到碳层的微孔中。同样,当对电池进行放电时,嵌在负极碳层中的锂离子脱出,又运动回正极。回正极的锂离子越多,放电比容量越高。

与此同时,多个电池制造商都推出了与 RCB 概念对应的电池产品。锂二次电池进入了高速发展的时代。

图 1 - 4 是不同类型二次电池的能量密度对比图[32]。从图中可以看出,相对于铅 - 酸、镍 - 氢和镍 - 镉等二次电池,锂离子二次电池除具有更高的能量密度、功率密度和工作电压外,还具有自放电率低、循环寿命长、无记忆效应、操作温度范围广、安全性好和环境友好等优点。因此,锂离子二次电池成为目前电源研究领域最有发展前景的二次电池之一[37~41]。

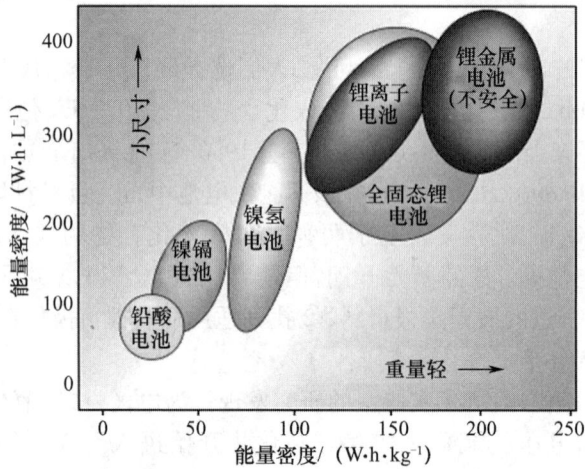

图 1 - 4　不同类型二次电池的能量密度[32]

2. 工作原理及特性

锂金属二次电池原理示意图如图 1 - 5 所示。在充电过程中,锂离子从正极活性物质的晶格中脱出,通过有机电解质和隔膜进入到负极金属锂上,同时电子从外电路传输至负极,实现电荷平衡,正极处于高电位的贫锂态;放电过程则与之相反,金属锂转变为锂离子,同时通过有机电解质和隔膜进入到正极活性物质的晶格中,同时电子从外电路传输至正极。

但是,充电过程中,由于金属锂电极表面凹凸不平,电沉积速率的差异造成不均匀沉积,导致树枝状锂晶体在负极生成。当枝晶生长到一定程度就会折断,产生"死锂",造成锂的不可逆,使电池充、放电实际容量降低。锂枝晶也有可能刺穿隔膜,将正极与负极连接起来,电池产生内短路,短路生成大量的热会令电池着火甚至发生爆炸。

正是由于循环过程中的"锂枝晶"问题,电池寿命较短、安全性能差,使得锂金属二次电池的研究在历史上曾经一度处于停滞状态。近年来,随着相关技术的发展以及对于高能量密度锂二次电池的迫切需求,锂—硫、锂—空气等新型锂金属二次电池纷纷出现,使得锂金属二次电池的研究再度成为热点。

锂离子二次电池是在锂金属电池基础上发展起来的一种新型锂离子浓差电

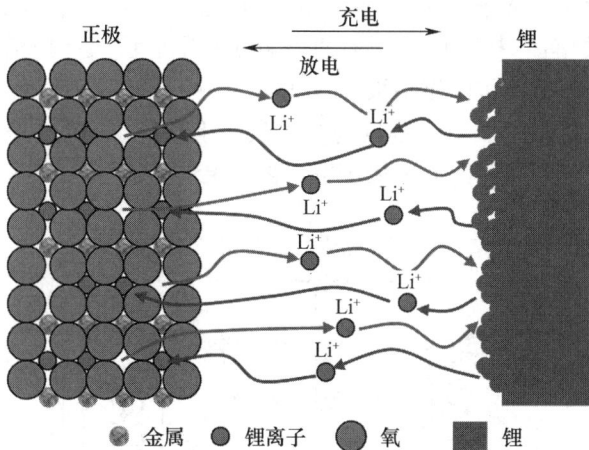

图 1-5　金属锂二次电池原理示意图

池[42]，主要由正极、负极、电解质、隔膜和正负极集流体等部分组成。其中，正、负极为离子和电子混合导体，电解质为离子导体，隔膜为电子绝缘微孔膜，正、负极集流体为金属电子导体。

目前，商业化锂离子二次电池的正极材料主要是 $LiCoO_2$、$LiMn_2O_4$ 和 $LiFePO_4$；负极材料主要是石墨类碳材料；电解液主要是锂盐的有机溶液；隔膜主要是聚合物微孔膜。图 1-6 所示是几类主要的商用锂离子二次电池结构示意图[32]。实际电池的结构比较复杂，除上述部分外，还包括外壳、极耳、安全阀等。

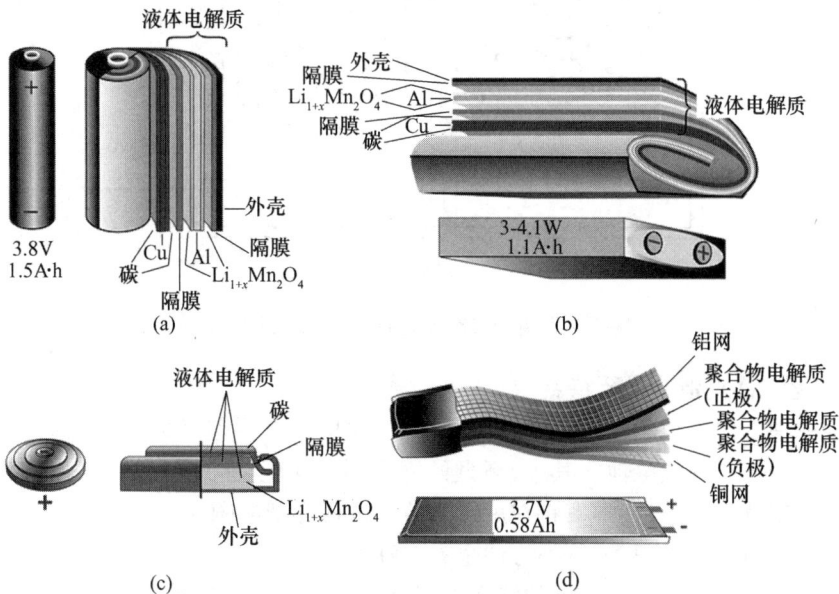

图 1-6　不同类型锂离子电池的结构示意图[32]

（a）圆柱形；（b）方形；（c）扣式；（d）薄板形。

图 1-7 所示是锂离子二次电池的工作原理图[3~6,32]。在充电过程中,锂离子从正极活性物质的晶格中脱出,通过有机电解质和隔膜嵌入负极活性物质的晶格之中,同时电子从外电路传输至负极,实现电荷平衡,正极处于高电位的贫锂态,负极处于低电位的富锂态;放电过程则与之相反。上述充、放电过程对应锂离子在正、负极之间的往复脱/嵌,因而锂离子电池被形象地描述为"摇摆椅电池"。

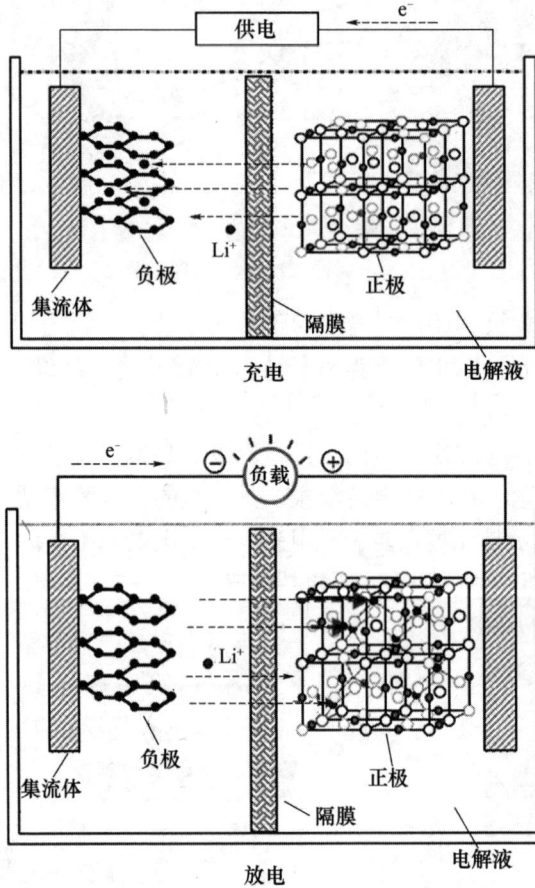

图 1-7　锂离子二次电池的工作原理图[3-6,32]

3. 锂二次电池分类及特点

根据锂二次电池的发展历史和特性,锂二次电池主要包括以锂为负极的锂二次电池和锂离子二次电池。其中,新型的锂金属二次电池主要包括锂—硫二次电池和锂—空气二次电池,本书将在后续章节中进行详细的阐述。

锂离子电池种类很多,分类方法也有多种[3-6]:

(1) 根据电池所用电解质的状态不同,可分为液体锂离子电池、聚合物锂离子电池和全固态锂离子电池;

（2）根据温度来分,可分为高温锂离子电池和常温锂离子电池;

（3）按正极材料分类,一般可分为氧化钴－锂型、氧化镍－锂型、氧化锰－锂型与铁基－锂型;

（4）从外形分类,一般可分为圆柱形、扣式和方形三种,聚合物锂离子电池除制成圆形和方形外,还可根据需要制成任意形状。

与其他电池相比,锂离子电池具有以下优点[3~6]:

（1）电压高。单体电池工作电压高达 3.6~3.9V,是镍－镉、镍－氢电池的 3 倍。

（2）比能量大。目前能达到的实际比能量为 150~200 Wh·kg^{-1}和 300~360 Wh·L^{-1},未来随着技术发展,比能量可高达 250~300Wh·kg^{-1}和 400Wh·L^{-1}。

（3）循环寿命长。一般均可达到 500 次以上,甚至 1000~2000 次。对于小电流放电的电器,电池的使用期限将倍增电器的竞争力。

（4）安全性能好,无公害,无记忆效应。锂离子电池中不含镉、铅、汞等对环境有污染的元素,无记忆效应,安全性高。

（5）自放电小。室温下充满电的锂离子电池贮存 1 个月后的自放电率为 10% 左右,大大低于镍－镉的 25~30%,镍－氢的 30~35%。

（6）可快速充放电。1C 充电时容量可以达到标称容量的 80% 以上。

（7）工作温度范围高。工作温度为 -25~45℃,随着电解质和正极材料的改进,将来可扩宽到 -40~70℃。

1.5 新一代锂二次电池的应用及发展需求

电池的发展已经有 180 多年的历史,从铅－酸电池、镍－镉电池发展到镍－氢电池和锂离子二次电池,电池的能量密度和功率密度不断提高。目前,锂离子电池的能量密度已达到铅－酸电池的 5~8 倍,在各个领域得到了广泛应用。

1. 便携式电子设备

随着手机、相机、笔记本电脑等设备向轻、薄、小方向发展,人们对电池的稳定性、连续使用时间、体积、充电次数和充电时间等的要求越来越高。作为先进二次电池的代表,锂离子电池具备的质量轻、体积小、续航时间长等优点使便携式电子设备实现了革命性的突破。

2. 电动汽车

目前混合动力电动汽车主要采用铅－酸、镍－氢电池作为主电源,并在双路用备用电源上连接数十个电化学电容器。随着汽车电子控制线路的增多,要求备用电源具有更高的容量。与现在的电化学电容器相比,新型锂离子电池同样具有高可靠性,而且能够大幅降低占用空间和重量,正逐步取代传统的铅－酸、镍－氢电池。

3. 航空航天

由于锂离子电池具有很强的优势，因此目前已经用于火星着陆器和火星漫游器。在今后的系列探测任务中也将采用锂离子电池。除了美国航空航天局的星际探索外，其他航天组织也在考虑将锂离子电池应用于航天任务中。目前锂离子电池在航空领域的主要作用是为发射和飞行中的校正、地面操作提供支持；如"神七"已经采用锂离子电池作为主电源。

4. 军事

在国防军事领域，锂离子电池涵盖了陆（单兵系统、陆军战车、军用通信设备、导弹）、海（鱼雷、潜艇、水下机器人）、空（无人侦察机）、天（卫星、飞船）等诸多兵种。由于锂离子电池具有能量密度高、质量轻、体积小等优点，因此装配后可提高武器、装备的灵活性。

可以看到，不管是在民用还是军用领域，锂二次电池只有不断提高能量密度、功率密度、安全可靠性和循环寿命，才能满足未来巨大的市场需求。众所周知，电池的性能是与电池材料的性质密切相关的。尽管目前已经商品化的锂二次电池能量密度达到了 $150 - 200 \text{ Wh} \cdot \text{kg}^{-1}$，但由于受到碳负极材料以及传统正极材料自身储锂容量的限制（表 1-1），要想进一步提高其能量密度，以抢占未来高科技尖端行业以及电动汽车等重要战略领域的"制高地"，就必须不断探索更高比能量的正负极材料。

表 1-1 常见锂离子电池正、负极材料的性能

材料	理论容量 /($\text{mA} \cdot \text{h} \cdot \text{g}^{-1}$)	实际容量 /($\text{mA} \cdot \text{h} \cdot \text{g}^{-1}$)	标准电压/V	电极能量密度 /($\text{W} \cdot \text{h} \cdot \text{kg}^{-1}$)
C	372	350	0.15	–
$LiCoO_2$	274	140	3.8	532
$LiMn_2O_4$	148	110	4.0	480
$LiFePO_4$	170	140	3.4	476

由前述电池容量式（1-6）的计算公式可以看出，要想获得高的比容量，构建二次电池的正、负极材料，必须具备以下三种性质：① 正、负极活性材料之间有较大的电势差，即负极材料应具有更低的电极电势，而正极材料具有更高的电极电势，以保证电池有足够高的输出电压；②电化学反应中所涉及的电子转移数（n）要尽可能多，即正、负极活性材料采用多变价的元素，以成倍提高电池的能量密度；③正负极活性材料的分子量（M）应尽可能小，以获得更高的单位重量比能量。

基于上述三种途径，本书围绕以层状三元正极材料、富锂锰基材料为代表的高容量正极材料体系、以 Si、Sn 为代表的高容量负极材料体系、以 $LiNi_{0.5}Mn_{1.5}O_4$ 为代表的高电压正极材料体系，从电极材料的角度阐述了新一代锂离子二次电池材料体系的发展现状与趋势；围绕金属锂为负极的新一代高能量密度的电池体

系——锂—硫二次电池和锂—空气电池,研究其提高锂二次电池能量密度的可行性及潜在应用前景;在此基础上,着眼于安全性的发展需求,结合军事应用讨论了全固态和多功能结构锂二次电池。

从未来的发展来看,锂二次电池还将持续主导高效电能存储市场。其良好的经济效益、社会效益和战略意义(如包括航天、航空、军事等领域的应用)将促使我们着眼于拥有自主知识产权的电池材料制备和集成技术,从而不断推进我国锂二次电池产业的发展。

参 考 文 献

[1] Aifantis K E, Hackney S A, Kumar R V. 高能量密度锂离子电池:材料、工程及应用[M]. 赵铭姝,宋晓平,郑青阳译. 北京:机械工业出版社,2012.

[2] Hamann C H, Hamnett A, Vielstich W. 电化学[M]. 陈艳霞,夏兴华,蔡俊译. 北京:化学工业出版社,2010.

[3] 郭炳坤,徐徽,王先友,等. 锂离子电池[M]. 长沙:中南大学出版社,2002.

[4] 吴宇平,万春荣,姜长印,等. 锂离子二次电池[M]. 北京:化学工业出版社,2002.

[5] 吴宇平,戴晓兵,马军旗,等. 锂离子电池——应用与实践[M]. 北京:化学工业出版社,2004.

[6] 黄可龙,王兆翔,刘素琴. 锂离子电池原理与关键技术[M]. 北京:化学工业出版社,2007.

[7] 黄彦瑜. 锂电池发展简史[J]. 物理,2007,36(8):643-651.

[8] 马千里,顾利霞. 锂电池的研究进展[J]. 材料导报,1999,13(6):28-30.

[9] 周恒辉,慈云祥,刘昌炎. 锂离子电池电极材料研究进展[J]. 化学进展,1998,10(1):85-94.

[10] Linden D, Reddy T B. Handbook of Batteries [M]. New York:McGraw - Hill, 2002:34.

[11] Vincent C A. Lithium batteries:A 50 - year perspective, 1959 - 2009 [J]. Solid State Ionics, 2000, 134:159 - 167.

[12] Chilton Jr, Cook J E. In:Abstract, ECS Fall meeting, Boston, 1962, 90 - 91.

[13] Broussely M, Biensan P, Simon B. Lithium insertion into host materials:the key to success for Li ion batteries [J]. Electrochim Acta, 1999, 45(1 - 2):3 - 22.

[14] Watanabe N, Fukuba M. Primary cell for electric batteries [P]. U. S. Patent 3536532, 1970.

[15] Braeuer K, Moyes K R. High energy density battery [P]. U. S. Patent 3514337, 1970.

[16] Morita M, et al. Next General Lithium Secondary Battery. Tokyo, 2003, 5 (in Japanese).

[17] Ikeda H, Saito T, Tamaru H. Lithium - manganese dioxide cell (1) [J]. Denki Kagaku, 1977, 45(5):314 - 318.

[18] Greatbatch W, Mead R T. Lithium - iodine battery [P]. U. S. Patent 3937635, 1976.

[19] Trumbore F A, Broadhead J, Putvinski T M. Abstract No. 61 of the Boston Meeting of the Electrochemical Society, October 1973.

[20] Broadhead J, Trumbore F A. Paper 178 presented at the Electrochemical Society Meeting, Chicago, May 13 - 18, 1973.

[21] Armand M B. Mixed conductors of graphite, processes for their preparation and their use, notably for the production of electrodes for electrochemical generators, and new electrochemical generators [P]. U. S. Patent 4041220, 1977.

[22] Whittingham M S. Lithium batteries and cathode materials [J]. Chem Rev, 104:4271 - 4301.

[23] Whittingham M S. Chalcogenide battery [P]. U. S. Patent 4009052, 1977.

[24] Whittingham M S, Gamble F R. Lithium intercalates of the transition metal dichalcogenides [J]. Mater Res Bull, 1975, 10(5): 363 –371.

[25] Whittingham M S. Mechanism of reduction of fluorographite cathode [J]. J Electrochem Soc, 1975, 122: 526 –527.

[26] 闫俊美, 杨金贤, 贾永忠. 锂电池的发展与前景 [J]. 盐湖研究, 2001, 9(4): 58 –63.

[27] 庄全超, 武山. 金属锂蓄电池负极 – 电解液相容性研究进展 [J]. 电源技术, 2004, 4: 104 –108.

[28] Armand M B, Duclot M T, Chabagno M. in: Proceedings of the Second International Meeting on Solid State E-lectrolytes, St. Andrews, Scotland, 1978.

[29] Armand, M. B. in Materials for Advanced Batteries (Proc. NATO Symp. Materials Adv. Batteries) (eds Murphy, D. W., Broadhead, J. & Steele, B. C. H.) 145 –161 (Plenum, New York, 1980).

[30] Lazzari M, Scrosati B. A cyclable lithium organic electrolyte cell based on two intercalation electrodes [J]. J Electrochem Soc, 1980, 127: 773 –774.

[31] Murphy D W, Christian P A. Solid state electrodes for high energy batteries [J]. Science, 1979, 205: 651 –656.

[32] Tarascon J M, Armand M. Issues and challenges facing rechargeable lithium batteries [J]. Nature, 2001, 414: 359 –376.

[33] Mizushima K, Jones P C, Wiseman P J, et al. $Li_xCoO_2(0 \leqslant x \leqslant 1)$: a new cathode material for batteries of high energy density [J]. Mater Res Bull, 1980, 17: 783 –789.

[34] Thackeray M M, David W I F, Bruce P G, et al. Lithium insertion into manganese spinels [J]. Mater Res Bull, 1983, 18 (4): 461 –472.

[35] Padhi A K, Nanjundaswamy K S, Goodenough J B. Phospho – olivinces as positive – electrode materials for re-chargeable lithium batteries [J]. J Electrochem Soc, 1997, 144(1): 1118 –1194.

[36] Nagaura T. 4th. International Rechargeable. Battery Seminar, Deerfield Beach, Florida, 1990.

[37] Sides C R, Martin C R. Nanostructured electrodes and the low – temperature performance of Li – ion batteries [J]. Adv Mater, 2005, 17 (1): 125 –128.

[38] Chan C K, Peng H L, Liu G, et al. High – performance lithium battery anodes using silicon nanowires [J]. Nat Nanotechnol, 2008, 3: 31 –35.

[39] Xing L, Li W, Wang C, et al. Theoretical investigations on oxidative stability of solvents and oxidative decom-position mechanism of ethylene carbonate for lithium ion battery use [J]. J Phys Chem B, 2009, 113(52): 16596 –16602.

[40] Yoo S H, Kim C K. Enhancement of the meltdown temperature of a lithium ion battery separator via a nano-composite coating [J]. Ind Eng Chem Res, 2009, 48: 9936 –9941.

[41] Armstrong A R, Holzapfel M, Novak P, et al. Demonstrating oxygen loss and associated structural reorgani-zation in the lithium battery cathode $Li[Ni_{0.2}Li_{0.2}Mn_{0.6}]O_2$ [J]. J Am Chem Soc, 2006, 128: 8694 –8698.

[42] Whittingham M S. Electrical energy storage and intercalation chemistry [J]. Science, 1976, 192: 1126 –1127.

第1篇　新一代锂离子二次电池材料

锂离子二次电池的发展距今已有二十年的历史,迄今为止,人们研究最多正负极材料仍是可插锂化合物。综合国内外文献可知,锂离子电池的正负极材料需要具备以下特性:

(1) 正极材料中存在易发生氧化还原反应的过渡金属离子,而且具有较高的氧化还原反应电位,以获得较高的输出电压和充放电比容量;负极材料应

(2) 锂离子可以在电极材料中进行高度可逆的脱/嵌过程,而且材料主体结构保持高稳定性,以获得良好的循环性能;

(3) 具有较高的电子和离子电导率,以获得较高的功率密度;

(4) 具有较高的化学稳定性和热稳定性,而且与电解液的相容性好,以保证电池的安全性;

(5) 环境友好,资源丰富,成本低廉,易于合成和储运。

理论上具有层状结构的 $LiMO_2$、尖晶石结构的 LiM_2O_4 和橄榄石结构的 $LiMPO_4$($M = Co$、Ni、Mn 和 V 等过渡金属离子)均可作为锂离子电池的正极材料。但受材料性质、制备工艺、成本和环境等多方面因素影响,目前实用化的正极材料主要是层状 $LiCoO_2$ 和 $LiNiO_2$、尖晶石型 $LiMn_2O_4$ 和橄榄石型 $LiFePO_4$。

但是,$LiCoO_2$、$LiMn_2O_4$ 和 $LiFePO_4$ 等电池无论是在能量密度,还是在功率密度上都不能满足未来相关领域对于电池的需求。基于这一需求,国内外的科研工作者开展了大量的研究,研制高能量密度或高功率密度的锂离子电池。

本篇重点介绍以层状三元正极材料、富锂锰基材料为代表的高容量正极材料体系(第2章)、以 Si、Sn 为代表的高容量负极材料体系(第3章)、以 $LiNi_{0.5}Mn_{1.5}O_4$ 为代表的高电压正极材料体系(第4章),从电极材料的角度阐述了新一代锂离子二次电池材料体系的发展现状与趋势。

第2章　高容量正极材料体系

当前,锂离子电池正极材料体系研究发展非常缓慢,主要以层状钴酸锂($LiCoO_2$)、尖晶石型锰酸锂($LiMn_2O_4$)和橄榄石型磷酸铁锂($LiFePO_4$)正极材料为市场主导。传统正极材料的低比容量($<160\ mA \cdot h \cdot g^{-1}$)已成为阻碍锂离子电池能量密度进一步提升的关键,要进一步提高锂离子电池的能量密度,满足电动汽车、航空航天等领域的需求,亟需开发具有更高容量的新型锂离子电池正极材料。

近年来,以镍基三元、富锂锰基固溶体、正硅酸盐、钒系化合物等为代表的一批新兴化合物脱颖而出,引起了研究者的极大兴趣。

2.1　层状三元正极材料

2.1.1　概述

自索尼公司推出以碳作为负极、过渡金属氧化物 $LiCoO_2$ 为正极的锂离子二次电池以来,锂离子二次电池得到了广泛的应用和发展。

在层状正极材料中,层状 $LiCoO_2$ 是最早商品化且应用最广的材料。研究发现,在高温烧结($T>800℃$)条件下合成的 $LiCoO_2$ 正极材料具有如图 2-1 所示的 O3 型层状结构,$Co^{3+/4+}$ 耦合使其具有接近 4 V 的氧化还原电位[1-7]。

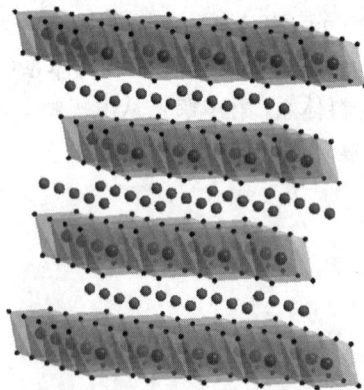

图 2-1　O3 型氧离子框架 $LiMO_2$ 层状正极材料晶体结构示意图[8]

但由于钴具有毒性,价格比较昂贵,因而其应用受到限制,因此寻求替代 LiCoO₂ 的正极材料成为研究的重点。其中,层状 Ni 基正极材料具有高容量和高循环稳定性的优点,是替代 LiCoO₂ 正极材料的重要候选材料之一。

2.1.2 材料的结构与特点

层状 $LiMO_2$ 正极材料以立方密堆氧离子为支撑结构,过渡金属离子和锂离子处于氧离子构成的八面体中心位置。理想的层状结构中过渡金属离子和锂离子在 (111) 晶面方向交替占据八面体位置,如 2 – 1 所示。层状晶体结构属于 R – 3MH 空间群,在 c 轴方向上形成连续的 Li – O – M 连接,特别是加入能与 O 形成强共价键的阳离子有利于提高电子电导率。而层状结构中良好二维通道的维持是实现锂离子快速可逆脱嵌的关键。

$LiNiO_2$ 具有与 $LiCoO_2$ 相同的 O3 型层状晶体结构,由 $Ni^{3+/4+}$ 耦合同样能产生 4V 左右电化学位。相比 $LiCoO_2$ 而言,$LiNiO_2$ 具有价格低廉和低毒等特点。在 $LiNiO_2$ 材料中,锂与过渡金属层间隔排布使得层状结构具有规整的二维离子传输通道,同时 Ni 等过渡金属离子具有良好的电子传导性能(特别是掺杂 Co、Al、Mn 等[9]),在维持晶体结构的同时能满足快速充放电要求。

一般情况下,层状材料中 Li^+ 和 Mn^+ 半径差别越大越有利于合成二维层状晶体结构。但对于处于立方密堆中的过渡金属离子,半径需要控制在一定范围内,因为半径越大会产生越强的库仑作用力,而半径太小则容易迁移[10—16]。

Peres 等[17] 的研究表明,$LiNiO_2$ 材料会形成类 $(Li_{1-z}Ni_z^{II})_{interslab}(Ni_z^{II}Ni_{1-z}^{III})_{slab}O_2$ 的晶体结构。其中,z 值的大小与合成过程中 Li 和 Ni 的化学计量比及合成条件有关。通过合成条件的改变可控制 Li^+ 层中 Ni^{2+} 的含量,而 Ni^{2+} 含量直接决定材料的容量和循环稳定性。偏离理想化学计量比的 $Li_{1-z}Ni_{1+z}O_2$ 具有不同的离子混排,锂含量的减少会使层间 Ni^{2+} 的含量增加,使材料的不可逆容量增加。

由于受合成条件比较苛刻及循环过程中晶体结构不稳定的影响,$LiNiO_2$ 正极一直难以满足应用要求。这主要是因为晶体结构中的 Ni^{2+} 和 Li^+ 在锂层中的混排,同时 Li^+ 脱嵌最先影响的是与 Li^+ 最近邻 Ni 的氧化还原。Ni 由 +2 和 +3 价失电子氧化成为 +3、+4 价(图 2 – 2),处于 Li^+ 层中的 Ni^{2+} 失去 e_g 轨道电子半径急剧减小,引起层间间距减小,Li 层晶体结构出现局部塌陷($r(Li^+) = 0.74$ Å,$r(Ni^{2+}) = 0.68$Å,$r(Ni^{3+}) = 0.56$Å),使得在后续放电过程中,Li^+ 难以嵌入 Li 层中 Ni 离子附近的 6 个甚至更多的 Li 晶格,从而造成初次不可逆容量损失[6,8,18—20]。

因此,在初次充电过程中,处于 Li^+ 包围中的 Ni 更容易发生氧化,NiO_2 层的 Ni^{2+} 氧化成 Ni^{3+},形成 $(Li_{1-z}Ni_z^{II})_{interslab}(Ni^{III})_{slab}O_2$ 结构。此时的放电过程中,Li^+ 仍可嵌回 Li 晶格位置得到 $(Li_{1-z}Ni_z^{II})_{interslab}(Ni_z^{II}Ni_{1-z}^{III})_{slab}O_2$ 结构。当 Li^+ 含量进一步减少,NiO_2 层间 Ni^{2+} 会氧化为 Ni^{3+} 或 NiO_2 层内 Ni^{3+} 氧化为 Ni^{4+}。当 Li^+ 脱

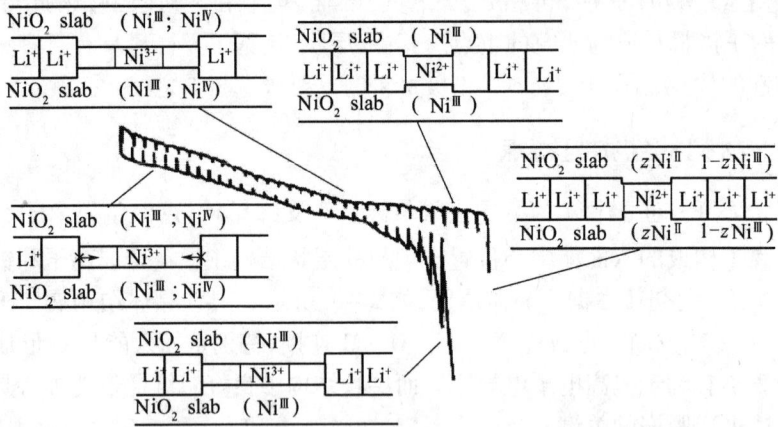

图 2-2　Ni 价态在充放电循环过程中的变化[20]

出量比较大时,NiO_6 的体积随着 Ni 氧化价态的上升而减小,造成局部结构的塌陷,此时,Li^+ 嵌入受阻,Li^+ 不能正常嵌入至原有晶格点阵中[17]。综上所述,少量 Li^+ 的脱出和嵌入不会影响处于层间 Ni 的化合价,Ni 仍能维持 +2 价,保持层状结构的规整;当 Li^+ 的脱出量增大时,将会形成不可逆的晶体结构变化。

　　在充、放电循环过程中 Ni^{3+} 易迁移至 Li^+ 层中,Ni^{3+} 迁移的过程如图 2-3 所示。$LiNiO_2$ 在充放电循环过程中,Ni^{3+} 经相邻四面体位置迁移至 Li 层中,占据 Li 晶格位置。$LiNiO_2$ 中,Ni^{3+} 的迁移方式主要是通过 Ni^{3+} 层中所处的八面体中心经 LiO_2 和 NiO_2 层间的四面体结构迁移至 Li 层的八面体中心。Ni^{3+} 的迁移能力,归根于低轨道 $Ni^{3+}:d^7(t_{2g}^6e_g^1)$ 低的晶体场稳定能。

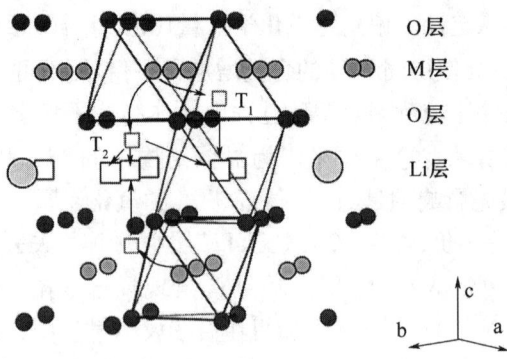

图 2-3　充放电循环过程中 Ni^{3+} 迁移至 Li^+ 位置过程示意图

　　Li_xNiO_2 层状结构随着 Li 离子的脱出,Li_xNiO_2 中 x 值减小,层状结构逐步经单斜晶系向尖晶石型转变。当 x 值远大于 0.5 时,会形成 Li^+ 和 Ni^{3+} 无序排列的晶体结构。循环伏安法研究 $LiNiO_2$ 在 Li^+ 脱嵌过程中晶体结构的改变如图 2-4

22

所示。充电过程中，$LiNiO_2$ 会由六角晶系依次转化为单斜晶系、另外两种六角晶型，循环过程中会出现四种晶体结构。即使是采用最优化的循环条件(低倍率充放电和长松弛时间)，仍难以避免初次充、放电循环过程中的不可逆容量损失。Ni^{2+} 半径的减小影响后续 Li^+ 的脱出和嵌入，同时部分 Ni^{3+} 在充、放电循环过程中迁入 Li^+ 中，加大了晶体结构局部塌陷程度，造成 Ni 基正极材料不可逆转变。富 Ni 基正极材料在长时间充、放电过程之后，由于 Ni^{2+} 的不可逆氧化和 Ni^{3+} 的迁移，晶胞常数会出现较大改变，层状结构的无序性增加，会在晶粒之间产生微应力，引起晶粒之间出现微裂纹[21]。

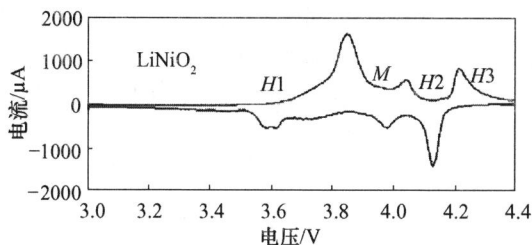

图 2 - 4　$LiNiO_2$ 正极材料循环伏安扫描图(扫描速率为 0. 02 mV · s^{-1})

研究表明，对 Ni 基正极材料进行掺杂可以提高晶体结构的规整型，减少锂离子与过渡金属离子的混排(主要是 Ni 离子)，使晶体结构在脱嵌锂过程中结构变化减小。掺杂的层状正极材料，晶体结构中离子的排布情况较为规整，Li 离子占据 $3a$ 位置，氧离子占据 $6c$ 位置，Ni、Co、Mn、Al 等离子占据 $3b$ 位置，掺杂的离子能够减少 Ni^{2+} 在 Li^+ 层中的分布(10% 减少至 5%)，其正极材料结构可以描述为[LiO_2]层与[$Li_{0.05}M_{0.95}O_2$]层交替堆积构成层状结构正极材料。

XRD 是表征晶体结构最为有效的手段，属于 R - 3MH 空间群的层状结构一般具有如图 2 - 5 所示的 X 射线衍射图谱。

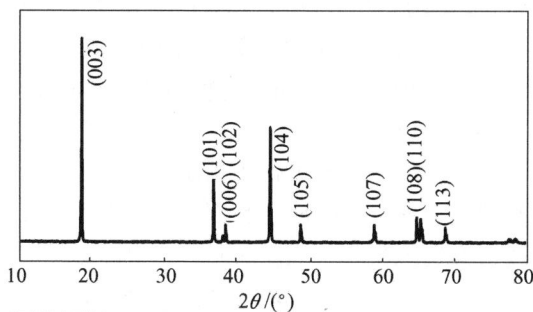

图 2 - 5　层状正极材料 XRD 图

研究表明，主要通过以下几个方面表征晶体结构的层状特性：
(1) 谱峰(003)/(104)的强度比。(003)谱峰反映的是六方层状岩盐结构，而

(104)谱峰反映的是六方层状岩盐结构和立方层状岩盐结构的总和,两者峰强比的变化可对应于c/a比的变化,因此通过比较两者的峰强比可以评价材料的层状特性,比值越大,层状特性越明显。

(2) 谱峰[(006)+(102)]/(110)的强度比。分裂峰(006)+(102)与(110)峰强比也能够反映六方层状结构离子排列的有序性,峰强比越小,六方层状结构特征越好。

(3) 两组分裂峰(006)、(102)和(018)、(110)的分裂程度。(006)、(102)、(018)、(110)均为六方结构的衍射峰,分裂越明显,层状结构特征越好。(006)/(102)和(108)/(110)两组伴峰的明锐和分离程度可表征层状特性的优异。(003)和(104)峰比值可表征正极材料中阳离子排列的规整和均匀程度。

不同阳离子的掺杂会使材料 XRD 衍射峰发生移动,半径大的离子掺杂会使c值出现明显增长[9,22—26]。

2.1.3 主要合成方法

1. 固相烧结法

高温固相烧结法是制备粉体材料常用的方法,工艺简单,设备易于构建。但存在原料混合不均匀和材料粒径分布不均匀等缺点。

将金属阳离子盐与锂盐采用研磨或球磨等方式均匀混合,在特定气氛下经高温烧结处理得到正极材料。常用的金属阳离子锂盐有金属氧化物、乙酸盐、碳酸盐、氢氧化物等。

原料选择与工艺过程将极大地影响材料的性能。Zhu 等[27]以 $LiOH \cdot H_2O$、Ni_2O_3、Co_2O_3 和 $Al(OH)_3$ 为原料,在氧气气氛下高温烧结制备 $LiNi_{0.80}Co_{0.20-x}$-Al_xO_2 正极材料,其初次放电比容量为 $178.2 mA \cdot h \cdot g^{-1}$。此外,也可以具有特定晶型的过氧化物作为原料,如以 $\gamma - MnOOH$、Co_3O_4、$Ni(OH)_2$ 和 $LiOH \cdot H_2O$ 为原料,在空气中 830 ~ 900℃烧结 20h 后得到 $LiCo_yMn_xNi_{1-x-y}O_2$ 材料。材料的可逆容量受烧结温度的影响,烧结温度为 830 ~ 850℃所制备材料的放电比容量大于 $150 mA \cdot h \cdot g^{-1}$,当烧结温度高于 900℃时,材料的放电比容量急剧下降[28]。

2. 先驱体共沉淀法

先驱体共沉淀法是将可溶性金属阳离子盐溶于去离子水中,通过氢氧根或碳酸根等沉淀剂形成两种或两种以上阳离子的沉淀,再将共沉淀产物与化学计量比锂盐共混后经高温烧结得到产物。共沉淀法有利于提高金属阳离子混合程度。

在先驱体共沉淀法中,反应体系的 pH 值和反应温度对于产物的粒径、形貌和元素比分布等有着很大的影响,烧结温度和时间对材料的结晶性能和充放电特性有很大影响[29—34]。

共沉淀法制备正极材料的前驱体主要包括两类:一类是碳酸盐共沉淀。如 Cho 等[34,35]以 $MnSO_4$、$NiSO_4$、$CoSO_4$、Na_2CO_3、$(NH_4)_2CO_3$ 和 NH_4HCO_3 等为原料,

采用共沉淀法制备 $[Mn_{1/3}Ni_{1/3}Co_{1/3}]CO_3$ 先驱体,与 LiOH 盐混合后经高温烧结制备的球形 $LiNi_{1/3}Co_{1/3}Mn_{1/3}O_2$ 正极材料,颗粒粒径在 5 μm 左右,在 2.8～4.6V 放电比容量达 183 mA·h·g^{-1}。但是,由于碳酸盐共沉淀法制备的前驱体在后续热处理过程中存在很大的失重,材料易形成疏散结构,振实密度较低。

另一类是采用氢氧化物共沉淀,通过调节体系的 pH 值、搅拌速度、络合剂的用量,可制备粒径较小、分布均一的类球形前驱体,与 LiOH 烧结后,得到振实密度高的正极材料。研究表明,氢氧化物共沉淀法所制备 $LiNi_{1/3}Co_{1/3}Mn_{1/3}O_2$ 材料在 2.5～4.6V 范围内,以 18.3mA·g^{-1} 放电,其比容量可达 200mA·h·g^{-1},放电平台在 3.75V 左右。第一次循环的不可逆容量仅为 20mA·h·g^{-1}。将材料组装成扣式电池,5C 放电 200 次循环损失达 18%[36]。

3. 喷雾热解法

喷雾热解法是能够连续制备超细粉体材料的重要方法。该方法能够得到高振实密度的粉体,具有制备时间短、形貌易于控制、中间环节少等优点。

具体过程如下:将金属阳离子溶解于溶剂中,利用超声波喷雾器将混合溶液离子化,然后喷入反应装置中反应制备得到先驱体,经与锂盐混合后在高温状态下保温一定时间烧结可制备正极材料。

Peng 等[37] 以 $CH_3COOLi·2H_2O$、$Ni(CH_3COO)_2·4H_2O$、$Mn(CH_3COO)_2·2H_2O$、和 $Co(CH_3COO)_2·2H_2O$ 等为原材料经喷雾热解法制备 $LiNi_{0.6}Co_{0.2}Mn_{0.2}O_2$ 的 XRD 谱图如图 2-6 所示。从图中可以看出,XRD 图谱上的(006)、(102)和(108)、(110)等峰明显分开,材料具有明显层状结构。电化学性能测试表明,850℃烧结 15h 所制备正极材料的放电比容量达 173.1mA·h·g^{-1}。

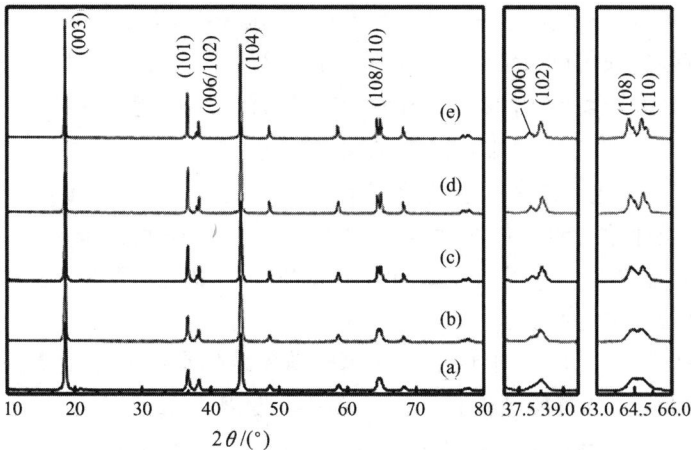

图 2-6 喷雾热解法得到的 $LiNi_{0.6}Co_{0.2}Mn_{0.2}O_2$ 在不同温度下烧结的 XRD 谱图
(a)—700;(b)—750;(c)—800;(d)—850;(e)—900。

实验表明,喷雾降解法有利于得到尺寸均匀的球形产物,提高材料倍率性能和循环稳定性。如采用喷雾热解法得到的正极材料在 20 mA·g^{-1} 电流密度下的容量达到 188mA·h·g^{-1},且具有较好的循环性能[37]。

4. 溶胶凝胶法

溶胶—凝胶法能通过螯合剂充分分散多种金属阳离子,并通过有机物在烧结过程中辅助得到结晶均匀的正极材料。材料混合均匀,晶粒尺寸均一。

溶胶—凝胶法主要通过将金属阳离子和锂离子构成混合盐溶解于含络合剂的水溶液中,通过溶胶—凝胶化反应使金属阳离子和锂离子均匀分散在凝胶化树脂网络中,充分干燥后经高温烧结过程制备得到组分均匀的正极材料。

Han 等[38]采用溶胶—凝胶法制备了 LiNi$_{0.8}$Co$_{0.2}$O$_2$ 前驱体,经高温烧结得到初次放电比容量达 223.69mA·h·g^{-1},XRD 表征表明材料中离子混合十分均匀。

2.1.4 研究进展

目前,LiNiO$_2$ 作为正极材料主要存在以下问题:①难以合成完全由 Ni^{3+} 构成的层状晶体结构;②由于晶体结合能与半径等因素的影响,Ni^{2+} 不可避免地存在于 Li 层中,并在充电过程中具有向 Ni^{3+}(半径变化)转变的趋势;③与 Co^{3+} 相比,Ni^{3+} 较易在 Li 脱出过程中迁移至 Li 层。同时由于具有低轨道的 Ni^{3+} 不稳定会引起 Li$^+$ 嵌入 Ni 层中,导致 Jahn – Teller 效应的产生[24,27,39,40]。

针对上述的问题,国内外的研究者开展了大量的研究,其中掺杂成为改善 Ni 基正极材料晶体结构层状特性和稳定性的重要手段。一般而言,具有氧化还原活性的离子掺杂能够提高材料的容量,改变充放电平台;而不具备电化学活性元素的掺杂虽然会降低材料的克容量,但能有效提高其循环性能和结构稳定性。

钴具有强的共价键束缚作用和高的晶体场稳定能,利用 Co 取代部分 Ni 构成 LiNi$_{1-y}$Co$_y$O$_2$(0.15≤y≤0.2)正极材料,能够增强 Ni – O 键所处的晶体场能,减少 Ni 在脱锂过程中的迁移而维持晶体结构的稳定。Delmas 等[41,42]研究发现,晶体结构的 c/3a 比值随着掺杂浓度的提高呈线性变化。当掺杂浓度(y)由 0 增大至 0.4 时,c/3a 的比值由 1.643 增大至 1.652,当 y 为 0.3 时,二维层状的 Li 层中无 Ni 离子。LiNi$_{0.85}$Co$_{0.15}$O$_2$ 虽兼具 LiNiO$_2$ 和 LiCoO$_2$ 的优点,但仍然难以满足高容量循环和晶体结构稳定性要求。

非活性金属离子掺杂对于稳定 LiNiO$_2$ 晶体结构具有非常重要的作用。Delmas 等[42]采用 Fe 离子掺杂得到 LiNi$_{1-y}$Fe$_y$O$_2$,发现 Fe 离子含量增加不能显著提高材料容量和晶体结构的层状特性,主要是因为从 FeO$_6$ 八面体结构中的 Fe^{3+} 还原一个电子很难,且 Fe 的还原电位不在 LiNiO$_2$ 材料的充放电范围内,但 Fe 掺杂可通过抑制 Ni 在循环过程中的迁移提高材料稳定性。Julien C 等[43]研究了镁离子掺杂对于材料结构与性能的影响。研究发现,LiM$_{1-y}$Mg$_y$O$_2$(M = Ni,Co)正极材料中,Mg 的引入能够防止 Li 离子的完全脱出,提高材料的结构稳定性。

虽然通过钴、铁、镁等离子掺杂在一定程度上可以改善材料的性能,但是仍然不能满足使用的要求。人们通过大量研究发现,采用两种或两种以上金属元素共掺杂能更好地改进材料的循环稳定性。通过两种元素共掺杂得到两类重要 Ni 基正极材料:$LiNi_{1/3}Co_{1/3}Mn_{1/3}O_2$ 和 $LiNi_{0.8}Co_{0.15}Al_{0.05}O_2$。

1. $LiNi_{1-y-z}Mn_yCo_zO_2$ 材料

采用 Co 和 Mn 共掺杂可制备 $LiNi_{1-y-z}Mn_yCo_zO_2$ 材料。Ni、Co、Mn 在过渡金属层中混排充分利用了三种离子在层状结构的优点。Mn 作为晶体结构的骨架存在于结构之中,Ni 作为具备还原活性的离子。

通过计算 Mn^{2+}、Ni^{2+} 和 Co^{2+} 等阳离子在八面体和四面体中的晶体场稳定能发现,在八面体构型中 $Ni^{3+}(3d^7)$、$Co^{3+}(3d^6)$ 处于低轨道,$Mn^{3+}(3d^4)$ 处于高轨道。八面体的晶体场稳定能的顺序为 $Mn^{3+} < Ni^{3+} < Co^{3+}$,$Co^{3+}$ 具有最大的 OSSE(Octahedral Site Stabilization Energy)使得 Co^{3+} 难以从四面体位置迁出。所以 Co 的主要作用是稳定晶体结构、减少离子混排等。

$LiNi_{1/3}Co_{1/3}Mn_{1/3}O_2$ 具有和 $LiCoO_2$ 十分相似的 $\alpha - NaFeO_2$ 层状结构,其中过渡金属元素 Co、Ni、Mn 分别以 +3、+2、+4 价态存在。锂离子占据岩盐结构的 $3a$ 位,镍、钴和锰离子占据 $3b$ 位,氧离子占据 $6c$ 位。参与电化学反应的电对分别为 Ni^{2+}/Ni^{3+}、Ni^{3+}/Ni^{4+} 和 Co^{3+}/Co^{4+}。$LiNi_{1/3}Co_{1/3}Mn_{1/3}O_2$ 在不同温度及倍率下结构变化较小,所以材料具有很好的稳定性。合适的合成条件下,完全可以形成第一种晶型(即三种金属阳离子在过渡金属层中均匀分布),这种晶型在充放电过程中可以使晶格体积变化达到最小,能量有所降低,有利于晶格保持稳定[44]。

采用 Rietveld 结构精修对 $LiNi_{1/3}Co_{1/3}Mn_{1/3}O_2$ 正极材料晶体结构进行分析发现,材料晶体结构中仍然存在离子混排,2% 的 Ni 从 $3a$ 位迁移到 $3b$ 位取代 Li 原子,而 Co、Mn 倾向于占据晶格中过渡金属的 $3a$ 位[45]。研究发现不同的合成方法和热处理条件能够得到不同混排程度的晶体结构。

实际上,到目前为止,$LiNi_{1/3}Co_{1/3}Mn_{1/3}O_2$ 材料内部精细结构以及层间过渡金属原子的排布和作用机理还未形成统一完整的理论,限制了其结构理论在新型锂离子电池材料设计和制备中的指导作用。因此,在材料结构方面的计算和实验研究还有待进一步深入,这也将是研究者共同探索的方向。

除此之外,人们还研究了 $LiNi_{0.4}Co_{0.2}Mn_{0.4}O_2$ 和 $LiNi_{0.5}Co_{0.2}Mn_{0.3}O_2$ 等材料。$LiNi_{0.4}Co_{0.2}Mn_{0.4}O_2$ 与 $LiNi_{1/3}Co_{1/3}Mn_{1/3}O_2$ 相比,钴含量降低,锰含量增加,使产品更具有成本优势。但在钴含量降低的情况下,材料的稳定性、倍率性能和循环性能有所下降。$LiNi_{0.5}Co_{0.2}Mn_{0.3}O_2$ 与 $LiNi_{1/3}Co_{1/3}Mn_{1/3}O_2$ 相比具有更高的镍含量,可以使材料的克容量发挥得更高,提高电池的体积能量密度,是目前用量很大的三元材料。但由于化合价平衡的限制,使材料中镍有一部分以三价的形式存在,混合价态使得材料的 pH 值高达 11.2,比较容易吸水。

2. LiNi$_x$Co$_y$Al$_{1-x-y}$O$_2$ 材料

通过 Co 和 Al 共掺杂得到的 LiNi$_x$Co$_y$Al$_{1-x-y}$O$_2$ 材料兼有 LiNiO$_2$ 的高容量和理想层状结构特性。采用 Co 取代部分 Ni 能够有效提高层状结构的稳定性,同时能够提高电化学循环性能(图 2-7),由于 Al 离子并不具备电化学活性以及强的 Al-O 键能,有利于提高晶体结构稳定性。

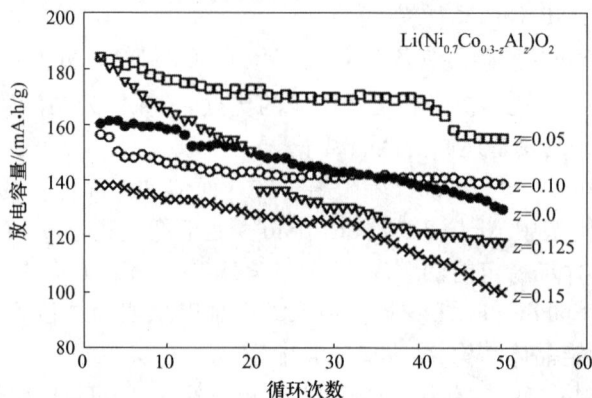

图 2-7 Ni 基正极材料不同 Co 和 Al 共掺杂充放电循环的放电比容量[55]

Madhavi 等[46,47]采用固相法合成了 LiNi$_{0.7}$Co$_{0.3-z}$Al$_z$O$_2$($0 \leqslant z \leqslant 0.2$)材料。由于三种金属阳离子的半径接近,所以随着 z 值的增大,晶胞常数 a 和 c 值并未出现较大的变化。当材料充电至 4.5V 时,全部 Ni 被氧化为 +4 价,材料的容量可达到 192mA·h·g^{-1}。通过控制 Al 掺杂量可降低材料的不可逆容量,当 z 为 0.05 时,不可逆容量由未掺杂的 35mA·h·g^{-1}降低至 30mA·h·g^{-1}。实验表明,Co 和 Al 共掺杂含量会同时影响材料的充放电比容量和循环性能,当 z 为 0.05 和 0.1 时,材料具有较高的容量和容量保持率。

采用 Ni 盐(硝酸镍或硫酸镍)、Co 盐(硝酸钴或硫酸钴)、Al(硝酸铝或硫酸铝)等为原料经两步法制备得到 LiNi$_x$Co$_y$Al$_{1-x-y}$O$_2$ 正极材料,晶体结构与 LiNiO$_2$ 相似,XRD 分析表明 Al 掺杂量的增加会促进层状结构的完整性(图 2-8)。

实际上,由于半径的不同,Al^{3+} 和 Co^{3+} 掺杂改变晶体结构中部分原子排布,进而影响晶格常数。一般情况下,掺杂主要会影响 c 值,c 值的改变直接改变为(006)、(012)和(018)、(110)的双峰逐渐变宽和峰更加明显。同时掺杂离子的引入会促进合成过程中离子的有序排布,共掺杂得到的(Ni$_{0.80}$Co$_{0.20-x}$Al$_x$O$_2$)$_n$ 层会使得 I_{003}/I_{104} 值大于 LiNiO$_2$ 的值。I_{003}/I_{104} 值会随着 x 从 0.025 到 0.050 增大而增大,主要是掺杂量的增加减少了处于 Li 层中的 Ni 的含量,降低离子混杂排布,而当 $x = 0.100$ 时 I_{003}/I_{104} 值开始减小,部分文献分析认为是掺杂原子替代 Ni 进入 Li$^+$,离子混杂程度逐渐增加的缘故。

28

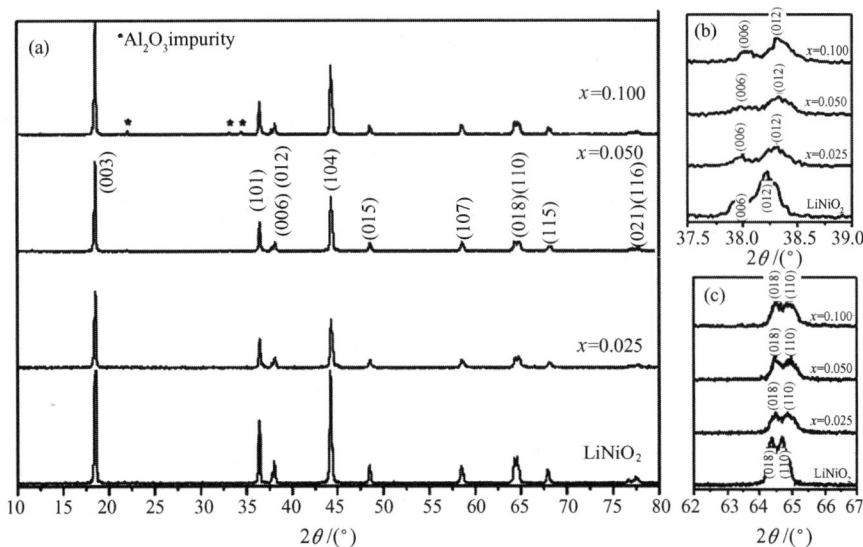

图 2-8　$LiNiO_2$ 和 $LiNi_{0.80}Co_{0.20-x}Al_xO_2$ 在不同 x 的 XRD 谱图[27]

优化工艺制备的 $LiNi_{0.8}Co_{0.15}Al_{0.05}O_2$ 材料充放电比容量达 $180mA \cdot h \cdot g^{-1}$，循环 1000 次放电比容量仍有 80% 容量，能够满足高容量和稳定循环要求。目前，$LiNi_{0.8}Co_{0.15}Al_{0.05}O_2$ 材料的研究主要集中在解决首次充放电效率低、锂层中阳离子混排、工艺合成条件要求高等问题上。特别是要同时实现 $LiNi_{0.8}Co_{0.15}Al_{0.05}O_2$ 材料兼具有高容量和高倍率性能，合成工艺条件仍需优化。

2.1.5　发展趋势

未来高容量层状三元正极材料的研究主要集中在以下几个方面：

（1）多种元素共掺杂。通过掺杂能够显著改善层状晶体结构的稳定循环性能，并获得高充放电比容量的正极材料。在三元正极材料的基础上引入更多的元素继续掺杂，构成四元或多元正极材料。如采用 Cr 取代 Mn 能够提高充放电比容量，Li 离子能够实现完全脱出。

（2）表面包覆。通过表面包覆等方式能改善三元正极材料的循环性能。表面包覆主要是用金属氧化物（Al_2O_3、ZnO、ZrO_2 等）修饰三元材料表面，使材料与电解液机械分开，减少材料与电解液副反应，抑制金属离子的溶解，优化材料的循环性能。同时表面包覆还可以减少材料在反复充放电过程中材料结构的坍塌，对材料的循环性能是有益的。

（3）形成固溶体结构。在层状正极材料中结合其他晶体结构材料形成固溶体结构，充分利用不同晶体结构的晶格特性，在充放电过程中不同相互补偿微观应变实现宏观晶体结构稳定，实现稳定循环，满足应用需求。

2.2 富锂锰基正极材料

2.2.1 概述

富锂锰基材料最早在1997年由Numata等[48]率先报道,他们提出了Li_2AO_3·$LiMO_2$固溶体概念,并研究了Li_2MnO_3·$LiCoO_2$固溶体复合物的电化学性能,发现当电压充到4.3 V时,引入Li_2MnO_3能显著提高材料的循环性能。

早期的研究发现,Li_2MnO_3电化学活性很差,所含的4价锰离子很难进一步氧化,因此认为Li_2MnO_3是惰性的,在复合物中仅仅起到稳定材料的结构、提高其循环性能和其他电化学性能的作用。随着研究的逐渐深入,人们发现将Li_2AO_3·$LiMO_2$正极充电至4.5 V以上,这类材料会出现一个新的充电平台,且获得超过$250mA·h·g^{-1}$的放电容量。该容量高于按$LiMO_2$这一部分中过渡金属元素的氧化还原计算所获得的值,说明高电压下固溶体正极有着新的充放电机制。

高可逆容量、新结构和新的储锂机制吸引了研究者的浓厚兴趣,Li_2MnO_3与层状$LiMO_2$($M = Ni_{1/2}Mn_{1/2}$,$Mn_xNi_yCo_{(1-x-y)}$等)形成的富锂锰基材料成为近年来锂离子电池正极材料的研究热点之一,人们对其结构、充放电机制、合成和改性方法进行了大量深入的研究。

2.2.2 主要结构与特点

富锂锰基Li_2MnO_3·$LiMO_2$材料是由Li_2MnO_3和$LiMO_2$两种组分构成,这两种组分同属于空间群R3m的$\alpha-NaFeO_2$层状结构,如图2-9所示。

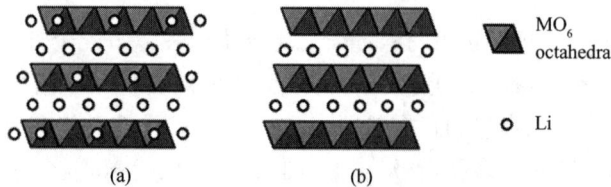

图2-9 层状结构的Li_2MnO_3和$LiMO_2$[49]
(a)Li_2MnO_3;(b)$LiMO_2$。

如将Li_2MnO_3的化学式改写为$Li[Li_{1/3}Mn_{2/3}]O_2$,可以看到$\alpha-NaFeO_2$中的Na^+位被Li^+占据,氧离子呈立方紧密堆积;2/3的Fe^{3+}位被Mn^{4+}占据,剩余的Fe^{3+}则被Li^+所占据,形成$LiMn_2$层。$LiMn_2$层的堆积顺序差异致不同的空间结构的出现,大多情况下,Li_2MnO_3的点阵群由R3m转变成单斜晶系C2/m。如图2-10(a)所示[49],在Li_2MnO_3的理想结构中,每个LiO_6八面体都被周围的6个MnO_6八面体所包围,在过渡金属层形成$LiMn_6$的超晶格结构,这种超结构是Li_2MnO_3晶格的结构单元和结构特征,在 XRD 谱图上表现为位于 21°~25°间的弱峰。

从宏观结构来看,$LiNi_{1/2}Mn_{1/2}O_2$ 和 $LiNi_{1/3}Mn_{1/3}Co_{1/3}O_2$ 都属于 $\alpha-NaFeO_2$ 型层状结构,但两者在微观结构上又有所不同。如图 2-10(b)所示,在 $LiNi_{1/2}Mn_{1/2}O_2$ 中,由于 Li^+ 和 Ni^{2+} 半径相近,因此在过渡金属层中,Ni^{2+} 与锂层中的 Li^+ 发生离子交换,发生阳离子混排。理论和计算研究证实,约有 8% 的 Li^+ 会占据过渡金属层,同时有 8% 的 Ni^{2+} 占据锂层。因此,$LiNi_{1/2}Mn_{1/2}O_2$ 的实际结构应为 $Li_{0.92}Ni_{0.08}[Mn_{0.50}Ni_{0.42}Li_{0.08}]O_2$。核磁研究结果[50]表明,过渡金属层中的 Li^+ 更倾向于被 Mn^{4+} 包围,形成局部团簇 $LiMn_6$,少量 Ni^{2+} 和 Mn^{4+} 的交换也会产生一些 $LiMn_5Ni$ 单元。而在图 2-10(d)所示的 $LiNi_{1/3}Mn_{1/3}Co_{1/3}O_2$ 结构中,则没有这种现象,Co^{3+} 离子的存在会对阳离子混排起到一定的抑制作用,过渡金属层中几乎没有 Li^+ 存在。

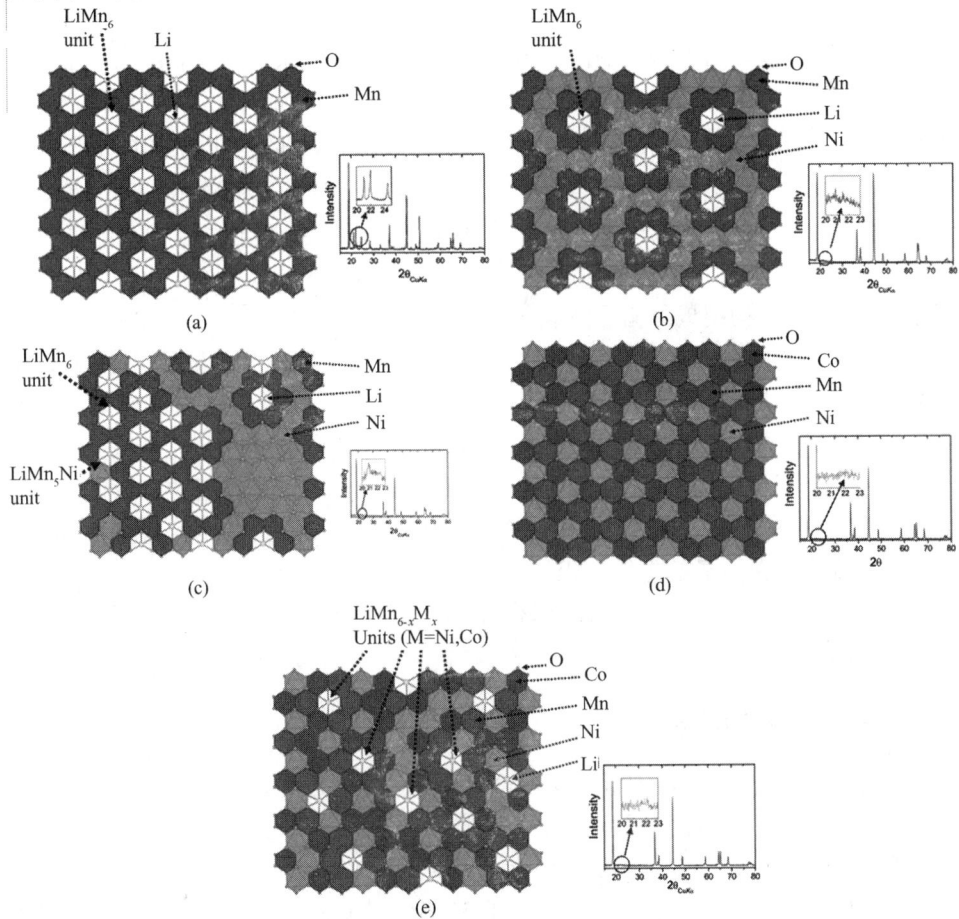

图 2-10　几种材料的结构示意图

(a) Li_2MnO_3;(b) $LiNi_{1/2}Mn_{1/2}O_2$;(c) $Li_2MnO_3 \cdot LiNi_{1/2}Mn_{1/2}O_2$;
(d) $LiNi_{1/3}Mn_{1/3}Co_{1/3}O_2$;(e) $Li_2MnO_3 \cdot LiNi_{1/3}Mn_{1/3}Co_{1/3}O_2$[49]。

当 Li_2MnO_3 与 $LiNi_{1/2}Mn_{1/2}O_2$ 或 $LiNi_{1/3}Mn_{1/3}Co_{1/3}O_2$ 形成富锂锰基复合物时,材料的结构十分复杂。如图 2 – 10(c)所示,在 $Li_2MnO_3 \cdot LiNi_{1/2}Mn_{1/2}O_2$ 中,Li^+ 的过量加剧了阳离子的混排,形成了大量的 $LiMn_6$ 和 $LiMn_5Ni$ 超晶格结构。而在图 2 – 10(e)所示的 $Li_2MnO_3 \cdot LiNi_{1/3}Mn_{1/3}Co_{1/3}O_2$ 结构中,也出现了少量的 $LiMn_{6-x}Ni_x$ 超结构。

对于富锂锰基材料的结构,现阶段仍未达成共识。其争论的焦点在于过渡金属层中阳离子排列的方式,目前主要有两种观点:一种认为 Li_2MnO_3 中的 Li^+ 和 Mn^{4+} 与 $LiMO_2$ 中的过渡金属离子能实现某种程度上的混排,两种组分实现原子的相溶,形成固溶体;另一种观点认为锂和过渡金属元素有序排列,Li_2MnO_3 组分和 $LiMO_2$ 在纳米尺度上形成两相均匀混合物。

Ammundsen 等[51,52]对 $0.6Li_2MnO_3 \cdot 0.4LiCrO_2$ 进行了延展 X 光吸收精细结构光谱(EXAFS)和锂的核磁共振(NMR)测试,发现了 Li_2MnO_3 和 Mn^{4+} 掺杂的 $LiCrO_2$ 组分富集的晶畴。Dahn 等[53,54]对 $(1-2x)Li[Li_{1/3}Mn_{2/3}]O_2 \cdot 3xLiMn_{0.5}Ni_{0.5}O_2)$ 材料的 XRD 谱进行晶格参数的计算,分析出晶胞参数的变化与组成成分的比例呈线性关系,证明了锂和过渡金属元素形成了真正的完全固溶体。Jarvis 等[55]借助扫描透射电子显微镜(STEM)、计算模拟、衍射扫描透射电子显微镜(D – STEM)等手段证实了 $0.5Li[Li_{1/3}Mn_{2/3}]O_2 \cdot 0.5LiMn_{0.5}Ni_{0.5}O_2$ 材料是由许多具有 C2/m 单斜对称结构组成的固溶体。

Ceder[56]和 Thackeray[57]等利用 HRTEM 和 NMR 等测试手段发现,富锂锰基材料结构过渡金属层中阳离子排布为短程有序,认为其是一种假性"固溶体",实则为一种纳米级的复合材料。Kikkawa 等[58]人的研究结果也支持上述说法,他们采用扫描透射电子显微镜(STEM)和电子能量损失光谱(EELS)联用,在二维空间观察 $0.5Li_2MnO_3 \cdot 0.5LiFeO_2$,发现其中的 Li_2MnO_3 和 $LiFeO_2$ 分为两相,并且锂离子在其中的脱嵌存在明显的先后过程。

综上所述,目前人们对富锂锰基材料的结构尚无明确定论,还有待更加有力的测试手段加以研究。

2.2.3 储锂机制的研究

在前文中已讨论到,富锂锰基材料可输出超过 $250mA \cdot h \cdot g^{-1}$ 的放电比容量,这一容量甚至高于按过渡金属元素的氧化还原计算所获得的值,这一现象引起了研究者的好奇。图 2 – 11 所示是富锂锰基正极的典型充放电曲线。

从图中可以看到,当充电电压低于 4.5V 时,表现为一段沿斜线上升的曲线,这一部分容量来源于过渡金属层中 Ni^{2+} 或 Co^{3+} 的氧化;当充电电压继续升高时,在 4.5 V 处出现一个很长平台。显然,这一部分容量与 Li_2MnO_3 有关。起初人们认为在 4.5 V 处,Mn^{4+} 被氧化物 Mn^{5+},但原位 XRD 测试表明,过渡金属元素在

4.5V处价态没有发生变化,因此说明,这一阶段的反应机制并不能用传统的层状嵌脱锂机制解释。同时,可以看到,富锂锰基正极材料的首次循环存在较大的不可逆容量,并且第一次和第二次循环充电曲线有明显的不同,暗示着材料在首次充电后,结构有一定的重排,因此在第二次充电时表现出迥异的充放电机制。

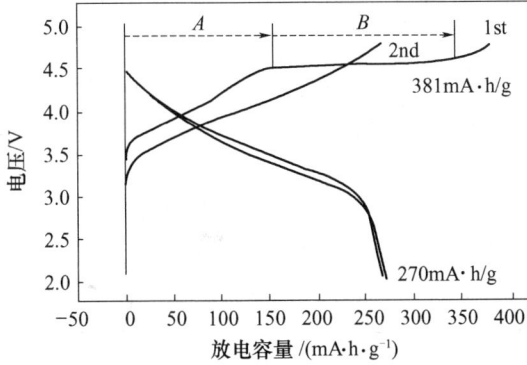

图 2-11 富锂锰基正极的典型充放电曲线

Bruce 等[59-61]提出了"质子交换机制"。他们通过热重和质谱联用技术(TGA-MS)测定了富锂锰基正极首次充电至不同阶段时的元素组成,发现材料结构中出现大量的氢元素,并且其含量与 Li^+ 的脱出量以及容量之间存在一定的对应关系。他们认为,4.5 V 平台处的容量应归因于 Li^+ 与电解液氧化分解产生的质子发生了交换。这一机制只解释了富锂锰基正极高电压下容量的可能来源,并不能从本质上解释富锂锰基材料首次充电过程中结构的变迁。

Dahn 等[53]提出"氧流失机制",认为富锂锰基材料在首次充电时,Li^+ 与 O 同时从富锂材料中脱出。Thackeray 等[62]用质谱(MS)分析富锂锰基材料常温首次充电,并未发现 $Li^+ - H^+$ 离子交换,认为富锂锰基材料首次充电过程分两步进行:

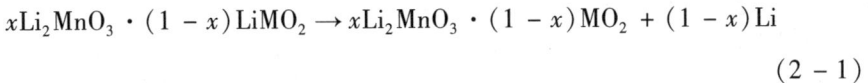

$$xLi_2MnO_3 \cdot (1-x)LiMO_2 \rightarrow xLi_2MnO_3 \cdot (1-x)MO_2 + (1-x)Li$$

$$(2-1)$$

$$xLi_2MnO_3 \cdot (1-x)LiMO_2 \rightarrow xMnO_2 \cdot (1-x)MO_2 + xLi_2O \quad (2-2)$$

第一步,当 Li^+ 脱出时,过渡金属氧化物发生氧化还原反应;第二步,当电压高于 4.5 V 时,锂层和过渡金属层共同脱 Li^+,同时锂层两侧的氧也一起脱出,脱出了 Li_2O。

Armstrong 等[63]采用原位电化学质谱和原位微分电化学质谱(DEMS)直接检测到 Li_2MnO_3 组分中 O_{2p} 键的氧化(析氧)同时伴随 Li^+ 的脱出(净脱出形式为 Li_2O);同时从中子衍射数据和 X 射线衍射数据对首次充电过程中材料的结构转变给出了相应的推理假设:首次充电至 4.5 V 以上时,当晶格中的 O^{2-} 伴随着 Li^+ 以 Li_2O 的形式脱出,为了维持电荷平衡,表层的过渡金属离子会从表面迁移到颗粒本体,占据过渡金属层中 Li⁺ 脱出时留下的八面体空位。放电时,由于 O^{2-} 脱出的空位被过渡金属离子所占据,导致脱出的 Li⁺ 不能完全回嵌至富锂锰基材料的体相晶格中,从而导致了首次循环的不可逆容量损失。由于在首次充电时,Li⁺ 从过渡金属层脱出,Ni^{2+}、Co^{3+} 等过渡金属离子占据空位导致材料的超晶格结构消失。因此在第二次充电时,4.5 V 处的平台消失,随后的充放电曲线更多地表现为传统的层状材料嵌脱锂行为。

Weill 等[64] 的电子衍射结果证实,在富锂锰基材料的首次充电过程中发生了结构重排,富锂材料由一种结构类似 $O3-LiCoO_2$ 的层状材料转变成另一种新的具有电化学活性的层状材料 MO_2。

Komaba 等[65] 借助同步加速 X 射线衍射(S – XRD)和 X 射线吸收光谱检测到当 $0.5Li_2MnO_3 \cdot 0.5LiCo_{1/3}Ni_{1/3}Mn_{1/3}O_2$ 首次充电至 4.5 V 以上时,Li 和 O 同时从晶格中脱出,导致材料结构的重组以及过渡金属离子向锂空位的迁移(图 2 – 12)。此外,他们借助飞秒二次离子质谱(TOF – SIMS)观察材料颗粒在充放电过程中表面的状态,发现充电过程中产生的 O_2 在放电时还原生成 Li_2O_2 和副产物 Li_2CO_3,沉积在颗粒的表面(图 2 – 12);而当再次充电时,Li_2O_2 和 Li_2CO_3 在 4.0V 和 4.2V 处依次发生电化学氧化分解。

但 Grey 等[66] 对上述的"氧流失机制"提出质疑:①产生的氧气并未定量,无法得知其与对应平台容量的关系;②表面的过渡金属离子是如何迁移至体相,形成具有更稳定结构的新相。他们利用异位气相色谱—质谱(GC – MS)联用仪测试富锂材料充电至 4.5 V 以上时,没有检测到 O_2 的存在,只有 CO_2 等气体。

可以看到,富锂材料的嵌脱锂机制现阶段还未被完全认知,有待进一步完善,以便与解析的实验设计与测试检测方法相结合。

2.2.4　主要合成方法

富锂锰基材料中通常含有两种或两种以上的过渡金属离子,且结构十分复杂,为了保证结构的稳定性以及过渡金属原子均匀分布,以得到预期的纯相,必须选择合适的制备方法。目前,富锂锰基材料的制备大多数采用共沉淀法,也有部分研究者采用溶胶—凝胶法、水热法、高温固相法等工艺来制备。

共沉淀法是将沉淀剂(一般为氢氧化物或碳酸盐)加入到含有过渡金属离子的溶液中,控制反应条件,使其生成形貌规整,并在原子尺度上组分混合均匀的前驱体,按配比混锂后,再于高温下锻烧可得目标产物的制备方法。其中 pH、溶液浓度、搅拌速度、沉淀的反应温度和材料的锻烧温度是制备过程中需要严格控制的关键参数,它们直接影响产物的形貌、粒径分布、纯度和电化学性能。共沉淀法可使几种过渡金属离子在溶液中充分接触,基本上能达到原子级水平,使样品的形貌易于形成规则球形,粒径分布均匀,从而保证最终的产物电化学性能稳定。因此此类方法是当前制备富锂复合材料的最常见方法。

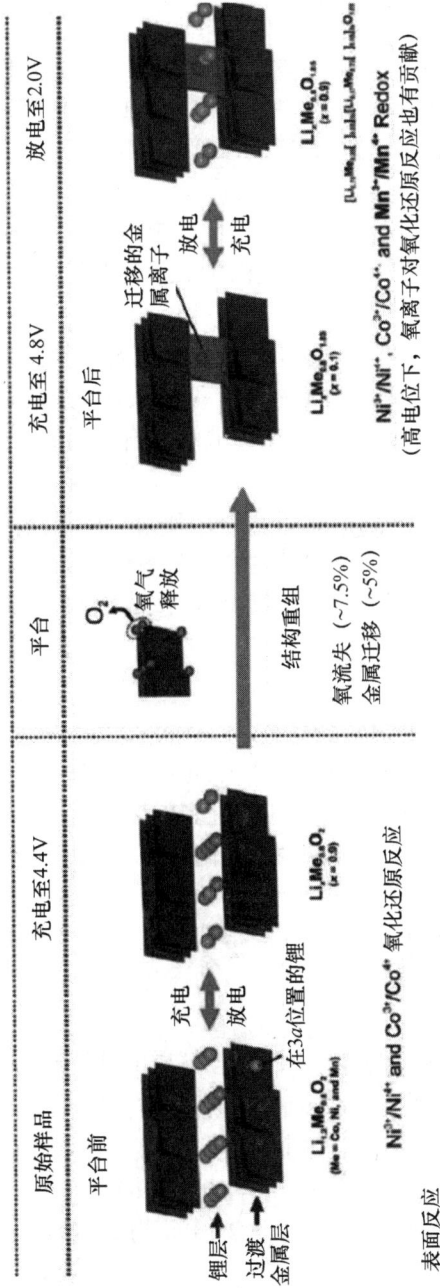

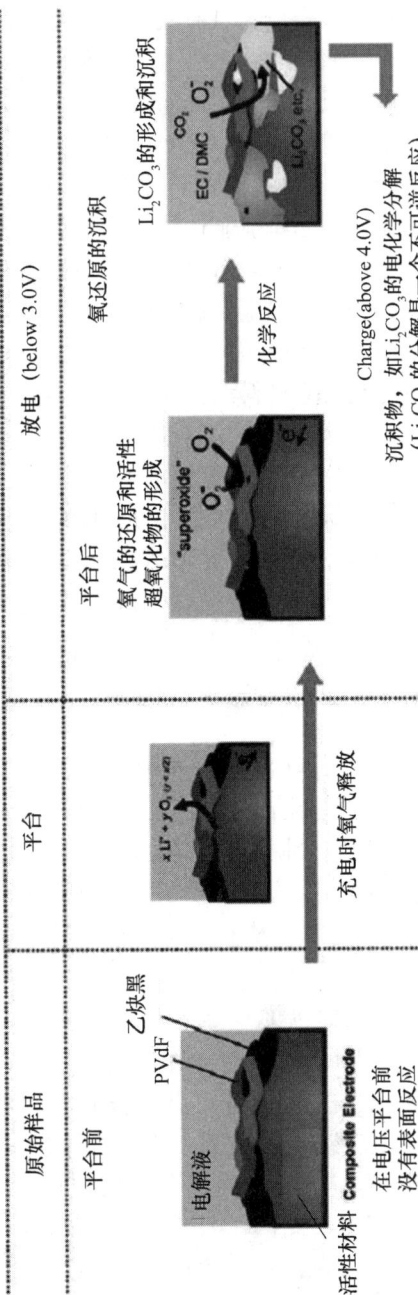

图2-12 富锂锰基正极可能的充放电机制示意图[65]

溶胶—凝胶法是将金属离子盐溶液与络合剂混合均匀,并控制条件使其充分络合,得到均匀的溶胶系统;再控制条件使其进行缩合、水解和酯化反应,使溶胶小颗粒慢慢聚合成为具有三维网络结构的凝胶系统。凝胶再进行干燥、预烧、高温烧结,即可制备出纯相高、成分分布均匀、化学计量比精确的目标产物,并在一定程度上可降低反应的时间和温度。溶—胶凝胶法虽可合成电化学性能优良的材料,但产物的形貌不易控制,通常需要消耗大量较昂贵的有机酸或醇,成本较高,不适于大规模生产,目前仅限于实验室研究。

水热法是将前驱体盐溶液与水在一定的温度和压力进行反应,并生成目标化合物粉体的方法。水热法具有物相均一、粒径小、过程简单的特点。但是这种方法比较适合于实验室合成,难以用于大规模生产。

高温固相法是工业化生产中最为常见的方法,其制备流程简单、易于控制。主要过程是将原材料混合均匀后,直接在所需要的气氛中进行高温锻烧得到最终产物。但是此类方法在制备富锂锰基材料时有易出现杂相的缺陷,所得产物的电化学性能较差,所以在富锂锰基材料的制备上应用较少。

综上所述,共沉淀法仍是目前实验室最理想的制备富锂锰基固溶体材料的工艺。同时,由于共沉淀法制备球形氢氧化镍和传统镍钴锰三元材料前驱体的工艺已经成熟,通过参数的调整和控制,应该可以很好地用于富锂锰基正极材料的大规模生产制备。

2.2.5 研究进展

尽管富锂锰基正极材料的比容量相比传统的过渡金属氧化物、聚阴离子化合物、尖晶石型化合物等正极材料有较大的提升,但仍存在着许多问题,如首次循环的不可逆容量损失、倍率性能差、循环过程中的结构不稳定、高电压下电极材料与电解液之间以及电解液自身的副反应等。针对这些问题,科学工作者通过表面包覆、体相掺杂、结构和形貌控制等多种改性方法,以期提高富锂锰基正极材料的电化学性能。

1. 表面包覆

锰基正极材料的一个共有问题是 Mn 极容易被 $LiPF_6$ 基电解质的分解产物 HF 所腐蚀,造成材料结构的不稳定和容量的急剧衰减。表面包覆能够有效减少活性物质与电解液的直接接触反应,抑制首次充电结束时氧空位的消失,从而可以提高材料的循环稳定性。常见的包覆层包括 Al_2O_3、ZrO_2、TiO_2、SiO_2、ZnO、V_2O_5、$Al(OH)_3$、AlF_3、$AlPO_4$、$Co_2(PO_4)_3$、$Li-Ni-PO_4$ 等金属氧化物、氢氧化物、氟化物或磷酸盐。

Manthiram 等[67]采用 3% Al_2O_3 对 $Li[Li_{0.2}Mn_{0.54}Ni_{0.13}Co_{0.13}]O_2$ 进行包覆,获得的材料首次放电比容量可从 253 mA·h·g^{-1} 提高到 285mA·h·g^{-1},首次不可逆容量从 75mA·h·g^{-1} 下降到 41mA·h·g^{-1},50 次循环容量保持率从 90% 提高到 94%。北京理工大学的吴锋等[68]在 $Li[Ni_{0.2}Li_{0.2}Mn_{0.6}]O_2$ 颗粒表面包覆了厚约

20 nm 的 MnO_x，包覆后，材料的放电比容量、倍率性能和循环性能都有很大的提升：首周放电比容量在 $300mA \cdot h \cdot g^{-1}$ 左右，首周库仑效率高达 90.2%，在 $1C$ 和 $2C$ 的电流密度下，放电比容量分别为 $238mA \cdot h \cdot g^{-1}$ 和 $222mA \cdot h \cdot g^{-1}$。厦门大学杨勇等[69,70]分别用 TiO_2 和 AlF_3 对 $Li[Li_{0.2}Mn_{0.54}Ni_{0.13}Co_{0.13}]O_2$ 进行表面包覆，将其首次放电比容量从 $250mA \cdot h \cdot g^{-1}$ 左右提高到 $270mA \cdot h \cdot g^{-1}$ 左右，不可逆容量损失则分别减少了 21 和 $27mA \cdot h \cdot g^{-1}$。

由于富锂锰基正极中富含绝缘相 Li_2MnO_3，导致材料的电子导电性较差。通过在外层包覆或反应形成具有较高电子电导的包覆层，不仅有利于抑制表面副反应，还可提高材料的倍率性能。

Thackeray 等[71]采用 $Li-Ni-PO_4$ 对 $0.5Li_2MnO_3 \cdot 0.5LiNi_{0.44}Co_{0.25}Mn_{0.31}O_2$ 进行表面包覆，材料在 $1C$ 的放电比容量可达到 $200mA \cdot h \cdot g^{-1}$，相比未包覆材料（约 $170mA \cdot h \cdot g^{-1}$）有大幅提高。他们认为，在材料表面可能生成了诸如 Li_{3-x}-$Ni_{x/2}PO_4$ 等固相离子导体，不仅包覆保护体相材料，还增加了离子电导率，从而提高了材料的倍率性能。Manthiram 等[72]采用 $AlPO_4$ 包覆 $Li[Li_{0.2}Mn_{0.54}Ni_{0.13}Co_{0.13}]O_2$ 后，经过电化学反应，Al 扩散到电极材料晶格内部与氧形成很强的 $Al-O$ 键，抑制了电极材料结构中 O 离子空位的扩散，更好地保留氧离子空位，减少不可逆容量损失。同时，在电极材料表面生成优良的锂离子导体 Li_3PO_4。

总的看来，富锂锰基材料包覆后，其首次放电比容量、倍率性能和循环性能均有一定的提高，但包覆材料的整体性能仍远未达到成品电池的要求。因此，未来需要探索更有效的改性方式或更优化的结构设计。

2. 体相掺杂

目前，对富锂锰基材料的体相掺杂主要分为 Li 位掺杂、过渡金属位掺杂和 O 位掺杂，三种方式的最终目的都是通过在材料内部产生晶格缺陷从而从根本上改良材料导电性。

美国阿贡国家实验室的 Johnson 等[73]采用离子交换法制备了钠离子掺杂的富锂锰基正极 $Li_{1.07}Na_{0.02}Ni_{0.205}Mn_{0.63}O_2$，材料循环 40 次容量几乎没有衰减，在 $15C$ 的高电流密度下仍保持有 $150mA \cdot h \cdot g^{-1}$ 的放电比容量，体现出优异的倍率性能。

过渡金属位掺杂是正极材料常见的掺杂方式。Jiao 等[74]采用溶胶—凝胶法合成了 Cr 掺杂的富锂锰基材料 $Li[Li_{0.2}Ni_{0.2-x/2}Mn_{0.6-x/2}Cr_x]O_2$ ($x=0, 0.02, 0.04, 0.06, 0.08$)，研究表明：掺杂 Cr 能降低富锂锰基材料的电化学阻抗，从而改善材料的容量和倍率性能。Park 等[75]在富锂锰基材料中掺杂适量 Al 也能降低其电化学阻抗，改善其电化学性能。

O 位掺杂在过渡金属氧化物正极的研究中有过报道，Kang 等[76,77]借鉴前人的经验对 $Li[Li_{0.2}Ni_{0.15}Co_{0.1}Mn_{0.55}]O_2$ 进行 F 掺杂改性。掺杂后的电极材料在室温下经过 40 次循环，容量几乎没有衰减，相比之下，未掺杂的容量保持率仅为 79%。高温 $55\ ℃$ 下循环，两者之间的差别更加明显，表明 F 掺杂可能是一种提高材料循环稳定性(包括高温情况下)的有效方法。他们认为,F 进入材料晶格内部取代了部分 O 位置,形成的强 F - O 键降低了在高电压下材料表面氧的活性,抑制了氧析出,提高了电极材料结构稳定性,从而提高了电极材料的循环稳定性。

3. 结构和形貌控制

富锂材料的晶粒尺寸大小和形貌对材料的循环和倍率性能会产生一定的影响,富锂材料的粒径较大,Li^+ 在脱嵌过程中的扩散路径较长,倍率性能较差;当富锂材料颗粒达到纳米级时,活性材料与电解液充分接触,并且较小的颗粒大大缩短了 Li^+ 的扩散路径,电极材料的倍率性能得到提高,但纳米材料丰富的比表面会带来更多的副反应,影响材料的循环性能。因此,如何控制材料的结构和形貌,使其既能够保持纳米材料优异的动力学性能,又能避免过多的表面副反应是富锂锰基材料的研究重点。

Cho 等[78]通过水热法合成纳米线状 $Li[Ni_{0.25}Li_{0.15}Mn_{0.6}]O_2$ 材料,在 0.3 C 的首次放电比容量为 $311mA \cdot h \cdot g^{-1}$,7 C 放电比容量高达 $256mA \cdot h \cdot g^{-1}$,显示了较好的倍率性能。Kim 等[79]通过离子交换方法合成纳米片状的 $Li_{0.93}[Li_{0.21}Co_{0.28}Mn_{0.51}]O_2$,在 0.1 C 条件下,首次放电比容量为 $258mA \cdot h \cdot g^{-1}$,经 30 次循环后容量保持率为 95%,在高倍率 4 C 下,其容量保持在 $220mA \cdot h \cdot g^{-1}$ 左右,显示了较高的倍率性能和较好的循环稳定性。厦门大学孙世刚等[80]通过水热法合成了沿(010)面生长并垂直于(001)面和(100)面晶体结构的纳米片状的 $Li(Li_{0.17}Ni_{0.25}Mn_{0.58})O_2$ 材料(图 2 - 13),其厚度为 5 ~ 9 nm。在高倍率 6C 下,首次放电比容量达到 $200mA \cdot h \cdot g^{-1}$ 左右,经 50 次循环后容量保持在 $186mA \cdot h \cdot g^{-1}$,显示了较好的电化学性能。Qiu 等[81]通过多组分自组装方法制备了具有单斜结构的 $Li[Li_{0.2}Mn_{0.54}Ni_{0.13}Co_{0.13}]O_2$ 纳米片,首次放电比容量为 $277.4mA \cdot h \cdot g^{-1}$,首周库仑效率高达 87.3%,循环 100 次后容量率保持为 95.3%,表现出良好的电化学性能。

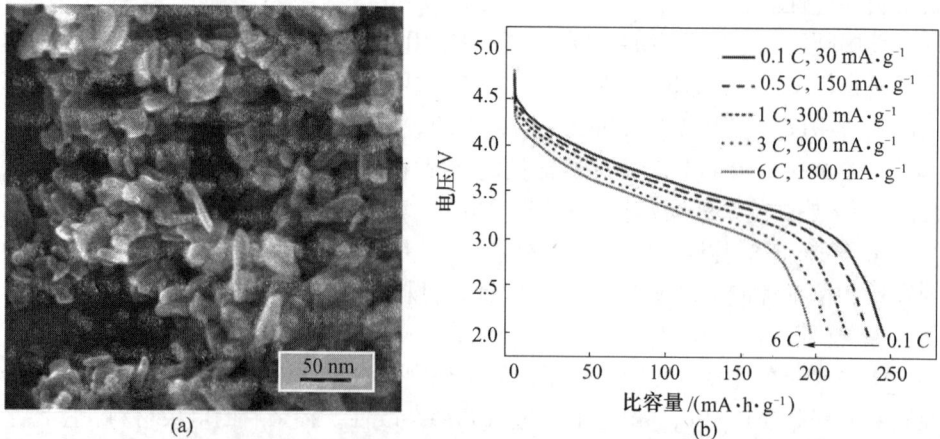

图 2 - 13　纳米片状 $Li(Li_{0.17}Ni_{0.25}Mn_{0.58})O_2$ 的 SEM 照片和放电曲线

尽管富锂锰基正极材料的兴起仅有几年时间,但它的产业化应用已提上日程。2008 年,美国国家能源部阿贡国家实验室与日本 Toda Kogyo 公司合作开发该产品,该公司认为,这一材料可以解决目前锂离子电池在性能上遇到的问题。2009 年 6 月,阿贡授权著名化学公司巴斯夫(BASF)对该正极材料大规模产业化,BASF 战略性地认为,该材料将在未来的锂离子电池正极材料的市场中占有主导性的地位,并与通用汽车合作生产汽车用动力锂离子电池。2012 年,美国 Envia Systems 宣称通过组合使用固溶体类正极材料 $Li_2MnO_3 - LiMO_2$(M = Ni、Mn、Co 等)和 Si - C 基负极材料(由硅合金和碳炭材料构成),可实现 $400W \cdot h \cdot kg^{-1}$ 能量密度的锂离子充电电池,并公布了 45 Ah 层压型电池单元的测试结果:放电深度(DOD)为 80% 时,1/20C 放电可实现 $430W \cdot h \cdot kg^{-1}$ 的能量密度,1/3C 放电可实现 $392W \cdot h \cdot kg^{-1}$ 的能量密度。在采用扣式电池单元的试验中发现,电池 300 次循环后仍能确保 91% 的容量保持率。该公司计划在 2014 年实现固溶体类正极材料与 Si - C 基负极材料相结合的锂离子充电电池的实用化。届时力争达到 $400W \cdot h \cdot kg^{-1}$ 的能量密度。

2.2.6　发展趋势

综上所述,富锂锰基材料展现了良好的发展潜力和应用前景,是发展下一代 $300W \cdot h \cdot kg^{-1}$ 甚至 $400W \cdot h \cdot kg^{-1}$ 高容量锂离子二次电池的首选正极,但要大规模应用,该材料尚有很多问题有待解决。如在反应机制方面,首次充电过程中氧究竟以何种形式脱出,脱出后其是否参与后续的充放电循环;同时,目前的理论研究大部分集中于首次充电过程,对于应用中更重要的后续循环缺乏研究和阐述。

根据目前的理论,经过首次充电脱锂之后,表面过渡金属离子扩散至体相占据锂空位,超晶格结构消失,那么在接下来的充放电过程中,其脱嵌锂机制是否与传统层状过渡金属氧化物正极材料相似?如果是,那么该材料如何保证深度脱嵌锂状态下结构的稳定性?同时,如果说由于充电过程中 Mn 离子向锂层中的锂空位迁移引起材料的结构向尖晶石型转变,由此而导致放电电压的下降,那么在后续循环中电压的持续下降是否由锂空位的持续增多和 Mn 离子的持续迁移造成的,还是应归因于电解液对 Mn 的侵蚀,发生歧化反应,引起 Mn 价态的降低?

针对以上问题,需要发展有力的测试手段,如一些电化学现场 TEM、MS 等加以研究。只有从根本上掌握富锂锰基正极的结构和电化学反应机制,才能对症下药,提出改进措施,进而开发工业化技术,从基础理论和实际应用两方面来推动富锂锰基正极材料的进一步发展。

2.3　正硅酸盐正极材料

2.3.1　概述

近年来,聚阴离子型正极材料因具有原料丰富、安全性好、环境友好等优点而被认为是可能取代过渡金属氧化物正极材料的新型正极。其中,$LiFePO_4$产业在我国备受重视、发展迅猛,现已成为我国电池工业界的首推正极材料。

尽管$LiFePO_4$被认为是一类颇具发展前景的正极材料,但其理论比容量仅为170mA·h·g^{-1},难以满足新一代大容量锂离子电池的需求。与磷酸盐$LiMPO_4$相比,正硅酸盐Li_2MSiO_4在形式上可以允许2个Li^+的交换,理论比容量大于330mA·h·g^{-1},是一种新型的多电子嵌入反应正极材料。

在Li_2MSiO_4系列中,研究较早且较深入的有Li_2FeSiO_4和Li_2MnSiO_4正极材料。根据理论计算,Li_2FeSiO_4和Li_2MnSiO_4的充放电平台均在4.6V以下,而Li_2CoSiO_4和Li_2NiSiO_4由于具有较高的充放电平台($>4.8V$),超出目前电解液的实际工作窗口,且Co、Ni资源稀缺,因此对这两类材料的研究较少[82]。

2000年,Armand[83]首先提出了以[SiO_4]四面体为聚阴离子基团的正硅酸盐材料作为锂离子电池正极材料的可能性。直到2005年,Nyten等[84]才首次报道了具有电化学活性的Li_2FeSiO_4正极材料,该材料是采用固相法制备,属于正交晶系的$Pmn2_1$空间群。自此,正硅酸盐系列材料开始引起了人们的关注。2006年,Dominko等[85]首先报道了Li_2MnSiO_4的电化学性能,并提出Li_2MnSiO_4的结构与Li_2FeSiO_4同属$Pmn2_1$空间群。

此后,关于Li_2FeSiO_4和Li_2MnSiO_4的结构、合成方法和改性研究的文献报道逐渐增多,其电化学性能也在不断改善。2007年,Gong等[86]最先报道采用水热辅助溶胶—凝胶法制备了Li_2CoSiO_4材料,并研究了其电化学性能。Li_2NiSiO_4由于充放电平台过高($>5.0V$),目前尚无文献报道。

2.3.2　Li_2FeSiO_4正极材料

1. Li_2FeSiO_4的结构和特点

Li_2FeSiO_4的结构比较复杂,在不同制备条件下产物的结构不相同。目前关于Li_2FeSiO_4的结构有以下几种看法。

Nyten等[84]认为Li_2FeSiO_4属于正交晶系的$Pmn2_1$空间群,其具有与β-Li_3PO_4相似的结构,晶格常数为$a=0.62853$ nm,$b=1.06592$ nm,$c=0.50367$ nm。Nishimura等[87]认为Li_2FeSiO_4属单斜晶系的$P2_1$空间群,晶格常数为$a=0.822898$nm,$b=0.502002$ nm,$c=0.823335$ nm,$\beta=99.2027°$。

Sirisopanaporn 等[88]认为在 900℃ 下制备的 Li_2FeSiO_4 属于与 Li_2CdSiO_4 同构的 Pmnb 空间群，晶格常数为 $a = 0.62853$ nm，$b = 1.06592$ nm，$c = 0.50367$ nm。并且他们认为随着热处理温度的变化，这些晶型之间会发生相互转变。不同晶型结构的 Li_2FeSiO_4 的结构示意图如图 2 – 14 所示。

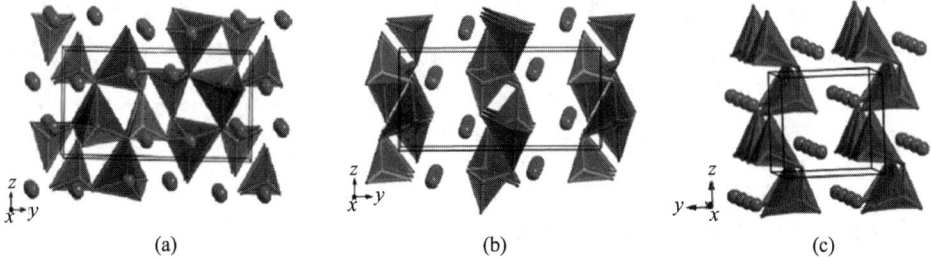

图 2 – 14　(a)Pmnb 晶型,(b)P2₁/n,(c)Pmn2₁ 的 Li_2FeSiO_4 的晶体结构示意图,
绿色代表 Li,红色代表 FeO4,灰色代表 SiO4

Nyten 等[89]利用原位 XRD 技术和穆斯堡尔光谱仪研究了 Li_2FeSiO_4 的脱嵌锂机理。研究发现，Li_2FeSiO_4 在充放电循环中，锂离子在 $LiFeSiO_4$ 和 Li_2FeSiO_4 两相之间转移，两相之间的晶胞体积相差不到 1%，这说明在充放电过程中 Li_2FeSiO_4 的体积变化很小，这可能是该材料具有较好的循环性能的原因之一。穆斯堡尔谱和 XRD 实验结果显示，在首次循环过程中，晶体中产生了结构的重组，部分占据 4b 位的锂离子与占据 2a 位的铁离子进行了互换，4b 位置的 Li:Fe 从 96:4 变为 40:60，导致了充电电压平台从 3.10V 降到了 2.80 V，如图 2 – 15 所示。离子的重排使得晶体结构由亚稳态向稳态转变，从而保持了稳定循环性能。

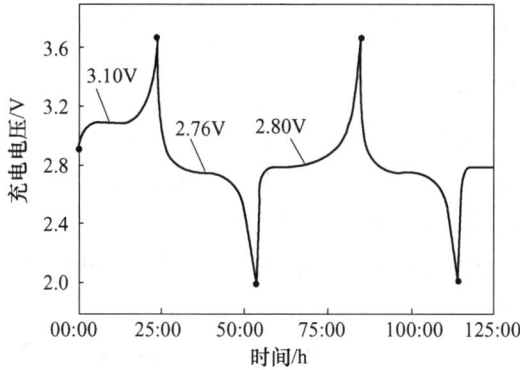

图 2 – 15　Li_2FeSiO_4 的充放电曲线

Larsson 等[90]研究发现，Li_2FeSiO_4 正极材料属于一种半导体材料，电子禁带为 0.15 eV，在室温时导电性较差，其电子电导率大约为 6×10^{-14} S·cm^{-1}，在 60℃ 时也仅为 2×10^{-12} S·cm^{-1}。并且在充放电过程中，Li$^+$ 在 $LiFeSiO_4$ 和 Li_2FeSiO_4 两

相中的扩散系数很小,导致材料的可逆容量较低和倍率性能较差,特别是室温下材料电化学性能更差,即使以小电流充放电其放电比容量也很难达到理论比容量。

通过近年来对 Li_2FeSiO_4 的研究,人们对它的结构、充放电机理的认识不断加深,性能上也取得了较大的突破。开始人们认为 Li_2FeSiO_4 中的 Fe 理论上只存在两种价态过渡金属离子(Fe^{2+} 和 Fe^{3+}),只能可逆脱嵌一个 Li^+ ,其理论比容量为 166mA·h·g^{-1} ,因此并不将其视为高容量正极材料,此外其工作电压也较低(2.8V 左右),所以其能量密度并不太高。随着对其研究的深入,Muraliganth 等[91]发现 Li_2FeSiO_4 在 55 ℃ 下进行充放电时,其放电比容量可以达到 204mA·h·g^{-1} ,这表明 Li_2FeSiO_4 可以实现超过一个 Li^+ 的可逆脱嵌,显示出 Li_2FeSiO_4 作为高容量锂离子电池正极材料的应用潜力。

2. Li_2FeSiO_4 的主要合成方法

目前 Li_2FeSiO_4 的合成方法主要有固相法、溶胶—凝胶法和水热法,为了进一步改善 Li_2FeSiO_4 的电化学性能,后来又出现了其他的合成方法,具有代表性的有微波溶剂热法、水热辅助溶胶—凝胶法、溶液聚合法、超临界流体法等等。

固相法是材料合成中应用最为广泛的方法,具有设备和工艺简单、易于操作等优点;但缺点是能量消耗大,原料难以混合均匀,且长时间的高温处理会导致产物粒径长大,此外也容易产生杂质相。由于 Li_2FeSiO_4 的电子导电率和离子扩散系数都很低,较大的颗粒粒径会导致严重的极化,材料的高容量难以充分发挥出来,而且杂质相的存在会降低材料的电化学性能,目前采用固相法合成的 Li_2FeSiO_4 材料仅表现出有限的比容量。

溶胶—凝胶法(Sol – Gel)与传统的固相法相比,具有明显的优势,在材料合成领域应用较为广泛。这种方法可实现原子或分子程度的均匀混合,因此反应温度较低,合成时间较短,并且产物粒径可达到纳米级,比表面积较大,粒度分布较窄,合成的产物较纯。但这种方法也有它的缺陷,如干燥过程时收缩较大、工业化难度大、合成周期较长、难于控制等。目前,采用溶胶—凝胶法结合包碳处理可以得到细小均匀的 Li_2FeSiO_4/C 纳米颗粒,同时也能有效避免杂质相的产生,因此材料的电化学性能普遍比固相法合成的要提高很多。

水热法是将可溶性盐等原料溶解在水中,然后转移到密闭的水热釜中,利用水热釜产生的高温高压合成最终产物。由于氧气在水热体系中的溶解度很小,因此水热法合成材料时不需要惰性气体保护,同时高温高压条件下可以制备出高比表面积的纳米颗粒,并且可以控制产物的微观形貌。但此方法对于设备的要求比较高,只限于少量的粉体制备,因此难以实现大规模生产。采用水热法合成 Li_2FeSiO_4 材料,不仅合成温度大大降低,合成材料的粒径也可以达到纳米级,并且材料的形貌和粒径容易调控,合成过程中也不用惰性气氛保护,因此得到了研究者广泛的采用。

3. Li₂FeSiO₄ 的研究进展

2005 年，Nyten 等[84]采用传统的固相反应法制备了具有电化学活性的
Li_2FeSiO_4 正极材料，他们将 $FeC_2O_4 \cdot 2H_2O$ 与 Li_2SiO_3 作为原料，与碳气凝胶混合
球磨后在 CO/CO_2 的气氛中 750℃ 加热，得到 Li_2FeSiO_4 正极材料，在 60℃ 下 2.0 ~
3.7 V 区间内以 C/16 充放电，放电比容量稳定在 140mA·h·g⁻¹。

Dominko 等[86]以纳米 SiO_2、LiOH 以及 $FeCl_2 \cdot 4H_2O$ 作为原料，在不锈钢材质
的高压反应釜中 150℃ 下恒温反应 14 天后，得到了绿色的粉末，再经过洗涤干燥
后得到 Li_2FeSiO_4 粉体。Gong 等[92]采用水热法制备了纳米颗粒 Li_2FeSiO_4，粒径大
小为 40~80nm，C/16 倍率条件下，放电比容量为 160mA·h·g⁻¹，5C 和 10C 倍率
条件下，放电比容量分别为 91mA·h·g⁻¹ 和 78mA·h·g⁻¹，50 次循环后无容量
损失。

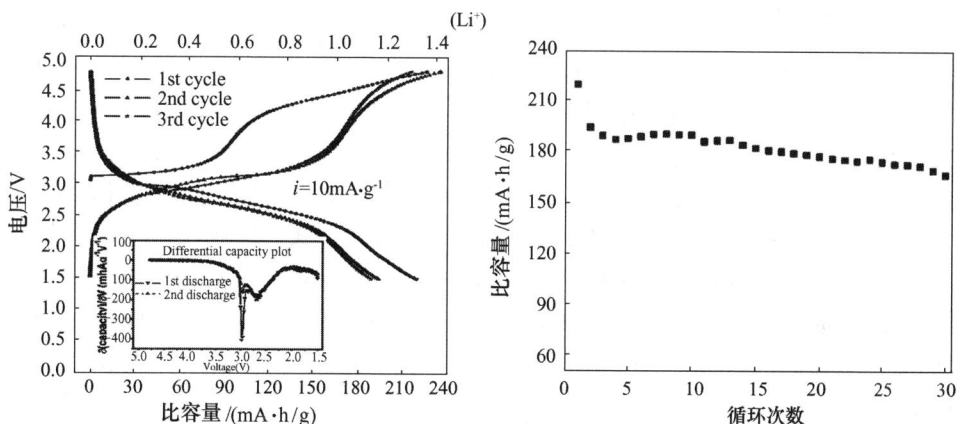

图 2-16　溶液聚合法制备的 Li_2FeSiO_4/C 材料的充放电曲线和循环性能曲线

Dominko 等[93]以柠檬酸铁、CH_3COOLi、SiO_2 粉末和柠檬酸、乙二醇为原料，通
过改性的溶胶凝胶法获得前驱体，在氩气气氛下经过 700℃ 热处理合成了
Li_2FeSiO_4/C 材料，在室温下以 C/30 的小电流下首次放电比容量仅为
90mA·h·g⁻¹ 左右。Yang 等[94]以 $CH_3COOLi \cdot 2H_2O$，$FeC_2O_4 \cdot 2H_2O$ 为原料，乙
醇为溶剂，少量的乙酸作为催化剂，通过 80℃ 回流搅拌 24h 后蒸干乙醇获得前驱
体，将得到的前驱体与蔗糖通过高速球磨混合均匀，在氮气气氛下于 600℃ 保温
10h 得到 Li_2FeSiO_4/C 材料。在 1.5~4.8V 范围内，C/16 倍率下的首次放电比容
量为 136mA·h·g⁻¹，但在 2C 倍率下首次放电比容量仅为 80mA·h·g⁻¹，循环
50 次后容量衰减为 12.4%。Zheng 等[95]采用丁二酸辅助溶胶—凝胶法制备了具
有多孔结构的 Li_2FeSiO_4/C 纳米材料，在 C/2 倍率下首次放电比容量可达
176.8 mAh g⁻¹，1C 倍率下 50 次循环后还有 132.1mA·h·g⁻¹。Lv 等[96]采用改
进的溶胶—凝胶法以及原位碳包覆技术合成了 Li_2FeSiO_4/C 材料，室温下可实现

超过一个 Li^+ 的可逆脱嵌,其放电比容量达 $220mA \cdot h \cdot g^{-1}$,如图 2 – 16 所示。最近,Rangappa 等[97]采用超临界流体法制备了 Li_2FeSiO_4 超薄纳米片,在 45 ± 5℃下放电比容量能够达到 $340mA \cdot h \cdot g^{-1}$,实现了两个锂离子的可逆脱嵌。

2.3.3 硅酸锰锂材料

1. Li_2MnSiO_4 的结构和特点

Li_2MnSiO_4 的晶体结构同样比较复杂。Dominko 等[93]认为,Li_2MnSiO_4 的结构与 Li_2FeSiO_4 的 $Pmn2_1$ 结构同构,属于正交晶系,晶格常数为 $a = 0.63109nm$,$b = 0.53800nm$,$c = 0.49662nm$;根据电子衍射的结果提出 Li_2MnSiO_4 可能存在另一种 $Pmnb$ 晶型。

Politaev 等[98]则认为,Li_2MnSiO_4 属单斜的 $P2_1/n$ 晶型,晶格常数为 $a = 0.63368nm$,$b = 1.09146nm$,$c = 0.50730nm$,$\beta = 90.987°$。Arroyo – deDompablo 等[99]认为,Li_2MnSiO_4 至少由三种晶型组成:两种正交晶系 $Pmn2_1$ 和 $Pmnb$,一种单斜晶系 $P2_1/n$,并通过密度泛函理论提出,$Pmnb$ 晶型比 $Pmn2_1$ 晶型和 $P2_1/n$ 晶型更加稳定。

Gummow 等[100]采用固相法合成了 $Pmnb$ 晶型的 Li_2MnSiO_4 并通过结构精修计算了其晶格常数为 $a = 0.630694nm$,$b = 1.075355$ nm,$c = 0.500863nm$,但是所合成的这种结构的 Li_2MnSiO_4 的可逆容量非常低。Sirisopanaporn 等[88]研究认为,Li_2MnSiO_4 的结构与合成温度有着密切联系:在 880℃以下合成的为 $Pmn2_1$ 晶型,在 880℃以上合成的则为 $P2_1/n$ 晶型。最近,Duncan 等[101]通过离子交换法制备了一种属于 Pn 空间群的新的晶型的 Li_2MnSiO_4,并采用密度泛函理论计算了这种新晶型的结构参数和原子占位。这种晶型的 Li_2MnSiO_4 的脱锂电位为 3.8 V,低于的 $Pmn2_1$ 晶型的 4.2 V,其实际放电比容量与 $Pmn2_1$ 晶型的相当,循环稳定性比 $Pmn2_1$ 晶型的略好。图 2 – 17 所示分别为 $Pmn2_1$ 晶型、$P2_1/n$ 晶型、$Pmnb$ 晶型和 Pn 晶型的 Li_2MnSiO_4 的晶体结构示意图以及相应的 XRD 图谱。

目前,所合成的 Li_2MnSiO_4 普遍都属于 $Pmn2_1$ 晶型。在 $Pmn2_1$ 晶型中,Li_2MnSiO_4 结构中的[SiO_4]四面体和[MO_4]四面体形成层状骨干结构,[SiO_4]四面体呈周期性重复排列,[SiO_4]四面体的各顶角之间不直接连接,而是与相邻的[MO_4]四面体通过共顶点 O^{2-} 连接,形成在二维空间上无限延伸的层,为 Li^+ 的"脱嵌/嵌入"提供了良好的通道。但由于 Li – O 键的键能高,导致 Li^+ 脱嵌困难,离子扩散和电子传输极其慢。

Kokalj 等[103]通过实验和理论计算相结合,得出 Li_2MnSiO_4 在室温下电子导电率为 $\sim 10^{-16}S \cdot cm^{-1}$,即使在 60℃时也仅为 $3 \times 10^{-14}S \cdot cm^{-1}$,比 Li_2FeSiO 还低 2 个数量级。Li_2MnSiO_4 可实现两电子可逆脱嵌反应,第一个锂离子脱出时的电位为 4.2 V,第二个锂离子脱出时的电位为 4.5 V。但是从材料的充放电曲线来看,

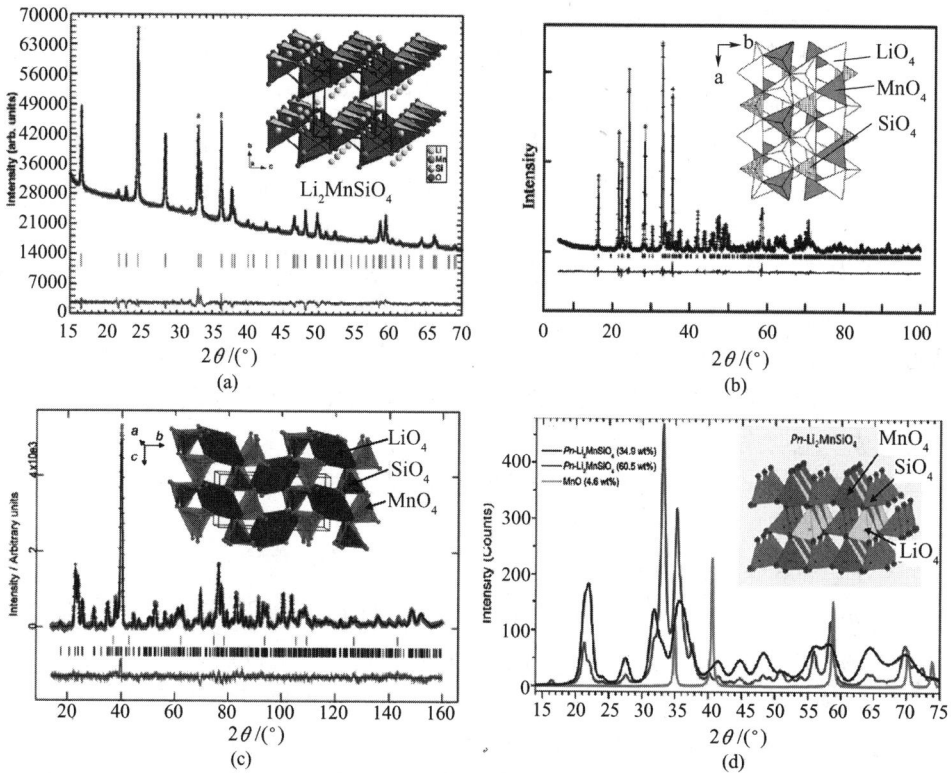

图 2-17 （a）Pmn2₁ 晶型；（b）P2₁/n 晶型[102]；（c）Pmnb 晶型和（d）Pn 晶型
的 Li₂MnSiO₄ 晶体结构示意图以及相应的 XRD 图谱

由于材料本身的电子导电率极低，极化非常严重，看不出明显的充放电平台。而且，从循环伏安曲线上也很难观察到明显的氧化还原峰。极低的电子导电率和锂离子扩散系数导致了 Li_2MnSiO_4 的可逆容量较低和倍率性能较差，即使以小电流充放电其放电比容量也很难达到理论比容量。

除了电子导电率极低外，Li_2MnSiO_4 在循环过程中结构会发生不可逆变化，导致其循环容量衰减严重。Dominko 和 Yang 小组均采用非原位 XRD 技术研究了不同脱嵌锂状态下 Li_2MnSiO_4 材料的晶体结构，发现在锂离子从 Li_2MnSiO_4 逐步脱出的过程中，材料的衍射峰逐渐消失，表明 Li_2MnSiO_4 材料由晶态向无定形态转变，这种转变也导致了容量的快速损失。Kokalj 等通过实验分析和密度泛函理论计算证实了 Li_2MnSiO_4 很难在电化学循环过程中脱出 1 个以上的锂离子，并发现 Li_2MnSiO_4 大量脱出锂离子时，结构将发生坍塌，并且向无定形态转变。程琥等[104]通过对 Li_2MnSiO_4 的固体核磁共振谱研究表明，该材料经过多次循环后晶相结构逐渐发生分解，分解产物可能为 Li_2SiO_3 和 MnO，二者均无电化学活性。

2. Li₂MnSiO₄ 的合成方法

Li₂MnSiO₄ 的制备方法主要包括固相法、溶胶—凝胶法和水热法。近年来,随着人们对 Li₂MnSiO₄ 的研究兴趣的提高,又出现了许多新的合成方法。

由于 Li₂MnSiO₄ 的电子导电率和离子扩散系数比 Li₂FeSiO₄ 的还低,产物粒径大小对材料的电化学性能影响更大,因此目前采用固相法制备 Li₂MnSiO₄ 的研究较少。

相比较于固相法,溶胶—凝胶法(Sol – Gel 法)具有多种优势,是目前合成 Li₂MnSiO₄ 最常用的方法,能够获得细小均匀的纳米粒径和较高的相纯度,也容易获得较好的碳包覆,因此所合成材料的电化学性能普遍比固相法合成的要好。

水热法最初被认为不能合成 Li₂MnSiO₄,但 Aravindan 等采用乙二醇(EG)和水做溶剂成功地合成了具有花瓣形状的 Li₂MnSiO₄。由于水热法的诸多优势,采用水热体系制备 Li₂MnSiO₄ 的研究报道也逐渐增加,此外还有微波辅助、溶剂热等改进的水热合成方法出现。

3. Li₂MnSiO₄ 的研究进展

Li₂MnSiO₄ 材料最大的缺点是其电子导电率极低,要实现这种材料的高比容量,一种途径是提高其电子导电率,目前主要通过包覆导电碳层来实现;另一种途径是对材料进行纳米化以缩短锂离子在材料中的传输距离,从而使活性材料能够得到充分利用而实现其高容量。Li₂MnSiO₄ 材料的第二大缺点是其循环容量衰减较快,根据研究,这主要是材料的结构在电化学循环过程中发生不可逆改变所致。因此,如何稳定住 Li₂MnSiO₄ 材料的晶体结构是提高其循环性能的关键。

目前,主要采用的方法是进行离子掺杂,通过掺杂其他金属离子对 Li₂MnSiO₄ 晶体中的 Li 位、Mn 位、Si 位等进行替代,从而抑制材料的结构在电化学反应过程中发生的不可逆改变。

通过添加导电剂和表面包覆碳层可大大提高 Li₂MnSiO₄ 材料的放电比容量。制备纳米结构的 Li₂MnSiO₄ 也是提高材料的电化学性能的重要手段,通常纳米化和碳包覆结合起来可使得制备的 Li₂MnSiO₄ 材料具有最佳的电化学性能。

Aravindan 等[105]以 LiOH、MnCO₃ 和 SiO₂ 为原料,以己二酸为碳源,采用传统高温固相法在 900℃ 的氩气气氛下制备了 Li₂MnSiO₄ 正极材料,通过在极片制备过程中添加大量的导电炭黑(42wt%),他们得到了稳定的循环性能,在 40 次循环后还有 140mA·h·g⁻¹ 的放电比容量。Belharouak[106] 采用全醋酸盐先驱体溶胶—凝胶法制备了 Li₂MnSiO₄ 正极材料,经过碳包覆后,在 10 mA·g⁻¹ 的倍率下,首次充放电比容量分别为 190mA·h·g⁻¹ 和 135 mA·h·g⁻¹。Li 等[107]通过溶胶—凝胶法制备了碳包覆纳米结构的 Li₂MnSiO₄ 正极材料,实现了超过 1 个 Li⁺ 的可逆脱嵌(首次放电比容量达 209mA·h·g⁻¹,相当于可逆脱嵌 1.25 个 Li⁺)。本书作者所在课题组[108]以葡萄糖为碳源,采用溶胶—凝胶法进行原位碳包覆制备了

Li$_2$MnSiO$_4$/C 材料,通过控制工艺条件,所合成的材料首次放电比容量可以达到 253.4mA·h·g^{-1}(扣除包覆碳),相当于可以可逆脱嵌 1.53 个 Li$^+$。此外,我们[109]还采用间苯二酚—甲醛辅助溶胶—凝胶法制备了 Li$_2$MnSiO$_4$/C 材料,发现当碳含量达到 30wt% 时,所合成的材料具有较好的循环性能,50 次循环后材料的容量保持率为 90.7%,非原位 XRD 测试表明,材料的晶体结构在循环过程中得到了保持。

Aravindan 等[110]采用己二酸辅助溶胶—凝胶法在优化工艺下制备出单分散的直径为 30 nm 左右的 Li$_2$MnSiO$_4$ 纳米颗粒,循环 50 次后放电比容量稳定 125mA·h·g^{-1},这是目前报道的循环性能最好的。Kempaiah 等[111]采用超临界溶剂热法制备了单分散的直径为 15 ~ 20 nm 的纯相 Li$_2$MnSiO$_4$ 纳米颗粒,经导电聚合物包覆后首次放电比容量可达到 313mA·h·g^{-1},基本实现了 2 个 Li$^+$ 的可逆反应。Rangappa 等[97]采用超临界流体法制备 Li$_2$MnSiO$_4$ 超薄纳米片,在 45 ± 5℃下首次放电比容量能达到 340mA·h·g^{-1},并且前 20 次循环后容量衰减不大。如图 2 - 18、图 2 - 19 所示。

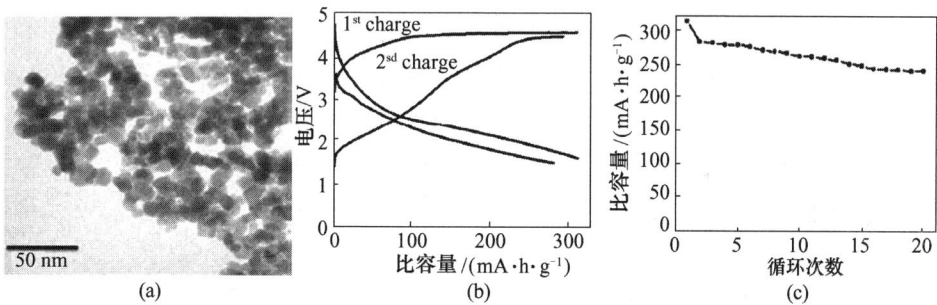

图 2 - 18　超临界溶剂热法制备的
(a) 单分散纳米 Li$_2$MnSiO$_4$ 纳米颗粒及其;(b) 充放电曲线;(c) 循环性能曲线。

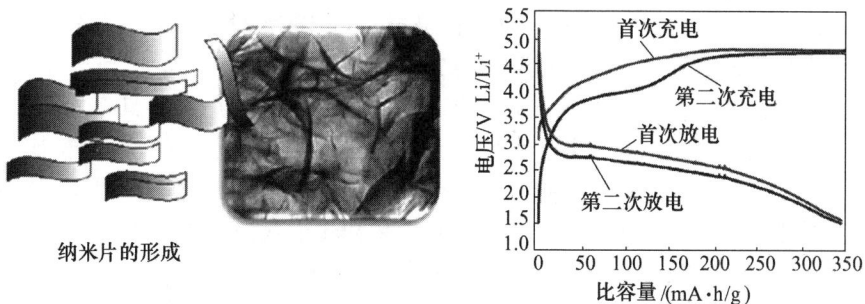

图 2 - 19　超临界流体法制备的 Li$_2$MnSiO$_4$ 超薄纳米片及其充放电曲线

Li_2MnSiO_4 材料在电化学循环过程中发生不可逆的结构变化是导致其循环性能差的主要原因,因此通过离子掺杂来抑制其结构的不可逆变化是改善其循环性能的重要途径。目前对 Li_2MnSiO_4 材料的掺杂改性研究还较少。Kokalj 等[103]通过密度泛函理论(DFT)计算表明:当过渡金属采用合适计量比的 Mn/Fe 混合物代替 Mn 时(通式为 $Li_2Mn_xFe_{1-x}SiO_4$),通过可逆电化学脱锂(大于 $1Li^+$/每个分子式)反应后其脱锂态化合物仍为电导率较高、结构相对稳定的晶体材料。

Gong 等[112]最先研究通过对 Mn 位掺杂 Fe 来改进其循环性能,采用水热辅助溶胶—凝胶法和溶胶—凝胶法合成 $Li_2Mn_{0.5}Fe_{0.5}SiO_4$,首次充放电比容量分别为 $235mA \cdot h \cdot g^{-1}$ 和 $214mA \cdot h \cdot g^{-1}$。结果表明,Fe 部分取代 Mn 能够提高材料晶体结构和[SiO_4]基团的稳定性。Kugannathan 等[113]通过原子建模和实验结合的方法指出,提高 Li_2MnSiO_4 容量的途径之一是富锂,这可以通过在 Si 位用部分三价 Al 取代来实现。刘文刚[114]通过高温固相法制备了掺杂 Al 的 Li_2MnSiO_4 正极材料,XRD 结果表明,掺杂 Al 的 Li_2MnSiO_4 在经历 10 次充放电循环后强度较高的衍射峰依然存在,而未掺杂的则全部消失。表明 Al 的掺杂有助于抑制 Li_2MnSiO_4 充放电循环过程中的非晶化倾向。

尽管 Li_2MnSiO_4 理论上容易实现两电子反应而获得高容量,但其存在的问题也是十分具有挑战性的。首先是其结构和充放电机理目前尚无定论,需要进行系统而深入的研究;其次,正硅酸盐具有复杂的多晶型结构,如何获得高纯度的晶型将是合成方法的研究重点;如何有效地提高 Li_2MnSiO_4 的电子导电率以实现高容量将是这种正极材料改性研究的重中之重;最后,如何使得 Li_2MnSiO_4 在循环过程中保持结构稳定以阻止其容量衰减更是一个重大的挑战。

2.3.4 其他正硅酸盐材料

Li_2CoSiO_4 材料具有较高的放电电位平台,理论上可以获得较高的比能量,但是其放电比容量较低。此外,钴的毒性较大、资源有限、价格高等缺点也限制了该材料的商业化应用。

Gong 等[86]最早报道了 Li_2CoSiO_4 正极材料的电化学性能。他们采用水热辅助溶胶—凝胶法合成空间群为 $Pmn2_1$ 的 Li_2CoSiO_4,晶格常数为 $a = 6.267(9)$ Å,$b = 5.370(8)$ Å,$c = 4.939(4)$ Å。电化学测试表明,Li_2CoSiO_4 材料具有 4.7V 的锂离子脱出/嵌入电位;经过球磨法包覆碳的材料实现了首次放电比容量 $93mA \cdot h \cdot g^{-1}$,比容量低且可逆性较差。Wu 等[115]在后续的理论研究中采用 Na 取代 Li 得到 $Li_{2-x}Na_xCoSiO_4$,DFT 分析表明,钠离子取代锂离子一方面使得锂离子的扩散路径变宽,提高了锂离子扩散系数;另一方面使得该材料的导带能级降低,能带间隙变窄,从而提高了材料的电子电导率。

而 Li_2NiSiO_4 脱锂电位较高,第一个脱锂电位为 4.67V,第二个脱锂电位为 5.12V,会导致电解液分解[116],因此目前还没有具体的实验研究报道。但是

Li_2NiSiO_4 在该系列材料中具有最低的能隙,理论上具有较高的电子电导率,但其脱锂态化合物结构稳定性较差。

2.3.5 正硅酸盐正极材料发展趋势

正交晶系的正硅酸盐正极材料在近几年的研究发展中取得了很大进展,显示了极大的研究价值和应用前景。随着对 Li_2FeSiO_4 和 Li_2MnSiO_4 研究的不断深入,其容量和循环性能将得到较大的突破,这类正硅酸盐正极材料也将在未来的高比能量正极材料中占有一席之地。

尽管正硅酸盐正极材料近几年得到了较快的发展,但其从实验室阶段进入到实际应用阶段,还必须要解决以下一些问题:

(1)从目前的文献报道,正硅酸盐材料具有复杂的多晶型,如何制备出纯相的 Li_2FeSiO_4 和 Li_2MnSiO_4 将是材料合成的研究重点。

(2)Li_2FeSiO_4 和 Li_2MnSiO_4 都具有极低的电子导电率,这严重影响了其比容量和倍率性能的提高,如何有效提高 Li_2FeSiO_4 和 Li_2MnSiO_4 的电子导电率将是这两种正极材料改性研究的重中之重。

(3)相比较于 Li_2FeSiO_4,Li_2MnSiO_4 还存在着充放电过程中结构不稳定的问题,如何解决 Li_2MnSiO_4 的循环容量衰减问题将是其能否得到实用的关键之一。

(4)如何降低制备成本,尽管 Fe、Mn、Si 等元素丰富廉价,但目前实验室制备 Li_2FeSiO_4 和 Li_2MnSiO_4 都是价格较贵的有机物原料,因此,采用低成本的先驱体原料和合成方法对于正硅酸盐材料走向实用化是非常重要的。这些问题对于科研人员都是巨大的挑战,需要进行系统而深入的研究。

2.4 钒系化合物

2.4.1 概述

锂钒化合物作为锂离子蓄电池正极材料,具有成本低、无环境污染、比容量大等特点,有望成为新一代锂离子蓄电池正极材料。目前,锂钒化合物系列的研究已引起了人们的关注。

钒系化合物正极材料按照元素组成主要可以分为钒系氧化物材料和钒系磷酸盐材料两大类。钒系氧化物 Li_xVO_2、$Li_xV_2O_4$、$Li_6V_5O_{15}$、$Li_{1+x}V_3O_8$ 等都具有很好的嵌锂性能,比容量高,循环寿命长。钒系磷酸盐类电极材料由于具有较高的对锂电位和理论比容量,成为锂离子电池正极材料的又一研究热点。

3.4.2 钒系氧化物材料

由于钒的多价性,钒氧化物既能形成层状嵌锂化合物 Li_xVO_2 及 $Li_{1+x}V_3O_8$,又

能形成尖晶石型 $Li_xV_2O_4$ 及反尖晶石型 $LiNiVO_4$ 等嵌锂化合物。1957 年,Waldsley 等[117]提出层状化合物 $Li_{1+x}V_3O_8$ 可作为锂离子二次电池正极材料之后,Besenhard 等[118]通过研究发现层状化合物 $Li_{1+x}V_3O_8$ 不仅具有优良的嵌锂能力,而且具有比容量高、循环寿命长等优点。

1. 钒系氧化物材料结构特征

$Li_{1+x}V_3O_8$ 是由八面体和三角双锥组成的层状结构,先存在的 Li^+ 占据着 $V_3O_8^-$ 组成的层之间八面体的位置,过量的 Li^+ 占据着层之间四面体的位置,如图 2 - 20 所示。八面体位置的 Li^+ 与层之间的离子键紧密相连,这种固定效应使其在充放电循环过程中有一个稳定的晶体结构[119]。这种层状结构和层间空位使得锂离子在其中可以自由扩散(其扩散系数为 $10^{-12} \sim 10^{-14}$ $m^2 \cdot s^{-1}$),因而适合锂离子嵌入和脱出。理论上 1 mol 的 $Li_{1+x}V_3O_8$ 可嵌入 1 mol 以上的锂离子,相应比容量将高于 $285mA \cdot h \cdot g^{-1}$。锂离子在其中较高的化学扩散速率使得锂在嵌入和嵌出时具有超常的结构稳定性,从而具有更长的循环寿命。

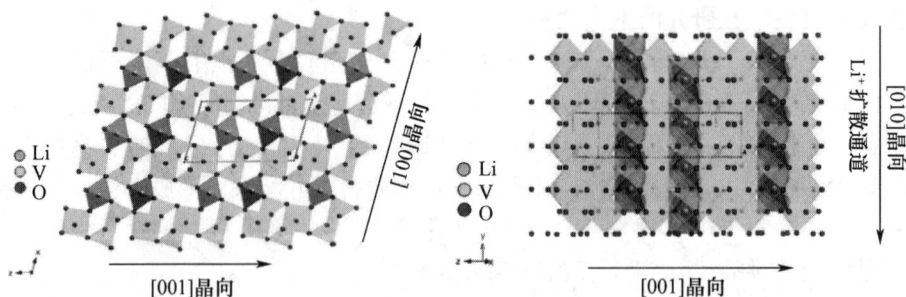

图 2 - 20 $Li_{1+x}V_3O_8$ 的晶体结构示意图

2. 钒系氧化物材料合成方法

$Li_{1+x}V_3O_8$ 的前驱体是 LiV_3O_8。制备 LiV_3O_8 的方法有固相合成法、液相合成法、低温合成法、溶胶—凝胶法及喷雾干燥法[120]。

1) 固相合成法

Pistoia 等[121]将 Li_2CO_3 和 V_2O_5 按原子计量比 Li: V = 1: 3 混合,在 680℃ 下保温 24 h 然后缓慢冷却到室温即得 LiV_3O_8。以 3 $mA \cdot cm^{-2}$ 放电时首次容量达到 $180mA \cdot h \cdot g^{-1}$。在室温条件下,当电流密度为 10 $mA \cdot cm^{-2}$;温度为 -14℃ 时,首次容量降为 $120 \sim 130mA \cdot h \cdot g^{-1}$,但充放电循环 300 多次后性能仍然很好。由于锂和 V_2O_5 的挥发,很难准确控制反应物的投料比,造成产品的均一性差。

为了提高 LiV_3O_8 的电化学性能,国内外学者进行了许多研究,包括有效地研磨、快速冷却、超声波处理、水热合成法、对锂的钒酸溶胶进行适当的脱水处理、以及在 LiV_3O_8 层状结构间嵌入无机物分子如 NH_3,H_2O 和 CO_2 等。在层间嵌入无机小分子可以有效地造成层与层之间的膨胀,易于提高锂离子的迁移和锂离子在层间的分散。其中,把 H_2O 嵌入晶体 $Li_{1+x}V_3O_8$ 的方法是:首先将化学计量比的 Li_2CO_3 和 V_2O_5 混合均匀,在瓷坩埚中以 $1℃ \cdot min^{-1}$ 速率加热到 650℃,恒温 10 h 后迅速在水中冷却并室温干燥[122]。该方法制备 LiV_3O_8 材料比容量达到 $250mA \cdot h \cdot g^{-1}$。

2）液相合成法

液相合成法具有反应温度低、产物均一性好、比容量高的优点。由于液相合成的 LiV_3O_8 是非晶态物质,1 mol 非晶态 LiV_3O_8 可以嵌入 9mol 的 Li^+,与之相比晶态 LiV_3O_8 却只能嵌入 6 mol 的 Li^+。另外 Li^+ 在非晶态 LiV_3O_8 中的扩散路径短,使其能够快速嵌入和脱出,能在快速充放电条件下进行长期循环。

具体制备方法:将 3mol 的 V_2O_5 慢慢加入到含 2 mol LiOH 的溶液中,温度保持在 50～60℃,并不断搅拌;在反应的最后阶段 V_2O_5 溶解得很慢,大约需要 25～30 h。反应进行完全的标志是黄色的 V_2O_5 转变为红棕色。反应完成后,将产物过滤用 H_2O 和甲醇清洗,再进行真空干燥、研磨、除去其中的水分。在 200℃ 下加热一段时间,得到的产物为非晶态。该方法简单易行,烧结温度低,制备的 LiV_3O_8 具有较好的高倍率充放电性能,比容量和循环性能也有很大提高。在电流密度为 $3.7mA \cdot cm^{-2}$ 条件下充放电,15 个周期后放电比容量仍能达到 $180 mA \cdot h \cdot g^{-1}$[123]。

3）低温合成法

Xu 等[124] 利用低温合成方法,将化学计量比的 LiOH 和 V_2O_5 按原子计量比 Li:V = 1:3 混合溶解在去离子水中（LiOH 完全溶解,V_2O_5 部分溶解）,然后在混合物中加入 $1 mol \cdot L^{-1}$ 的氨水使 V_2O_5 完全溶解（溶液的 pH 值为 9）。把深绿色的溶液转移到 50mL 的聚四氟乙烯高压釜中加热到 160℃ 后保温 12 h（pH 值变为 7）。将此溶液在 100℃ 下蒸发、干燥直到橘黄色凝胶,在 300～600℃ 加热 12h。研究表明,加热温度越高,纳米棒的晶型越好,但其放电性能越差。300℃ 合成样品在电流密度为 $0.3mA \cdot cm^{-2}$、充放电电位在 1.8～4V 间的首次放电比容量为 $302mA \cdot h \cdot g^{-1}$。循环 30 次后,其比容量为 $278mA \cdot h \cdot g^{-1}$,高于其他溶液合成或水热合成所制备 LiV_3O_8 的放电比容量。

液相和低温方法合成锂钒氧化物均是在水溶液体系中进行,而水对正极材料和负极锂均有很强腐蚀作用,这在一定程度上限制了反应产物的应用。

4）溶胶—凝胶法

以 LiOH 和 V_2O_5 为原料采用溶胶—凝胶法可低温合成锂离子二次电池正极材料层状化合物。用甲醇作溶剂,首先 LiOH 和甲醇反应生成 CH_3OLi 以替代低温沉淀中使用的 LiOH。该法合成条件温和,合成温度比一般高温法低 200℃ 以上,产物纯度好,且容易得到设计的化学计量化合物。产物颗粒度均匀,不需要复杂的后处理,其首次放电比容量可达 350mA·h·g^{-1}。

5）喷雾干燥法

See – How Ng 等[125]首先用喷雾干燥法制备球形 Li$_{1.1}$V$_3$O$_8$ 先驱体,再通过 Li$_2$S 锂化得到富锂的 Li$_4$V$_3$O$_8$ 材料。研究表明,富锂的 Li$_4$V$_3$O$_8$ 材料在空气中十分稳定,添加导电剂的量对 Li$_4$V$_3$O$_8$ 电化学性能影响很大,适量炭黑的加入可使 Li$_4$V$_3$O$_8$ 正极表现出优良的循环稳定性和倍率性能,在 8C 放电倍率下比容量可以达到 205mA·h·g^{-1}。应用于全电池体系时,以 0.3C 充放电倍率循环 50 周后, Li$_4$V$_3$O$_8$ 正极比容量仍在 130mA·h·g^{-1}以上。

Benjamin Chaloner – Gill 等[126]通过两步法制备出 Li$_4$V$_3$O$_{7.9}$材料,首先制备出 Li – V – O 先驱体;其次使用 S^{2-} 将五价 V 还原得到 Li$_4$V$_3$O$_{7.9}$,该材料与 LiPF$_6$/ EC + DMC 电解液具有很好的相容性。在 3.8 ~ 2.0V 电压区间,以 C/3 的倍率放电,材料的比容量可达 220mA·h·g^{-1}。Li$_4$V$_3$O$_{7.9}$具有 630W·h·kg^{-1}的高能量密度和良好的循环性能,100 个以上的深度放电循环后容量保留率仍在 80%以上。

3. 钒系氧化物材料研究进展

针对钒系氧化物材料存在的不足,国内外许多科技工作者从不同的角度分别对材料进行了深入的研究。

Yao 等[127]通过溶胶—凝胶法合成 LiV$_3$O$_8$,并对 LiV$_3$O$_8$ 进行了阴离子部分的掺杂。XRD 结果表明,用 Cl 部分取代材料晶格中的 O 后,LiV$_3$O$_8$ 的晶格常数减小,EIS 谱分析可知,LiV$_3$O$_{7.97}$Cl$_{0.06}$ 电荷转移阻抗低于未掺杂的 LiV$_3$O$_8$。 LiV$_3$O$_{7.97}$ – Cl$_{0.06}$材料具有更好的电化学性能。

Cao 等[128]通过溶胶—凝胶法合成层状的 Li$_{1.2}$V$_3$O$_8$,0.2C 首次充放电比容量可达 286.4mA·h·g^{-1}(1.7 ~ 3.8 V),在其后的循环中 Li$_{1.2}$V$_3$O$_8$ 结构保持稳定,通过 EIS 谱的计算可知锂离子的扩散速率明显高于固相法合成的产物。Cao 等通过溶胶—凝胶法合成 ZnO 包覆的 LiV$_3$O$_8$,实验表明,以 2wt% 含量 ZnO 包覆 LiV$_3$O$_8$ 的产物在长周期充放电循环中具有更少的容量损失。在 30 mA·g^{-1}放电电流下,首次放电比容量可达 274.2mA·h·g^{-1}(4.0 ~ 1.8 V)。在 44 个循环后,放电比容量稳定在 240.9mA·h·g^{-1}。

Bak 等[129]研究了不同聚集态的金属锂负极对 Li/LiV$_3$O$_8$ 二次电池的影响。与锂箔负极相比,采用锂粉负极的电池在 100 次循环后仍然保持 260mA·h·g^{-1}的比容量,容量保持率高于 80%,而锂箔电池容量保留率仅 46%。

2.4.3 钒系磷酸盐材料

以磷酸根聚合阴离子为基础的正极材料能够产生比较高的氧化还原电位,锂离子扩散的通道加大,能够很好地嵌入或脱嵌锂。这主要是由于磷酸根离子的加入,用磷酸根替代了氧离子从而使化合物的三维结构发生了变化,使其具有很好的电化学和热力学稳定性以及较高的比容量[130]。

1. 钒系磷酸盐材料结构特征

含有 $M_2(XO_4)_3$（$M = Ti$、Fe、Nb、V；$X = P$、S、Mo、W）结构基元的许多磷酸盐都是具有类似于 NASICON(Sodium Super Ion Conductor)结构的 Na 快离子导体,在这类化合物中,存在足够的空间可以传导 Na、Li 等碱金属离子,而更重要的是该类化合物具有比过渡金属氧化物稳定得多的结构,即使在脱出 Li^+ 与过渡金属原子摩尔比大于1的时候仍然具有很高的稳定性[131]。

$M_2(XO_4)_3$ 主要有菱方晶型和单斜晶型两种类型。XO_4 四面体和 MO_6 八面体各自只和对方通过共角连接,菱方 $[M_2(PO_4)_3]$ 晶体中的灯笼状结构基元与 c 轴成平行排列,而单斜 $[M_2(PO_4)_3]$ 晶体中的灯笼状结构基元成锯齿状排列。不同的结构排列方式决定了菱方晶体为锂离子扩散提供的通道比单斜晶体提供的通道大,导致菱方晶型材料大电流充放电性能优于单斜晶型材料[133]。目前该系列高电势正极材料的研究主要集中于 $Li_3V_2(PO_4)_3$。

$Li_3V_2(PO_4)_3$ 单斜和菱方两种晶型(图 2 – 21)[123,131,133]。单斜 $Li_3V_2(PO_4)_3$ 属于 $P2_1/n$ 空间群,晶格常数为:$a = 8.662$ Å,$b = 8.624$ Å,$c = 12.104$ Å,$\beta = 90.452°$。NASICON 型的菱方 $Li_3V_2(PO_4)_3$ 是由固相反应合成出的菱方 $Na_3V_2(PO_4)_3$ 通过离子交换方法得到的。菱方 $Li_3V_2(PO_4)_3$ 属于 $R – 3$ 空间群,晶格常数 $a = 8.316$ Å,$c = 22.484$ Å。

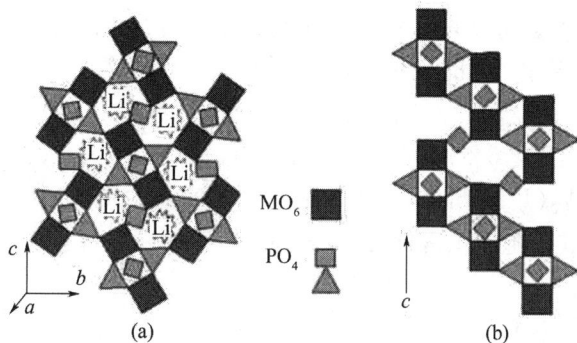

图 2 – 21　$M_2(PO_4)_3$ 的结构[132]

(a) 单斜;(b) 菱方。

1) 单斜 $Li_3V_2(PO_4)_3$

$Li_3V_2(PO_4)_3$ 中的 V 可以有 +2、+3、+4 和 +5 四种变价,所以理论上有 5 个锂离子可以在材料中嵌脱,理论容量高达 $332mA \cdot h \cdot g^{-1}$。单斜 $Li_3V_2(PO_4)_3$ 中的锂离子处于 4 种不等价的电荷环境中,所以电化学电位谱(electrochemical voltage spectroscopy,EVS)中出现 3.61V、4.1V、3.69V 和 4.6V 四个电位区,如图 2 – 22 所示。

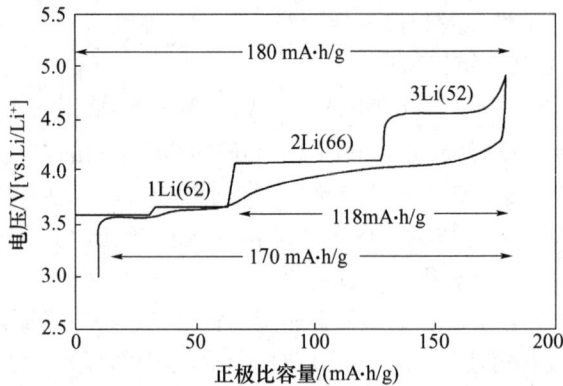

图 2-22　单斜 $Li_3V_2(PO_4)_3$ 材料的电化学电位谱[134]

单斜 $Li_3V_2(PO_4)_3$ 在前 3 个电位区的锂离子嵌脱是对应于 V^{3+}/V^{4+} 电对,而 4.6 V 电位区的第三个锂离子嵌脱对应于 V^{4+}/V^{5+} 电对。应用单斜 $Li_3V_2(PO_4)_3$ 材料中的 V^{3+}/V^{4+} 电对可以可逆嵌脱两个锂离子,平均电位平台为 3.8 V。Huang 等[135]合成出 $Li_3V_2(PO_4)_3$/C 纳米复合材料,在 $1C$ 充放电倍率下、$3.0 \sim 4.3V$ 电压范围内充放电循环 200 次,容量仍然保持在 125mA $\cdot$ h $\cdot$ g^{-1} 以上。如果加上 4.6V 区的放电平台,可逆容量可以达到 160mA $\cdot$ h $\cdot$ g^{-1}。此外,材料单斜 $Li_3V_2(PO_4)_3$ 嵌入两个锂离子后把 V^{3+} 还原为 V^{2+},对应的电位平台在 $2.0 \sim 1.7V$,加上材料中第三个锂离子的嵌脱,材料的比容量还有很大的上升空间。

随着充电过程中 Li^+ 的脱出,$Li_3V_2(PO_4)_3$ 的晶格常数逐渐减小,脱出两个 Li^+ 后其晶胞体积减小了 8% 左右,与 $LiFePO_4$ 接近($LiFePO_4$ 在完全脱锂形成 $FePO_4$ 后晶胞体积变化 6.5%)。脱锂后,材料晶体结构不发生改变,仍具有单斜结构,由此说明 $Li_3V_2(PO_4)_3$ 的结构十分稳定。在实验中发现使用化学氧化的方法脱出三个 Li^+ 后其晶胞体积略有增大,当 Li^+ 重新嵌入后,晶格常数基本不变,结构稳定性较好。

2) 菱方 $Li_3V_2(PO_4)_3$

菱方 $Li_3V_2(PO_4)_3$ 中的 3 个锂离子处于相同的电荷环境中。随着 2 个锂离子的脱出,V^{3+} 被氧化为 V^{4+},但是只有 1.3 个锂离子可以在重新嵌入,相当于 90mA $\cdot$ h $\cdot$ g^{-1} 的放电比容量,嵌入电位平台为 3.77 V,性能明显比单斜 $Li_3V_2(PO_4)_3$ 的性能差。锂离子在菱方 $Li_3V_2(PO_4)_3$ 中的嵌脱可逆性较差,可能是因为锂离子脱出后,菱方 $Li_3V_2(PO_4)_3$ 的晶体结构发生了从菱方到三斜的变化,阻止了锂离子的可逆嵌入。

3) 钒系磷酸盐材料的合成方法

五价钒化合物是制备钒系磷酸盐类材料的初始原料,因此制备过程中都涉及到钒的还原过程,目前制备材料的主要方法有:高温固相法、碳热还原法、溶胶—凝胶法、微波法和水热法等。

（1）高温固相法。

单斜 $Li_3V_2(PO_4)_3$ 的合成文献报道合成方法主要是高温固相法[134]，用纯 H_2 作为还原剂，V 源通常是采用 V_2O_5，Li 源采用 $LiOH \cdot H_2O$ 或者 Li_2CO_3，P 源通常是选择磷酸二氢铵或者磷酸氢二铵，在 700～850℃ 高温下把含五价钒的 V_2O_5 还原成含三价钒的 $Li_3V_2(PO_4)_3$，主要考虑到其高温分解后生成 NH_3、CO_2 等气体容易除去，而不需再进行除杂的步骤。Patoux 等[131]利用 $N_2 + 10\%$ H_2 混合还原气氛在 750℃ 下合成出单斜相的 $Li_3V_2(PO_4)_3$。Barker 等[136]也用相似的方法合成了 $LiVP_2O_7$ 材料，在 $0.2mA \cdot cm^{-2}$ 电流密度下充放电时，充电比容量为 $115mA \cdot h \cdot g^{-1}$，放电比容量只有 $65mA \cdot h \cdot g^{-1}$。利用这种方法制备出的材料粒径较大而导致其电化学性能不佳，而且反应过程中涉及到利用易燃气体 H_2，存在较大的安全隐患，所以目前很少使用这种制备方法。

（2）碳热还原法。

碳热还原法由 J. Barker 等人[136,137]提出并应用于锂离子蓄电池正极材料的合成，利用反应前加入的炭黑作还原剂在 850 ℃ 下把五价钒还原成三价钒。与实验室中传统的 H_2 还原方法相比，碳热还原法（CTR）具有成本低、适合于工业大规模制备的优点。在制备锂离子蓄电池正极材料过程中过量的碳还可以作为导电物质保留在活性物质中，从而提高活性物质的导电性能。

Saidi 等[132,134]利用碳热还原法在 850～950℃ 下合成出单斜相的 $Li_3V_2(PO_4)_3$ 材料。Barker 等采用两步固相法合成出 $LiVPO_4F$，首先采用碳热还原在 750℃ 下反应 4 h 合成中间体 VPO_4，然后 VPO_4 与 LiF 在 750℃ 下反应 15 min 制备出 $LiVPO_4F$。$\beta - LiVOPO_4$ 可以采用碳热还原法制备，其过程是首先利用水热法合成出 $VOPO_4 \cdot xH_2O$ 中间体，其后通过碳还原在 450℃ 下制备得到 $\beta - LiVOPO_4$，材料的充电平台在 4.05 V，放电平台在 3.95 V。由于此种合成方法较高温固相法简单、安全而且价廉，所以碳热还原法是合成钒系磷酸盐类材料的主要制备方法，也是最有可能实现工业化的一种制备方法。

（3）溶胶—凝胶法。

溶胶—凝胶法是制备钒系磷酸盐类材料的另一种常用方法。此方法是用含高化学活性组分的化合物作前驱体，液相下将这些原料均匀混合，在溶液中形成稳定的透明溶胶体系。溶胶经陈化形成三维空间网络结构的凝胶，凝胶经过干燥、烧结固化制备出分子乃至纳米亚结构的材料。与传统的固相法相比，溶胶—凝胶法可以在溶胶步骤将原料混合到分子级，从而降低固相煅烧步骤所需的温度，而且以有机酸分解所得的碳为还原剂，比用 H_2 更廉价、更安全。有机物在预处理阶段分解生成碳，均匀分散于原料前驱体中，可以有效抑制材料晶粒的过分长大，从而得到粒径小、电性能好的 $Li_3V_2(PO_4)_3$ 样品。过量的碳还可以作为导电剂，提高材料的电子导电率，进而提高材料的电化学性能。除此之外，溶胶—凝胶法的反应过程也更易于控制,设备更简单。该法的缺点是干燥收缩大,工业化生产难度较大,合成周期较长。刘素琴等采用溶胶—凝胶法合成了 $Li_3V_2(PO_4)_3$,并研究了煅烧温度和配位剂的种类等对产物的组成及电化学性能的影响。研究表明,柠檬酸作为配位剂以及煅烧温度为 700 ℃时材料的性能最好。在 3.0 ~ 4.2V 间,以 0.1C 进行充放电时,首次放电比容量为 129.8mA·h·g^{-1},经过 100 次循环,比容量仍高达 128mA·h·g^{-1}。

Huang 等[135]利用五氧化二钒凝胶和碳凝胶在 750℃下制备出纳米粒径的 $Li_3V_2(PO_4)_3$。Li 等利用柠檬酸溶胶—凝胶法制备了 $Li_3V_2(PO_4)_3$。首先制备出柠檬酸体系的水性溶胶前驱体,然后经烘干、机械研磨、压片、750℃下烧结固化得到材料。柠檬酸一方面作为螯合剂使原材料形成溶胶,另外高温下分解产生的碳既可以还原五价钒,又可以提高材料的电子电导率。

任慢慢等[123]利用草酸溶胶—凝胶法也制备得到了 $Li_3V_2(PO_4)_3$。$LiVPO_4F$ 材料也可以采用溶胶—凝胶法合成,首先制备出 V_2O_5 凝胶前驱体,然后 V_2O_5 凝胶与其他初始原料混合,550℃下反应 2h 制得纯相 $LiVPO_4F$。

由于溶胶—凝胶法可以实现分子水平上的混合,所以与固相反应相比,化学反应较容易进行,而且仅需要较低的合成温度,经常被用于制备纳米尺度的材料。利用溶胶—凝胶法制备出的电极材料由于颗粒粒径较小,从而缩短锂离子在材料中的扩散路径,所以一般具有良好的倍率性能。其缺点是不适合材料的大量制备。

(4) 微波法。

微波法是利用微波的强穿透能力进行加热。不仅具有明显的节能特点,而且加热速度快、反应时间短、无污染、适应多种物料的加热。目前这种方法也应用到锂离子电池材料的制备当中。Yang 等[138]利用微波法成功地制备了单斜的 Li_3V_2-$(PO_4)_3$,方法是将初始原料充分混合之后,先在 350 ℃下预分解 4 h,然后在 650 ~ 900 ℃下微波加热 3 ~ 30 min 制备得到。任慢慢等[7]用微波法合成了锂离子电池正极材料 $Li_3V_2(PO_4)_3$,XRD、充放电和循环伏安测试表明,在 900℃下恒温11min,合成的样品结晶度好、无杂相,0.2C 时,使用该材料的电池首次循环的充、放电比容量分别为 177.1 mA·h·g^{-1} 和 145.7mA·h·g^{-1},循环 50 次后,放电比容量为 98mA·h·g^{-1}。当充电到 4.9 V 时,$Li_3V_2(PO_4)_3$ 存在 4 个充电平台,且有较高的放电平台。应皆荣等[22]综合微波法和碳热还原法合成了 $Li_3V_2(PO_4)_3$,将一定配比的 $LiOH·H_2O$、V_2O_5、H_3PO_4 和蔗糖($C_{12}H_{22}O_{11}$)通过球磨均匀混合,烘干后埋入石墨粉中,在功率为 800 W 的家用微波炉中高温加热 15 min,通过碳热还原合成 $Li_3V_2(PO_4)_3$。用 X 射线衍射和扫描电镜对材料的结构和形貌进行了表征。充放电测试表明,在电压范围为 3 ~ 4.3V 和 3 ~ 4.8V 时,$Li_3V_2(PO_4)_3$ 正极材料具有较高的比容量、优良的循环性能和倍率特性。在电压范围为 1.5 ~ 4.8 V 时,Li_3V_2 $(PO_4)_3$ 正极材料具有很高的比容量,但循环性能较差。

目前还没有见到使用微波法合成其他钒系磷酸盐类材料的文献报道。由于使用微波法可以在很短的时间内合成出材料,所以可以考虑将这种合成方法应用到制备其他钒系磷酸盐类材料中,尤其是制备不需要惰性气氛保护的钒系材料。

（5）水热法。

水热法是在高温、高压条件下加速离子反应和促进水解反应,使一些在常温常压下反应速率很慢的热力学反应在水热条件下可以实现反应快速化。任慢慢等在水溶液体系中250℃下恒温48h制备出具有空心球结构的 $\alpha-LiVOPO_4$,但是电化学性能较差,放电比容量仅可达到 $90mA \cdot h \cdot g^{-1}$。Barker 等采用先水热合成中间体 VPO_4,然后结合固相法合成了 $LiVPO_4F$ 材料。Chang 等也利用先水热后固相的方法合成出 $Li_3V_2(PO_4)_3/C$ 材料。虽然水热合成的产物具有较好的结晶形态,但是制备出的材料电化学性能较差,其主要原因可能是合成过程中体系含有多余的—OH,降低了材料的稳定性。另外,由于受合成空间的限制,这种方法也不适合材料的大量制备。

（6）其他制备方法。

除上述常规制备方法外,钒系磷酸盐材料还还涉及到一些其他制备方法。

离子交换法,由于热稳定性较差,菱方 $Li_3V_2(PO_4)_3$ 不能通过直接的方法合成,而是首先通过高温固相法以 V_2O_3 和 NaH_2PO_4 为原料在900℃左右合成较为稳定的斜方 $Na_3V_2(PO_4)_3$,然后通过离子交换的方法,将 $Na_3V_2(PO_4)_3$ 置于 LiBr 溶液中在一定温度下搅拌进行离子交换一昼夜,然后将得到的固体用去离子水冲洗干净,干燥即得到菱方 $Li_3V_2(PO_4)_3$。由此可见,离子交换法可用于高温下热力学不稳定的物质合成,但合成时间很长,工序很繁琐,合成出的电极材料有非常大的不可逆容量,不宜用于工业化生产。

通过离子交换法也可以合成 $LiVPO_4F$,先合成出 $NaVPO_4F$,然后与 LiBr 进行离子交换。

电化学嵌锂法,因为 $VOPO_4$ 较 $LiVOPO_4$ 容易合成,所以可以先制备出 $VOPO_4$,然后通过电化学嵌锂的方法得到 $LiVOPO_4$。Kerr 等通过对 $\varepsilon-VOPO_4$ 进行电化学嵌锂制备得到 $\alpha-LiVOPO_4$,当作为锂离子电池正极材料时,材料的充电平台在4.05 V,放电平台在3.95 V左右。另外,Yu 等利用喷雾干燥结合固相法制备出 $Li_3V_2(PO_4)_3/C$ 材料。

2. 钒系磷酸盐材料研究进展

聚阴离子型正极材料的电子电导率均较低。虽然具有开放性框架结构的 NA-SICON 型 $M_3(PO_4)_2$ 正极材料有较高的锂离子扩散系数,允许锂离子在材料中快速扩散,但是 MO_6 八面体被 PO_4 四面体基团分开,导致材料具有较小的电子电导率。纯相钒系磷酸盐正极材料的电化学性能一般比较差,但是通过物理或是化学方法对材料进行改性,均可有效改善材料的电导率,进而达到提高材料电化学性能的目的。

1）包覆或掺杂高导电性物质

包覆碳等高导电性物质可以使材料颗粒更好地接触，从而提高材料的电子电导率和电化学性能。

早期的研究工作中，采用固相加水热的方法成功地合成了具有核壳结构的 $Li_3V_2(PO_4)_3/C$ 复合材料（碳层的厚度可以通过水热的时间来控制），将材料的电子电导率提高了两个数量级，在 28 $mA \cdot cm^{-2}$ 电流密度下充放电时，循环 50 周其容量保持率可以达到 98.5%，如图 2 - 23 所示。

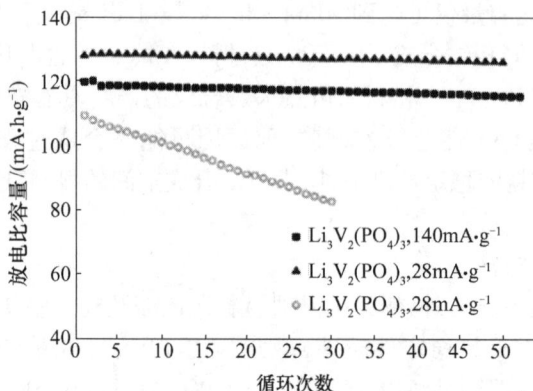

图 2 - 23　纯相 $Li_3V_2(PO_4)_3$ 和核壳结构的 $Li_3V_2(PO_4)_3/C$ 材料的循环性能

唐安平等[139]通过碳热还原法合成碳包覆锂离子电池正极材料单斜 $Li_3V_2(PO_4)_3$，用 XRD、SEM 及电化学测试等方法对材料的结构、形貌和电化学性能进行表征和测试，探讨了石墨、乙炔黑以及蔗糖 3 种碳源对材料性能的影响，并分析不同碳源对材料性能影响的原因。结果表明，碳源的选择对产物的结构和电化学性能有很大的影响。以蔗糖为碳源制备的单斜 $Li_3V_2(PO_4)_3$ 正极材料具有粒径小、电荷转移阻抗小等优点，获得了较好的电化学性能，当电压范围为 3.0～4.3V 和 3.0～4.8V 时，其初始容量分别为 127.8mA · h · g^{-1} 和 166.2mA · h · g^{-1}，30 次循环后放电比容量分别为 124.2mA · h · g^{-1} 和 143.3mA · h · g^{-1}。

由于外壳中的碳为锂离子的传输提供了高导电网络结构，所以较大幅度地提高了材料的电子电导率，进而提高了材料的电化学性能。核壳结构材料具有双层或多层结构，由于内部和外部分别富集不同成分，可以实现核与壳功能的复合和互补，从而调制出有别于核或壳本身性能的新型功能材料。这种方法目前已被应用到过渡金属氧化物和 $LiFePO_4$ 等锂离子电池正极材料的制备中，将来可以考虑将这种新思路应用到制备其他钒系磷酸盐正极材料。

包覆碳结合化学活化预处理使得碳前驱体可以更均匀地和反应物混合，并且在烧结过程中还能阻止产物颗粒的团聚，能更好地控制产物的粒度和提高材料的电子电导率。如 Huang 等[132,137]利用五氧化二钒凝胶和碳凝胶制备出的 Li_3V_2

（PO$_4$）$_3$/C 复合材料,在 0.2C 倍率下充放电时,两个锂离子完全可以脱出,达到 100% 的理论放电比容量 132mA·h·g^{-1},即使在 5C 充放电倍率下,仍然可以达到理论值的 95%。Li 等利用五氧化二钒凝胶和高比表面活性炭也制备出性能较好的 LiVPO$_4$F/C 复合材料。

Reddy 等在反应过程中加入高导电性碳,制备的 LiVPO$_4$F 材料有很好的循环性能(图 2 – 24),材料在 0.12C 倍率下循环时,前 200 周的容量维持在 130(±3) mA·h·g^{-1},200 ~ 800 周在 0.92C 倍率下循环,其容量可以维持在 122(±3) mA·h·g^{-1}。另外,制备 Li$_3$V$_2$(PO$_4$)$_3$ 材料时,向初始原料中加入柠檬酸、糖类、淀粉、PEG、PVDF、PVA 等物质,这些物质在高温固化过程中转化导电性能良好的碳,可同时起到提高电子电导率和降低材料粒径作用,有效提高材料电化学性能。

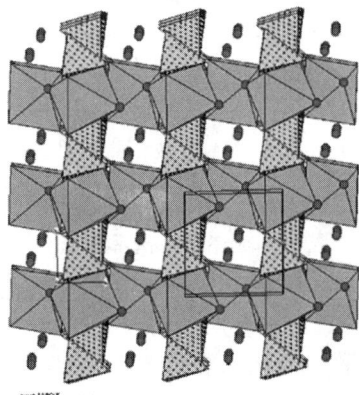

图 2 – 24   LiVPO$_4$F 的晶体结构示意图[136]

除碳之外,还可以通过向材料中添加其他导电性良好的物质来提高材料的电子电导率。在制备的 β – LiVOPO$_4$ 中引入 RuO$_2$,使材料的电子电导率从 10^{-8}s·cm^{-1} 提到 10^{-6}s·cm^{-1},在 10mA·g^{-1} 的充放电电流密度下循环 30 周其放电比容量可以维持在(122 ± 3)mA·h·g^{-1},容量保持率接近 100%。在 Li$_3$V$_2$(PO$_4$)$_3$ 材料制备前驱体中分别均匀分散亚微米级金属铜和银也得到具有较高电子电导率的材料,其原因可能是分散在材料颗粒之间的亚微米级金属可以使材料颗粒之间紧密接触,便于电子快速传递。

2)离子掺杂

Li$_3$V$_2$(PO$_4$)$_3$ 正极材料的改性研究比较少,Mineo Sato 等以 Li$_2$CO$_3$ 为 Li 源,采用高温固相法在高达 1100℃ 的条件下合成了 Zr 掺杂的正极材料 Li$_{2.8}$(V$_{0.9}$Zr$_{0.1}$)(PO$_4$)$_3$,放电比容量为 103mA·h·g^{-1}。

通过对 Li$_3$V$_2$(PO$_4$)$_3$ 材料研究发现,掺杂 Fe、Cr、Co、Mg 等金属离子一方面可以造成晶格缺陷提高晶格内部电子电导率,另一方面由于这些金属离子不参加电化学反应使材料结构更加稳定,进而得到电化学性能较好的材料。掺杂 Al^{3+} 可以

提高 $Li_3V_2(PO_4)_3$ 材料高电压下的循环性能,因为掺杂少量 Al^{3+} 之后,使第三个锂离子的脱出电位降低,可以有效减缓有机电解液的分解。

$Li_3V_2(PO_4)_3$ 掺杂 Ti^{4+} 之后,不但可以提高材料的电化学性能,而且材料的多个充放电平台之间的界限变得模糊甚至出现兼并(图 2-25)。掺杂 Ti^{4+} 之后材料产生了锂离子的重排和部分阳离子空穴,使 $Li_{3-2x}(V_{1-x}Ti_x)_2(PO_4)_3$ 晶体结构发生了畸变,其中三种不同位置 Li 原子的晶学位置及位能趋于一致,尤其是 Li_1 和 Li_2。

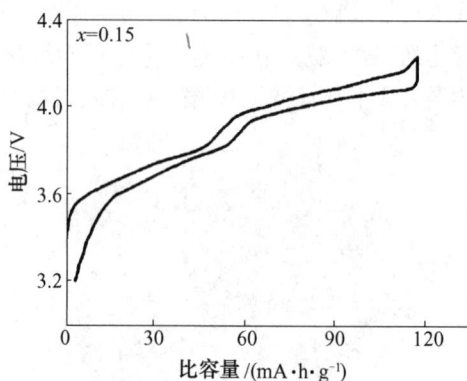

图 2-25 $Li_{2.7}(V_{0.85}Ti_{0.15})_2(PO_4)_3$ 充放电曲线

Renheng Wang 等[140]采用固相法合成 Na 掺杂的 $Li_3V_2(PO_4)_3$/C 正极材料 $Li_{2.95}Na_{0.05}V_2(PO_4)_3$,材料在 $3.0 \sim 4.2V$ 电压范围内具有良好的循环稳定性和倍率充放电性能。通过电化学阻抗谱(EIS)分析可知,$Li_{2.95}Na_{0.05}V_2(PO_4)_3$ 相比于 $Li_3V_2(PO_4)_3$ 具有更低的界面电荷转移阻抗和更高的锂离子扩散系数(图 2-26、图 2-27)。

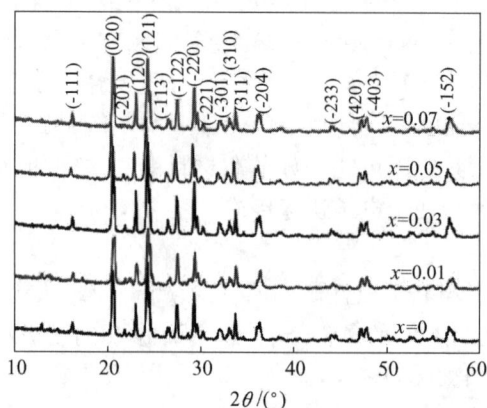

图 2-26 $Li_{3-x}Na_xV_2(PO_4)_3$ 的 XRD 谱图

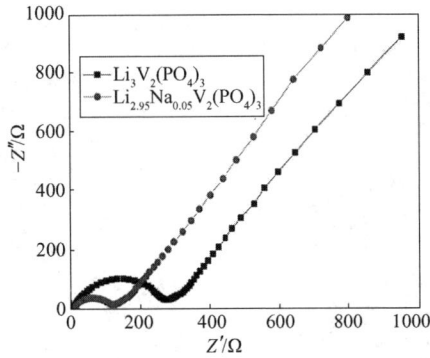

图 2 – 27　$Li_{2.95}Na_{0.05}V_2(PO_4)_3$ 的 EIS 谱

Kishore 等[141]通过离子交换由 $VO(H_2PO_4)_2$ 合成了新型锂离子二次电池正极材料 $Li_4VO(PO_4)_2$，其可逆脱嵌锂电位约为 4.0 V，可逆容量为 70mA·h·g^{-1}（图 2 –28）。

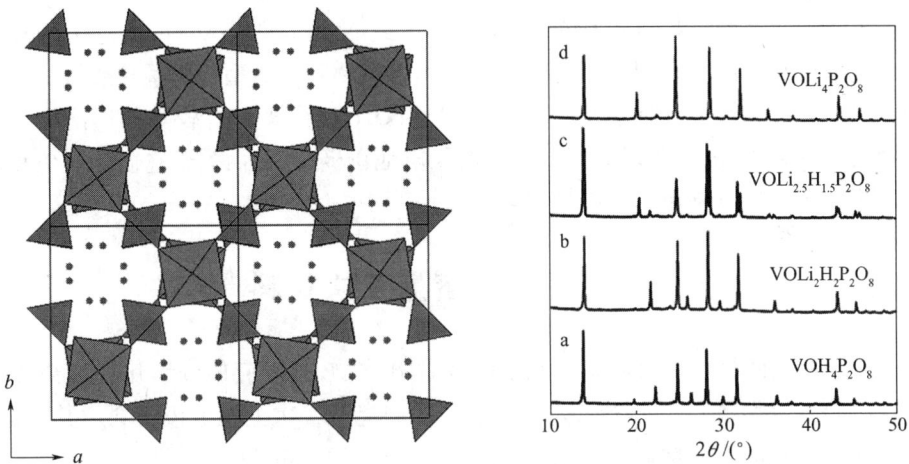

图 2 – 28　$Li_4VO(PO_4)_2$ 的晶体结构和 XRD 谱图

M. Satya Kishore 等[142]还通过离子交换法在 200℃由 $Na_2VOP_2O_7$ 得到新型锂离子二次电池正极材料 $Li_2VOP_2O_7$，其晶体结构属于 P21/c 空间群（图 2 –29），晶格常数 $a = 7.4674(8)$Å，$b = 12.442(2)$Å，$c = 6.2105(7)$Å，脱锂电位约为 4.6V，然而只有 50%的 Li$^+$可以可逆地脱嵌。

关于钒系磷酸盐类材料的改性研究，目前主要还是集中在 $Li_3V_2(PO_4)_3$ 材料上，其他材料涉及的还相对较少。这些方法虽在一定程度上可缓解材料电子电导率较低的问题，但如何彻底解决钒系磷酸盐类材料较低的电导率仍是一项挑战。

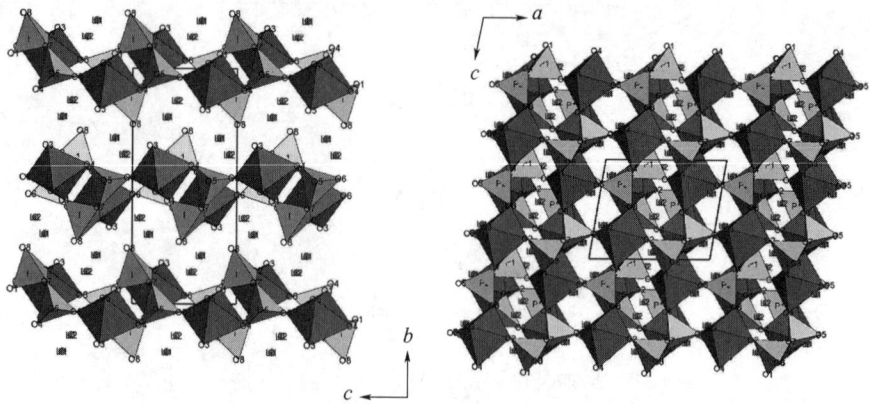

图 2 – 29　$Li_2VOP_2O_7$ 的晶体结构示意图

钒系磷酸盐锂离子电池正极材料由于具有高的充放电平台和理论放电比容量而成为继 $LiFePO_4$ 之后的又一研究热点[126]。目前研究比较多的还是集中在 $Li_3V_2(PO_4)_3$,这种材料虽然有着 $197mA \cdot h \cdot g^{-1}$ 的理论放电比容量,但由于拥有多个充放电平台的特点限制了它的实际应用。虽然其他类型的钒系磷酸盐材料仅处于材料合成和性能评估初始阶段,但是 $LiVPO_4F$ 和由于具有较高的理论能量密度而逐渐受到重视,有望成为新一代锂离子电池正极材料,而关于它们的制备和性能改善仍然是这一领域的前沿性课题。

2.5　其他高容量正极材料

含两种或两种以上过渡金属元素的复合氧化物,其对应的嵌锂化合物往往具有优良的可逆脱嵌 Li^+ 的性质,是一类潜在的锂离子二次电池电极材料。其中,研究较多的高容量正极材料主要包括 $LiNiVO_4$、$LiCoVO_4$、MnV_2O_6 等。

$LiNiVO_4$ 是第一种具有反向尖晶石结构的锂离子蓄电池正极材料,属于立方晶系空间群为 Fd3m。$LiNiVO_4$ 中各元素占据的位置是 Li 和 Ni:(16d、1/2、1/2、1/2),V:(8a、1/4、1/4、1/4)。即 Li 原子和 Ni 原子同等地自由处在配位八面体的空隙,而 V 原子处在配位四面体的空隙。与尖晶石结构 $LiMn_2O_4$ 结构相比,在化合物 $LiNiVO_4$ 中 Li 和 Ni 原子取代了 2 个 Mn 原子,V 原子取代了 Li 原子,没有明显的自由 Li 原子运动的隧道结构,具有极为突出的嵌锂效果。动力学研究表明 $LiNiVO_4$ 的扩散系数为 $10^{-13} \sim 10^{-14} m^2 \cdot s^{-1}$,这与 $LiNiVO_4$ 晶格中 Li^+ 浓度有关:Li^+ 浓度越小,扩散系数越大。在尖晶石结构中 Li^+ 扩散比在反尖晶石结构中快,能被解释为八面体中 Li、Ni 原子同等地占有空隙,随着 Li^+ 浓度的提高,降低了空穴位置,扩散系数必将降低[143]。

反尖晶石型化合物 LiNiVO$_4$ 一般采用固相反应合成。如 Ito 等[144] 以 NiO 和 LiVO$_3$ 为原料,按一定比例混合,在 1000℃ 固相反应 4 天得到 LiNiVO$_4$。Fey 等以 LiNiO$_2$ 和 V$_2$O$_3$ 或 V$_2$O$_5$ 在 500℃ 预烧结 4h,然后升温至 800℃ 再烧结 10 h,得到目标化合物。其充放电不可逆性很大,容量在第一循环中损失 40%。Lu 等[145] 以 LiOH,V$_2$O$_5$ 及 (CH$_3$COO)Ni 作为先驱物,在 700℃ 烧结 2h 得到目标产物。尽管反尖晶石型化合物 LiNiVO$_4$ 具有高达 4.8V(vs. Li$^+$/Li)电位及高达 90mA·h·g^{-1} 的可逆容量,但采用固相制备方法烧结温度过高,且前期不可逆容量有较大的损失。

溶胶—凝胶法是将 Li$_2$CO$_3$、NH$_4$VO$_3$ 和 NiCO$_3$(摩尔比 Li:V:Ni = 1:1:1)混合研磨,加入蒸馏水少许,然后加入饱和草酸溶液蓝色溶胶生成。溶胶作为前驱体在 450~600℃ 下加热 3~4h 自然冷却,得到黄色产物。其中在 450℃ 时得到的产物充放电比容量最高。550℃ 时产物在 3.0~4.8 V 间的充电比容量达 98mA·h·g$^{-1[146,147]}$。

Fey 等[143] 用共沉淀法制备反尖晶石型化合物 LiNiVO$_4$(图 2-30),得到细的氧化物粉末在低温下能够较好地控制形貌和固体微粒的结构。当反应物硝酸锂、硝酸镍和乙酰丙铜钒的摩尔比为 1:1:1 时,将每种反应物溶于 60℃ 的异丁醇中,然后将它们混合并搅拌,用硝酸和氨水调整 pH 值,将溶液置于通风橱中,在室温下敞口放置。待溶剂蒸发掉后得到黑色浆状物质在 80℃ 下干燥 2h。将反应物质移至三氧化二铝坩锅中,在 450℃ 下加热 12h 得到棕黄色的 LiNiVO$_4$,产物产率为 91.5%。其反应方程式为

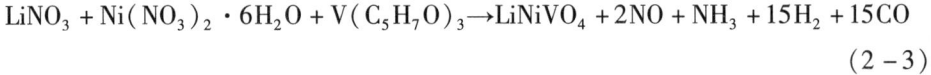

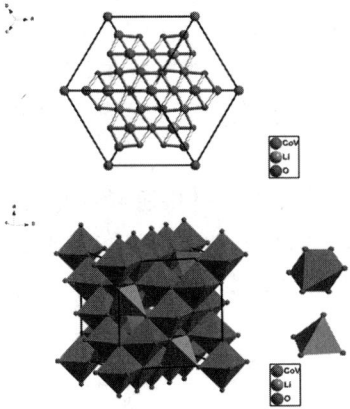

$$LiNO_3 + Ni(NO_3)_2 \cdot 6H_2O + V(C_5H_7O)_3 \rightarrow LiNiVO_4 + 2NO + NH_3 + 15H_2 + 15CO$$

$$(2-3)$$

图 2-30 LiCoVO$_4$ 的晶体结构示意图

LiNiVO$_4$ 的放电电位比其他的钒氧化物高很多,不过其充放电比容量很低,因此还有待于进一步提高和改进。Fey 等[143]研究表明 LiNiVO$_4$ 的性质与粉末粒度有关,而粉末粒度可由 pH 值来控制。当 pH 值为 1 时,得到的粉末的平均粒度为 343 nm,有最小程度的烧结,具有最好的性能,充放电过程中有最小的极化,充放电曲线在 4.6~4.8 V 处有一个平台(图 2-31)。若在碱性条件下,微粒易团聚,粒径增大,锂离子扩散系数较低,充放电过程中明显的极化。

Prakash 等[148]采用溶胶凝胶法合成 LiCoVO$_4$,经过 550℃烧结的产物在常温下属于立方晶系 XRD 谱图证明无其他杂质相的存在。FESEM 和 TEM 表明产物的粒径约为 200~1000nm,XPS 谱分析表明 Co 和 V 的氧化态分别为 +3 和 +5。60℃时其电子电导率约为 1.16×10^{-5} S·cm^{-1}。循环伏安测试表明合成的 LiCoVO$_4$正极材料具有很好的脱嵌锂可逆性和循环稳定性。

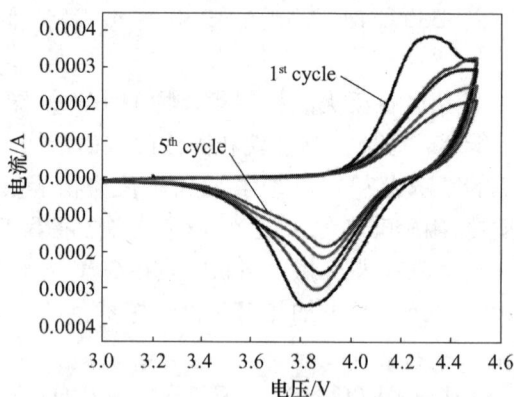

图 2-31　LiCoVO$_4$ 的 $I \sim V$ 曲线

Sung-Soo Kim 等[149]采用聚合物凝胶法合成了新型锂离子二次电池正极材料 MnV$_2$O$_6$,首次循环中具有很大的嵌锂比容量,约为 140mA·h·g^{-1},但是同时伴随着向无定形态的不可逆转变,在其后的循环中可逆容量约为 80mA·h·g^{-1},并进行了电极过程研究。

目前报道的复合金属氧化物正极材料通常具有较高的对锂放电电位、比容量和稳定的化学结构,使其成为潜在的锂离子二次电池正极材料,然而其较低的首次充放电效率和较高的容量衰减还需要进行更多的研究。

参 考 文 献

[1] Arroyoy D,Ceder M E G. On the origin of the monoclinic distortion in Li$_x$NiO$_2$[J]. Chem Mater,2002,15(1):63-67.

[2] Broussely M,Perton F,Biensan P,et al. Li$_x$NiO$_2$,a promising cathode for rechargeable lithium batteries[J]. J

Power Sources,1995,54(1):109 – 114.

[3] Croguennec L,Shao – Horn Y,Gloter A,et al. Segregation tendency in layered aluminum – substituted lithium nickel oxides [J]. Chem Mater,2009,21(6):1051 – 1059.

[4] Delmas C,Pérès J P,Rougier A,et al. On the behavior of the Li_xNiO_2 system:an electrochemical and structural overview [J]. J Power Sources,1997,68(1):120 – 125.

[5] Wu S H,Yang C W. Preparation of $LiNi_{0.8}Co_{0.2}O_2$ – based cathode materials for lithium batteries by a co – precipitation method [J]. J Power Sources,2005,146(1 – 2):270 – 274.

[6] Belharouak I,Lu W,Vissers D,et al. Safety characteristics of $Li(Ni_{0.8}Co_{0.15}Al_{0.05})O_2$ and $Li(Ni_{1/3}Co_{1/3}Mn_{1/3})O_2$[J]. Electrochem Commun,2006,8(2):329 – 335.

[7] Strobel P B,Lambert Andron. Crystallographic and magnetic structure of Li_2MnO_3 [J]. J Solid State Chem,1988,75(1):90 – 98.

[8] Dahéron L. Electron transfer mechanisms upon Lithium deintercalation from $LiCoO_2$ to CoO_2 Investigated by XPS [J]. Chem Mater,2007,20(2):583 – 590.

[9] Graetz J,Hightower A,Ahn C C,et al. Electronic structure of chemically – delithiated $LiCoO_2$ studied by Electron energy – loss spectrometry[J]. J Phys Chem B,2002,106(6):1286 – 1289.

[10] Kramer D,Ceder G. Tailoring the morphology of $LiCoO_2$:a first principles study [J]. Chem Mater,2009,21(16):3799 – 3809.

[11] Siegel R,Hirschinger J,Carlier D,et al. ^{59}Co and^{6,7}Li MAS NMR in polytypes O_2 and O_3 of $LiCoO_2$[J]. J Phys Chem B,2001,105(19):4166 – 4174.

[12] Xiao J,Chernova N A,Whittingham M S. Layered mixed transition metal oxide cathodes with reduced cobalt content for lithium ion batteries [J]. Chem Mater,2008,20(24):7454 – 7464.

[13] Peres J P,Delmas C,Rougier A,et al. The relationship between the composition of lithium nickel oxide and the loss of reversibility during the first cycle [J]. J Phys Chem Solids,1996,57(6 – 8):1057 – 1060.

[14] Delmas C,Ménétrier M,Croguennec L,et al. An overview of the $Li(Ni,M)O_2$ systems:synthesis,structures and properties [J]. Electrochim Acta,1999,45(1 – 2):243 – 253.

[15] Islam M S,Davies R A,Gale J D,et al. Structural and electronic properties of the layered $LiNi_{0.5}Mn_{0.5}O_2$ lithium battery material[J]. Chem Mater,2003,15(22):4280 – 4286.

[16] Ito Y,Idemoto Y,Tsunoda Y,et al. Relation between crystal structures,electronic structures,and electrode performances of $LiMn_{2-x}M_xO_4(M = Ni,Zn)$ as a cathode active material for 4V secondary Li batteries [J]. J Power Sources,2003,119 – 121(0):733 – 737.

[17] Julien C,Nazri G A,Rougier A. Electrochemical performances of layered $LiM_{1-y}M_y'O_2(M = Ni,Co;M' = Mg,Al,B)$ oxides in lithium batteries [J]. Solid State Ionics,2000,135(1 – 4):121 – 130.

[18] Kang S H,Amine K. Comparative study of $Li(Ni_{0.5-x}Mn_{0.5-x}M2_{x'})O_2(M' = Mg,Al,Co,Ni,Ti;x = 0,0.025)$ cathode materials for rechargeable lithium batteries [J]. J Power Sources,2003,119 – 121(0):150 – 155.

[19] Xiao L,Lin X J,Zhao X,et al. Preparation of $LiNi_{0.5}Mn_{0.5}O_2$ cathode materials by urea hydrolysis coprecipitation[J]. Solid State Ionics,2011.192(1):335 – 338.

[20] Yu C,Li G S,Guan X F,et al. Composites $Li_{1+x}Mn_{0.5+0.5x}Ni_{0.5-0.5x}O_2(0 \leqslant x \leqslant 0.4)$:Optimized preparation to yield an excellent cycling performance as cathode for lithium – ion batteries [J]. Electrochim Acta,2012,61(0):216 – 224.

[21] Ammundsen B,Steiner J D R,Pickering P. in Proceedings of the 10th International Meeting on Lithium Batteries,in Proceedings of the 10th International Meeting on Lithium Batteries [C]. 2000:Como,Italy.

[22] Venkatraman S,Shin Y,Manthiram A. Phase relationships and structural and chemical stabilities of charged

$Li_{1-x}CoO_{2-\delta}$ and $Li_{1-x}Ni_{0.85}Co_{0.15}O_{2-\delta}$ cathodes [J]. Electrochem Solid – State Lett, 2003, 6 (1): A9 – A12.

[23] Zhecheva E, Stoyanova R. Stabilization of the layered crystal structure of $LiNiO_2$ by Co – substitution [J]. Solid State Ionics, 1993, 66(1 – 2): 143 – 149.

[24] Delmas C, Prado G, Rougier A, et al. Effect of iron on the electrochemical behaviour of lithium nickelate: from $LiNiO_2$ to 2D – $LiFeO_2$ [J]. Solid State Ionics, 2000, 135(1 – 4): 71 – 79.

[25] Ohzuku T, Ueda A, Nagayama M. Electrochemistry and structural chemistry of $LiNiO_2$ (R – 3m) for 4 volt secondary lithium cells [J]. J Electrochem Soc, 1993, 140(7): 1862 – 1870.

[26] Meng Y S, Ceder G, Grey C P, et al. Cation ordering in layered O_3 $Li[Ni_xLi_{1/3-2x/3}Mn_{2/3-x/3}]O_2$ ($0 \leqslant x \leqslant 1/2$) compounds [J]. Chem Mater, 2005, 17(9): 2386 – 2394.

[27] Cao H, Xia B J, Xu N X, et al. Structural and electrochemical characteristics of Co and Al co – doped lithium nickelate cathode materials for lithium – ion batteries [J]. J Alloys Compd, 2004, 376(1 – 2): 282 – 286.

[28] Johnson C S, Kropf A J. In situ XAFS analysis of the $LixNi_{0.8}Co_{0.2}O_2$ cathode during cycling in lithium batteries [J]. Electrochim Acta, 2002, 47(19): 3187 – 3194.

[29] Kao C F, Liu K H. Preparation and characterization of $LiAl_xCo_yNi_{1-x-y}O_2$ particles [J]. Particuology, 2008, 6(4): 252 – 257.

[30] Koyama Y, Tanaka I, Adachi H, et al. Crystal and electronic structures of superstructural $Li_{1-x}[Co_{1/3}Ni_{1/3}Mn_{1/3}]O_2$ ($0 \leqslant x \leqslant 1$) [J]. J Power Sources, 2003, 119 – 121(0): 644 – 648.

[31] Majumder S B, Nieto S, Katiyar R S. Synthesis and electrochemical properties of $LiNi_{0.80}(Co_{0.20-x}Al_x)O_2$ ($x = 0.0$ and 0.05) cathodes for Li ion rechargeable batteries [J]. J Power Sources, 2006, 154(1): 262 – 267.

[32] Zhu X J, Liu H X, Gan X Y, et al. Preparation and characterization of $LiNi_{0.80}Co_{0.20-x}Al_xO_2$ as cathode materials for lithium ion batteries [J]. J Electroceram, 2006, 17(2 – 4): 645 – 649.

[33] Yoshio M, Noguchi H, Itoh J I, et al. Preparation and properties of $LiCo_yMn_xNi_{1-x-y}O_2$ as a cathode for lithium ion batteries [J]. J Power Sources, 2000, 90(2): 176 – 181.

[34] Yang S Y, Wang X Y, Liu Z L, et al. Influence of pretreatment process on structure, morphology and electrochemical properties of $Li[Ni_{1/3}Co_{1/3}Mn_{1/3}]O_2$ cathode material [J]. Trans Nonferrous Met Soc China, 2011, 21(9): 1995 – 2001.

[35] Xiang Q L, Zhi M G. Synthesis of spherical $Li_{1.167}Ni_{0.2}Co_{0.1}Mn_{0.533}O_2$ as cathode material for lithium – ion battery via co – precipitation [J]. Prog in Nat Sci: Materials International, 2012.

[36] Xiang X, Li X, Li W. Preparation and characterization of size – uniform $Li[Li_{0.131}Ni_{0.304}Mn_{0.565}]O_2$ particles as cathode materials for high energy lithium ion battery [J]. J Power Sources, 2013, 230(0): 89 – 95.

[37] Wang T, Liu Z H, Fan L H, et al. Synthesis optimization of $Li_{1-x}[Mn_{0.45}Co_{0.40}Ni_{0.15}]O_2$ with different spherical sizes via co – precipitation [J]. Powder Technol, 2008, 187(2): 124 – 129.

[38] Van Bommel A, Dahn J R. Analysis of the growth mechanism of coprecipitated spherical and dense nickel, manganese, and cobalt – containing hydroxides in the presence of aqueous ammonia [J]. Chem Mater, 2009, 21(8): 1500 – 1503.

[39] Shin H S, Park S H, Bae Y C, et al. Synthesis of $Li[Ni_{0.475}Co_{0.05}Mn_{0.475}]O_2$ cathode materials via a carbonate process [J]. Solid State Ionics, 2005, 176(35 – 36): 2577 – 2581.

[40] Deng C, Zhang S, Ma L, et al. Effects of precipitator on the morphological, structural and electrochemical characteristics of $Li[Ni_{1/3}Co_{1/3}Mn_{1/3}]O_2$ prepared via carbonate coprecipitation [J]. J Alloys Compd, 2011, 509 (4): 1322 – 1327.

[41] Yabuuchi N, Ohzuku T. Electrochemical behaviors of $LiCo_{1/3}Ni_{1/3}Mn_{1/3}O_2$ in lithium batteries at elevated tem-

peratures [J]. J Power Sources,2005,146(1 – 2): 636 – 639.

[42] Yue P,et al. Spray – drying synthesized LiNi$_{0.6}$Co$_{0.2}$Mn$_{0.2}$O$_2$ and its electrochemical performance as cathode materials for lithium ion batteries [J]. Powder Technol,2011,214(3): 279 – 282.

[43] Chang J H Y,Won I C,Jang H. Electrochemical properties of LiNi$_{0.8}$Co$_{0.2-x}$Al$_x$O$_2$ prepared by a sol – gel method [J]. J Power Sources,2004,136: 132 – 138.

[44] Sivaprakash S,Majumder S B,Nieto S,et al. Crystal chemistry modification of lithium nickel cobalt oxide cathodes for lithium ion rechargeable batteries [J]. J Power Sources,2007,170(2): 433 – 440.

[45] Julien C,Nazri G A,Rougier A. Electrochemical performances of layered LiM$_{1-y}$M$_{y'}$O$_2$ (M = Ni,Co; M = Mg,Al,B) oxides in lithium batteries [J]. Solid State Ionics,2000,135: 121 – 130.

[46] Madhavi S. Effect of aluminium doping on cathodic behaviour of LiNi$_{0.7}$Co$_{0.3}$O$_2$ [J]. J Power Sources,2001, 93(1 – 2): 156 – 162.

[47] Madhavi S. Cathodic properties of (Al,Mg) co – doped LiNi$_{0.7}$Co$_{0.3}$O$_2$ [J]. Solid State Ionics,2002,152 – 153(0): 199 – 205.

[48] Numata K,Sakaki C,Yamanaka S. Synthesis of solid solutions in a system of LiCoO$_2$ – Li$_2$MnO$_3$ for cathode materials of secondary lithium batteries [J]. Chem Lett,1997,26(8): 725 – 726.

[49] Thackeray M M,Kang S H,Johnson C S,et al. Li$_2$MnO$_3$ – stabilized LiMO$_2$(M = Mn,Ni,Co) electrodes for lithium – ion batteries [J]. J Mater Chem,2007,17: 3112 – 3125.

[50] Yoon W S,Iannopollo S,Grey C P,et al. Local structure and cation ordering in O$_3$ lithium nickel manganese oxides with stoichiometry Li[Ni$_x$Mn$_{(2-x)/3}$Li$_{(1-2x)/3}$]O$_2$ [J]. Electrochem Solid – State Lett, 2004, 7: A167 – A171.

[51] Ammundsen B,Paulsen J,Davidson I,et al. Local structure and first cycle redox mechanism of layered Li$_{1.2}$Cr$_{0.4}$Mn$_{0.4}$O$_2$ cathode material [J]. J Electrochem Soc,2002,149: A431 – A436.

[52] Pan C,Lee Y J,Ammundsen B,et al. Li MAS NMR studies of the local structure and electrochemical properties of Cr – doped lithium manganese and lithium cobalt oxide cathode materials for lithium – ion batteries [J]. Chem Mater,2002,14: 2289 – 2299.

[53] Lu Z H,Dahn J R. Understanding the anomalous capacity of Li/Li[Ni$_x$Li$_{(1/3-2x/3)}$Mn$_{(2/3-x/3)}$]O$_2$ cells using in situ X – ray diffraction and electrochemical studies [J]. J Electrochem Soc,2002,149,A815 – A822.

[54] Lu Z H,Chen Z H,Dahn J R. Lack of cation clustering in Li[Ni$_x$Li$_{1/3-2x/3}$Mn$_{2/3-x/3}$]O$_2$(0 < x≤1/2) and Li[Cr$_x$Li$_{(1-x)/3}$Mn$_{(2-2x)/3}$]O$_2$(0 < x < 1) [J]. Chem Mater,2003,15: 3214 – 3220.

[55] Jarvis K A,Deng Z,Allard L F,et al. Atomic structure of a lithium – rich layered oxide material for lithium – ion batteries: evidence of a solid solution [J]. Chem Mater,2011,23: 3614 – 3621.

[56] Meng Y S,Ceder G,Grey C P,et al. Cation ordering inlayered O$_3$ Li[Ni$_x$Li$_{1/3-2x/3}$Mn$_{2/3-x/3}$]O$_2$(0≤x≤ 1/2) compounds [J]. Chem Mater,2005,17: 2386 – 2394.

[57] Kim J S,Johnson C S,Vaughey J T,et al. Electrochemical and structural properties of xLi$_2$M′O$_3$ · (1 – x) LiMn$_{0.5}$Ni$_{0.5}$O$_2$ electrodes for lithium batteries (M' = Ti,Mn,Zr; 0≤x≤0.3) [J]. Chem Mater,2004,16: 1996 – 2006.

[58] Kikkawa J,Akita T,Tabuchi M,et al. Real – space observation of Li extraction/insertion in Li$_{1.2}$Mn$_{0.4}$Fe$_{0.4}$O$_2$ positive electrode material for Li – ion batteries [J]. Electrochem Solid – State Lett,2008,11: A183 – A186.

[59] Robertson A D,Bruce P G. The origin of electrochemical activity in Li$_2$MnO$_3$ [J]. Chem Commun,2002, 2790 – 2791.

[60] Robertson A D,Bruce P G. Mechanism of electrochemical activity in Li$_2$MnO$_3$ [J]. Chem Mater,2003,15: 1984 – 1992.

[61] Armstrong A R,Robertson A D,Bruce P G. Overcharging manganese oxides: Extracting lithium beyond Mn^{4+}

[J]. J Power Sources,2005,146: 275 – 280.

[62] Johnson C S,Li N,Lefief C,et al. Anomalous capacity and cycling stability of xLi$_2$MnO$_3$ · $(1-x)$LiMO$_2$ electrodes (M = Mn,Ni,Co) in lithium batteries at 50℃ [J]. Electrochem Commun,2007,9: 787 – 792.

[63] Armstrong A R,Holzapfel M,Novak P,et al. Demonstrating oxygen loss and associated structural reorganization in the lithium battery cathode Li[Ni$_{0.2}$Li$_{0.2}$Mn$_{0.6}$]O$_2$[J]. J Am Chem Soc,2006,128: 8694 – 8698.

[64] Weill F,Tran N,Martin N,et al. Electron diffraction study of the layered Li$_y$(Ni$_{0.425}$Mn$_{0.425}$Co$_{0.15}$)$_{0.88}$O$_2$ materials reintercalated after two different states of charge [J]. Electrochem Solid – State Lett,2007,10: A194 – A197.

[65] Yabuuchi N,Yoshii K,Myung S T,et al. Detailed studies of a high – capacity electrode material for rechargeable batteries,Li$_2$MnO$_3$ · LiCo$_{1/3}$Ni$_{1/3}$Mn$_{1/3}$O$_2$[J]. J Am Chem Soc,2011,133: 4404 – 4419.

[66] Jiang M,Key B,Meng Y S,et al. Electrochemical and strucutural study of the layered "Li – excess" lithium – ion battery electrode material Li[Li$_{1/9}$Ni$_{1/3}$Mn$_{5/9}$]O$_2$[J]. Chem Mater,2009,21: 2733 – 2745.

[67] Wu Y,Manthiram A. Effect of surface modifications on the layered solid solution cathodes $(1-z)$Li[Li$_{1/3}$Mn$_{2/3}$]O$_2$ – (z)Li[Mn$_{0.5-y}$Ni$_{0.5-y}$Co$_{2y}$]O$_2$[J]. Solid State Ionics,2009,180: 50 – 56.

[68] Wu F,Li N,Su Y,et al. Can surface modification be more effective to enhance the electrochemical performance of lithium rich materials? [J]. J Mater Chem,2012,22: 1489 – 1497.

[69] Zheng J M,Li J,Zhang Z R,et al. The effects of TiO$_2$ coating on the electrochemical performance of Li[Li$_{0.2}$Mn$_{0.54}$Ni$_{0.13}$Co$_{0.13}$]O$_2$ cathode material for lithium – ion battery [J]. Solid State Ionics, 2008, 179: 1794 – 1799.

[70] Zheng J M,Zhang Z R,Wu X B,et al. The effects of AlF$_3$ coating on the performance of Li[Li$_{0.2}$Mn$_{0.54}$Ni$_{0.13}$Co$_{0.13}$]O$_2$ positive electrode material for lithium – ion battery [J]. J Electrochem Soc, 2008, 155: A775 – A782.

[71] Kang S H,Thackeray M M. Enhancing the rate capability of high capacity xLi$_2$MnO$_3$ · $(1-x)$LiMO$_2$(M = Mn,Ni,Co) electrodes by LiNiPO$_4$ treatment [J]. Electrochem Commun,2009,11: 748 – 751.

[72] Wu Y,Vadivel Murugan A,Manthiram A. Surface modification of high capacity layered Li[Li$_{0.2}$Mn$_{0.54}$Ni$_{0.13}$Co$_{0.13}$]O$_2$ cathodes by AlPO$_4$[J]. J Electrochem Soc,2008,155: A635 – A641.

[73] Johnson C S,et al. Argonne National Laboratory,DOE Meeting,2011,ES115.

[74] Jiao L F,Zhang M,Yuan H T,et al. Effect of Cr doping on the structural,electrochemical properties of Li[Li$_{0.2}$Ni$_{0.2-x/2}$Mn$_{0.6-x/2}$Cr$_x$]O$_x$(x = 0,0.02,0.04,0.06,0.08) as cathode materials for lithium secondary batteries [J]. J Power Sources,2007,167: 178 – 183.

[75] Park S H, Sun Y K. Synthesis and electrochemical properties of layered Li[Li$_{0.2}$5Ni$_{(0.275-x/2)}$Al$_x$Mn$_{(0.575-x/2)}$]O$_2$ materials prepared by Sol – Gel method [J]. J Power Sources, 2003, 119 – 121: 161 – 165.

[76] Kang S H,Amine K. Layered Li(Li$_{0.2}$Ni$_{0.15+0.5z}$Co$_{0.10}$Mn$_{0.55-0.5z}$)O$_{2-z}$F$_z$ cathode materials for Li – ion secondary batteries [J]. J Power Sources,2005,146: 654 – 656.

[77] Kang S H,Thackeray M M. Stabilization of xLi$_2$MnO$_3$ · $(1-x)$LiMO$_2$ electrode surfaces,M = Mn,Ni,Co) with mildly acidic,fluorinated solutions [J]. J Electrochem Soc,2008,155: A269 – A275.

[78] Kim M G,Jo M,Hong Y S,et al. Template – free synthesis of Li[Ni$_{0.25}$Li$_{0.15}$Mn$_{0.6}$]O$_2$ nanowires for high performance lithium battery cathode [J]. Chem Commun,2009: 218 – 220.

[79] Kim Y,Hong Y,Kim M G,et al. Li$_{0.93}$[Li$_{0.2}$1Co$_{0.28}$Mn$_{0.51}$]O$_2$ nanoparticles for lithium battery cathode material made by cationic exchange from K – birnessite [J]. Electrochem Commun,2007,9: 1041 – 1046.

[80] Wei G Z,Lu X,Ke F S,et al. Crystal habit – tuned nanoplate material of Li[Li$_{1/3-2x/3}$NixMn$_{2/3-x/3}$]O$_2$ for high rate performance lithium ion batteries [J]. Adv Mater,2010,22: 4364 – 4367.

68

［81］ Qiu S,Chen Z,Pei F,et al. Synthesis of Monoclinic Li［Li$_{0.2}$Mn$_{0.54}$Ni$_{0.13}$Co$_{0.13}$］O$_2$ nanoparticles by a lay-ered-template route for high performance Li – Ion batteries［J］. Eur J Inorg Chem,2013,16：2887 – 2892.

［82］吕东平,王琳,杨勇. 锂离子电池正硅酸盐正极材料研究进展［J］. 电化学,2011,02：161 – 168.

［83］ Armand M. Method for synthesis of carbon – coated redox materials with controlled size［P］. World patent,WO02/27823,2002.

［84］ Nyten A,Abouimrane A,Armand M,et al. Electrochemical performance of Li$_2$FeSiO$_4$ as a new Li – battery cathode material［J］. Electrochem Commun,2005,7(2)：156 – 160.

［85］ Dominko R,Bele M,Gaberscek M,et al. Structure and electrochemical performance of Li$_2$MnSiO$_4$ and Li$_2$FeSiO$_4$ as potential Li – battery cathode materials［J］. Electrochem Commun,2006,8（2）：217 – 222.

［86］ Gong Z L,Li Y X,Yang Y. Synthesis and electrochemical performance of Li$_2$CoSiO$_4$ as cathode material for lithium ion batteries［J］. J Power Sources,2007,174(2)：524 – 527.

［87］ Nishimura S I,Hayase S,Kanno R,et al. Structure of Li$_2$FeSiO$_4$［J］. J Am Chem Soc,2008,130（40）：13212 – 13213.

［88］ Sirisopanaporn C,Dominko R,Masquelier C,et al. Polymorphism in Li$_2$（Fe,Mn）SiO$_4$：A combined diffraction and NMR study［J］. J Mater Chem,2011,4：17823 – 17831.

［89］ Nyten A,Kamali S,Haggstrom L. The lithium extraction/insertion mechanism in Li$_2$FeSiO$_4$［J］. J Mater Chem,2006,16：2266 – 2272.

［90］ Larsson P,Ahuja R,Nyten A,et al. An ab initial study of the Li – ion battery cathode material Li$_2$FeSiO$_4$［J］. Electrochem Commun,2006,8；797 – 800.

［91］ Muraliganth T,Stroukoff K R. Microwave – solvothermal synthesis of nanostructured Li$_2$MSiO$_4$/C（M = Mn and Fe）cathodes for lithium – ion batteries［J］. Chem Mater,2010,22：5754 – 5761.

［92］ Gong Z L,Li Y X,He G N,et al. Nanostructured Li$_2$FeSiO$_4$ electrode material synthesized through hydrother-mal – assisted sol – gel process［J］. Electrochem Solid State Lett,2008,11(5)：A60 – A63.

［93］ Dominko R. Li$_2$MSiO$_4$（M = Fe and/or Mn）cathode materials［J］. J Power Sources,2008,184：462 – 468.

［94］ Wua S Q,Zhu Z Z,Yang Y,et al. Structural stabilities,electronic stuctures and lithium deintercalation in Li$_x$MSiO$_4$（M = Mn,Fe,Co,Ni）：A GGA and GGA + U study［J］. Comput Mater Sci,2009,44（4）：1243 – 1251.

［95］ Zheng Z M,Wang Y,Zhang A,et al. Porous Li$_2$FeSiO$_4$/C nanocomposite as the cathode material of lithium – ion batteries［J］. J Power Sources,2012,198：229 – 235.

［96］ Lv D P,Wen W,Huang X K. A novel Li$_2$FeSiO$_4$/C composite：synthesis,characterization and high storage ca-pacity［J］. J Mater Chem,2011,21：9506 – 9509.

［97］ Dinesh R,Kempaiah D M,Takaaki T. Ultrathin nanosheets of Li$_2$MSiO$_4$（M = Fe,Mn）as high – capacity Li – ion battery electrode［J］. Nano Lett,2012,12（3）：1146 – 1151.

［98］ Politaev V V,Petrenko A A,Nalbandyan V B,et al. Crystal structure,phase relations and electrochemical prop-erties of monoclinic Li$_2$MnSiO$_4$［J］. J Solid State Chem,2007,180（3）：1045 – 1050.

［99］ Arroyo – deDompablo M E,Dominko R,Gallardo – Amores J M,et al. On the energetic stability and electro-chemistry of Li$_2$MnSiO$_4$ polymorphs［J］. Chem Mater,2008,20：5574 – 5584.

［100］ Gummow R J,N. Sharma,Peterson V K,et al. Crystal chemistry of the Pmnb polymorph of Li$_2$MnSiO$_4$［J］. J Solid State Chem,2012,188：32 – 37.

［101］ Hugues D,Abhinay K,Patrick H,Mercier J,et al. Novel Pn polymorph for Li$_2$MnSiO$_4$ and its electrochemical activity as a cathode material in Li – ion batteries［J］. Chem Mater,2011,23(34)：5446 – 5456.

［102］ Santamaría – Peérez D,Amador U,Tortajada J,et al. High – pressure investigation of Li$_2$MnSiO$_4$ and Li$_2$CoSiO$_4$ electrode materials for lithium – ion batteries［J］. Inorg Chem,2012,51(10)：5779 – 5786.

[103] Kokalj A, Dominko R, Mali G. Beyond one – electron reaction in Li cathode materials: designing $Li_2Mn_xFe_{1-x}SiO_4$ [J]. Chem Mater,2007,19: 3633 – 3640.

[104] 程琥,刘子庚,李益孝,等. 锂离子电池正极材料 Li_2MnSiO_4 固体核磁共振谱研究 [J]. 电化学,2010, 16(3): 296 – 299.

[105] Aravindan V, Karthikeyan K, Ravi S, et al. Synthesis and improved electrochemical properties of Li_2MnSiO_4 cathodes [J]. J Mater Chem,2011,21: 2470 – 2473.

[106] Belharouak I, Abouimrane A, Amine K S. Structural and electrochemical characterization of Li_2MnSiO_4 cathode material [J]. J Phys Chem C,2009,113: 20733 – 20737.

[107] Li Y X, Gong Z L, Yang Y. Synthesis and characterization of Li_2MnSiO_4/C nanocomposite cathode material for lithium – ion batteries [J]. J Power Sources,2007,174: 528 – 532.

[108] Liu S K, Xu J, Li D Z, et al. High capacity Li_2MnSiO_4/C nanocomposite prepared by sol – gel method for lithium – ion batteries[J]. J Power Sources,2013,232: 258 – 263.

[109] 刘双科,许静,李德湛,等. 间苯二酚 – 甲醛辅助溶胶 – 凝胶法制备纳米 Li_2MnSiO_4/C 正极材料 [J]. 无机材料学报,2013,28(6): 1 – 4.

[110] Aravindan V, Karthikeyan K, Ravi S, et al. Influence of carbon towards improved lithium storage properties of Li_2MnSiO_4 cathodes [J]. J Mater Chem,2010,20: 7340 – 7343.

[111] Devaraju M K, Dinesh R, Itaru H. Controlled synthesis of nanocrystalline Li_2MnSiO_4 particles for high capacity cathode application in lithium – ion batteries [J]. Chem Commun,2012,48: 2698 – 2700.

[112] Gong Z L, Li Y X, Yang Y. Synthesis and characterization of $Li_2Mn_xFe_{1-x}O_4$ as a cathode material for lithium-ion batteries [J]. Electrochem Solid – State Lett,2006,9(12): A542 – A544.

[113] Kuganathan N, Islam M S. Li_2MnSiO_4 lithium battery material: atomic – scale study of defects, lithium mobility and trivalent dopants [J]. Chem Mater 2009,21: 5196 – 5202.

[114] 刘文刚,许云华,杨蓉,等. Al 掺杂 Li_2MnSiO_4 锂离子电池正极材料的合成和电化学性能 [J]. 热加工工艺,2010,39 (2): 20 – 23.

[115] Wu S Q, Zhu Z Z, Yang Y, et al. Structural stabilities, electronic structures and lithium deintercalation in Li_xMSiO_4(M = Mn, Fe, Co, Ni): A GGA and GGA + U study [J]. Comput Mater Sci,2009,44 (4): 1243 – 1251.

[116] Dompablo M E, Armand M, Tarascon J M, et al. On – demand design of polyoxianionic cathode materials based on electronegativity correlations: An exploration of the Li_2MnSiO_4 system (M = Fe, Mn, Co, Ni) [J]. Electrochem Commun,2006,8: 1292 – 1294.

[117] Wadsley A D. Crystal chemistry of nonstoichiometric [J]. Acta Crystallogr,1957,10: 261 – 267.

[118] Besenhard J O, Schollhornr R. The discharge reaction mechanism of molybdenum (VI) oxide electrode in organnic electrolytes [J]. J Power Sources,1997,1: 267 – 276.

[119] Köhler J, Makihara H, Uegaito H, et al. LiV_3O_8: characterization as anode material for an aqueous rechargeable Li – ion battery system [J]. Electrochim Acta,46(1): 59 – 65

[120] 杨辉. 锂离子电池正极材料锂钒氧化物的制备及性能研究 [D]. 乌鲁木齐:新疆大学,2007.

[121] G P,M P,M T. Thermodynamic study of lithium insertion in vanadium oxide (V_6O_{13}) and lithium vanadate ($Li_{1+x}V_3O_8$) [J]. J Power Sources,1985,15: 13 – 15.

[122] Yu A, Kumagai N, Liu Z L, et al. A new method for preparing lithiated vanadium oxides and their electrochemical performance in secondary lithium batteries [J]. J Power Sources,1998,74: 117 – 121.

[123] 李宇展,任慢慢,吴青端. 锂离子蓄电池钒系正极材料的研究进展 [J]. 电源技术,2005,29(2): 124 – 127.

[124] Xu H, Wang H, Song Z. Novel chemical method for synthesis of LiV_3O_8 nanarods as materials for lithium ion

batteries [J]. Electrochmica Acta,2004,49: 349 – 353.

[125] Ng S H,Tran N,Bramnik K G,et al. A feasibility study on the use of Li4V₃O₈ as a high capacity cathode material for lithium – ion batteries [J]. Chem Eur J,2008,14: 11141 – 11148.

[126] Chaloner G B,Shackle D R,Anderse T N. A vanadium – based cathode for lithium – ion batteries [J]. J Electrochem Soc,2000,147 (10): 3575 – 3578.

[127] Yao J,Wei S,Shen C. Improved electrochemical properties of LiV₃O₈ by chlorine doping: Applications in non-aqueous and aqueous Li – ion batteries [J]. Adv Sci Lett,2012,17(1): 275 – 279.

[128] Cao X,Xie L,Zhan H. Large – scale synthesis of Li₁.₂V₃O₈ as a cathode material for lithium secondary battery via a soft chemistry route [J]. Mater Res Bull,2009,44: 472 – 477.

[129] Bak H R,Lee J H,Kim B K. Electrochemical behavior of Li/LiV₃O₈ secondary cells [J]. Electron Mater Lett,2013,2 (9): 195 – 199.

[130] Sakurai Y,Yamaki J. Correlation between microstructure and electrochemica behavior of amorphous V₂O₅ – P₂O₅ in lithium cells [J]. J Electrochem Soc,1988,135 (4): 791 – 796.

[131] 钟圣奎. 锂离子电池正极材料 LiVPO₄F 和 Li₃V₂(PO₄)₃ 的合成及电化学性能研究 [D]. 长沙: 中南大学,2007.

[132] Saidi M Y. Barker J,Huang H,et al. Electrochemical properties of Lithium vanadium phosphate as a cathode material for Lithium – ion batteries [J]. Solid – State Soc,2002,5 (7): A149 – A151.

[133] 任慢慢,刘素文,卢启芳. 钒系磷酸盐锂离子电池正极材料[J]. 化学进展,2011,23(9): 1987 – 1992.

[134] Saidi M Y. Barker J,Huang H,et al. Performance characteristics of lithium vanadium phosphate as a cathode material for lithium – ion batteries [J]. J Power Sources,2003,119 – 121: 266 – 272.

[135] Huang H,Bruce P G. 3 V and 4 V lithium manganese oxide cathodes for rechargeable lithium batteries [J]. J Power Sources 1995,54: 52 – 57.

[136] Barker J,Gover R K B,Burns P,et al. Structural and electrochemical properties of lithium vanadium fluorophosphate,LiVPO₄F [J]. J Power Sources,2005,146 (1 – 20): 516 – 520.

[137] Barker J,Saidi M Y,Swoyer JL. Electrochemical insertion properties of the novel lithium vanadium fluorophosphate,LiVPO₄F [J]. J Electrochem Soc,2003,150 (10): 1394 – 1398.

[138] 应皆荣,姜长印,唐昌平. 微波碳热还原法制备 Li₃V₂(PO₄)₃ 及其性能研究 [J]. 稀有金属材料与工程,2006,35(11): 1792 – 1796.

[139] 唐安平,王先友,伍文. 不同碳源对 Li₃V₂(PO₄)₃ 正极材料性能的影响 [J]. 中国有色金属学报,2008,2(18): 2218 – 2222.

[140] Wang R,Xiao S,Li X. Structural and electrochemical performance of Na – doped Li₃V₂(PO₄)₃/C cathode materials for lithium – ion batteries via rheological phase reaction [J]. J Alloys Compd,2013,575: 268 – 272.

[141] Kishore M S,Pralong V,Caignaert V. Synthesis and electrochemical properties of a new vanadyl phosphate Li₄VO(PO₄)₂[J]. Electrochem Commun,2006,8: 1558 – 1562.

[142] Kishore M S,Pralong V,Caignaert V,et al. A new lithium vanadyl diphosphate Li₂VOP₂O₇ Synthesis and electrochemical study [J]. Solid – State Sci,2008,10: 1285 – 1291.

[143] George T K F,Li W,Dahn J R. LiNiVO₄: a 4.82 V electrode material for lithium cells [J]. J Electrochem Soc,1994,141(9): 2279 – 2282.

[144] Ito Y. Phase relations of the lithium vanadate – nickel oxide (LiVO₃ – NiO) system and some properties of lithium nickel vanadate (LiNiVO₄) [J]. Nippon Kagaku Kaishi,1979,111: 1483 – 1488.

[145] Lu C,L S. Hydrothermal synthesis of LiNiVO₄ cathode materials for lithium ion batteries [J]. J Mater Sci Lett,1998,17(9): 733 – 735.

[146] George T K F,Chen K S. Synthesis,characterization,and cell performance of $LiNiVO_4$ cathode materials prepared by a new solution precipitation method [J]. J Power Sources,1999: 467 –471.

[147] Lai Q,Lu J,Liang X. Synthesis and electrochemical characteristics of Li – Ni vanadates as positive materials [J]. Int J Inorg Mater,2001,3: 381 –385.

[148] Prakash D,Masuda Y,Sanjeeviraja C. Structural,electrical and electrochemical studies of $LiCoVO_4$ cathode material for lithium rechargeable batteries [J]. Powder Technol,2013: 235,454 –459.

[149] Kim S,Ikuta H,Wakihara M. Synthesis and characterization of MnV_2O_6 as a high capacity anode material for a lithium secondary battery [J]. Solid State Ionics,2001,139: 57 –65.

第3章 高容量负极材料体系

锂电池的负极材料主要是作为储锂的主体,在充放电过程实现锂离子的嵌入和脱出。从锂离子电池的发展历程来看,负极材料的研究对锂离子电池的商品化起着决定性的作用,正是由于碳材料的出现解决了金属锂电极的安全问题,从而直接推动了锂离子电池的应用。目前,已经产业化的锂离子电池的负极主要是各种碳材料,包括石墨化碳材料和无定形碳材料,如天然石墨、改性石墨、石墨化中间相碳微球、软炭(如焦炭)和一些硬炭等。非碳负极有锡基、硅基、过渡金属氧化物、钛基、氮化物等材料。纳米尺度的材料由于其特有的性能,也在负极材料的研究中广受关注;而负极材料的薄膜化是近年来微电子工业发展对化学电源特别是锂二次电池的要求。

锂二次电池负极材料的发展经过了一个较长的过程,最早研究的负极材料是金属锂,由于电池的安全问题和循环性能不佳,金属锂在二次锂电池中并未得到应用。锂合金的出现在一定程度上解决了金属锂负极可能存在的安全隐患,但是锂合金在反复的循环过程中经历了较大的体积变化,电极材料会逐渐粉化,电池容量迅速衰减,这使得锂合金并未成功用作锂二次电池的负极材料。碳材料在锂二次电池中的成功应用促进了锂离子电池的产生,此后,多种碳材料被加以研究。但是碳材料存在着比容量低、首次充放电效率低、有机溶剂共嵌入等不足,因此,人们在研究碳材料的同时也开始了对其他高比容量的非碳负极材料的开发,比如锡基、硅基、过渡金属氧化物以及氮化物、磷化物等负极材料。

3.1 Sn 基负极材料

3.1.1 概述

锡基负极材料的研究热潮始于 1997 年富士公司在 Science 上报道的非晶态锡的氧化物储锂材料[1],该材料的可逆储锂容量高出石墨 2 倍,兼具脱嵌锂电位低、电极结构稳定、循环性能好等优点而引起广泛的关注,被视为最有发展潜力的新一代锂离子电池负极材料。然而在随后的研究中,人们发现 SnO_2 在首次充电过程中会生成 Li_2O 产生巨大的不可逆容量损失(50% 以上)。可以说,SnO_2 既是 Li 的高储备材料,又是 Li 的高消耗材料[2]。到目前为止,锡基氧化物负极材料仍未能应用于商品化锂离子电池,但其研究工作仍在广泛开展中。

金属锡可以和锂形成多种比例的合金,如 Li_2Sn_5、Li_7Sn_3、Li_7Sn_2、$Li_{22}Sn_5$ 等[2]。锡的最大嵌锂数为 4.4,对应于 $994mA \cdot h \cdot g^{-1}$ 的理论储锂容量。由于锡负极具有很高的堆积密度,所以它的体积比容量高达 $7200 \ mA \cdot h \cdot cm^{-3}$,是石墨负极的 9 倍。同时,它的工作电压位于 $0.3 \sim 1.0 \ V$ 之间,不存在锂沉积的问题,因此是一种很有产业化前景的负极材料。然而,锡负极在充放电过程中经历着巨大的体积变化($> 300\%$),造成活性颗粒的破裂或粉化甚至结构的坍塌[2,3]。因此,改善循环稳定性,成为近些年 Sn 基负极材料研究的重点。目前的研究主要集中在锡基氧化物、锡基合金和锡基复合物等材料上。

3.1.2 锡基氧化物

1. 材料种类与结构

锡基氧化物负极材料包括氧化亚锡(SnO)、二氧化锡(SnO_2)以及二者的复合氧化物。目前为大家所普遍接受的锡氧化物嵌脱锂机理是 Dahn 等[4]通过原位 X 射线衍射(XRD)法得到的两步反应机理,以 SnO_2 负极为例:

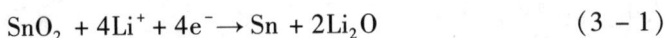

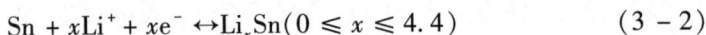

$$SnO_2 + 4Li^+ + 4e^- \rightarrow Sn + 2Li_2O \tag{3-1}$$

$$Sn + xLi^+ + xe^- \leftrightarrow Li_xSn(0 \leqslant x \leqslant 4.4) \tag{3-2}$$

在第一步反应中,SnO_2 被锂还原生成金属单质 Sn 和 Li_2O,在第二步反应中,生成的金属 Sn 单质继续与锂发生反应生成 Li_xSn 合金。早期的研究认为第一步放电过程 Li_2O 的形成是不可逆反应,是导致氧化物首次充放电不可逆容量损失的主要原因。因此,通过第二步可逆反应计算得出的 SnO 和 SnO_2 的理论放电容量分别为 $875mA \cdot h \cdot g^{-1}$ 和 $782mA \cdot h \cdot g^{-1}$,要低于金属锡单质。但是,在第一步反应中生成的 Li_2O 作为骨架网络,支撑和分散了金属锡聚集区颗粒,使之具有较高的化学活性和充放电能力,从而提高了锡负极的循环寿命。

2. 主要合成方法

制备锡基氧化物负极材料的方法很多,常见的有制备锡氧化物粉末的水热法、模板法、溶胶—凝胶法等以及制备锡氧化物薄膜的化学气相沉积法、静电热喷镀法、磁控溅射法、真空热蒸镀法等。不同方法所得到的锡氧化物具有不同的形貌、尺寸和比表面积等,势必会对其电化学性能产生较大的影响。

水热法是指在特制密闭容器如高压釜中,水做反应介质,加热反应容器,创造高温、高压反应环境。该方法避免了高温烧结,能耗低,工艺简单,可直接得到分散且结晶良好的粉体;控制水热条件可得到不同形貌的锡氧化物,产物物相均一,粒度范围分布窄,结晶性好,纯度高。制备的样品相比于其他的方法具有晶形完整、颗粒尺寸小、分布均匀且颗粒团聚轻等优点。然而,受反应场所和浓度的限制,水热法制备锡氧化物的产量较低,很难规模化生产。

模板法是以模板为主体构型,对材料的形貌进行控制和修饰,对材料的尺寸进行调节,从而决定材料性质的一种合成方法。模板法相比固相煅烧法、水热合成法和溶胶—凝胶法等具有更多优点,主要有:①模板的合成比较方便,且其性质可精确调控;②制备过程相对简单,适合批量生产;③纳米材料的尺寸、形状及分散性均可控,极适合一维纳米材料(纳米线、纳米棒和纳米管)的合成。因此模板合成是制备有序纳米材料的最理想方法,其所制备的纳米锡氧化物通常表现出优异的电化学性能。但模板合成法的成本相对较高,不宜于大规模生产。

溶胶—凝胶法是将原料(一般为金属无机盐或金属醇盐)溶于溶剂(水或醇)中形成均匀溶液,其溶质与溶剂发生水解(或醇解),再聚合生成纳米级粒子并形成均匀溶胶,经过干燥或脱水转化成凝胶,最后经过热处理得到所需材料。改进后又出现络合物溶胶—凝胶技术,如柠檬酸络合法、高分子聚合物络合法、甘氨酸络合法、多羧基酸络合法、酒石酸络合法、乙醇酸络合法、丙烯酸络合法等。获得高质量的溶胶—凝胶是该方法的关键。该方法可使原料获得分子水平的均匀性,可缩短反应时间,降低反应温度,避免高温杂相出现,产物纯度高。该方法制备材料粒径分布窄,均一性好,比表面积大初始充放电比容量高,循环性能好。但工艺繁琐,需蒸发大量水分和有机溶剂,费时耗能,工业化实施成本高,目前主要用于实验室规模掺杂研究。

锡氧化物薄膜化可以在一定程度上消除由于锂嵌入和脱出造成的体积变化带来的不利影响。其中化学气相沉积薄膜法具有沉积速度快、经济效益高、利于大规模生产等优点,化学气相沉积制备的结晶态锡氧化物薄膜负极通常表现出较高的比容量和良好的循环性能。静电热喷镀法制备的非晶锡氧化物薄膜也具有良好的循环性能和倍率放电性能。除化学气相沉积法、静电喷射法外,射频磁控溅射法可以使薄膜在低温基板上沉积,并能提高沉积薄膜的密度、结晶度等;真空热蒸镀法可在大面积范围内制备光滑、致密的薄膜。

3. 研究进展

纳米化、复合化和设计特殊的结构是目前锡氧化物负极材料研究的重点。SnO_2 纳米线[5-10]、SnO_2 纳米管[11-13]、SnO_2 纳米片[14-17]、SnO_2 纳米棒[18-20]、SnO_2 空心球[21-28]等各种结构层出不穷,较大地改善了锡氧化物负极材料的循环性能。Meduri 等[6]以金属 Sn 为原料,与等离子气氛发生两步反应,制备出一种特殊的 SnO_2/Sn 杂合纳米线材料(图 3-1)。材料表面特有的 Sn 纳米簇可使活性颗粒间留有足够的空隙,抑制材料由体积膨胀而引发的团聚;同时,簇结构还为锂离子的嵌入/脱出过程提供了足够的表面积,提高了材料的容量。该负极材料在 100 次充放电循环后比容量仍在 $800mA \cdot h \cdot g^{-1}$ 以上,每周容量衰减率小于 1%。Jiang 等[15]通过一步水热法制备了 SnO_2 纳米片,BET 测试显示纳米片具有较高的比表面积和孔容,该负极循环 20 周后保持有 $559mA \cdot h \cdot g^{-1}$ 的可逆容量。

除特殊结构化以外,复合化也是改善锡氧化物负极循环性能的另外一种有效的方法。Lou 等[27]设计合成了一种同轴的 $SnO_2@C$ 纳米空心微球,用透射电镜

（TEM）对材料进行表征，发现部分空心微球的壳层发生了凹陷，但壳层结构并未遭破坏，这说明球体壳层具有一定弹性，有利于电池的循环寿命；另外观察到碳层和 SnO_2 层紧密堆积排列，从根本上增强了材料的稳定性和导电性。经检测，材料表现出良好的循环性能和倍率性能。Honma 等[29]将控制形貌的 SnO_2 颗粒通过原子层沉积到石墨烯的表面，柔软的石墨烯基体将大部分 SnO_2 颗粒限制在其表面，有效地抑制了 SnO_2 负极充放电过程中的体积膨胀，保证了良好的循环性能。该复合物负极循环 150 周后容量保持在 570mA·h·g^{-1} 以上，表现出较好的应用前景。

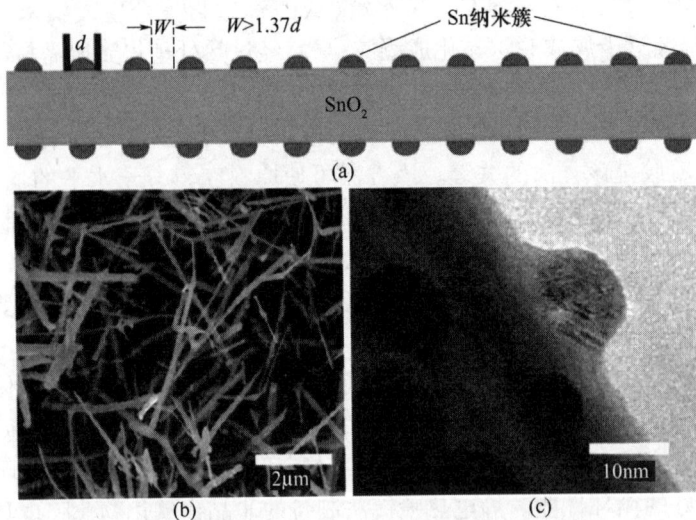

图 3-1 （a）覆盖 Sn 纳米簇的 SnO_2 纳米线结构图；（b）低放大倍率下材料的 SEM 图；
（c）纳米线材料边缘处高分辨率 TEM 图[6]

近年来，越来越多的研究者发现他们所制备的 SnO_2 负极的实际容量都高于 782mA·h·g^{-1} 的理论容量。这就给我们提出一个疑问：究竟这多出的容量来源于哪里？其实，早在 1997 年，Dahn 等[30]人就发现 SnO_2 负极充电至 1.0V 以上时，部分 Li 可以从 Li_2O 中脱出，证明第一步放电反应（式（3-1））并非完全不可逆。研究认为 SnO_2 负极第一步放电反应不可逆的原因可能有两点：①放电产物 Sn 对 Li_2O 可逆分解的催化活性低于过渡金属；②放电产物 Sn 在进一步的嵌脱锂反应（反应（3-2））后体积发生变化，致使新生成的 Sn 颗粒和 Li_2O 颗粒失去接触，转换反应更难可逆进行。这样看来，将第一步反应的中间产物 Sn 和 Li_2O 颗粒限制在一个纳米活性微区内，使其紧密接触，就有可能实现第一步反应的可逆进行，这也从原理上解释了 SnO_2 负极实际容量往往高于理论容量的现象。后期的大量工作充分验证了该原理的合理性。

Zhang 等[31]将 SnO_2 均匀负载在交叉堆积的碳纳米管薄板上，获得了 850mA·h·g^{-1} 以上的可逆容量并保持 65 周的稳定循环。作者认为正是这种交叉堆积的结构将 Sn 限制在碳纳米管薄板上,使中间产物 Sn 能顺利地被氧化再生成 SnO_2。Lou 等[32]通过水热法制备了粒径在 6~10 nm 的碳包覆 SnO_2 复合负极材料,材料的首周充电容量高达 1379mA·h·g^{-1},作者同样认为高出合金化反应理论容量(783mA·h·g^{-1})的那一部分容量来源于第一步反应的逆反应。Chen 等[33]通过简单的两步球磨法制备了石墨烯包覆的 SnO_2 – SiC 复合核壳结构(图 3 – 2)。TEM 表征显示,内核 SiC 和外层的石墨烯将 SnO_2 负极的第一步放电产物限制在其中间,并为其提供了大量的活性反应微区,促进了第一步反应的可逆进行。电化学测试表明,该复合物首次实现了 SnO_2 负极的完全可逆反应,首周可逆容量高达 1451mA·h·g^{-1},非常接近 8.4 个电子反应的理论容量(1494mA·h·g^{-1}),循环 40 周后容量保持率为 93%。随后,Guan 等[34]报道了其设计制备的同轴纳米电缆结构多壁碳纳米管@SnO_2@聚吡咯(SWNTs@SnO_2@PPy)复合物也能实现 SnO_2 负极的完全可逆反应。碳纳米管和聚吡咯能有效分散 SnO_2 纳米粒子并缓冲其在充放电过程中的体积膨胀,同时保证 Li_2O 和 Sn 颗粒的良好接触,为第一步反应的可逆进行提供前提条件。

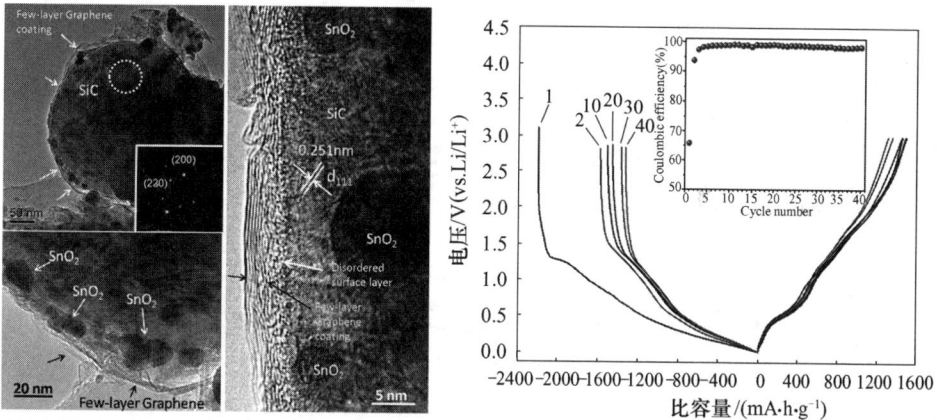

图 3 – 2 具有复合核壳结构的石墨烯包覆 SnO_2 – SiC 的 TEM 图和充放电性能[33]

尽管无论是循环稳定性还是可逆容量,SnO_2 负极材料都取得了较大的突破。但锡氧化物材料存在的主要问题仍旧是反应前后较大的体积变化,同时结构的变化必然会带来各种不稳定性,影响电池的寿命和循环稳定性。为了直观地研究 SnO_2 负极嵌脱锂过程的形态变化,美国圣地亚国家实验室的 Huang 等[5]设计了一种装置。他们将纳米电化学器件(nanoscale electrochemical device)嵌入到扫描隧道显微镜(TEM)中,直接观察到了单根 SnO_2 纳米线在嵌锂过程中的体积变化(图 3 – 3)。结果显示,单根 SnO_2 纳米线经放电 1860 s 后,体积膨胀在 250% 以上,并呈现明显的扭曲和变形,说明 SnO_2 纳米线结构被破坏。尽管该工作未能直接获取 SnO_2 负极的首周不可逆容量数据,但仍为高性能锂离子电池负极材料的设计和制备提供了理论依据。

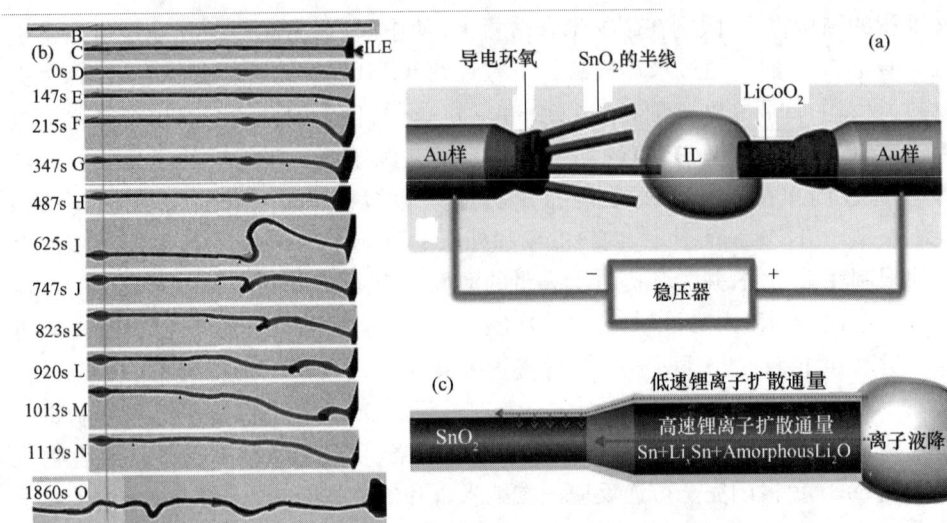

图 3-3　(a)设计装置图;(b)SnO$_2$纳米线的 TEM 图;(c)Li$^+$在 Li$_2$O 中的扩散示意图[5]

3.1.3　锡基合金

1. 材料结构与特点

为了改善锡负极的循环性能,研究者们提出以金属间化合物(即锡合金)来取代锡单质负极。这种方法的基本思想是在一定的电极电位即一定的充放电状态下,锡合金中的锡(或多种)组分(即"活性物质")能够可逆地储存释放锂,而其他相对活性较差、甚至是惰性的组分,充当缓冲"基体"(matrix)的作用,缓解"活性物质"在充放电过程中的体积膨胀,从而维持材料结构的稳定性。在这一思想的指导下,各种锡合金体系在锂离子电池负极材料的研究领域引起了广泛关注,并取得了很大进展[3,35~37]。

能与 Sn 形成合金的元素有很多,目前研究较多的 Sn 基二元合金主要有 Sn -Cu[38~43]、Sn - Sb[44~50]、Sn - Co[51~56]、Sn - Ni[57~62]及 Sn - Fe[63~67]等,另有一些三元合金也有报道。

1) 锡铜合金

Cu$_6$Sn$_5$ 是铜锡合金中最具代表性的合金,具有简单六方结构(NiAs 型,空间点群 P6$_3$/mmc),其理论嵌锂容量为 605mA·h·g^{-1}。对于 Cu$_6$Sn$_5$ 负极的嵌锂反应,Thackeray[68]和 Larcher[69]等提出了相似的机制:在锂离子嵌入过程中,Cu$_6$Sn$_5$ 结构发生拓扑转变,锂占据了三角双锥面的间隙,将 1/6 的 Cu 原子挤出晶格,生成Li$_2$CuSn 中间产物。在进一步的嵌锂过程,形成富锂相 Li$_{4.4}$Sn 合金和纳米铜,合金分布在纳米铜的周围,有效地缓冲了活性 Sn 负极体积的膨胀,使合金的循环性能得到了一定的改善。

78

2) 锡锑合金

另外一种较常见的金属间化合物是 Sn - Sb 负极材料(图 3 - 4),它拥有立方岩盐结构(NaCl)。当锂离子嵌入时,在 800 mV(vs. Li$^+$/Li)附近,Sn 被 Li 置换脱出原始晶格,生成单质 Sn 和 Li$_3$Sb 合金。不同于金属 Sb 负极嵌锂后发生 Sb 原子的重排,化合物 SnSb 负极在嵌锂生成 Li$_3$Sb 合金的转变中,Sb 原子始终占据着面心立方的位置,因此嵌锂后体积仅增加了 40%(每个 Sb 原子),远远小于单质 Sb 嵌锂后的体积膨胀率(147%)。当锂离子进一步嵌入时,生成的单质 Sn 在 400 mV 以下与 Li 形成 Li$_{4.4}$Sn 合金。这一类复合反应与 Cu$_6$Sn$_5$ 合金嵌锂反应不同的是,被置换出来的组分也能与锂形成合金,当一种活性组分与锂反应时,另外一种组分可充当"惰性基质"的作用。因此,这种合金的理论储锂容量与纯金属单质很接近,但循环性能又比纯金属单质要好[68]。

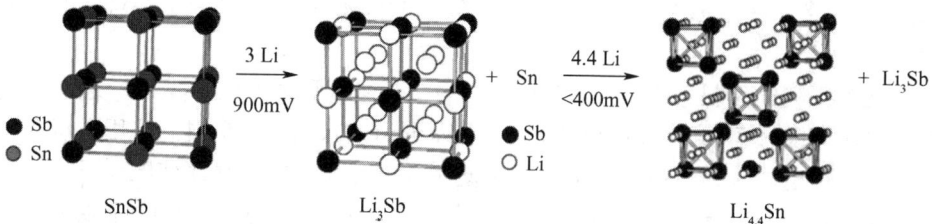

图 3 - 4   SnSb 合金负极材料逐步嵌锂的结构变化示意图[68]

3) 锡钴合金

金属 Sn 和 Co 能形成具有多种不同原子比的合金,Co 的引入有利于改善 Sn 负极的韧性,从而提高其电化学性能。在锡钴二元合金相图上,随着锡含量的增加,有 3 类合金:Co$_3$Sn$_2$、CoSn 和 CoSn$_2$。其中 Co$_3$Sn$_2$ 和 CoSn 为六方形结构,CoSn$_2$ 为四方形结构,总体趋势是随着锡含量的增加,其可逆容量增加,但循环性能有所降低。

4) 锡镍合金

Sn 与 Ni 主要形成 Ni$_3$Sn$_2$ 合金,结构与 Cu$_6$Sn$_5$ 相似,镍作为基体骨架具有良好的导电性能,合金材料不会出现电位滞后现象。Ni$_3$Sn$_2$ 在脱嵌锂过程中,大量的 Ni 原子将以团聚形式游离出来缓冲体积膨胀,同时部分 Ni 原子与 Sn 原子形成较强共价键稳定基体骨架,体积膨胀率较小,在整个过程中以牺牲嵌锂容量来提高合金的循环性能。

2. 主要合成方法

迄今为止,已发展出多种制备锡基合金负极的方法,包括机械球磨法、化学还原法、电沉积法和水热合成法等。

机械球磨法是利用是机械能转化为化学能来制备锡基合金的一种传统方法,通过高温热能引起的化学变化来实现晶型转变或者是晶格的变化,从而诱发化学反应或诱导材料组织结构和性能变化,生成新物质。机械球磨法广泛适用于制备多种纳米合金材料及其复合材料,特别是用常规方法难以获得的高熔点的合金纳米材料。机械球磨法的优点包括:明显降低反应活化能,细化晶粒,合金粉末的活性高,粒径分布均匀,分散性好。其缺点是容易引入氧等一些杂质。由于机械球磨法制备的合金粉末粒径很小,使得合金粉末具有较大的比表面积,并且表面活性较高,极易被氧化,导致锂离子在嵌入过程中存在大量副反应,造成不可逆容量损失。

化学还原法是制备锡基合金粉末应用最广泛的方法之一。化学还原法是选择一种或几种还原剂通过化学反应的方法将金属盐还原成金属的过程,常用的还原剂包括硼氢化钠、水合肼、次亚磷酸钠、活泼金属或者固体碳等。化学还原法的主要优点是制备的合金粉末可达到纳米级,设备简单,成本低,可以大量获得,适用商业化生产。主要缺点是合金粉末易发生团聚,表面合金发生氧化以及存在一定的局限性,对于一些还原电位较负及电位差较大的金属,一般的还原剂很难将其还原或共还原。

电沉积法作为制备纳米合金材料的方法,正逐渐受到人们的重视。通过提高沉积电流密度,使其高于极限电流密度,可以得到纳米晶合金材料。采用电沉积工艺制备的锂电池合金负极材料可以不必使用导电剂、黏结剂,从而使电极具有较大的体积比容量和较低的成本,而且合金材料与基体的结合力比传统的涂浆工艺要好。电沉积法的主要缺点在于电沉积工艺的影响因素比较多,如电流密度、电解液浓度、添加剂的量以及温度等,电沉积工艺的控制比较复杂,特别是对于电沉积法制备纳米材料的机理,目前的认识还不够深刻。

水热合成法是目前制备锡基无定形和纳米晶型合金非常有效的方法之一。水热合成法制备纳米合金具有良好的组分可控性、晶粒发展完整、粒度分布均匀、合金粉末的活性较好、纯度高的优点,适合商业化应用。主要缺点是产率低,反应时间过长。另外,水热合成中,水热反应的时间、温度、原料的添加量以及缓冲剂的用量等会对合金粉末的性能产生影响。

3. 研究进展

Wolfenstin 等[42]通过 $NaBH_4$ 还原法制备了纳米级的 Cu_6Sn_5 合金,和大尺寸的 Cu_6Sn_5 合金粉末对比,发现纳米级 Cu_6Sn_5 合金粉末的可逆容量得到明显提高,100次充放电循环后体积比容量依然能达到石墨负极理论容量的 2 倍左右。Cho 等[38]通过化学还原法制备了 Sn@ Cu 核壳纳米粒子,该负极在常温和高温下(60℃)都具有优异的循环性能和倍率性能,在 6C 的电流密度下,可逆容量仍高达 $620mA \cdot h \cdot g^{-1}$。Yang 等[40]通过溅射方法将金属锡直接沉积在 Cu 纳米线阵列表面,制得 Cu - Sn 三维电极。扫描电镜观测结果发现,电极循环 20 周后仍能保持完好的三维结构,而沉积在 Cu 平面基体表面的 Sn 负极在循环 20 周后,电极出现明显的破裂,进一步说明这种沉积的三维电极结构能有效维持锡负极结构稳定。

Wang 等[50]以锑锡氧化物为前驱体、碳纳米管为模板,原位制备了 SnSb 纳米棒合金负极材料。经碳纳米管封装处理 Sn – Sb 颗粒后,材料形成了完整的同轴核壳结构,其中 Sn – Sb 为核结构,CNT 则为壳层。将它作为锂离子电池负极,分别在不同的电压窗口下测试,发现材料具有高的比容量和良好的循环性能。经首次循环之后材料的库仑效率能基本保持在 100%,在 5 mV ~ 2 V 测试条件下,30 次循环后材料的比容量仍能维持在 900mA · h · g^{-1} 左右。这种材料具有良好电化学性能的原因在于:一维结构的纳米材料由于锂离子扩散,往往可以提供更高的比容量;另外,纳米棒堆积产生的间隙以及 CNT 壳层可以提供储锂位。Lee 等[44] 先以化学气相沉积的方法制得 SnO_2/Sb_2O_5 前躯体,经乙炔(C_2H_2)还原后制得碳包覆的 SnSb 纳米棒,通过气流量和反应时间的调节可以控制纳米棒的形貌。

Dahn 等[55] 通过磁控溅射的方法制备了上百种 $Sn_{1-x}Co_x$($0 < x < 0.6$)和 $[Sn_{0.55}Co_{0.45}]_{1-y}C_y$($0 < y < 0.5$)的化合物,并研究了材料结构对电化学性能的影响。对于 $Sn_{1-x}Co_x$ 二元合金来说,当 x 位于 $0.28 ~ 0.43$ 之间时,合金呈非晶态;当 $x > 0.43$ 时,合金为晶态 Co_3Sn_2 和非晶态的共混。电化学性能测试表明,非晶态合金负极的循环性能明显优于晶态合金。在合金中掺入碳可形成三元化合物 $[Sn_{0.55}Co_{0.45}]_{1-y}C_y$,当 $0.05 < y < 0.5$ 时,化合物为非晶态,材料的比容量高达 600mA · h · g^{-1} 以上,循环性能得到进一步的提升。随后,Dahn 等[70] 通过机械球磨法制备了几种含有不同过渡金属元素的 Sn 基三元化合物 $Sn_{30}M_{30}C_{40}$(M:Co、Cu、Fe、Mn、Ni),发现仅 $Sn_{30}Co_{30}C_{40}$ 化合物表现出较理想的电化学性能(100 周循环;容量高于 400mA · h · g^{-1}),其原因可能是 Co 的存在有利于形成非晶态的 CoSn 合金。当掺入其他金属以部分取代贵金属 Co 时,形成的多元化合物 $Sn_{30}Co_{15}M_{15}C_{40}$(M:Ti、V、Mn、Ni、Cr、Fe、Cu)都表现出较优异的循环性能,说明 CoSn 化合物是一类极具潜力的负极材料。

Ferguson 等[71] 采用高能球磨、垂直超微球磨和共溅射相结合的方法合成了 $Sn_{30}Co_{30}C_{40}$ 和 $Sn_{36}Co_{41}C_{23}$,并通过调节球磨条件最终获得了纳米级的合金颗粒,在 100 个充放电循环后容量变化仍然不大。该材料的理论容量为 661mA · h · g^{-1},用化学合成法所得到的这种合金材料的容量仅为 470mA · h · g^{-1},而本次实验中采用球磨法所得的合金材料的容量达到了 610mA · h · g^{-1}。陈等[72] 通过聚合物热解并机械球磨法制备了 Sn – Co – C 三元复合物材料,复合物中的锡主要以 $CoSn_2$ 合金和单质 Sn 的形式存在,惰性组分 Co 和热解碳可限制锡组分在充放电过程中的体积变化,维持复合物结构的稳定。这种三元复合物负极的首周可逆容量为 451mA · h · g^{-1},50 周循环后容量缓慢升至 486mA · h · g^{-1}。

除此之外,研究者们还对 SnNi[73]、SnFe[74]、SnMn[75]、SnAg[76]、SnZn[77] 等合金材料进行了研究,其循环性能都明显优于单质 Sn 负极。锡基合金具有导电性好、资源丰富、合金种类多、加工技术成熟、无溶剂共嵌入现象等优点,但同时也存在着反应中结构变化较大的缺点,限制了电池的循环寿命,这些都促使研究者们不断深入这方面的研究,以优化其电化学性能。

3.1.4 锡基复合物

1. 材料结构与特点

锡基复合物是目前研究较多的另一种锡基负极材料,近年来对锡基复合物的研究主要集中在锡基与碳材料的结合方面。碳材料作为一种稳定的基体或包覆剂,可以作为 Sn 负极膨胀缓冲剂,同时碳颗粒还可以作为 Sn 负极与集流体之间的导电通道,起到稳定结构和增加导电性的作用。无定型碳、石墨、中间相碳微球(MCMB)、硬碳球(HCS)、多孔碳、纳米碳管等多种碳材料都被用来与 Sn 复合。

此外,研究者们认为在 Sn – C 复合物中,碳抑制 Sn 负极体积膨胀的作用仍显不足。因此,他们致力于将纳米合金与碳材料进行复合,得到了容量高、循环性能好的复合材料 Sn – M – C(M:惰性基质)。例如合金与石墨烯的复合材料,不仅可以大幅度提高嵌锂容量,而且合金与石墨烯在充、放电过程中的协同效应也可以改善电极的循环性能。这一方面得益于纳米合金材料的高容量,另一方面也得益于碳材料循环过程中的结构稳定性。

2. 主要合成方法

制备锡基复合物的方法一般包括机械球磨法、固相反应法、液相还原法和溶胶—凝胶法等。

机械球磨法在前面章节已有介绍,用于制备锡基复合物时操作简单、成本低,但长时间球磨会造成合金的氧化及引入铁等杂质,而且合金和碳的结合力有限。

高温还原性气氛下的固相反应方法是用含有金属阳离子的有机盐作为锡(锡合金)的反应前驱物,如 2 – 乙基己酸锡盐或二丁基二月桂酸锡盐等。与锡形成中间相合金的金属,如 Sb、Cu,制备前驱物可以是其氧化物或金属有机盐,如 CuO、Sb_2O_3 或 2 – 乙基己酸锡盐等,在还原性气氛中进行高温固相反应,将锡单质或锡合金沉积到碳材料的表面上,得到锡合金与碳的复合材料。该制备方法所得的锡基复合物循环性能优异,但在含锡量大于 30% 后,性能明显变差,且制备方法较复杂、成本高。

液相还原法一般是用含锡的氯化物做前驱体,在乙二醇等非水溶液中用硼氢化钠、硼氢化钾、锌等做还原剂,或在水溶液中用次磷酸钠等做还原剂将锡合金沉积到碳基体上得到复合材料,碳基体一般选用成品碳材料。

溶胶—凝胶法通常采用含碳的有机物作为碳源,先在合金表面形成含碳的包覆层,再经过高温处理,使包覆层碳化,得到包碳的复合结构。目前,此类方法所制备的锡基复合物包覆均一性还较差,包覆的工艺还需进一步探索。

3. 研究进展

Noh 等[78]通过水热法制备了无定形碳包覆的纳米 Sn(~200 nm)颗粒的复合物负极材料,首周容量为 681mA · h · g^{-1},50 周循环后容量几乎没有衰减。Derrien 等[79]以三丁基苯基锡(TBPT)为 Sn 的前驱体,通过浸渍法将其固定于多孔有机凝胶中,凝胶高温碳化后还原锡氧化物得到纳米结构的 Sn/C 复合材料。此方法不仅可以减少制备过程中的副产物,如锡盐、锡氧化物的产生;另外经过煅烧,材料由于发生体积收缩,使 Sn 颗粒之间会产生大量自由空隙,有利于锂离子在锡相中的可逆脱嵌。该负极材料具有较高的容量(500mA·h·g^{-1})和良好的倍率性能。Yu 等[80]以聚甲基丙烯酸甲酯(PMMA)、聚苯胺(PAN)和辛酸锡为前躯体,通过单管电旋技术将锡颗粒固定在多孔通道碳微米管。电镜照片显示,尺寸在200 nm 左右的 Sn 颗粒完全深埋在空心的碳微米管孔道中,这种特殊的结构保证了锡负极优异的电化学性能(图 3 – 5)。材料循环 140 周后,可逆容量仍高达648mA·h·g^{-1},对应于 83.7% 的理论容量。同时,该负极还具有较好的倍率性能:2C 放电时容量为570mA·h·g^{-1},10C 放电时容量为295mA·h·g^{-1}。

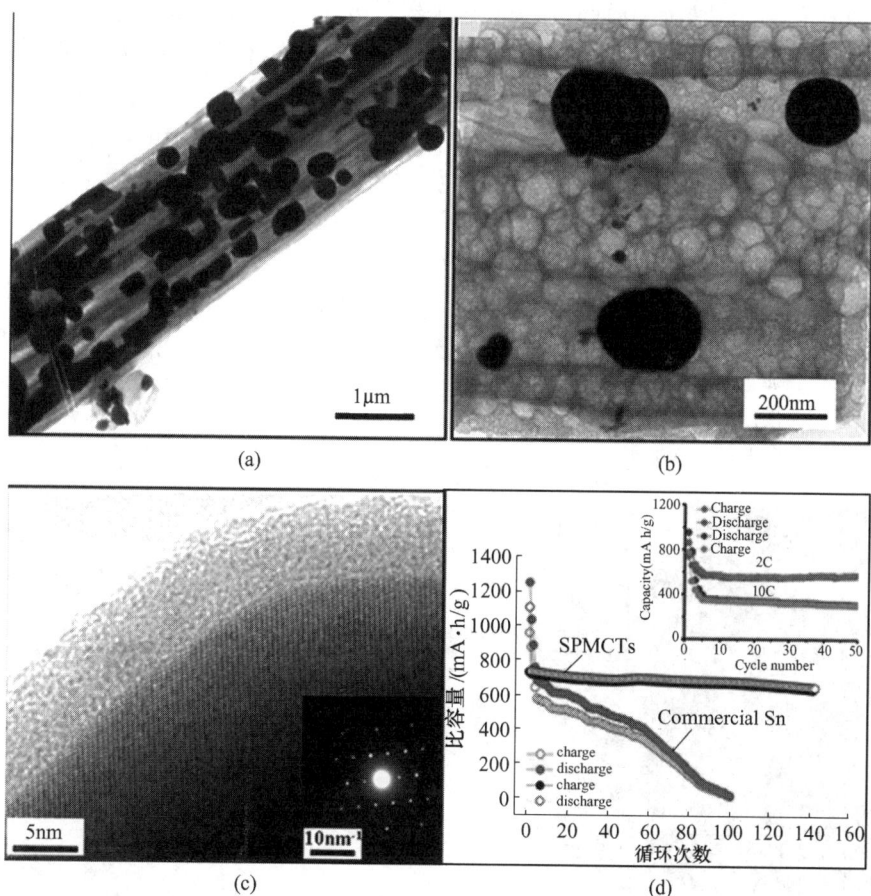

图 3 – 5 (a)Sn – C 的 TEM 图;(b)Sn – C 的高分辨率 TEM 图;
(c)Sn – C 的高分辨率 TEM 和选区电子衍射图;(d)Sn – C 负极的循环性能[80]

Sohn 等[81] 以 SnO、TiO$_2$ 和碳为原料,通过机械化学还原法制备了 Sn/TiO$_2$/C 复合物。亮场扫描隧道显微镜和红外光谱显示,粒径在 5 nm 左右的 Sn 颗粒和 3 nm 左右的金红石 TiO$_2$ 颗粒均匀分散在无定形碳基体中。TiO$_2$ 和无定形碳的存在保证了复合物结构的稳定,复合物负极循环 100 周容量仍高达 610mA·h·g^{-1}。

陈等[82]设计并通过两步球磨法制备了如图 3-6 所示的具有类三明治夹层结构的 SiC@Sn@C 复合物负极材料。首先在第一步球磨时,大块的活性锡在高硬度磨料的机械作用下被研磨成细小的碎片,并沿着磨料的表面伸展,将整个磨料颗粒完全包裹住,最终形成具有核壳结构的中间产物。纳米级的磨料在球磨过程中不仅能起到将颗粒碾细的作用,而且其丰富的表面能支撑活性材料的铺展,可以说它既是助磨剂,又是载体。在第二步中,石墨被机械剥离,包裹在中间产物颗粒的表面,形成了这种内核为硬质磨料、中间层为锡负极、外层为碳的类三明治夹层结构。内核的硬质磨料能缓冲单质负极嵌锂时朝向颗粒内部的体积膨胀,维持复合物结构的稳定;表面碳层的引入不仅能缓解活性颗粒向外部的体积膨胀,而且还可以保证活性颗粒之间良好的电接触并抑制纳米颗粒在充放电过程中的团聚。TEM 照片显示了这种类三明治的夹层结构(图 3-6(b))。电化学测试进一步说明该结

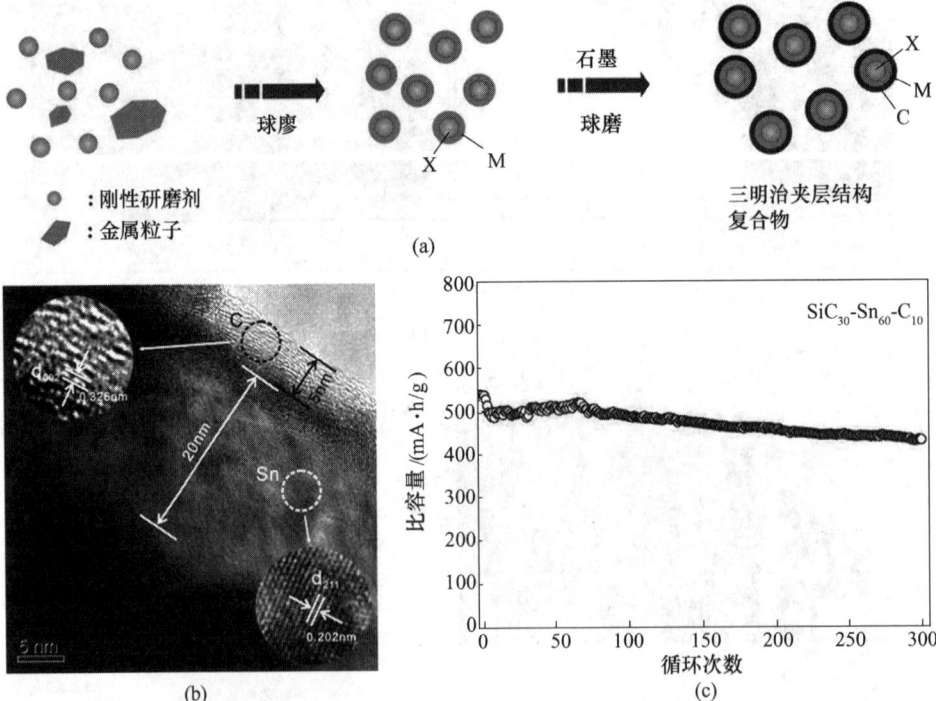

图 3-6 (a)SiC@Sn@C 复合物的制备示意图;(b)SiC@Sn@C 的高分辨率 TEM 图;
(c)SiC$_{30}$@Sn$_{60}$@C$_{10}$负极的循环性能[82]

构有利于缓冲活性锡负极的体积变化,维持复合物结构的稳定。其中,$SiC_{30}@Sn_{60}$
$@C_{10}$负极材料表现出非常优异的电化学性能:首周容量为$537mA \cdot h \cdot g^{-1}$,300周
循环后容量保持率为80%。此外,该制备方法简单可控、成本低廉、绿色环保,易
于规模化,为高容量和长寿命的锂离子电池负极材料提供了一种可选方法。

上述研究结果表明,锡基多元复合物的容量和循环性相比锡合金或锡碳复合
物均有明显改善,使锡基多元复合物应用于锂离子电池前进了一大步。

在锡基多元复合物负极材料的商业化进程方面,2005年索尼公司[83]制备出
碳包覆的Co-Sn超微粒子(~20nm),通过在纳米级别上使Sn、Co及C等多种元
素实现非晶化(图3-7),抑制了Sn负极充放电时的体积变化,从而提高了电池的
循环寿命。这种无定形的Sn-Co/C负极材料已经实现商品化,产品名为Nexe-
lion。Sn-Co/C合金负极的单位体积容量($mA \cdot h \cdot cm^{-3}$)相比传统的石墨负极
提高了50%,电池的整体容量提高了30%,成为备受关注的新一类锂离子电池负
极材料。松下公司在"2007国际消费者电子产品展"中也展出了它的第3代锂电
池,其负极采用锡基复合物材料,容量提高了20%~40%。但此款负极材料的实
用化还需要技术积累。两款电池的推出,引起了行业的极大关注,加快了锡基合金
负极的商业化进程。

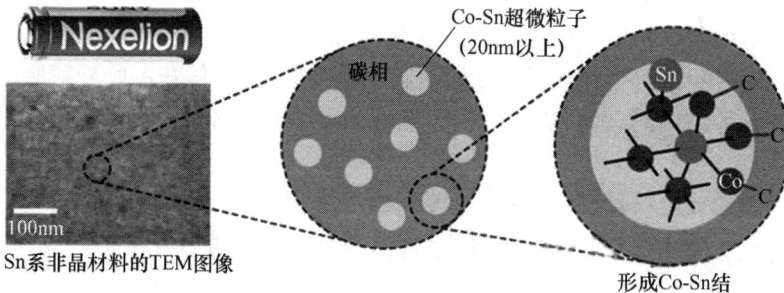

图3-7　索尼公司开发的Sn-Co/C合金负极材料[83]

3.1.5　锡基负极材料发展趋势

综上所述,锡基材料作为锂离子电池负极材料的前景是十分光明的,结合作者
所在研究团队进行的工作和取得的进展,认为应主要从以下三个方面入手改善Sn
基负极的循环性能:①多元复合化,添加元素种类由二元向三元复合材料方向发
展。其主要目的是通过引入金属元素或碳等非金属元素,以合金化或复合的方式
稳定Sn基材料的结构,提高循环性能。②纳米化,将粒度减小至纳米程度,可降低
材料内部应力,减小粉化趋势,改善材料的循环性能。③无定形化,将材料转化成
长程无序、短程有序的无定形态,利用无定形结构改善Sn基材料的循环性能。目
前看,单一途径很难彻底解决问题,需要几种途径综合运用才能成功稳定材料的结
构,提高材料的循环性能。

纳米复合物仍然是锡基负极未来发展的主要方向。提高循环稳定性、开发简单易行且成本低廉的制备工艺,是锡基负极材料研发的重点。这些材料能否得到实际应用,可能既取决于材料的性能,也取决于制备方法是否易于规模化生产。相信随着研究的深入和技术的积累,锡基负极实现商业化应用并成为新一代高性能负极材料将为期不远。

3.2 Si 基负极材料

3.2.1 概述

硅基负极材料是已知的容量最高的负极材料。常温下能够稳定存在的 Li – Si 合金有 $Li_{12}Si_7$、$Li_{14}Si_6$、$Li_{13}Si_4$ 和 $Li_{22}Si_5$ 等。按照最大储锂量 $Li_{22}Si_5$ 计算,硅的理论容量高达 $4200mA \cdot h \cdot g^{-1}$。并且硅嵌脱锂离子的电势很低,为 $0 \sim 0.4V$,非常适宜做锂离子电池的负极材料[84~88]。一般情况下,硅负极的首次脱锂容量能够达到 $3000mA \cdot h \cdot g^{-1}$ 以上,但可逆性不好。随着循环的进行,容量衰减很快,循环 5 次以后,容量仅 $500mA \cdot h \cdot g^{-1}$。其主要的原因是硅材料在嵌脱锂离子的过程中体积变化很大。以立方晶体 $Li_{22}Si_4$ 为例,单个硅原子的体积约 $82.4 \times 10^{-30} m^3$,而立方晶体硅中单个硅原子的体积约 $20 \times 10^{-30} m^3$,可以看出硅材料在嵌入锂离子后体积膨胀超过 4 倍。当锂离子脱出时,体积又剧烈减小。体积的剧烈膨胀/缩小容易导致硅晶体结构的破坏,活性物质同集流体接触性变差,电导性因此降低,可逆容量剧烈衰减。

如何克服硅负极在嵌脱锂离子过程中巨大的体积改变成为摆在全世界科学家面前的巨大难题。迄今为止,主要通过将硅纳米化或者复合化的方法来试图削弱硅的体积膨胀。

3.2.2 硅的纳米化

纳米硅按照形状可以分为零维(硅纳米颗粒)、一维(硅纳米线或纳米管)、二维纳米硅(硅纳米薄膜)。

1. 硅纳米颗粒

硅纳米颗粒由于具有巨大的比表面,能够在一定程度上抑制锂离子嵌入引起的体积膨胀,但是由于颗粒间界面的存在,增加了电荷传导的阻力;并且硅在嵌脱锂离子后巨大的体积改变容易引起颗粒之间的电脱离,引起可逆容量和库仑效率的降低。因此单独的纳米硅材料很少用于锂离子电池负极材料。利用无定形炭对纳米硅颗粒进行包覆,一方面可以增强体系的导电性,另一方面利用炭较小的膨胀率可以限制纳米硅的体积膨胀,从而提高纳米硅的循环稳定性。Qin 等[89]以聚氯乙烯为碳源经高温裂解制备了碳包覆硅的纳米颗粒。其中,碳含量为48%。该材料的首次库仑效率为 69.2% ,可逆容量为 970mA·h·g^{-1} ,单个循环的容量损失率仅为 0.24% 。Ng 等[90]以柠檬酸为碳源,利用喷雾造粒的方法在 300 ~ 500 ℃ 下制备了碳包覆硅的纳米颗粒。碳层的厚度随着制备温度的升高而降低。当裂解温度为 400 ℃ 时制备的硅/碳纳米硅颗粒具有较好的循环性能,其在循环 100 次以后依然保持了约 1120mA·h·g^{-1} 的可逆容量,单个循环的容量损失率低于 0.4% 。

Cui 等[91]以 SiO$_2$ 为模板,利用 CVD 的方法制备了一种互相连通的空心纳米硅球。空心球能够有效降低表面最大张力,而空心球之间的连通能够增强导电性,降低导电剂的用量。该纳米材料在 0.01 ~ 1 V 以 0.1 C 倍率恒流充放电时可逆容量 2725mA·h·g^{-1} ,首次库仑效率 77% ,单个循环的容量损失率仅为 0.08% 。当以 5C 的倍率充放电时,可逆容量是 0.2C 倍率下可逆容量的 73% 。TEM 显示空心硅球在嵌入锂离子后体积膨胀了 240% ,远小于单晶硅的膨胀率(400%)。

2. 硅薄膜

硅薄膜相对纳米硅颗粒含有较少的界面,电荷传导更加容易,具有更高的库仑效率。主要的制备方法有磁控溅射、气相沉积、射频磁控溅射、电子束蒸镀、等离子体镀膜等。

Aurbach 等[92]利用磁控溅射的方法在集流体表面直接制备无定形的硅薄膜负极。以安全的离子电解质为"电解液",该负极材料以 1/16C 的倍率充放电时在 30 次循环以后能够稳定输出超过 3000mA·h·g^{-1} 的可逆容量;当以 LiCoO$_2$ 为正极以 1/10C 放电时,LiCoO$_2$/Si 电池在 3 ~ 4.3V 间循环能够可逆输出 1000mA·h·g^{-1} 以上的可逆容量。

Jung 等[93]利用化学气相沉积的方法制备了厚度约 50 nm 的硅纳米薄膜负极材料。当电压范围为 0.2 ~ 3 V 时,以 100μA·cm^{-2} 充放电时该材料在 80 次循环以后依然保持 3000mA·h·g^{-1} 以上的容量。当以厚度为 200nm 的 LiMn$_2$O$_4$ 薄膜为正极时,LiMn$_2$O$_4$/Si 电池在循环 400 次以后依然含有 400mA·h·g^{-1} 以上的可逆容量,容量损失率小于 0.1% 。

Park 等[94]利用射频磁控溅射的方法在铜箔上制备了厚度为 500nm 的 α – Si 薄膜负极材料。为了提高硅薄膜同铜箔的接触性,选择表面粗糙的铜箔为集流体。溅射在粗糙箔片上的纳米硅薄膜负极材料经 30 次充放电循环后能够输出 1500mA·h·g^{-1} 以上的可逆容量。

Lee 等[95]采用电子束蒸镀的方法制备了多层 Fe/Si 纳米薄膜负极材料,即在硅薄膜的表面蒸镀多层铁的薄膜。TEM 显示,纳米硅的体积膨胀受到了铁薄膜的有效限制。通过优化 Fe/Si 层叠方式,该复合薄膜材料能够输出 5000mA·h·cm^{-2} 以上的可逆容量;而且在前 50 次充放电循环中可逆容量几乎没有衰减。

Lee 等[96]利用等离子体镀膜技术将富勒烯(C60)包覆在硅薄膜上制备成新型薄膜负极材料。该薄膜材料的电化学性能受到等离子体激发能量影响。当等离子体能量为200W时,该材料在0~2.0V时以$500\mu A \cdot cm^{-2}$充放电时,循环50次以后可逆容量依然在$2000mA \cdot h \cdot g^{-1}$以上。稳定容量的提高与表面包覆的富勒烯有着直接关系。富勒烯一方面限制了硅的体积膨胀,另一方面改善了硅薄膜的界面,阻碍了硅薄膜同电解液形成SEI膜的过程,从而增强了循环的稳定性。

3. 硅纳米线(管)

根据上面的分析,硅纳米薄膜显示了较好的可逆容量和循环性能,但是由于制备技术比较麻烦很难获取足够的活性材料满足一个实用电池的需要。Cui等[97]以金为催化剂利用气—液—固沉积的方法将硅纳米线直接生长在集流体上。硅的纳米特性可以降低它的体积膨胀率;由于每根纳米线都直接生长在集流体上,体系具有很大的导电性。此外,相对于纳米颗粒,电荷在纳米线中的转移将受到更少的颗粒间的界面层的阻碍。可以预计硅纳米线拥有较好的电化学性能:在1/20C充放电时它首次嵌锂容量同硅的理论容量一样,首次脱出容量为$3124mA \cdot h \cdot g^{-1}$,首次库仑效率为73%。在前10个循环容量几乎没有改变,远大于硅薄膜的容量。即使在1C放电的情况下,它依然能够输出超过$2100mA \cdot h \cdot g^{-1}$的可逆容量。虽然该纳米线显示了优异的电化学性能,但是由于它直接生长在集流体上,无法提高能量密度;通过传统的如超声等方法将其剥离出来不可避免地要破化纳米线的结构。作者考虑用两种方法来提高能量密度:①利用改进的溶液—液—固的方法大量制备了硅纳米线,并且利用传统的电极浆料的制备方法重新制备了硅纳米线负极材料,考察了它的电化学性能[98]。当活性物质:导电剂(乙炔黑):黏结剂=78:12:10时,它的首次效率降低为34%,循环75次以后可逆容量由$1077mA \cdot h \cdot g^{-1}$降低为$151mA \cdot h \cdot g^{-1}$,主要的原因是经历前几次充放电以后,硅纳米线之间的接触变得很差,参加嵌脱锂离子过程的活性硅变少,因此可逆容量变小。当在硅纳米线表面包覆一层碳(裂解蔗糖),并且以碳纳米管为导电剂时,循环性能得到较大的改善:其第二次可逆容量在$1500mA \cdot h \cdot g^{-1}$,循环80次以后依然保持约$1100mA \cdot h \cdot g^{-1}$的容量。但是相比较VLS方法制备的硅纳米线,它的可逆容量明显降低,主要与硅纳米线的组成改变、硅纳米线的纯度降低以及从集流体到纳米线的电荷转移困难有关。作者同样利用化学气相层积的方法制备了硅包覆碳的纳米线[99]。与硅核不同的是,碳核虽然容量较小,但是碳的导电性更好,另外即使放电至0.01V,它的体积变化率依然很小,而放电至0.01V,可以有效利用硅壳$2000mA \cdot h \cdot g^{-1}$以上的比容量。实验证明该材料在C/5倍率放电时可逆容量在$2000mA \cdot h \cdot g^{-1}$以上,首次循环效率在90%以上,循环50次以后依然保持约$1500mA \cdot h \cdot g^{-1}$,达到商业化水平的需要。以$LiCoO_2$为正极做成扣式电池负极材料可以获得$1400mA \cdot h \cdot g^{-1}$以上的可逆容量。②用碳纳米管膜做集流体取代传统的金属集流体,利用化学气相层积的方法在碳纳米管膜上面层积纳米硅薄膜[100]。由于碳纳米管的导电性,整个材料的导电性很好(电阻率仅为$30 \Omega \cdot m^{-2}$)。同时由于整体质量变小,纳米硅的含量可以达到整个负极材料的90%以上,能量密度预计会有很大的提高。它的首次可逆容量在 2000mA·h·g^{-1}以上,循环 50 次以后容量保持率为 75%。其优异的电化学性能与整个薄膜较好的力学性能及导电性能能够提高材料在嵌脱锂离子过程结构的完整性。另外,由于该材料具有很高的比容量,可降低负极材料的用量,从而降低整个电池的重量,达到轻型化目的。

为了进一步提高硅纳米线的循环性能,常利用模板法在硅纳米线的表面包覆一层具有较强力学性能的导电层,目的是在提高导电性的同时,限制纳米硅的体积膨胀,保持材料结构的稳定性。

Cho 等[101]以 SBA－15 为模板制备了直径约 6.5nm 的核壳结构的 Si/C 纳米线。该负极材料在 0～1.5V 以 0.2 C 倍率放电时首次可逆容量 3163mA·h·g^{-1},首次库仑效率为 86%。循环 80 次以后容量保持率为 87%。当放电倍率为 3C 时,首次脱锂容量为 2000mA·h·g^{-1},循环 20 次以后容量保持率为 95%。倍率性能的提高来源于硅表面包覆的碳层缩短了锂离子扩散距离,有利于锂离子快速扩散。

Wang 等[102]利用一种生物无机模板—烟草花叶病毒(一种柱状病毒,长约 300nm,外径约 18nm)通过自组装、钯催化、镍沉积、硅溅射等四个步骤制备了包覆镍的硅纳米线。由于硅纳米线通过金属镍直接同集流体结合在一起,导电性非常好。该负极材料显示了优异的电化学性能。在 0～1.5 V 以 1C 倍率充放电第二次循环的可逆容量为 3343mA·h·g^{-1},循环 340 次以后依然保持超过 1100mA·h·g^{-1}的可逆容量,单个循环容量损失率平均为 0.2%。在 4C 放电的情况下循环 80 次以后依然保持约 1000mA·h·g^{-1}的可逆容量。经过循环稳定后,硅纳米线呈现海绵一样的形态,增强了同锂离子合金化反应的可逆性以及循环稳定性。

硅纳米管也被用作锂离子电池的负极材料。相对于硅纳米线,硅纳米管的比表面积更大,同电解液的接触面更广,有利于锂离子的快速扩散;而且,纳米硅内部的空隙能够有效限制锂离子嵌入硅基体导致的体积膨胀,减小锂离子嵌入引起的应力。图 3－8 显示外径相同的硅纳米线和纳米管在完全嵌锂后的应力分布。由图可知,在外径大于 40nm 时,硅纳米管承受的应力小于硅纳米线的应力。应力的减小有利于保持材料的完整性。

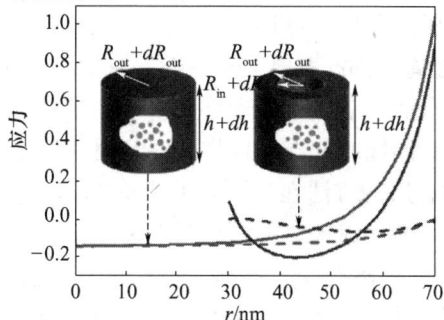

图 3－8 嵌锂后的硅纳米线和硅纳米管的应力比较

Kim 等[103]以 ZnO 为模板制备了密封硅纳米管阵列。该负极材料以 0.2 C 倍率充放电时首次库仑效率为 90.4%,可逆容量为 2645mA·h·g^{-1},循环 50 次以后依然保持了 82% 的可逆容量。

同样,为提高硅纳米管的导电性和保持结构的完整性,利用无定形炭对硅纳米管进行包覆。Cui 等[104]以多孔 Al$_2$O$_3$ 为模板利用化学还原含硅有机物的方法制备了碳包覆硅的纳米管。包覆碳的作用是在纳米管外表面形成稳定的 SEI 膜,避免可逆容量随着循环的进行而损失。该纳米材料以 0.2C 倍率充放电时首次库仑效率为 89%,可逆容量为 3247mA·h·g^{-1};当以 5C 倍率充放电时,其可逆容量高达 2878mA·h·g^{-1}。以 LiCoO$_2$ 为正极材料制备的 LiCoO$_2$/Si 电池在 5C 倍率下依然显示 3000mA·h·g^{-1} 以上容量,而且循环 200 次以后容量保持率大于 89%(1C)。

Kumta 等[105]利用 CVD 的方法将硅沉积在有序排列的碳纳米管上制备 Si/C 纳米管。该材料在 0.02 ~ 1.2 V 之间以 0.1C 倍率充放电时首次库仑效率为 80%,可逆容量大于 2050mA·h·g^{-1},循环 100 次以后稳定容量依然超过 1000mA·h·g^{-1}。位于核心的碳纳米管既提高了体系的导电性,同时也起到缓冲硅体积膨胀的作用。

3.2.3 硅的复合化

硅基材料的复合化是指将硅和体积效应小的基体材料进行复合,利用基体材料的力学性质限制硅的体积膨胀,从而达到延长硅基复合材料的循环的目的。根据基体材料不同,可将硅基复合材料分为硅—金属和硅—非金属复合材料两类。

1. 硅—金属复合材料

金属材料具有较好的延展性,作为基体能够有效降低硅材料的体积效应,同时保持体系的完整性。此外,单质硅是半导体材料,本征电导率仅为 6.7 × 10^{-4}S·cm^{-1},金属基体的加入有利于整个体系导电性的提高。根据金属材料是否具有插/脱锂离子的活性,硅—金属复合负极材料又可以分为硅—非活性金属和硅—活性金属复合材料。

1) 硅—非活性金属复合负极材料

大部分的金属对锂离子都没有电化学活性。它们可以作为惰性基体限制硅的体积膨胀,虽然损失部分容量,但是能够增强整个系统的循环性能。但是迄今为止,在加强硅的循环性能的同时又能够保持较高容量的体系仅硅—铜体系。

Seung 等利用化学镀层的方法在硅颗粒的表面镀铜制备硅—铜复合负极[106]。为了增强二者的接触性,化学镀铜之前对硅颗粒表面预先刻蚀,镀铜之后再进行高温退火。整个系统的电导性得到明显提高。在 0 ~ 2.0V 进行恒流测试时,该复合系统显示了较单纯硅更良好的循环稳定性:首次脱锂容量约 1500mA·h·g^{-1},循环 15 次以后还保持近 1000mA·h·g^{-1} 的容量。循环性能的提高与表面层积的铜提高系统的导电性有关,而高温退火又进一步增强了层积铜的稳定性。

其他惰性金属如 Ni、Fe、Ca 等都得到了广泛研究,它们作为基体能够有效提高硅基负极材料的循环性能,但是由于其容量有限,在此不再赘述。

2)硅—活性金属复合负极材料

常见的具有嵌锂活性的金属材料有 Mg、Ag、Sn 等。

Kim 等使用球磨和退火的方法制备了 Mg_2Si 负极材料[107]。该负极材料首次脱锂容量达到 $1074mA \cdot h \cdot g^{-1}$,但是循环性能较差,循环 10 次以后仅保持约 $100mA \cdot h \cdot g^{-1}$ 的可逆容量。通过 XRD 和 AES 的分析可知锂离子铜 Mg_2Si 的反应可能经历了三个过程,如式(3-2)所示;

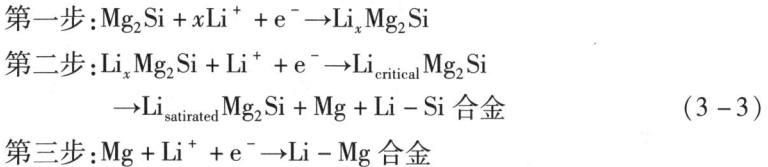

$$第一步:Mg_2Si + xLi^+ + e^- \rightarrow Li_xMg_2Si$$

$$第二步:Li_xMg_2Si + Li^+ + e^- \rightarrow Li_{critical}Mg_2Si$$
$$\rightarrow Li_{satirated}Mg_2Si + Mg + Li - Si \ 合金 \qquad (3-3)$$

$$第三步:Mg + Li^+ + e^- \rightarrow Li - Mg \ 合金$$

在完全嵌锂以后的产物发现存在 Mg 和 Li - Mg 合金两相。自锂离子嵌入 Mg 里面导致巨大体积膨胀,引起结构的坍塌以及活性物质同集流体的接触性变差可能就是导致循环性能差的原因。Song 等[108]利用激光脉冲沉积的方法制备了不同厚度的 Mg_2Si 薄膜,其中厚度为 20nm 的薄膜显示了较高的电化学性能:首次可逆脱锂容量为 $2200mA \cdot h \cdot g^{-1}$,300 次循环后容量仍然大于 $2000mA \cdot h \cdot g^{-1}$,循环稳定性的提高归因于硅膜的无定形结构,以及在同电解液形成的稳定的 SEI 膜。

Beaulieu 等[109]使用磁控溅射的方法尝试制备了不同组成的 SiSn 合金。实验发现组成为 $Si_{0.66}Sn_{0.34}$ 的合金材料具有较高的导电性。当在 0 ~ 1.3V 恒流充放电时其首次脱锂容量约 $1900mA \cdot h \cdot g^{-1}$,首次循环效率约 95%。该合金材料在嵌脱锂离子过程中结构保持得很好,没有明显改变。

Wang 等[110]在惰性气氛中将金属锂同 SiO、SnO 和石墨进行高能球磨,利用金属 Li 的还原性夺取氧化物中的 O 原位生成硅锡合金体系。该负极材料的首次脱锂容量约 $900mA \cdot h \cdot g^{-1}$,循环 100 次以后容量保持率为 79.2%。锂同 SiO 生成的 Li_4SiO_4 相以及体系中的石墨相能够起到限制体积膨胀的作用。

Yu 等[111]利用 Mg 原位还原介孔 SiO_2 的方法制备介孔的单质硅,然后利用银镜反应在硅的介孔里面沉积纳米银,制备硅银复合材料。该材料在 0.2 C 倍率下充放电时,首次脱锂容量为 $2917mA \cdot h \cdot g^{-1}$,循环 100 次以后依然保持 $2388mA \cdot h \cdot g^{-1}$。当以 4C 倍率充放电时,该材料能够输出约 $800mA \cdot h \cdot g^{-1}$ 的可逆容量。

2. 硅—非金属复合负极材料

1)硅—碳复合负极材料

碳材料作为商用负极材料在性能上有很多优势,在充放电过程中体积变化很小(9%,石墨),具有良好的循环稳定性,而且其本身是锂离子与电子的混合导体;但缺点是容量相对较小。将碳和高容量硅复合,实现硅与碳的优势互补,具有实际意义。迄今为止,Si/C复合负极材料已经被大量的研究,制备的方法也多种多样,如气相沉积、球磨、高温裂解等方法。

气相沉积(包括化学气相沉积与物理气相沉积)较多地被用于制备含硅负极材料中。Dahn等[112]采用苯、氯代硅烷、氯代碳硅烷等作为气相反应前驱体制备了可逆储锂容量在300~500mA·h·g^{-1}的碳/硅复合体系,其中Si以纳米级微粒分散于碳母体中,表现出一定的容量优势。但是由于过程中Si、C的前驱物均为气态,当气态中的Si组分含量超过11%时,易在高温下形成惰性的SiC相,因此很难进一步提高Si在产物中的含量。Yoshio等[113]以Si粉、苯为前驱物采用化学气相沉积方法制备的Si外裹碳层的复合材料则克服了上述限制,此法制备的核壳结构的复合材料具有良好的循环特性,经20次循环后,容量仍能保持在950mA·h·g^{-1}以上。

机械球磨法也被用来制备Si/C复合材料。其优点是能够控制材料的组成、结构以及颗粒的粒度,更主要的是能够将硅均匀地分散在碳的基体里面。Wang等[114]将不同比例石墨和单晶硅进行高能球磨制备Si/C复合材料。XRD显示产物中含有大量的纳米硅,它们被包覆在无定形碳的基体里面。当硅含量为20 wt%时,材料显示了最佳可逆容量约1039mA·h·g^{-1},在25次循环后依然保持了900mA·h·g^{-1}的容量。但是其缺点是具有较大的不可逆容量。使用多层碳纳米管同硅进行高能球磨制备的Si/C复合材料依然无法解决不可逆容量高、容量衰减的问题。刘等[115]在原料中添加Li$_{2.6}$Co$_{0.4}$N,然后与石墨和硅高能球磨。结果证明引入了前面的锂盐使首次库仑效率提高到90%。库仑效率的提高可能与电位大于1 V时的容量相关(锂离子从锂盐中脱出的电位在1 V以上)。但是该材料的高电位限制了它在锂离子电池负极中的应用。

除了石墨,中间相碳微球也被使用来作为硅的基体材料。将中间相碳微球同单晶硅经过高能球磨制备的Si/C负极材料能够输出约1066mA·h·g^{-1}的首次充电容量,循环25次以后仍然保持700mA·h·g^{-1}的稳定容量[116]。它们相对于采用石墨作为基体的Si/C材料显示了更佳的循环性能,主要得益于硅的良好分散性。

高温裂解制备的Si/C材料往往循环性能不佳、库仑效率偏低,主要原因是硅的分散性较差以及裂解制备的碳基体空隙率较高,而使用高能球磨的方法制备的Si/C负极材料虽然具有较好的循环性能,但是却拥有较高的不可逆容量。如果把高能球磨和高温裂解方法结合起来,似乎可以获得电化学性能优良的Si/C复合材料。张等[117]将聚氯乙烯同硅经过两次高能球磨、高温裂解制备Si/C复合负极材料。结果显示体系的首次库仑效率为80%,可逆容量为1100mA·h·g^{-1},循环40次以后容量保持率为69%。电化学性能的提高主要归功于高能球磨使不稳定的颗粒破碎形成 Si-C 核,改善了硅在碳基体里面的分散性,同时降低了裂解碳的空隙率。除了聚氯乙烯,聚苯乙烯、蔗糖、沥青等也被用作碳源,利用与上面类似的方法制备的 Si/C 复合负极材料都显了较高的可逆容量和较佳的循环性能。

除了使用物理的方法将纳米硅与碳源复合外,还有一种可行的方法是将硅氧化合物在负极材料的制备过程中原位还原成纳米硅,从而制备成均匀性较好的 Si/C 复合负极材料。Lee 等[118]将铝、氧化锂和 SiO 按照一定比例经高能球磨,然后与焦油混合高温裂解制备 Si/C 复合负极材料。其中的纳米硅就是利用金属铝同 SiO 的还原反应原位生成的。最终的产物显示了较好的循环性能,在循环 40 次以后依然保持 $600mA \cdot h \cdot g^{-1}$ 的可逆容量,这主要归因于原位生出的纳米硅的高分散性以及包覆在纳米硅表面的碳改善了体系的导电性。

碳凝胶也被用来制备 Si/C 复合负极材料。Wang 等[119]在利用间苯二酚和甲醛制备碳凝胶的过程中,当原料成黏稠状时引入纳米硅,然后经高温处理制备了纳米硅均匀分散在碳基体的 Si/C 复合负极材料。该材料的首次充电容量为 $1450mA \cdot h \cdot g^{-1}$,循环 50 次以后依然保持 $1400mA \cdot h \cdot g^{-1}$ 的容量。良好的循环性能得益于纳米硅的引入及其均匀分散在碳的三维空间结构中。Hasegawa 等[120]在间苯二酚和甲醛的解乳液聚合形成液相过程中引入纳米硅,然后经过干燥、碳化等步骤制备 Si/C 复合负极材料。最终产物能够输出 $760mA \cdot h \cdot g^{-1}$ 以上的可逆容量,但由于氧的存在不可逆容量也很高。原料中的硅含量、裂解温度以及后续的干燥方法等工艺对产物的电化学性能影响很大,还需要仔细研究。

为了降低成本,一些科学工作者采用在常温中直接对先驱体进行脱水的方法来取代利用高温碳化的方法来制备 Si/C 复合材料。Yang 等[121]将蔗糖和纳米硅超声分散,在红外光作用下形成浆液,然后在常温中使用浓硫酸脱水 2h 制备 Si/C 复合负极材料。其首次充电容量约 $1115mA \cdot h \cdot g^{-1}$,首次循环效率为 82%,循环 75 次以后,可逆容量依然保持 $560mA \cdot h \cdot g^{-1}$。良好的循环性能(相对于纳米硅)得益于纳米硅外面包覆了一层无定形碳,无定形碳能够缓冲纳米硅体积膨胀。

2)硅氧复合负极材料

SiO_x 同 Si 相比具有较小的体积膨胀效应,而且在嵌锂过程中生成的 Li_2O 能够进一步缓解体积的膨胀,所以它也被应用为锂离子电池负极材料。

Yang 等[122]分别将不同组成的 $SiO_x(x = 0.8、1.0、1.1)$ 材料作成负极材料,测试它们的嵌锂行为。如图 3-9 所示。$SiO_{0.8}$ 材料拥有较高的初始容量,但是它的循环性能较差。而 $SiO_{1.1}$ 材料虽然初始容量不如前者高,但是它拥有较高的循环保持率,这主要是因为嵌入的相对较少的锂离子对材料的体积改变较小,材料保持了较高的力学性能。而 SiO 材料同 $SiO_{1.1}$ 材料虽然拥有相当的初始容量,但是它的容量保持率较低,这主要与它较大的颗粒尺寸相关(2000nm)。

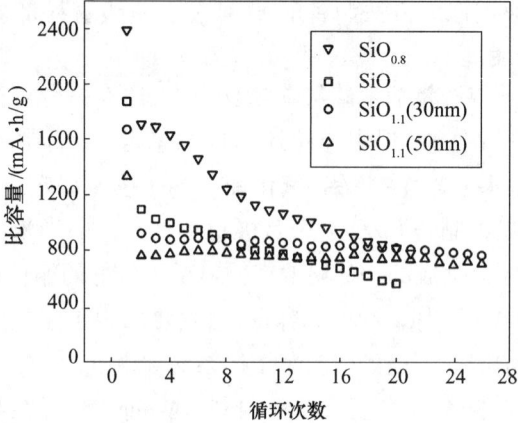

图 3-9　不同组成的 SiO_x 负极材料的循环性能[122]

Zhang 等[123]利用溶胶—凝胶法制备了核壳结构的 Si/SiO 材料,利用具有较小的体积膨胀率的 SiO 材料限制 Si 的膨胀,达到提高稳定容量和循环性能的目的。该材料的循环性能如图 3-10 所示。首次脱锂容量约 $810mA \cdot h \cdot g^{-1}$,在循环 20 次以后的稳定容量为 $538mA \cdot h \cdot g^{-1}$,可以看出核壳结构的 Si/SiO 材料拥有较硅材料优异的循环性能。

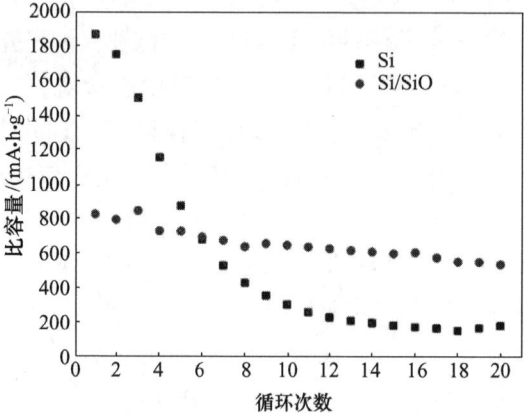

图 3-10　核壳结构的 Si/SiO 材料的循环性能[123]

Nagao 等[124]利用中子弹性衍射分析并比较了纯 SiO 材料及其部分嵌锂后的材料的结构,发现纯 SiO 材料的结构由三维 SiO_4 的四面体结构和 Si 的团簇组成,后者均匀分散在前者的基体里面;嵌锂后的 SiO 材料的结构证明了 Li-Si 合金的存在,说明了锂离子同硅的合金反应是锂离子嵌入 SiO 材料的主要反应。Miyachi

等[125]利用 XPS 分析了 SiO 负极材料在嵌/脱锂离子过程中的结构变化。实验发现,在嵌锂过程中,SiO 负极材料中的硅团簇形成 Li-Si 合金,而 SiO_2 四面体结构则形成不同的硅酸锂盐(Neso,Phyllo,ino),除 Neso 硅酸锂盐外,其他的锂盐都能够同锂离子可逆地反应,能够对整个体系的可逆容量做出贡献。而 Neso 硅酸锂盐作为惰性基体能够缓解体系的体积变化,增强体系循环性能。

SiO_x 材料具有较高的比容量,但是库仑效率往往较低,一个主要的原因是其导电性较差。为了克服导电性差的缺点,常常引入导电性好的石墨进行改性。根据石墨的分散状态,改性的方法主要分为两种:

第一种,石墨表面包覆 SiO_x 材料。Liu 等[126]利用化学气相沉积的方法在 SiO 颗粒上面沉积一层碳,制备出多孔的 SiO/C 复合负极材料。该材料首次库仑效率为 59%,远大于单独 SiO 材料的效率(44%),这主要得益于该体系良好的导电性和较小的极化。此外,该材料还具有较好的循环性能,其首次脱锂容量为 $675mA \cdot h \cdot g^{-1}$,循环 50 次以后依然保持 $620mA \cdot h \cdot g^{-1}$,容量保持率为 88%。Ren 等[127]利用类似的方法了制备了一种碳纳米管包覆 SiO 的笼状结构的负极材料。该材料首次库仑效率为 67%,首次脱锂容量为 $789mA \cdot h \cdot g^{-1}$,循环 80 次以后依然保持 $500mA \cdot h \cdot g^{-1}$ 的容量。库仑效率的提高主要得益于碳纳米管和 SiO 颗粒的紧密接触形成了良好的导电网络。Wang 等[128]以四乙氧基硅烷和环氧树脂为原料,利用 Stöber 反应制备了核壳结构的 SiO_x/C 复合负极材料。该材料的 O/Si 比接近 1。位于核心位置的 SiO_x 结构由无定形的 Si 和晶体的 SiO_2 组成。该材料的首次库仑效率仅为 47.3%,与晶体 SiO_2 同锂离子不可逆反应生成了不可逆的 Li_2O 和 Li_4SiO_4 相关。但是该材料具有优异的循环性能:首次脱锂容量约 $1000mA \cdot h \cdot g^{-1}$,循环 50 次以后保持了 $800mA \cdot h \cdot g^{-1}$,容量保持率为 80%,这主要得益于材料的核壳结构以及生成的正硅酸锂盐能够限制硅的体积膨胀。此外,该材料还具有较好的倍率性能,与材料的纳米结构以及碳包覆层的导电性密切相关。

第二种,石墨同 SiO_x 材料形成复合材料。Doh 等[129]将 SiO 和石墨经高能球磨制备了分散均匀的 SiO/C 负极材料。该材料的首次脱锂容量为 $693mA \cdot h \cdot g^{-1}$,循环 20 次以后依然保持了 $688mA \cdot h \cdot g^{-1}$,容量保持率为 99%。但是该材料的首次库仑效率较低,仅为 45%。Morita 等[130]先将 SiO、石墨均匀分散于糠醇的乙醇溶液,然后经水解聚合、高温裂解等步骤制备了 $Si-SiO_x-C$ 复合负极材料。TEM 显示尺寸为 2~10nm 的纳米硅均匀分散在 SiO_x 的基体里面。该材料首次库仑效率约为 74%,首次脱锂容量约为 $700mA \cdot h \cdot g^{-1}$,循环 200 次以后依然保持了 $620mA \cdot h \cdot g^{-1}$ 的容量,容量保持率约为 88.6%。该负极材料电化学性能的提高主要与纳米硅的均匀分散以及 SiO_x 基体有效缓冲纳米硅的体积膨胀有关。Kim 等[131]以聚乙烯醇(PVA)为碳源,经球磨分散、高温裂解等步骤制备了 SiO/C 复合负极材料。同单独的 SiO 负极材料相比,该材料的首次库仑效率和循环性能都得到了显著改善,首次库仑效率达到 76%,首次脱锂容量 800mA·h·g⁻¹,循环 100 次以后依然保 710mA·h·g⁻¹。较好的电化学性能主要是因为裂解碳增强了体系的电接触。以沥青为碳源[132],同样能够提高 SiO 材料的电化学性能。

SiO 负极材料的不可逆容量是在首次嵌锂过程中锂离子嵌入 SiO 基体里面产生的,为了减小不可逆容量,提高首次循环的效率,一个可行的办法是在充电之前预先对 SiO 负极材料进行锂掺杂。Tabuchi 等[133]将制备好的 SiO 负极材料的极片(包括黏结剂 PVDF、导电剂乙炔黑 AB)浸泡在金属锂的有机溶液(萘和金属锂的丁基甲基醚溶液)中进行掺锂。随着浸泡时间的延长,SiO 负极材料的电势逐渐降低,说明了成功地对 SiO 掺入了锂离子。充放电性能测试显示 SiO 负极的不可逆容量得到了有效限制,可逆容量随着掺杂时间的延长而逐渐增加。当掺杂时间为 72 h,它的可逆容量可以达到 670mA·h·g⁻¹。Yang 等[134]先将金属锂和 SiO 进行高能球磨,然后添加 10% 的石墨接着球磨,最后高温处理制备了含有均匀分散的正硅酸锂(Li_4SiO_4)、硅、石墨的富硅体系。它的首次库仑效率达到 81%。首次脱锂容量约为 770.4mA·h·g⁻¹,循环 50 次以后依然保持 762mA·h·g⁻¹,容量保持率为 99.8%。优异的性能主要来自于硅的均匀分散以及硅酸锂盐有效缓冲嵌锂引起的体积变化。Jeong 等[135]将 SiO 同金属 Al 进行高能球磨制备了 $SiAl_{0.2}O$ 材料。直径小于 10nm 的纳米硅紧紧嵌在结构形如 $SiAl_2O_2$ 的无定形的铝硅基体里面。它的首次循环效率较单独的 SiO 材料高出 10%,首次脱锂容量约为 1050mA·h·g⁻¹,在循环 100 次以后依然保持了 800mA·h·g⁻¹ 的容量。这主要是因为铝硅基体取代了部分的 SiO_2 相,减少了体系的不可逆反应,同时它具有较高的力学强度,能够限制纳米硅的在嵌脱锂离子过程中的膨胀,保持颗粒之间紧密的电接触(随着循环的进行没有观测到明显的阻抗变化)。

3) 硅—氧—碳复合负极材料

硅—氧—碳化物(Si – O – C 材料)是指聚合物先驱体在 800℃(体系中开始失去氢)~1400 ℃(碳热还原反应致使生成 SiC 微晶)之间热解生成的一类仅由 Si、C、O 元素组成的无定形材料。Si – O – C 材料一般分为两相:Si – O – C 相和自由碳相。

高温裂解含硅聚合物是制备 Si – O – C 负极材料的主要方法。

Dahn 等[136-138]首次利用裂解聚硅氧烷和聚硅烷的方法制备了元素组成各异的 Si – O – C 复合负极材料。实验发现,Si – O – C 材料具有较高的嵌/脱锂离子的活性。其中当 Si – O – C 材料中 Si、C、O 含量分别为 25%、45% 和 30% 时,其可逆容量达到极大值,约为 890mA·h·g⁻¹。

由于先驱体的结构决定了 Si – O – C 材料的组成和结构,一些研究者对先驱体的组成和结构进行特殊设计。

Fukui 等[139]以含苯环的聚硅烷为硅源,以聚苯乙烯为碳源制备了 C/Si – O – C 复合负极材料。由于小分子在裂解过程中的挥发而在体系中形成大量微孔。微孔既可以缓解因锂离子嵌入引起的体积膨胀,又可以作为活性点存储锂离子。该

C/Si – O – C 负极材料显示出较高的可逆容量为(600mA · h · g⁻¹)和良好的循环性能。

Hidetaka 等[140]以含有活性基团乙烯基和硅氢键的两种硅树脂作为硅源,利用乙烯基和硅氢键的反应在石墨表面形成数百纳米厚的 C/Si – O – C 薄膜。由于石墨的含量较低(< 7 wt%),该材料可逆容量的主要来源仍然是 C/Si – O – C 负极材料。实验表明,石墨的引入有利于 C/Si – O – C 负极材料可逆容量的提高和滞后电压的消除。裂解温度对 C/Si – O – C 产物的可逆容量及循环性能影响很大。当裂解温度为 1000℃时,该 C/Si – O – C 负极材料具有最高的可逆容量(780mA · h · g⁻¹)随着充放电循环的进行,可逆容量逐渐衰减,在 15 个循环后仅保持 600mA · h · g⁻¹的容量;当裂解温度为 1250 ~ 1300℃时,C/Si – O – C 负极材料的可逆容量有所降低(650 ~700mA · h · g⁻¹),但是却具有更好的循环稳定性;当裂解温度超过 1300℃时,如 1350℃,C/Si – O – C 负极材料的循环性能最佳,但是可逆容量较低(仅 500mA · h · g⁻¹),这主要是由于高温下的碳热反应引起不可逆的 SiC 晶体的生成。

为了提高 C/Si – O – C 负极材料的可逆容量,研究者尝试改变其形态,将其制成薄膜材料。Shen 等[141]将聚合物先驱体喷雾在铜箔上,经高温裂解后形成了可以直接装配于锂离子电池的 C/Si – O – C 薄膜极片。相对于传统的极片制备方法,该方法不再需要混合导电剂和粘结剂,制备过程相对简单。该 C/Si – O – C 负极材料的循环性能如图 3 – 11 所示。从图中可以看出,C/Si – O – C 薄膜材料具有同粉末 C/Si – O – C 负极材料接近的电化学性能。当 C/Si – O – C 薄膜的厚度控制在 1μm 以下时,首次库仑效率大于 75% ,可逆容量大于 1000mA · h · g⁻¹,而且稳定后的库仑效率接近 100% ,同时,由于薄膜的厚度较小,锂离子扩散的距离因此减小,该材料还具有较好的倍率性能。Bhandavat 等[142]将聚合物先驱体分散在

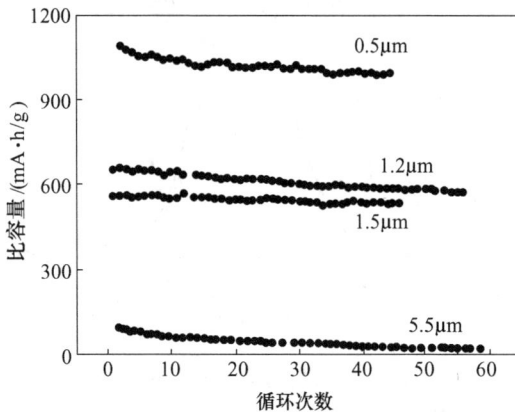

图 3 – 11　具有不同厚度的 C/Si – O – C 薄膜负极的循环性能[141]

碳纳米管的表面,经高温裂解制备了 C/Si－O－C/CNT 纸状 C/Si－O－C 负极极片。不需添加导电剂、黏结剂,甚至不需集流体,直接可以作为极片进行电化学性能的测试。该负极材料具有较高的可逆容量(1168mA·h·g^{-1}),只是首次库仑效率较低(约 53.8%)。

除了改变 C/Si－O－C 负极材料的组成、结构及形态外,一些人还研究了导电剂对 C/Si－O－C 负极材料电化学性能的影响。Shen 等[141]利用碳纳米管代替传统的导电炭黑作为导电剂,发现 C/Si－O－C 负极材料的倍率性能得到显著提升。以乙炔黑为导电剂的材料在 3min 内只能放出 300mA·h·g^{-1}的电量,而以纳米管为导电剂的 C/Si－O－C 负极在同样条件却能够放出约 515mA·h·g^{-1}的电量,而且在循环 40 次以后,其容量保持率为 89.2%,库仑效率为 95%～100%。倍率性能的提高主要在于碳纳米管同 C/Si－O－C 负极材料形成了良好的导电网络。

国防科技大学的 Liu 等[143]通过^{29}Si MAS NMR(图 3-12)和 XPS(图 3-13)等手段跟踪锂离子嵌入 Si－O－C 材料引起的硅结构的改变,分析了不同硅结构的可逆性。SiOC$_3$ 结构在经历首次嵌锂过程以后就完全消失,与此同时在硅核磁曲线出检测到 SiC$_4$ 结构的生成,而且随着循环的进行 SiC$_4$ 结构一直存在,且它的化学位移几乎保持不变。这说明 SiOC$_3$ 是一个完全不可逆的结构,它在同锂离子作用后生成 SiC$_4$ 结构;而 SiC$_4$ 结构同锂离子几乎不反应,是一种电化学惰性结构。而其他三种硅结构 SiO$_2$C$_2$、SiO$_3$C、SiO$_4$ 在嵌/脱锂离子过程中,它们的化学位移有规律地向高场或者低场偏移,同时硅的结合能也有规律地减小或者变大,这说明了这三种结构对锂离子是可逆结构。

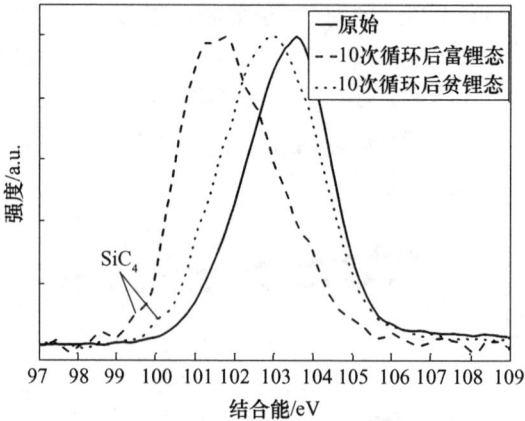

图 3-12　Si－O－C 负极材料在不同电位下 Si(2p)XPS 曲线[143]

利用溶胶—凝胶法合成了三种可逆结构占主体的 Si－O－C 复合负极材料[144],其循环性能如图 3-14 所示,首次脱锂容量为 1190mA·h·g^{-1},首次库仑

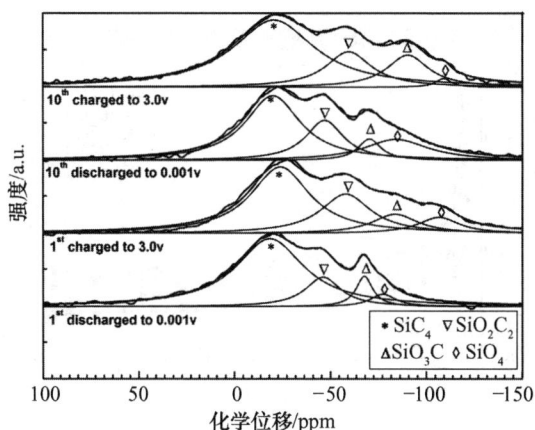

图 3-13 Si-O-C 负极材料在不同电位下 ^{29}Si MAS NMR 曲线[143]

效率为 69%，循环 20 次以后依然保持 900mA·h·g^{-1}，容量保持率为 76%。在此基础之上，利用 Si-O-C 材料的力学性质和高容量特性，Liu 等[145,146] 设计了一种 Si-O-C 材料包覆纳米硅的新型 Si/Si-O-C 复合负极材料。TEM 显示纳米硅均匀分散在 Si-O-C 基体里面。该负极材料的循环性能如 3-15 所示。由图可知，在 0.1C 充放电情况下，首次库仑效率为 70%，首次脱锂容量为 1232mA·h·g^{-1}，循环 30 次以后依然保持 839mA·h·g^{-1} 的可逆容量。在 3C 放电时，可逆容量为 1051mA·h·g^{-1}，循环 20 次以后，容量保持率为 70%。其优异的电化学性能主要归因于：①纳米硅和 Si-O-C 基体的高容量；②Si-O-C 基体能够限制硅体积的膨胀；③纳米硅的小尺寸以及 Si-O-C 基体里面的自由碳能够增强锂离子在材料的扩散能力。

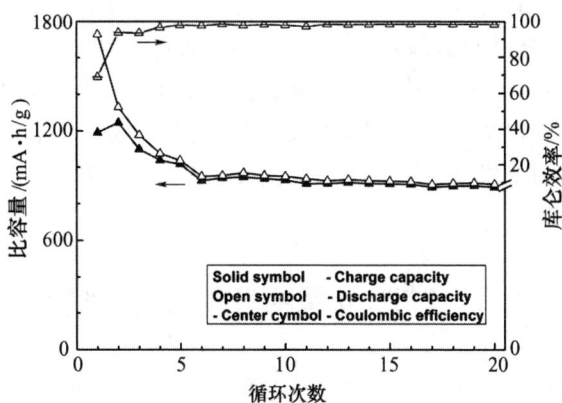

图 3-14 溶胶—凝胶法制备的 Si-O-C 负极材料的循环性能[144]

99

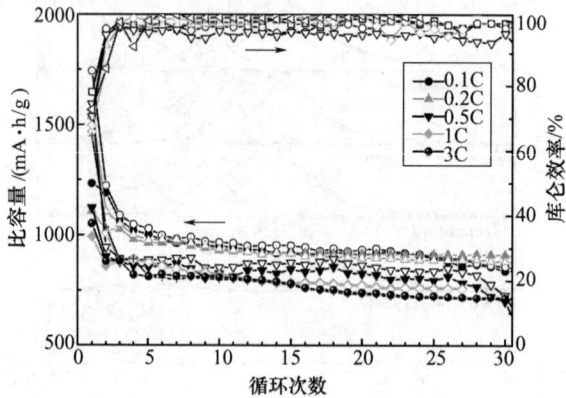

图 3-15　溶胶—凝胶法制备的 Si/Si-O-C 复合负极材料的倍率性能[145]

3.2.4　硅基负极材料发展趋势

　　硅基材料作为锂离子电池负极材料,具有很高的电化学容量,但由于循环性能差、首次库仑效率低限制了其在商业上的应用。为了解决这些问题,通过硅材料纳米化、薄膜化;硅包覆到碳材料或金属表面;改善与集流体的接触;硅化物的多相掺杂等方法或技术手段,可以获得高容量、循环性能好的电极材料。不同形貌的单质硅纳米结构在一定程度上提高了比容量和循环性能,但受合成条件的影响,不能从根本上解决容量衰减问题。随着薄膜技术的发展,硅薄膜复合电极材料有希望应用于微型电池。硅金属合金虽然能提高硅的导电性能,但硅金属合金依然存在颗粒的破裂和粉化问题,限制其进一步的发展。硅—碳复合材料比容量高、成本低廉、制备工艺简单,循环性能好,结合硅金属合金,并采用可以将极板的膨胀在负极内部吸收的缝隙结构,有可能达到具有商业价值的研究成果。

　　由于硅基复合材料的制备方法及结构不同,作为锂离子电池负极材料其电化学性能也不尽相同。因此,在探索材料制备技术基础上,深入探讨硅基材料的电化学作用机制,丰富材料及电极的测试手段,优化材料制备工艺,选择合适的黏结剂和电解液添加剂,制备出具有更高容量和优良循环性能的硅基材料,将是今后的研究重点。

3.3　过渡金属氧化物负极材料

　　除了上述两节中介绍的锡基、硅基化合物以外,目前研究较多且可能有所应用的高容量负极材料包括一些过渡金属氧化物。

　　过渡金属氧化物负极的储锂机制与传统的石墨负极以及 Sn、Si 等合金负极不同,它所表现出的是一种典型的氧化还原反应,而非传统意义上的锂离子嵌入和脱出过程。在实际应用中,比容量高达几百甚至上千,相比商品化石墨负极具有明显的优势,因此是一种十分诱人的新型负极材料。

3.3.1 储锂机制

过去通常人们认为3d过渡金属氧化物中的金属元素不能与锂形成锂合金,如CoO、NiO、CuO、FeO等,因此它们不具备储锂性能。然而在2000年,Tarascon课题组[147]制备了一系列的纳米级的金属氧化物并用做锂离子电池负极材料,发现这些氧化物可与锂离子发生多电子可逆的氧化还原反应,并获得高达$700mA \cdot h \cdot g^{-1}$的比容量,他们将这一类反应称为"转换反应"。随后,一些其他的过渡金属氧化物等,都被陆续发现能发生可逆的转换反应,并释放出高于传统嵌入反应数倍的储锂容量。因此,基于转换反应机制的过渡金属氧化物材料,引起了科研工作者们的密切关注,对其用作锂离子电池电极材料时的储锂机制的研究,也得到了进一步的完善。

目前,多数观点认为,过渡金属氧化物负极发生转换反应的机制如图3-16所示[148]。首周放电时,大颗粒的金属氧化物M_xO_y被逐渐还原生成纳米级均匀分散的金属单质M和Li_2O混合相。随后的充放电循环即为纳米混合相(M和Li_2O)与

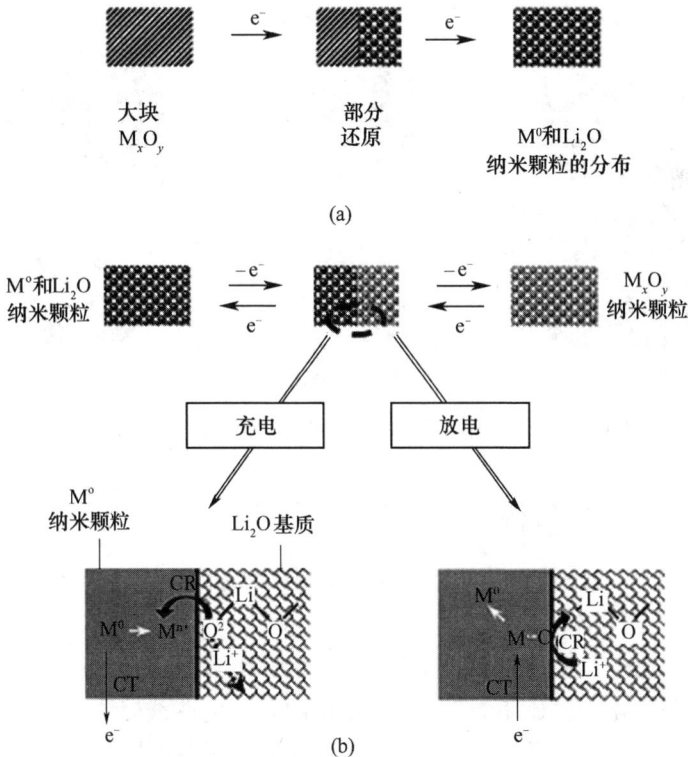

图3-16 过渡金属氧化物负极发生转换反应的机制示意图[148]

(a) 首次放电;(b) 循环过程。

纳米金属氧化物(M_xO_y)之间反复发生可逆转换。转换过程中涉及到化学键的断裂和重组:放电时,M-O键被打断,Li离子与氧负离子结合形成Li-O键,M阳离子得到电子被还原成M单质;充电时,Li-O键断裂,M单质失去电子变成M阳离子并与氧负离子结合重新形成M-O键。可以看到,这种转换反应所涉及到的电子转移数以及它的理论容量是与金属氧化物的含氧量成正相关,即金属氧化物阳离子价态越高,金属原子量越小,氧化物负极的理论储锂容量越大。

用高分辨力的透射电镜(TEM)和选区电子衍射(SAED)可以研究氧化物的转换反应机理。图3-17所示为CoO电极充放电前、后的TEM和SAED照片[147]。起始的CoO电极由100~200 nm的晶粒组成;放电至CoO完全被还原以后,TEM照片显示起始电极的颗粒轮廓仍然保留,但~100 nm的颗粒已经完全瓦解为1~2 nm的金属粒子,这些纳米钴颗粒均匀分散在Li₂O的介质中。根据选定区域的电子衍射光环的位置可以辨别这些颗粒的组成,证实了单质Co和Li₂O的生成。当电极充电脱锂后,电极的形貌较完全放电时没有太大的变化,仍由几个纳米的粒子组成。SAED照片也证实了CoO的重新生成,不过也发现仍有部分的单质Co没有完全氧化。

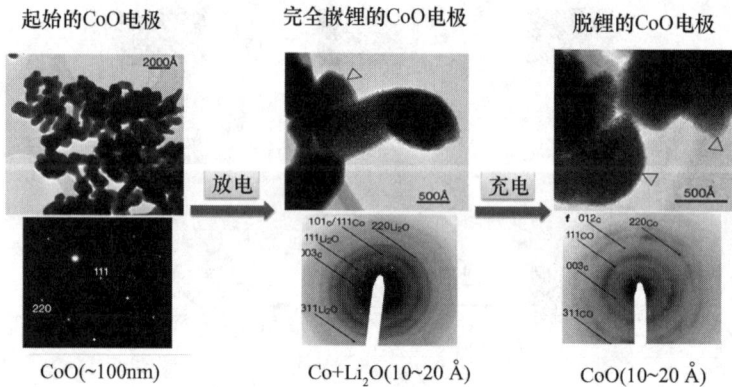

图3-17　CoO电极充放电前后的TEM照片和选区电子衍射照片(SAED)[147]

3.3.2　典型的负极材料

Poizot等人[147]最早报道了CoO、NiO和FeO等金属氧化物发生转化反应的电化学性能和充放电机理。

图3-18为这几种金属氧化物的充放电曲线和循环曲线。在C/5的电流密度和0.01V~3V的电压范围下,这几种氧化物的充放电曲线基本类似,放电平台都在1V以下,充电平台都高达1.8V,表现出较大的电压滞后效应。同时电极都表现出较好的循环性能,其中CoO电极循环50周后容量仍然保持在600mA·h·g⁻¹,在2C的倍率下容量仍可达到起始小倍率下的85%,表现出良好的循环倍率性能。

102

但这类氧化物作为锂离子电池的负极材料的主要缺点是工作电位较高,在实际应用与正极材料组成的电池电压较低。

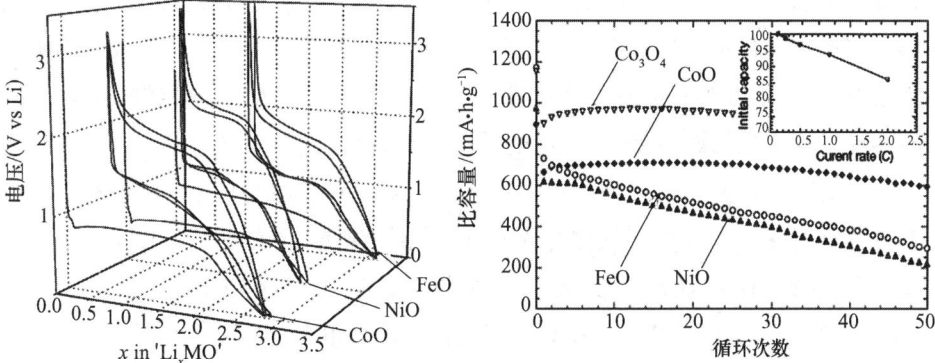

图 3-18 几种金属氧化物的充放电曲线(a)和循环曲线(b)[147]

3-19 列出了常见过渡金属氧化物负极的理论比容量和首周充放电比容量[149]。从图可以看出,各种金属氧化物负极的理论比容量都高达几百甚至上千,相比传统石墨负极具有明显的优势。但它们存在的共同缺点是首周放电有较大的不可逆容量,库仑效率大多都在70%以下。金属氧化物负极首次不可逆容量损失来源于两点:①在电极材料与电解液接触的表面生成的固体电解质中间相(SEI)会消耗一定的锂;②放电过程中生成的金属单质 M 和 Li_2O 不可能完全地可逆转换生成金属氧化物 M_xO_y,还会存在少量未参与反应的金属 M 和 Li_2O。

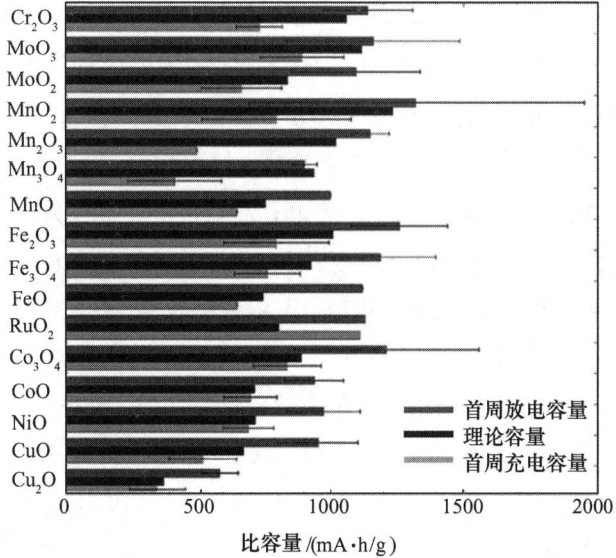

图 3-19 常见过渡金属氧化物负极的理论比容量和首周充放电比容量[149]

早期的研究表明,尽管金属氧化物负极能获得可观的可逆容量,但其循环稳定性较差,一般寿命在30次以内。其原因有三点:①大多数的金属氧化物导电性较差,充放电过程中电子和离子迁移速率小,直接影响了电极材料的可逆性;②电极材料在充放电过程中体积的不断变化会导致活性颗粒之间、活性颗粒与集流体之间失去电接触,活性颗粒的利用率逐渐下降;③放电产物纳米金属颗粒在多次循环后容易发生团聚,致使能参与反应的活性物质和反应界面减少。

为了提高过渡金属氧化物负极的首周库仑效率和循环稳定性,研究者们合成了具有各种特殊形貌的金属氧化物或金属氧化物/碳复合物。

铁氧化物用作转换反应负极材料的研究最早可追溯到20世纪80年代,Thackeray等[150]通过XRD在Fe_2O_3高温熔盐电池放电产物里检测到了Fe和Li_2O的存在,随后人们发现还原Fe_2O_3带来的高放电比容量在室温下也是部分可逆的[151],这一发现促使越来越多的人研究铁氧化物负极材料。铁的氧化物有FeO、$\alpha-Fe_2O_3$、Fe_3O_4等,其中$\alpha-Fe_2O_3$因具有最高的理论储锂容量($1007mA \cdot h \cdot g^{-1}$)、价格低廉和环境友好等优点得到相对较多的研究。Chowdari等[152]通过简单的热板法制备了负载在Cu基体上的Fe_2O_3纳米薄片,材料经80周循环容量保持不变。Ruoff等[153]用均相沉淀和还原两步法制备了Fe_2O_3/石墨烯复合物,该复合物负极经50次循环后容量仍能保持在$1000mA \cdot h \cdot g^{-1}$。

钴的氧化物有CoO、Co_3O_4等,其中Co_3O_4的理论容量较高($890mA \cdot h \cdot g^{-1}$)。Yang等[154]以十二羰基四钴($Co_4(CO)_{12}$)为前驱体、碳纳米管为模板,通过超声分散、高温氧化两步法制得了多孔Co_3O_4纳米管,室温测试下,可逆容量高达$1200mA \cdot h \cdot g^{-1}$。

除上述氧化物负极外,CuO、Cr_2O_3等也有文献报道。迄今为止,过渡金属氧化物负极的转换反应储锂机制已得到广泛的接受,但该机制仍存在一些问题,一些与转换反应机制不符的实验结果也有报道。X射线吸收谱(XAS)被广泛应用于电子结构和元素价态的研究中。与XRD不同,XAS受晶体结构和结晶度的影响很小,因此更适合用来研究电极材料的反应机制。Choi等[155]发现CoO完全放电后的产物($Li_{3.07}CoO$)的XAS谱与单质Co的XAS不完全吻合。Yen等[155]利用拉曼光谱对Co_3O_4的充放电机制进行研究,发现Co_3O_4放电后产物的拉曼光谱与Co和Li_2O均不吻合,作者推测可能仍有Co—O—Li键存在。

可以看到,基于转化反应机制而实现储锂的过渡金属氧化物具有比基于锂离子嵌入脱出机制的传统石墨负极高出2~4倍以上的比容量,是极具潜力的新一代锂离子电池电极材料。

参 考 文 献

[1] Idota Y, Kubota T, Matsufuji A, et al. Tin – based amorphous oxide：A high – capacity lithium – ion – storage material [J]. Science, 1997, 276：1395 – 1397.

[2] Courtney I A, Dahn J R. Electrochemical and in situ x – ray diffraction studies of the reaction of lithium with tin oxide composites [J]. J Electrochem Soc, 1997, 144：2045 – 2052.

[3] Winter M, Besenhard J O. Electrochemical lithiation of tin and tin – based intermetallics and composites [J]. Electrochim Acta, 1999, 45：31 – 50.

[4] Benedek R, Thackeray M M. Lithium reactions with intermetallic – compound electrodes [J]. J Power Sources, 2002, 110：406 – 411.

[5] Huang J Y, Zhong L, Wang C M, et al. In situ observation of the electrochemical lithiation of a single SnO_2 nanowire electrode [J]. Science, 2010, 330：1515 – 1520.

[6] Meduri P, Pendyala C, Kumar V, et al. Hybrid tin oxide nanowires as stable and high capacity anodes for li – ion batteries [J]. Nano Lett, 2009, 9：612 – 616.

[7] Park M S, Kang Y M, Dou S X, et al. Reduction – free synthesis of carbon – encapsulated SnO_2 nanowires and their superiority in electrochemical performance [J]. J Phys Chem C, 2008, 112：11286 – 11289.

[8] Ding S, Wang Z, Madhavi S, et al. SBA – 15 derived carbon – supported SnO_2 nanowire arrays with improved lithium storage capabilities [J]. J Mater Chem, 2011, 21：13860 – 13864.

[9] Ying Z, Wan Q, Cao H, et al. Characterization of SnO_2 nanowires as an anode material for Li – ion batteries [J]. Appl Phys Lett, 2005, 87：113108 – 113110.

[10] Park M S, Wang G X, Kang Y M, et al. Preparation and electrochemical properties of SnO_2 nanowires for application in lithium – ion batteries, Angew Chem Int Ed, 2007, 46：750 – 753.

[11] Ye J F, Zhang H J, Yang R, et al. Morphology – controlled synthesis of SnO_2 nanotubes by using 1d silica mesostructures as sacrificial templates and their applications in lithium – ion batteries [J]. Small, 2010, 6：296 – 306.

[12] Wang J, Du N, Zhang H, et al. Large – scale synthesis of SnO_2 nanotube arrays as high – performance anode materials of li – ion batteries [J]. J Phys Chem C, 2011, 115：11302 – 11305.

[13] Wang Y, Zeng H C, Lee J Y. Highly reversible lithium storage in porous SnO_2 nanotubes with coaxially grown carbon nanotube overlayers [J]. Adv Mater, 2006, 18：645 – 649.

[14] Sakaushi K, Oaki Y, Uchiyama H, et al. Synthesis and applications of SnO nanosheets：parallel control of oxidation state and nanostructure through an aqueous solution route [J]. small, 2010, 6：776 – 781.

[15] Wang C, Zhou Y, Ge M Y, et al. Large – scale synthesis of SnO_2 nanosheets with high lithium storage capacity [J]. J Am Chem Soc, 2010, 132：46 – 47.

[16] Xu W, Canfield N L, Wang D, et al. A three – dimensional macroporous Cu/SnO_2 composite anode sheet prepared via a novel method [J]. J Power Sources, 2010, 195：7403 – 7408.

[17] Wang C, Du G, Stahl K, et al. Ultrathin SnO_2 nanosheets：oriented attachment mechanism, nonstoichiometric defects and enhanced lithium – ion battery performances [J]. J Phys Chem C, 2012, 116：4000 – 4011.

[18] Wang Y, Lee J Y. Molten salt synthesis of tin oxide nanorods: Morphological and electrochemical features [J]. J Phys Chem B, 2004, 108：17832 – 17837.

[19] Xu C, Sun J, Gao L. Direct growth of monodisperse SnO_2 nanorods on graphene as high capacity anode materi-

als for lithium ion batteries [J]. J Mater Chem,2012,22: 975 –979.

[20] Liu J P,Li Y Y,Huang X T,et al. Direct growth of SnO₂ nanorod array electrodes for lithium – ion batteries [J]. J Mater Chem,2009,19: 1859 – 1864.

[21] Yin X M,Li C C,Zhang M,et al. One – Step synthesis of hierarchical SnO₂ hollow nanostructures via self – assembly for high power lithium ion batteries [J]. J Phys Chem C,2010,114: 8084 – 8088.

[22] Lin Y S,Duh J G,Hung M H. Shell – by – shell synthesis and applications of carbon – coated SnO₂ hollow nanospheres in lithium – ion battery [J]. J Phys Chem C,2010,114: 13136 – 13141.

[23] Chen Y,Huang Q Z,Wang J,et al. Synthesis of monodispersed SnO₂ @ C composite hollow spheres for lithium ion battery anode applications [J]. J Mater Chem,2011,21: 17448 – 17453.

[24] Wang Y,Su F B,Lee J Y,et al. Crystalline carbon hollow spheres,crystalline carbon – SnO₂ hollow spheres, and crystalline SnO₂ hollow spheres: synthesis and performance in reversible Li – ion storage [J]. Chem Mater,2006,18: 1347 – 1353.

[25] Lou X W,Deng D,Lee J Y,et al. Preparation of SnO₂/Carbon composite hollow spheres and their lithium storage properties [J]. Chem Mater,2008,20: 6562 – 6566.

[26] Lou X W,Wang Y,Yuan C L,et al. Template – free synthesis of SnO₂ hollow nanostructures with high lithium storage capacity [J]. Adv Mater,2006,18: 2325 – 2329.

[27] Lou X W,Li C M,Archer L A. Designed synthesis of coaxial SnO₂ @ carbon hollow nanospheres for highly reversible lithium storage [J]. Adv Mater,2009,21: 2536 – 2539.

[28] Liu R,Yang S,Wang F,et al. Sodium chloride template synthesis of cubic tin dioxide hollow particles for lithium ion battery applications [J]. Acs Appl Mater Interfaces,2012,4: 1537 – 1542.

[29] Paek S M,Yoo E,Honma I. Enhanced cyclic performance and lithium storage capacity of SnO₂/graphene nanoporous electrodes with three – dimensionally delaminated flexible structure [J]. Nano Lett,2009,9: 72 – 75.

[30] Courtney I A,Dahn J R. Key factors controlling the reversibility of the reaction of lithium with SnO₂ and Sn₂BPO₆ glass [J]. J Electrochem Soc,1997,144: 2943 – 2948.

[31] Zhang H X,Feng C,Zhai Y C,et al. Cross – stacked carbon nanotube sheets uniformly loaded with SnO₂ nanoparticles: a novel binder – free and high – capacity anode material for lithium – ion batteries [J]. Adv Mater, 2009,21: 2299 – 2304.

[32] Chen J S,Cheah Y L,Chen Y T,et al. SnO₂ Nanoparticles with controlled carbon nanocoating as high – capacity anode materials for lithium – ion batteries [J]. J Phys Chem C,2009,113: 20504 – 20508.

[33] Chen Z,Zhou M,Cao Y,et al. In situ generation of few – layer graphene coatings on SnO₂ – SiC core – shell nanoparticles for high – performance lithium – ion storage [J]. Adv Energ Mater,2012,2: 95 – 102.

[34] Zhao Y,Li J,Wang N,et al. Fully reversible conversion between SnO₂ and Sn in SWNTs@ SnO₂ @ PPy coaxial nanocable as high performance anode material for lithium ion batteries [J]. J Phys Chem C,2012,116: 18612 – 18617.

[35] Huggins R A. Alternative materials for negative electrodes in lithium systems [J]. Solid State Ionics,2002, 152: 61 – 68.

[36] Li H,Shi L H,Wang Q,et al. Nano – alloy anode for lithium ion batteries [J]. Solid State Ionics,2002,148: 247 – 258.

[37] Pottgen R,Wu Z Y,Hoffmann R D,et al. Intermetallic lithium compounds with two – and three – dimensional polyanions – synthesis,structure,and lithium mobility [J]. Heteroatom Chem,2002,13: 506 – 513.

[38] Kim M G,Sim S,Cho J. Novel core – shell Sn – Cu anodes for lithium rechargeable batteries prepared by a redox – transmetalation reaction [J]. Adv Mater,2010,22: 5145 – 5158.

[39] Shin H C,Liu M L. Three – dimensional porous copper – tin alloy electrodes for rechargeable lithium batteries

[J]. Adv Funct Mater,2005,15:582-586.

[40] Wang J,Du N A,Zhang H,et al. Cu - Sn core - shell nanowire arrays as three - dimensional electrodes for lithium - ion battery [J]. J Phys Chem C,2011,115:23620-23624.

[41] Tamura N,Fujimoto M,Fujitani S,et al. Study on the anode behavior of Sn and Sn - Cu alloy thin - film electrodes [J]. J Power Sources,2002,107:48-55.

[42] Wolfenstine J,Campos S,Foster D,et al. Nano - scale Cu_6Sn_5 anodes [J]. J Power Sources,2002,109:230-233.

[43] Wang X L,Chen H,Bai J,et al. $CoSn_5$ phase:crystal - structure resolving and stable high - capacity as anodes for li - ion batteries [J]. J Phy Chem Lett,2012,3:1488-1492.

[44] Lee S H,Mathews M,Toghiani H,et al. Fabrication of carbon - encapsulated mono - and bimetallic (Sn and Sn/Sb alloy) nanorods. potential lithium - ion battery anode materials [J]. Chem Mater,2009,21:2306-2314.

[45] Li H,Wang Q,Shi L H,et al. Nanosized SnSb alloy pinning on hard non - graphitic carbon spherules as anode materials for a Li ion battery [J]. Chem Mater,2002,14:103-108.

[46] Park M S,Needham S A,Wang G X,et al. Nanostructured SnSb/carbon nanotube composites synthesized by reductive precipitation for lithium - ion batteries [J]. Chem Mater,2007,19:2406-2410.

[47] Shi L H,Li H,Wang Z X,et al. Nano - SnSb alloy deposited on MCMB as an anode material for lithium ion batteries [J]. J Mater Chem,2001,11:1502-1505.

[48] Chao S C,Song Y F,Wang C C,et al. Study on microstructural deformation of working sn and snsb anode particles for li - ion batteries by in - situ transmission x - ray microscopy [J]. J Phys Chem C,2011,115:22040-22047.

[49] Yang J,Takeda Y,Li Q,et al. Lithium insertion into Sn - and SnSbx - based composite electrodes in solid polymer electrolytes [J]. J Power Sources,2000,90:64-69.

[50] Wang Y,Lee J Y. et al. One - step,confined growth of bimetallic tin - antimony nanorods in carbon nanotubes grown in situ for reversible Li + ion storage [J]. Angew Chem Int Ed,2006,45:7039-7042.

[51] Hassoun J,Panero S,Mulas G,et al. An electrochemical investigation of a Sn - Co - C ternary alloy as a negative electrode in Li - ion batteries [J]. J Power Sources,2007,171:928-931.

[52] Hassoun J,Mulas G,Panero S,et al. Ternary Sn - Co - C Li - ion battery electrode material prepared by high energy ball milling [J]. Electrochem Commun,2007,9:2075-2081.

[53] Zhang J J,Xia Y Y. Co - Sn alloys as negative electrode materials for rechargeable lithium batteries [J]. J Electrochem Soc,2006,153:1466-1471.

[54] Tamura N,Kato Y,Mikami A,et al. Study on Sn - Co alloy anodes for lithium secondary batteries I. Amorphous system [J]. J Electrochem Soc,2006,153:1626-1632.

[55] Dahn J R,Mar R E,Abouzeid A. Combinatorial study of $Sn_{1-x}Co_x(0 < x < 0.6)$ and $[Sn_{0.55}Co_{0.45}]_{(1-y)}C_y$ $(0 < y < 0.5)$ alloy negative electrode materials for Li - ion batteries [J]. J Electrochem Soc,2006,153:361-365.

[56] Tamura N,Fujimoto A,Kamino M,et al. Mechanical stability of Sn - Co alloy anodes for lithium secondary batteries [J]. Electrochim Acta,2004,49:1949-1956.

[57] Nishikawa K,Dokko K,Kinoshita K,et al. Three - dimensionally ordered macroporous Ni - Sn anode for lithium batteries [J]. J Power Sources,2009,189:726-729.

[58] Ehinon K K D,Naille S,Dedryvere R,et al. Ni3Sn4 electrodes for Li - ion batteries:Li - Sn alloying process and electrode/electrolyte interface phenomena [J]. Chem Mater,2008,20:5388-5398.

[59] Hassoun J,Panero S,Simon P,et al. High - rate,long - life Ni - Sn nanostructured electrodes for lithium - ion

107

batteries [J]. Adv Mater,2007,19: 1632 – 1635.

[60] Guo H,Zhao H L,Ha X D. Spherical Sn – Ni – C alloy anode material with submicro/micro complex particle structure for lithium secondary batteries [J]. Electrochem Commun,2007,9: 2207 – 2211.

[61] Amadei I,Panero S,Scrosati B,et al. The Ni3Sn4 intermetallic as a novel electrode in lithium cells [J]. J Power Sources,2005,143: 227 – 230.

[62] Lee H Y,Jang S W,Lee S M,et al. Lithium storage properties of nanocrystalline Ni3Sn4 alloys prepared by mechanical alloying [J]. J Power Sources,2002,112: 8 – 12.

[63] Huo H,Chamas M,Lippens P – E,et al. Multi – nuclear NMR study of the sei on the Li – FeSn$_2$ negative electrodes for li – ion batteries [J]. J Phys Chem C,2012,116: 2390 – 2398.

[64] Wang X,Feygenson M,Chen H,et al. Nanospheres of a new intermetallic FeSn$_5$ phase: synthesis,magnetic properties and anode performance in li – ion batteries [J]. J Am Chem Soc,2011,133: 11213 – 11219.

[65] Wang X L,Han W Q,Chen J J,et al. Single – crystal intermetallic M – Sn (M = Fe,Cu,Co,Ni) nanospheres as negative electrodes for lithium – ion batteries [J]. Acs Appl Mater Interfaces,2010,2: 1548 – 1551.

[66] Zhang C Q,Tu J P,Huang X H,et al. Preparation and electrochemical performances of nanoscale FeSn$_2$ as anode material for lithium ion batteries [J]. J Alloy Compd,2008,457: 81 – 85.

[67] Mao O,Dunlap R A,Dahn J R. Mechanically alloyed Sn – Fe(– C) powders as anode materials for Li – ion batteries – I. The Sn$_2$Fe – C system [J]. J Electrochem Soc,1999,146: 405 – 413.

[68] Thackeray M M,Vaughey J T,Johnson C S,et al. Phase transitions in lithiated Cu$_2$Sb anodes for lithium batteries: an in situ X – ray diffraction study [J]. J Power Sources,2003,113: 124 – 130

[69] Larcher D,Beaulieu L Y,MacNeil D D,et al. In Situ X – Ray Study of the Electrochemical Reaction of Li with Cu$_6$Sn$_5$[J]. J Electrochem Soc,2000,147: 1658 – 1662.

[70] Ferguson P P,Martine M L,George A E,et al. Studies of tin – transition metal – carbon and tin – cobalt – transition metal – carbon negative electrode materials prepared by mechanical attrition [J]. J Power Sources, 2009,194: 794 – 800.

[71] Ferguson P P,Todd A D W,Dahn J R. Comparison of mechanically alloyed and sputtered tin – cobalt – carbon as an anode material for lithium – ion batteries [J]. Electrochem Commun,2008,10: 25 – 31.

[72] Chen Z X,Qian J F,Ai X P,et al. Preparation and electrochemical performance of Sn – Co – C composite as anode material for Li – ion batteries [J]. J Power Sources,2009,189: 730 – 732.

[73] Guo Z P,Zhao Z W,Liu H K,et al. Electrochemical lithiation and de – lithiation of MWNT – Sn/SnNi nanocomposites [J]. Carbon,2005,43: 1392 – 1399.

[74] Yoon S,Lee J M,Kim H,et al. An Sn – Fe/carbon nanocomposite as an alternative anode material for rechargeable lithium batteries [J]. Electrochim Acta,2009,54: 2699 – 2705.

[75] Armbrüster M,Schnelle W,Cardoso – Gil R,et al. Chemical bonding in compounds of the CuAl$_2$ family: Mn-Sn$_2$,FeSn$_2$ and CoSn$_2$[J]. Chem Eur J,2010,16: 10357 – 10365.

[76] Ronnebro E,Yin J T,Kitano A,et al. Structural analysis by synchrotron XRD of a Ag$_{52}$Sn$_{48}$ nanocomposite electrode for advanced Li – ion batteries [J]. J Electrochem Soc,2004,151: 1738 – 1744.

[77] Wang L B,Kitamura S,Sonoda T,et al. Electroplated Sn – Zn alloy electrode for Li secondary batteries [J]. J Electrochem Soc,2003,150: 1346 – 1350.

[78] Noh M,Kwon Y,Lee H,et al. Amorphous carbon – coated tin anode material for lithium secondary battery [J]. Chem Mater,2005,17: 1926 – 1929.

[79] Derrien G,Hassoun J,Panero S,et al. High – rate,long – life Ni – Sn nanostructured electrodes for lithium – ion batteries [J]. Adv Mater,2007,19: 2336 – 2340.

[80] Yu Y,Gu L,Zhu C B,et al. Tin nanoparticles encapsulated in porous multichannel carbon microtubes: prepa-

ration by single – nozzle electrospinning and application as anode material for high – performance li – based batteries [J]. J Am Chem Soc,2009,131: 15984 – 15985.

[81] Park C M,Chang W S,Jung H,et al. Nanostructured $Sn/TiO_2/C$ composite as a high – performance anode for Li – ion batteries [J]. Electrochem Commun,2009,11: 2165 – 2168.

[82] Chen Z,Cao Y,Qian J,et al. Facile synthesis and stable lithium storage performances of Sn – sandwiched nanoparticles as a high capacity anode material for rechargeable Li batteries [J]. J Mater Chem,2010,20: 7266 – 7271.

[83] David M. New materials extend Li – ion performance [J]. Power Electron Technol,2006,1: 50 – 52.

[84] Suresh P,Shukla A K,Munichandraiah N. et al. Electrochemical properties of $LiMn_{1-x}M_xO_2$ (M = Ni, Al, Mg) as cathode materials in lithium – ion cells [J]. J Electrochem Soc,2005,152: 2273 – 2280.

[85] Chung S Y,Bloking J T,Chiang Y M. Electronically conductive phospho – olivines as lithium storage electrodes [J]. Nat Mater,2002,1: 123 – 128.

[86] Lu Z,MacNeil D D,Dahn J R. Layered $Li[Ni_xCo_{1-2x}Mn_x]O_2$ cathode materials for lithium – ion batteries [J]. Electrochem Solid – State Lett,2001,4: 200 – 203.

[87] Wu S H,Hsiao K M,Liu W R. The preparation and characterization of olivine $LiFePO_4$ by a solution method [J]. J Power Sources,2005,146: 550 – 554.

[88] Kasavajjula U,Wang C,Appleby A J. Nano – and bulk – silicon – based insertion anodes for lithium – ion secondary cells [J]. J Power Sources,2007,163: 1003 – 1039.

[89] Si Q,Hanai K,Imanishi N,et al. Highly reversible carbon – nano – silicon composite anodes for lithium rechargeable batteries [J]. J Power Sources,2009,189: 761 – 765.

[90] Ng S H,Wang J,Wexler D,et al. Amorphous carbon – coated silicon nanocomposites:a low – temperature synthesis via spray pyrolysis and their application as high – capacity anodes for lithium – ion batteries [J]. J Phys Chem C,2007,111: 11131 – 11138.

[91] Yao Y,McDowell M T,Ryu I,et al. Interconnected silicon hollow nanospheres for lithium – ion battery anodes with long cycle life [J]. Nano Lett,2011,11: 2949 – 2954.

[92] Baranchugov V,Markevich E,Pollak E,et al. Amorphous silicon thin films as a high capacity anodes for Li – ion batteries in ionic liquid electrolytes [J]. Electrochem Commun,2007,9: 796 – 800.

[93] Jung H,Park M,Yoon Y G,et al. Amorphous silicon anode for lithium – ion rechargeable batteries [J]. J Power Sources,2003,115: 346 – 351.

[94] Lee K L,Jung J Y,Lee S W,et al. Electrochemical characteristics of a – Si thin film anode for li – ion rechargeable batteries [J]. J Power Sources,2004,129: 270 – 274.

[95] Lee H Y,Lee S M. Carbon – coated nano – Si dispersed oxides/graphite composites as anode material for lithium ion batteries [J]. Electrochem Commun,2004,6: 465 – 469.

[96] Lee J K,Smith K B,Hayner C M,et al. Silicon nanoparticles – graphene paper composites for li ion battery anodes [J]. Chem Commun,2010,46: 2025 – 2027.

[97] Chan C K,Peng H,Liu G,et al. High – performance lithium battery anodes using silicon nanowires [J]. Nat Nanotechnol,2008,3: 31 – 35.

[98] Chan C K,Patel R N,O' Connell M J,et al. Solution – grown silicon nanowires for lithium – ion battery anodes [J]. ACS Nano,2010,4: 1443 – 1450.

[99] Cui L F,Yang Y,Hsu C M,et al. Carbon silicon core shell nanowires as high capacity electrode for lithium ion batteries [J]. Nano Lett,2009,9: 3370 – 3374.

[100] Cui L F,Hu L,Choi J W,et al. Light – weight free – standing carbon nanotube – silicon films for anodes of lithium ion batteries [J]. ACS Nano,2010,4: 3671 – 3678.

109

[101] Kim H, Cho J. Superior lithium electroactive mesoporous si – carbon core shell nanowires for lithium battery anode material [J]. Nano Lett, 2008, 8: 3688 – 3691.

[102] Chen X, Gerasopoulos K, Guo J, et al. Virus – enabled silicon anode for lithium – ion batteries [J]. ACS Nano, 2010, 4: 5366 – 5372.

[103] Song T, Xia J, Lee J H, et al. Arrays of sealed silicon nanotubes as anodes for lithium ion batteries [J]. Nano Lett, 2010, 10: 1710 – 1716.

[104] Park M H, Kim M G, Joo J, et al. Silicon nanotube battery anodes [J]. Nano Lett, 2009, 9: 3844 – 3847.

[105] Wang W, Kumta P N. Nanostructured hybrid silicon/carbon nanotube heterostructures: reversible high – capacity lithium – ion anodes [J]. ACS Nano, 2010, 4: 2233 – 2241.

[106] Kim J W, Ryu J H, Lee K T, et al. Improvement of silicon powder negative electrodes by copper electroless deposition for lithium secondary batteries [J]. J Power Sources, 2005, 147: 227 – 233.

[107] Kim H, Choi J, Sohn H J, et al. The insertion mechanism of lithium into Mg_2Si anode material for li – ion batteries [J]. J Electrochem Soc, 1999, 146: 4401 – 4405.

[108] Song S W, Striebel K A, Reade R P, Electrochemical studies of nanoncrystalline Mg_2Si thin film electrodes prepared by pulsed laser deposition [J]. J Electrochem Soc, 2003, 150: 121 – 127.

[109] Beaulieu L Y, Hewitt K C, Turner R L, et al. The electrochemical reaction of li with amorphous Si – Sn alloys [J]. J Electrochem Soc, 2003, 150: 149 – 156.

[110] Wang X, Wen Z, Liu Y, et al. A novel composite containing nanosized silicon and tin as anode material for lithium ion batteries [J]. Electrochim Acta, 2009, 54: 4662 – 4667.

[111] Yu Y, Gu L, Zhu C, et al. Reversible Storage of Lithium in silver – coated three – dimensional macroporous silicon [J]. Adv Mater, 2010, 22: 2247 – 2250.

[112] Wilso A M, Reimers J N, Fuller E W, et al. Lithium insertion in pyrolyzed siloxane polymers [J]. Solid State Ionics, 1994, 74: 249 – 254.

[113] Oshio M, Wang H, Fukuda K, et al. Carbon – coated Si as a lithium – ion battery anode material [J]. J Electrochem Soc, 2002, 149: 1598 – 1603.

[114] Wang C S, Wu G T, Zhang X B, et al. Lithium insertion in carbon – silicon composite materials produced by mechanical milling [J]. J Electrochem Soc, 1998, 145: 2751 – 2758.

[115] Liu Y, Hanai K, Horikawa K, et al. Electrochemical characterization of a novel Si – graphite – $Li_{2.6}Co_{0.4}N$ composite as anode material for lithium secondary batteries [J]. Mater Chem Phys, 2005, 89: 80 – 84.

[116] Wang G X, Yao J, Liu H K. Characterization of nanocrystalline Si – MCMB composite anode materials [J]. Electrochem Solid – State Lett, 2004, 7: 250 – 253.

[117] Zhang, X W, Patil P K, Wang C, et al. Electrochemical performance of lithium ion battery, nano – silicon – based, disordered carbon composite anodes with different microstructures [J]. J Power Sources, 2004, 125: 206 – 213.

[118] Lee H Y, Lee S M. Carbon – coated nano – Si dispersed oxides/graphite composites as anode material for lithium ion batteries, Electrochem Commun, 2004, 6: 465 – 469.

[119] Wang G X, Ahn J H, Yao J, et al. Nanostructured Si – C composite anodes for lithium – ion batteries [J]. Electrochem Commun, 2004, 6: 689 – 692.

[120] Hasegawa T, Mukai S R, Shirato Y, et al. Preparation of carbon gel microspheres containing silicon powder for lithium ion battery anodes [J]. Carbon, 2004, 42: 2573 – 2579.

[121] Yang X, Wen Z, Xu X, et al. High – performance silicon/carbon/graphite composites as anode materials for lithium ion batteries [J]. J Electrochem Soc, 2006, 153: 1341 – 1344.

[122] Yang J, Takeda Y, Imanishi N, et al. SiO_x – based anodes for secondary lithium batteries [J]. Solid State I-

110

onics,2002,152 – 153: 125 – 129.

[123] Zhang T,Gao J,Zhang H P,et al. Preparation and electrochemical properties of core – shell Si/SiO nanocomposite as anode material for lithium ion batteries [J]. Electrochem Commun,2007,9: 886 – 890.

[124] Nagao Y,Sakaguchi H,Honda H,et al. Structural analysis of pure and electrochemically lithiated SiO using neutron elastic scattering [J]. J Electrochem Soc,2004,151: 1572 – 1575.

[125] Miyachi M,Yamamoto H,Kawai H,et al. Analysis of SiO anodes for lithium – ion batteries [J]. J Electrochem Soc,2005,152: 2089 – 2091.

[126] Liu W R,Yen Y C,Wu H C,et al. Nano – porous SiO/carbon composite anode for lithium – ion batteries [J]. J Appl Electrochem,2009,39: 1643 – 1649.

[127] Xu T H,Ma Q S,Chen Z H. The effect of aluminum additive on structure evolution of silicon oxycarbide derived from polysiloxane [J]. Mater Lett,2011,65: 433 – 435.

[128] Ren Y R,Qu M Z,Yu Z L. SiO/CNTs: A new anode composition for lithium – ion battery,Sci China Ser B – Chem [J]. 2009,52: 2047 – 2050.

[129] Wang J,Zhao H,He J,et al. Nano – sized SiOx/C composite anode for lithium ion batteries [J]. J Power Sources,2011,196: 4811 – 4815.

[130] Doh C H,Park C W,Shin H M,et al. A new SiO/C anode composition for lithium – ion battery [J]. J Power Sources,2008,179: 367 – 370.

[131] Morita T,Takami N. Nano Si cluster – SiO$_x$/C composite material as high – capacity anode material for rechargeable lithium batteries [J]. J Electrochem Soc,2006,153: 425 – 430.

[132] Kim J – H,Sohn H – J,Kim H,et al. Enhanced cycle performance of SiO – C composite anode for lithium – ion batteries [J]. J Power Sources,2007,170: 456 – 459.

[133] Ahn D,Raj R. Thermodynamic measurements pertaining to the hysteretic intercalation of lithium in polymer – derived silicon oxycarbide [J]. J Power Sources,2010,195: 3900 – 3906.

[134] Tabuchi T,Yasuda H,Yamachi M. Li – doping process for Li$_x$SiO – negative active material synthesized by chemical method for lithium – ion cells [J]. J Power Sources,2005,146: 507 – 509.

[135] Yang X,Wen Z,Xu X,et al. Nanosized silicon – based composite derived by in situ mechanochemical reduction for lithium ion batteries [J]. J Power Sources,2007,164: 880 – 884.

[136] Jeong G,Kim Y U,Krachkovskiy S A,et al. A nanostructured SiAl$_{0.2}$O anode material for lithium batteries [J]. Chem Mater,2010,22: 5570 – 5579.

[137] Wilson A M,Reimers J N,Fuller E W,et al. Lithium insertion in pyrolyzed siloxane polymers [J]. Solid State Ionics,1994,74: 249 – 254.

[138] Xing W,Wilsonb A M,Zank G,et al. Pyrolysed pitch – polysilane blends for use lithium ion batteries as anode materials in lithium ion batteries [J]. Solid State Ionics,1997,93: 239 – 244.

[139] Wilson A M,Xing W,Zank G,et al. Pyrolysed pitch – polysilane blends for use as anode materials in lithium ion batteries II: the effect of oxygen [J]. Solid State Ionics,1997,100: 259 – 266.

[140] Fukui H,Ohsuka H,Hino T,et al. A Si – O – C composite anode: high capability and proposed mechanism of lithium storage associated with microstructural characteristics [J]. ACS Appl Mater Interfaces,2010,2: 998 – 1008.

[141] Konno H,Morishita T,Wan C,et al. Si – C – O glass – like compound/exfoliated graphite composites for negative electrode of lithium ion battery [J]. Carbon,2007,45: 477 – 483.

[142] Shen J,Ahn D,Raj R. C – Rate performance of silicon oxycarbide anodes for Li$^+$ batteries enhanced by carbon nanotubes [J]. J Power Sources,2011,196: 2875 – 2878.

[143] Bhandavat R,Cologna M,Rai R. Synthesis and electrochemical performance of SiOC – carbon nanotube com-

111

posite coatings [M]. Bulletin of the American Physical Society, APS March Meeting 2012, 57, Number 1.

[144] Liu X, Zheng C M, Xie K. Mechanism of lithium storage in Si – O – C composite anodes [J]. J Power Sources, 2011, 196: 10667 – 10672.

[145] Liu X, Xie K, Wang J, et al. Si – O – C materials prepared with a sol – gel method for negative electrode of lithium battery [J]. J Power Sources, 2012, 214: 119 – 123.

[146] Liu X, Xie K, Wang J, et al. Si/Si – O – C composite anode materials exhibiting good C rate performances prepared by a sol – gel method [J]. J Mater Chem, 2012, 22: 19621 – 19624.

[147] Poizot P, Laruelle S, Grugeon S, et al. Nano – sized transition – metaloxides as negative – electrode materials for lithium – ion batteries [J]. Nature, 2000, 407: 496 – 499.

[148] Poizot P, Laruelle S, Grugeon S, et al. Rationalization of the Low – Potential Reactivity of 3d – Metal – Based Inorganic Compounds toward Li [J]. J Electrochem Soc, 2002, 149: 1212 – 1217.

[149] Cabana J, Monconduit L, Larcher D, et al. Beyond intercalation – based li – Ion batteries: the state of the art and challenges of electrode materials reacting through conversion reactions [J]. Adv Mater, 2010, 22: 170 – 192.

[150] Thackeray M M, Coetzer J. A preliminary investigation of the electrochemical performance of α – Fe_2O_3 and Fe_3O_4 cathodes in high – temperature cells [J]. Mater Res Bull, 1981, 16: 591 – 597.

[151] Abraham K M, Pasquariello D M, Willstaedt E B. Preparation and characterization of some lithium insertion anodes for secondary lithium batteries [J]. J Electrochem Soc, 1990, 137: 743 – 749.

[152] Reddy M V, Yu T, Sow C H, et al. α – Fe_2O_3 nanoflakes as an anode material for Li – ion batteries [J]. Adv Funct Mater, 2007, 17: 2792 – 2799.

[153] Zhu X J, Zhu Y W, Murali S, et al. Nanostructured reduced graphene oxide/Fe_2O_3 composite as a high – performance anode material for lithium ion batteries [J]. ACS nano, 2011, 5: 3333 – 3338.

[154] Yang S, Cui G, Pang S, et al. Fabrication of cobalt and cobalt oxide/graphene composites: tTowards high – performance anode materials for lithium ion batteries [J]. Chemsuschem, 2010, 3: 236 – 239.

[155] Choi H C, Lee S Y, Kim S B, et al. Local structural characterization for electrochemical insertion – extraction of lithium into CoO with X – ray absorption spectroscopy [J]. J Phys Chem B, 2002, 106: 9252 – 9260.

[156] Liu H C, Yen S K. Characterization of electrolytic Co_3O_4 thin films as anodes for lithium – ion batteries [J]. J Power Sources, 2007, 166: 478 – 484.

第4章 高电压正极材料体系

目前，动力锂离子电池组的输出电压通常在为 300V ~ 400V，该电压需要大量单电池串联才能达到，串联电池的数目取决于单电池电压。提高单电池电压可以有效减少电池组串联的电池数目，简化相关控制电路，提高整体电池组的可靠性和安全性。由于锂离子电池的电压主要取决于正极材料的工作电压，所以发展高电压的锂离子电池正极材料具有重要意义。

本章主要介绍以 $LiNi_{0.5}Mn_{1.5}O_4$ 为代表的尖晶石正极材料、橄榄石型 $LiMPO_4$ 正极材料两种高电压材料体系。

4.1 $LiNi_{0.5}Mn_{1.5}O_4$ 尖晶石正极材料

4.1.1 概述

1983 年，Thackeray M M 和 Goodenough J B 等[1]发现锰尖晶石是优良的正极材料，具有低价、稳定和优良的导电、导锂性能。其分解温度高，且氧化性远低于钴酸锂，即使出现短路、过充电，也能够避免燃烧、爆炸等危险。

随着研究的开展，人们发现尖晶石 $LiMn_2O_4$ 正极材料在循环过程中由于 Jahn - Teller 畸变、锰在电解液中的溶解和电解液的分解等[2]问题造成材料的容量衰减较快。针对上述问题，人们尝试了多种方法来改善尖晶石 $LiMn_2O_4$ 正极材料的循环性能，其中最有效的方法是掺杂改性，掺杂某些金属离子后尖晶石 $LiMn_2O_4$ 材料在 4.5 V 以上出现了新的电压平台。进一步研究发现，4.5 V 以上平台的容量随着掺杂比例的提高而增加。

目前，为了提高尖晶石 $LiMn_2O_4$ 正极材料的电压平台，人们对其进行了 Ni、Co、Cr、Cu、Fe、Zn 和 V 等元素掺杂[3~11]。研究发现，在众多掺杂产物中，$LiNi_{0.5}Mn_{1.5}O_4$ 材料具有较高的放电比容量和良好的循环性能，在 4.7 V 附近存在稳定的高电位充放电平台，具有较好的应用前景。

4.1.2 $LiNi_{0.5}Mn_{1.5}O_4$ 结构及特点

尖晶石 $LiNi_{0.5}Mn_{1.5}O_4$ 正极材料属于立方晶系，系 Ni 部分取代尖晶石 $LiMn_2O_4$ 晶格中的 Mn 后的产物，与尖晶石 $LiMn_2O_4$ 具有相同的晶体结构。

为探讨尖晶石 $LiNi_{0.5}Mn_{1.5}O_4$ 正极材料的结构，首先来看尖晶石 $LiMn_2O_4$ 的结构,如图 4-1 所示。尖晶石 $LiMn_2O_4$ 属于 Fd3m 空间群,晶胞边长是普通面心立方结构的 2 倍,包含了 8 个普通面心立方晶胞,每个晶胞中含有 32 个氧,占据 32e 位置,氧呈面心立方密堆积;8 个锂占据 64 个四面体位置(8a)的 1/8,构成 LiO_4 框架;16 个锰(Mn^{3+} 和 Mn^{4+} 各占 50%)占据 32 个八面体位置(16d)的 1/2,形成 Mn_2O_4 网络框架。其中,四面体晶格 8a、48f 和八面体晶格 16c 共面构成了互通的三维快速锂离子扩散通道[1,12~14]。

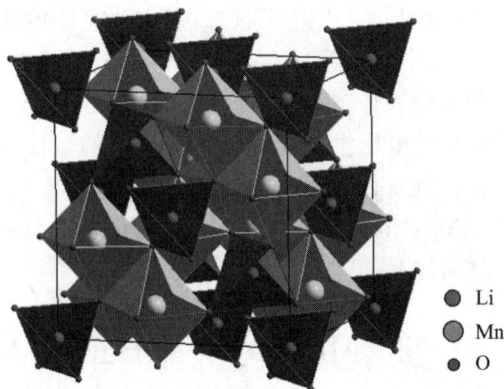

图 4-1　尖晶石型 $LiMn_2O_4$ 的结构示意图[2]

充电过程中,8a 位的锂离子经过 8a-16c-8a 通道从三维晶格中脱出,同时 Mn^{3+} 失去电子被氧化为 Mn^{4+},材料结构最终转变为 $\lambda-Mn_2O_4$,剩下稳定的尖晶石 Mn_2O_4 骨架;放电过程中,锂离子在静电力作用下经过 8a-16c-8a 通道嵌入势能较低的 8a 位,同时 Mn^{4+} 得到电子被还原为 Mn^{3+},结构最终转变为 $LiMn_2O_4$,从而拥有优良的安全性能和快速充放电能力,同时锰元素具有储量丰富、价格低廉和环境友好等优点,使该材料在大型动力电池领域得到广泛应用[15~17]。

前已述及,为了提高尖晶石 $LiMn_2O_4$ 正极材料的电压平台,人们对其进行了 Ni、Co、Cr、Cu、Fe、Zn 和 V 等元素掺杂[9~17]。图 4-2 所示是不同元素掺杂后尖晶石 $LiM_xMn_{2-x}O_4$ 正极材料的电压变化。从图中可以看出,由于 Ni、Cr 和 Cu 元素掺杂后尖晶石 $LiM_xMn_{2-x}O_4$ 材料的电压平台在 5V 以下,在电解液中具有较好的稳定性,所以上述元素掺杂成为研究的重点。其中掺入镍离子的尖晶石锰酸锂材料表现出较好的循环性能,同时其工作电压可以达到 4.7V,而在镍离子掺杂研究中,$LiNi_{0.5}Mn_{1.5}O_4$ 是目前尖晶石锰酸锂掺杂改性研究中最为广泛的。

$LiNi_{0.5}Mn_{1.5}O_4$ 材料的理论容量 147mA·h·g^{-1},通常会出现两种结构的尖晶石 $LiNi_{0.5}Mn_{1.5}O_4$:一种是无序尖晶石 $LiNi_{0.5}Mn_{1.5}O_{4-\delta}$,属于面心立方,空间群(SG)为 Fd3m,结构如图 4-3(a)所示,该结构材料的晶格对称性高,锂分布在四面体间隙 8a 位置,而锰和镍随机分布在八面体间隙 16d 位置,氧位于 32e 位置;另一种是有序尖晶石 $LiNi_{0.5}Mn_{1.5}O_4$,属原始简单立方,空间群(SG)为 P4$_3$32,结构如

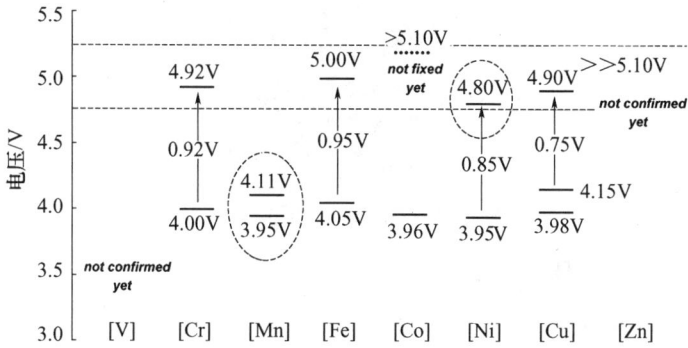

图4-2 不同元素掺杂后尖晶石 $LiM_xMn_{2-x}O_4$ 的电压变化[18]

图4-3(b)所示,该结构材料的晶格对称性低,晶格常数小于前者,锂分布在四面体间隙 8a 位置,镍有序地取代了部分锰离子,16d 位分为 4b 位和 12d 位,镍占据 4b 位,而锰占据 12d 位[19]。

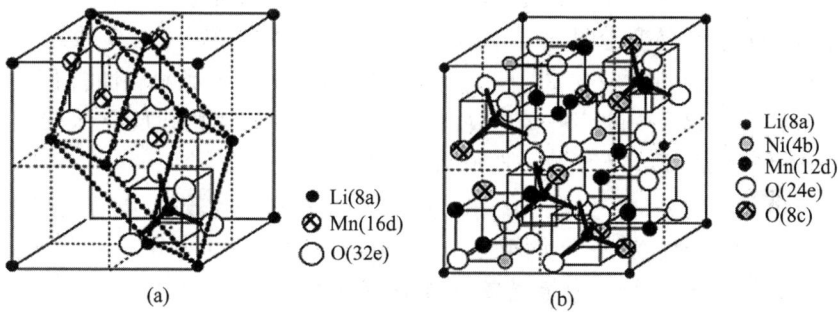

图4-3 两种尖晶石 $LiNi_{0.5}Mn_{1.5}O_4$ 的结构示意图[19]
(a) Fd3m;(b) $P4_332$。

空间点群为 Fd3m 的晶体具有更高的电子导电率,这与有序结构的尖晶石缺少 Mn^{3+} 有关,也导致具有 $P4_332$ 空间群的 $LiNi_{0.5}Mn_{1.5}O_4$ 比具有 Fd3m 空间群的 $LiNi_{0.5}Mn_{1.5}O_4$ 更低的倍率循环性能。因为空间点群 Fd3m 的晶体同 $LiMn_2O_4$ 的晶体结构相同,四面体晶格 8a、48f 和八面体晶格 16c 共面构成了互通的三维快速锂离子扩散通道,锂以完全离子化的形式存在,这有助于锂离子在晶格中发生快速的脱/嵌,充电过程中,8a 位的锂离子经过 8a-16c-8a 通道从三维晶格中脱出,同时 Ni^{2+} 和部分 Mn^{3+} 失去电子被氧化为 Ni^{4+} 和 Mn^{4+},材料结构最终转变为 $Ni_{0.5}Mn_{1.5}O_4$,剩下稳定的尖晶石 $Ni_{0.5}Mn_{1.5}O_4$ 骨架;放电过程中,锂离子在静电力作用下经过 8a-16c-8a 通道嵌入势能较低的 8a 位,同时 Ni^{4+} 和部分 Mn^{4+} 得到电子被还原为 Ni^{2+} 和 Mn^{3+},结构最终转变为 $LiNi_{0.5}Mn_{1.5}O_4$[20,21],如图4-4所示。

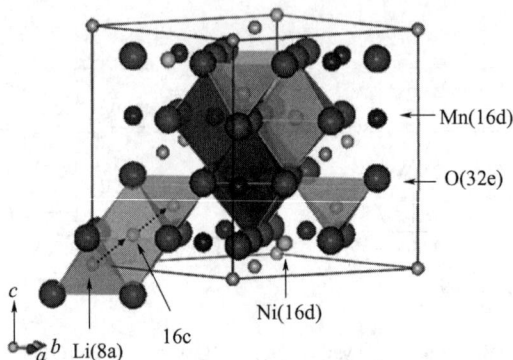

图 4 - 4 $LiNi_{0.5}Mn_{1.5}O_4$ 脱/嵌锂示意图[21]

尖晶石 $LiNi_{0.5}Mn_{1.5}O_4$ 正极材料具有工作电压高、安全性好、成本低和环境友好等优点,但是其点是循环过程中容量衰减较快。

研究表明:造成尖晶石 $LiNi_{0.5}Mn_{1.5}O_4$ 正极材料容量衰减的主要原因包括[22,24]:

(1) Jahn - Teller 畸变。在充放电过程中,特别是深度充放电情况下,尖晶石相 $LiNi_{0.5}Mn_{1.5}O_4$ 容易转变为四方相 $LiNi_{0.5}Mn_{1.5}O_4$,结构发生较大程度的收缩和膨胀,破坏晶格结构,使活性颗粒物质之间的接触变差,电阻增加,导致材料性能下降。

(2) 锰在电解液中的溶解。充放电过程中 Mn^{3+} 易发生歧化反应,即 $2Mn^{3+} = Mn^{4+} + Mn^{2+}$,$Mn^{2+}$ 易溶于电解液造成活性物质的损失。

(3) 电解液的分解。尖晶石 $LiNi_{0.5}Mn_{1.5}O_4$ 的电压平台较高,电解质在高压下不稳定,容易发生氧化分解产生 HF。此外,电解液中残存的水分发生分解反应产生 H^+ 会取代部分 Li^+ 导致容量衰减,并加速锰的溶解。

针对上述问题,人们尝试了多种方法来改善尖晶石 $LiNi_{0.5}Mn_{1.5}O_4$ 正极材料的循环性能,其中最有效的方法是掺杂改性,选择掺杂元素时需要考虑以下方面[25]:掺杂离子的晶格稳定能、掺杂离子的稳定性、掺杂离子 M - O 键的强度。

(1) 掺杂离子的晶格稳定能。尖晶石 $LiNi_{0.5}Mn_{1.5}O_4$ 结构中锂离子占据四面体间隙 8a 位置,锰离子占据八面体间隙 16d 位置,掺杂离子的择位能应接近或强于锰离子,以便顺利进入锰离子的 16d 位置,进而稳定尖晶石结构。

(2) 掺杂离子的稳定性。掺杂低价离子可以提高锰的平均价态,抑制 Jahn - Teller 效应和锰的溶解;但若掺杂离子不稳定,易被氧化为高价离子,会导致材料的性能恶化。

(3) 掺杂离子 M - O 键的强度。掺杂离子与氧所形成的强 M - O 键能增加尖晶石结构的稳定性,改善其循环性能。

(4) 掺杂离子的半径。掺杂离子半径应接近锰离子,差别过大会造成尖晶石晶格结构的过度扭曲,导致其结构稳定性降低,循环性能下降。

116

目前,掺杂改性包括阴离子掺杂阴离子掺杂和复合掺杂,其中阳离子掺杂是研究的重点,不同元素的掺杂方式如图 4 – 5 所示。通过掺杂改性可以增加尖晶石 $LiNi_{0.5}Mn_{1.5}O_4$ 的结构稳定性、抑制 John – Teller 效应和锰的溶解,但是掺杂通常会造成一定的容量损失,因而掺杂比例不能过高。

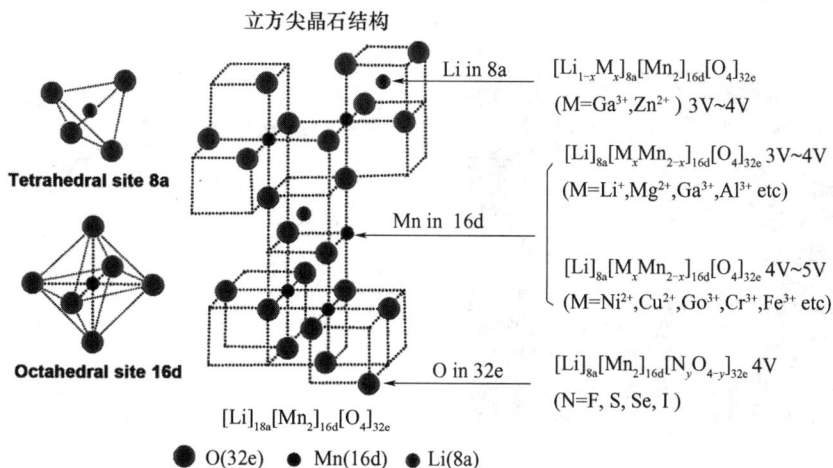

图 4 – 5 尖晶石 $LiMn_2O_4$ 的掺杂示意图[26]

4.1.3 $LiNi_{0.5}Mn_{1.5}O_4$ 材料合成方法

同许多正极材料合成方法类似,尖晶石 $LiNi_{0.5}Mn_{1.5}O_4$ 正极材料的合成方法主要包括固相法[27~30]、共沉淀法和溶胶—凝胶法[31,32],燃烧法、超声喷雾热解法、聚合物辅助法、机械化学法等。

Fang 等[33]采用固相法将 $NiCl_2 \cdot 6H_2O$、$MnCl_2 \cdot 4H_2O$ 和 $(NH_4)_2C_2O_4 \cdot H_2O$ 先进行低温反应,得到前驱体 $NiC_2O_4 \cdot 2H_2O$ 和 $MnC_2O_4 \cdot 2H_2O$,再加入 Li_2CO_3,进行高温固相烧结,得到最终产物。产物电化学性能较好,0.2C 充放条件下,首次放电比容量达到 136 $mA \cdot h \cdot g^{-1}$,30 次充放循环后放电比容量保持率为 96%(图 4 –6)。

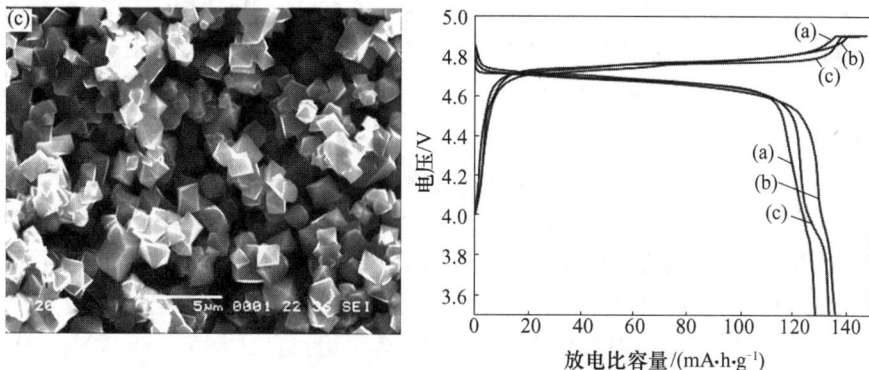

图 4 – 6 固相法制备的 $LiNi_{0.5}Mn_{1.5}O_4$ 及其性能测试[33]

Liu 等[34]采用共沉淀法将化学计量比的锰、锂、镍的醋酸盐溶于去离子水后加入草酸作为沉淀剂,共沉淀物干燥后得到前驱体,前驱体经高温烧结得到最终产物。在 0.2 C 和 3.5V ~ 4.9V 的充放条件下,材料首次放电比容量达到 138mA·h·g⁻¹,50 次充放循环后材料的放电比容量几乎没有变化(图 4-7)。

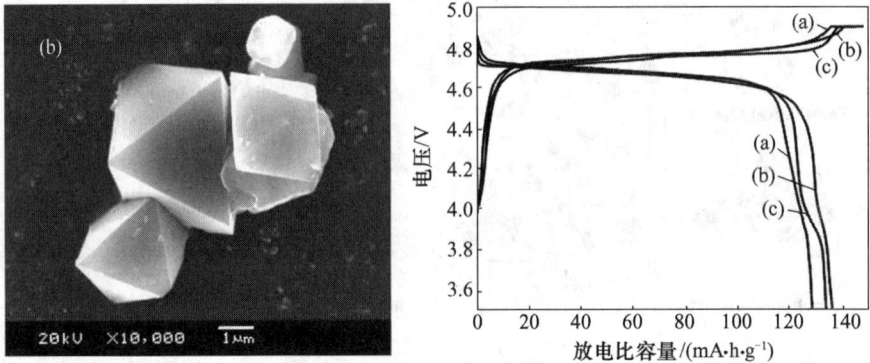

图 4-7 共沉淀法制备的 LiNi$_{0.5}$Mn$_{1.5}$O$_4$ 及其性能测试

由于 Ni^{2+} 和 Mn^{2+} 不易水解,所以很难采用传统的溶胶—凝胶法制备这两种离子的水解型溶胶—凝胶。为得到具有空间网络结构的凝胶,通常采用具有双齿或者多齿的螯合物作为络合剂制备络合物型凝胶先驱体,经过干燥和烧结得到产物。Amdouni N 等[28,29]将化学计量比的锰、锂、镍的醋酸盐溶于水后滴加柠檬酸作为络合剂,采用氨水控制溶液 pH 值,搅拌下得到凝胶前驱体。850 ℃ 高温处理的材料在 0.1 C 充放条件下首次放电比容量达到 132.6mA·h·g⁻¹,25 次循环后容量保持率为 97.2%。

国防科技大学陈颖超等[2]采用间苯二酚-甲醛以乙醇作为溶剂的聚合物辅助溶胶—凝胶方法合成了性能优良的纳米 LiNi$_{0.5}$Mn$_{1.5}$O$_4$ 材料。间苯二酚和甲醛不仅组成了具有空间网络结构的凝胶,使 Li$^+$、Ni^{2+}、Mn^{2+} 均匀分布于凝胶结构中,同时,由于酚羟基的络合作用,进一步稳定了凝胶体系。850 ℃ 处理的材料首次放电比容量达到 134mA·h·g⁻¹,100 次循环后容量保持率为 94.7%(图 4-8)。

为进一步研究镍掺杂比例对高电位材料性能的影响,陈颖超等[2]制备了不同镍掺杂比例的尖晶石 LiNi$_x$Mn$_{2-x}$O$_4$(0.4 ≤ x ≤ 0.55)正极材料,系统研究镍掺杂比例对其结构、组成和电性能的影响。研究发现:随着镍掺杂比例提高,尖晶石 LiNi$_x$Mn$_{2-x}$O$_4$ 材料的晶格常数不断减小,锰元素平均价态升高,材料的 4V 区平台明显减小,电化学性能呈先提高后降低的趋势,其中镍掺杂比例为 LiNi$_{0.5}$Mn$_{1.5}$O$_4$ 时材料具有最优电化学性能。

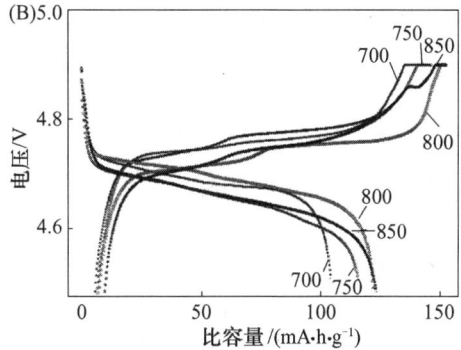

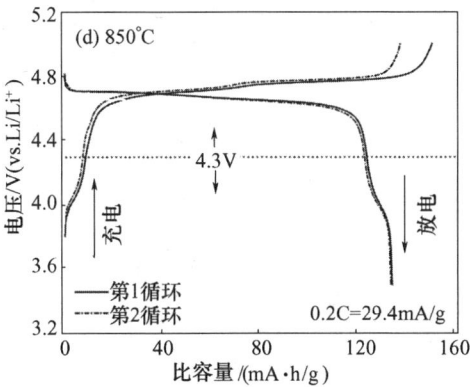

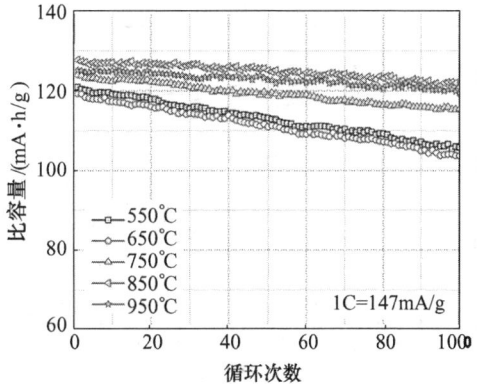

图4-8　陈等制备的 $LiNi_{0.5}Mn_{1.5}O_4$ 及其性能测试[2]

图4-9所示尖晶石 $LiNi_xMn_{2-x}O_4$ 材料在高倍率下的恒流放电曲线[2]。从图中可以看出,随着放电倍率增加,尖晶石 $LiNi_xMn_{2-x}O_4$ 材料在高倍率下的放电比容量明显降低,放电平台更加模糊,中值电压明显下降,不同镍掺杂比例的尖晶石 $LiNi_xMn_{2-x}O_4$ 材料高倍率性能的差别较大。

图4-10所示是尖晶石 $LiNi_xMn_{2-x}O_4$ ($0.4 \leqslant x \leqslant 0.55$)材料的循环性能图。从图中可以看出,随着循环次数增加,不同镍掺杂比例材料的放电比容量不断降低,100次循环后, $x = 0.40$ 、0.45、0.50 和 0.55 时材料的容量保持率分别为87.1%、90.3%、93.1%和85.4%。其中,$0.45 \leqslant x \leqslant 0.50$ 时材料的循环性能较好,$x = 0.55$ 时的循环性能最差,这主要是因为 $x = 0.40$ 时材料中 Mn^{3+} 比例较高,充放电过程中容易发生锰的溶解,导致容量损失,因而循环性能较差;而 $x = 0.55$ 时材料中 $Li_xNi_{1-x}O$ 杂质含量较高,影响其循环性能。

119

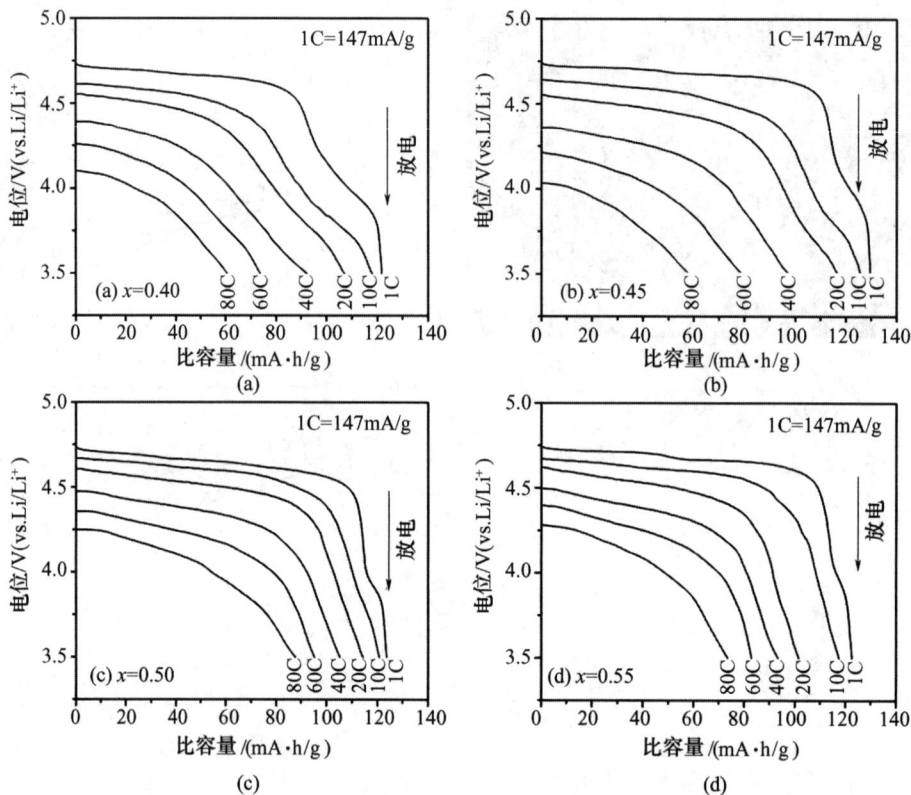

图 4 - 9　尖晶石 $LiNi_xMn_{2-x}O_4$ 在高倍率下的放电曲线[2]

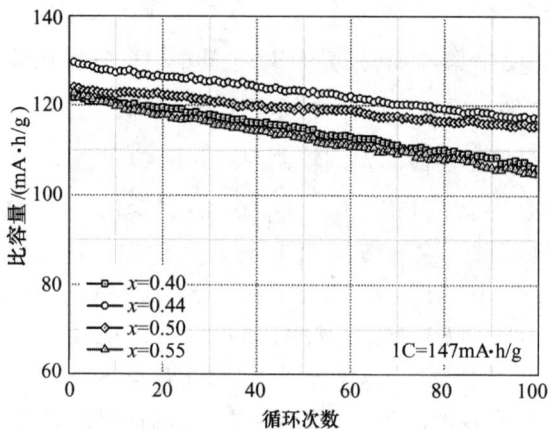

图 4 - 10　尖晶石 $LiNi_xMn_{2-x}O_4$ 的循环性能曲线[2]

4.1.4　LiNi$_{0.5}$Mn$_{1.5}$O$_4$ 材料的研究进展

尖晶石 LiNi$_{0.5}$Mn$_{1.5}$O$_4$ 的电压平台较高(4.7V),电解质在高压下不稳定,容易发生氧化分解产生 HF。此外,尖晶石 LiNi$_{0.5}$Mn$_{1.5}$O$_4$ 材料在充放电过程中晶格不稳定也加剧了 Mn 的溶解和电解液的分解。因此尖晶石 LiNi$_{0.5}$Mn$_{1.5}$O$_4$ 的研究主要集中于表面包覆和离子掺杂两方面。

1. 尖晶石 LiNi$_{0.5}$Mn$_{1.5}$O$_4$ 的表面包覆改性

为了抑制电解液分解产生的 HF 与正极材料的反应导致材料容量的衰减,众多研究集中在正极材料的表面包覆与 HF 反应的物质,从而起到保护作用,其中包覆层采用较多的是氧化物,如 ZnO[35,36]、SiO$_2$[37]、ZrP$_2$O$_7$ 和 ZrO$_2$[38]等。

Han – Byeol Kang 等[39]采用共沉淀法制备了纯相 LiNi$_{0.5}$Mn$_{1.5}$O$_4$ 粉末,再将 Bi(NO$_3$)$_3$ · 5H$_2$O溶于去离子水中,加入柠檬酸和 NH$_4$F,再用氨水调节 pH,将溶胶与 LiNi$_{0.5}$Mn$_{1.5}$O$_4$ 粉末混合均匀后在 110 ℃烘干,再在 450 ℃下烧结 5 h,得到 BiOF 包覆的 LiNi$_{0.5}$Mn$_{1.5}$O$_4$ 正极材料粉末(图 4 – 11)。纯相 LiNi$_{0.5}$Mn$_{1.5}$O$_4$ 和 BiOF 包覆的 LiNi$_{0.5}$Mn$_{1.5}$O$_4$ 的首次放电比容量都在 130mA · h · g^{-1}左右,而循环 70 周期后,纯相 LiNi$_{0.5}$Mn$_{1.5}$O$_4$ 材料容量衰减到 41.4mA · h · g^{-1},而 BiOF 包覆的 LiNi$_{0.5}$Mn$_{1.5}$O$_4$ 的容量保持在 114mA · h · g^{-1},容量保持率为 89%。

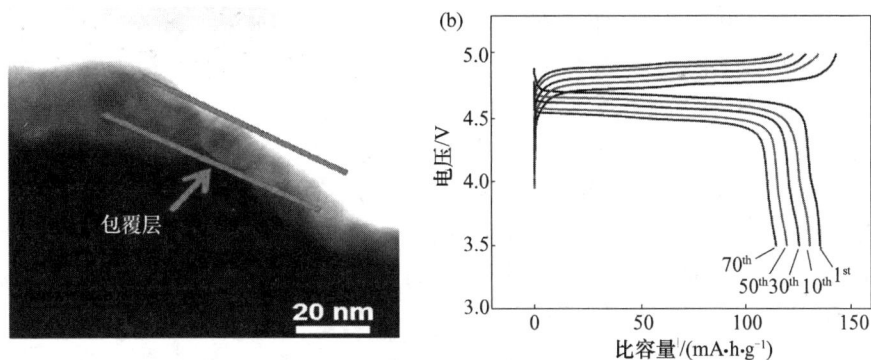

图 4 – 11　BiOF 包覆制备的 LiNi$_{0.5}$Mn$_{1.5}$O$_4$ 及其性能测[39]

2. 尖晶石 LiNi$_{0.5}$Mn$_{1.5}$O$_4$ 的离子掺杂改性

通过掺杂改性可以增加尖晶石 LiNi$_{0.5}$Mn$_{1.5}$O$_4$ 的结构稳定性,抑制 John – Teller 效应和锰的溶解。目前,掺杂改性包括阳离子掺杂、阴离子掺杂和复合掺杂,其中阳离子掺杂是研究的重点。

阳离子掺杂的原理是:通过向尖晶石 LiNi$_{0.5}$Mn$_{1.5}$O$_4$ 晶格中添加与锰离子半径接近、M – O 键能较强或价态较低的阳离子,使其进入 16d 位置取代部分锰元素,从而提高锰元素平均价态,抑制 Jahn – Teller 效应和锰的溶解,稳定晶格结构,提高材料的循环性能。

目前,用于阳离子掺杂的主要是过渡元素和稀土元素,包括 Li、Co、Ni、Cr、Fe、Al、Mg、Cu、Zn、Ga、Ti、Y、Bi、Sm、Sc 和 La 等。其中,对尖晶石 $LiNi_{0.5}Mn_{1.5}O_4$ 进行 Li、Co、Ni、Al 和 Cr 等元素掺杂的相关研究最多,上述元素掺杂改性的效果也最理想。Lucas P 等[40]对尖晶石 $LiMn_2O_4$ 进行了锂掺杂,发现富锂的 $Li_{1+x}Mn_{2-x}O_4$ 材料能够有效抑制 John-Teller 效应,提高循环性能。Thirunakaran R 等[41,42]采用溶胶—凝胶法对尖晶石 $LiMn_2O_4$ 进行了不同比例 Al 和 Cr 掺杂,研究发现 $LiAl_{0.1}Mn_{1.90}O_4$ 和 $LiCr_{0.1}Mn_{1.90}O_4$ 具有更高的比容量和循环稳定性。Shen C H 等[43]对尖晶石 $LiMn_2O_4$ 进行了不同比例的 Co 掺杂,研究发现掺杂比例对材料性能有重要影响,$LiCo_{0.05}Mn_{1.95}O_4$ 和 $LiCo_{0.10}Mn_{1.90}O_4$ 比未掺杂尖晶石 $LiMn_2O_4$ 的循环性能更好。

用于阴离子掺杂的元素主要包括 O、F、Cl、S、Se 和 I 等[44],其中掺杂 O 可制备富氧的尖晶石 $LiNi_{0.5}Mn_{1.5}O_{4+\delta}$,从而提高锰元素平均价态。由于 F 的电负性强于 O,进行掺杂后 F-Mn 键强于 O-Mn 键,使尖晶石晶格更加稳定,但 F 掺杂也会降低锰元素平均价态,引发 Jahn-Teller 畸变,因而 F 掺杂对循环性能的影响至今存在争议。由于 S、Se 和 I 的原子半径较大,掺杂后材料的晶胞体积增大,锂离子脱/嵌过程中晶格形变减小,有利于抑制 Jahn-Teller 畸变,提高材料的结构稳定性和循环性能。Son J T 等[45]采用溶胶—凝胶法对尖晶石 $LiNi_{0.5}Mn_{1.5}O_4$ 进行了 F 掺杂,提高了材料的循环性能。Molenda M 等[46]采用 S 掺杂提高了尖晶石 $LiNi_{0.5}Mn_{1.5}O_4$ 材料在电解液中的稳定性。

复合掺杂是指在尖晶石结构中同时引入两种或两种以上的有效离子进行掺杂。通过复合掺杂得到了较理想的效果,在尖晶石结构中同时进行多种离子掺杂可产生共同取代效应。目前,主要的掺杂方式包括:Li 和 Co,Li 和 Ni,Co 和 Al,Co 和 Ni,Ni 和 Cr,Cr 和 Al,Al 和 Se,Al 和 F,Ni 和 F,Li、Co 和 Ni 等[47]。Matsumoto K 等[48]采用 Li、Ni 和 F 复合掺杂提高了尖晶石 $LiNi_{0.5}Mn_{1.5}O_4$ 材料中锰元素平均价态,改善了循环性能。Wang C Y 等[49]采用 Co 和 Li 复合掺杂提高了尖晶石 $LiNi_{0.5}Mn_{1.5}O_4$ 材料的循环性能和高温稳定性。

Alcantara 等[50]采用高温固相法合成了掺入 Ru^{4+} 的 $LiNi_{0.4}Ru_{0.05}Mn_{1.5}O_4$ 和 $Li_{1.1}Ni_{0.35}Ru_{0.05}Mn_{1.5}O_4$ 正极材料,表现出了良好的性能(图4-12),0.2 C 充放电条件下容量都接近 $130mA \cdot h \cdot g^{-1}$,而 10 C 充放循环下,$LiNi_{0.4}Ru_{0.05}Mn_{1.5}O_4$ 表现出更好的性能。

陈颖超等[2]采用间苯二酚—甲醛溶胶—凝胶法制备尖晶石 $LiCr_{0.2}Ni_{0.4}Mn_{1.4}O_4$ 正极材料。研究发现,材料结晶性好、相纯度高、分布均一;由于 Cr^{3+}/Cr^{4+} 更高的氧化电位和 Cr-O 键更强的结构稳定特性,尖晶石 $LiCr_{0.2}Ni_{0.4}Mn_{1.4}O_4$ 材料在 4.8V 存在更高的电压平台,0.2 C 下的放电中值电压(4.65V)高于尖晶石 $LiNi_{0.5}Mn_{1.5}O_4$ 材料(4.60V),循环 100 次后其容量保持率(95%)高于尖晶石 $LiNi_{0.5}Mn_{1.5}O_4$ 材料(93%),因而该材料具有良好的研究和应用前景。

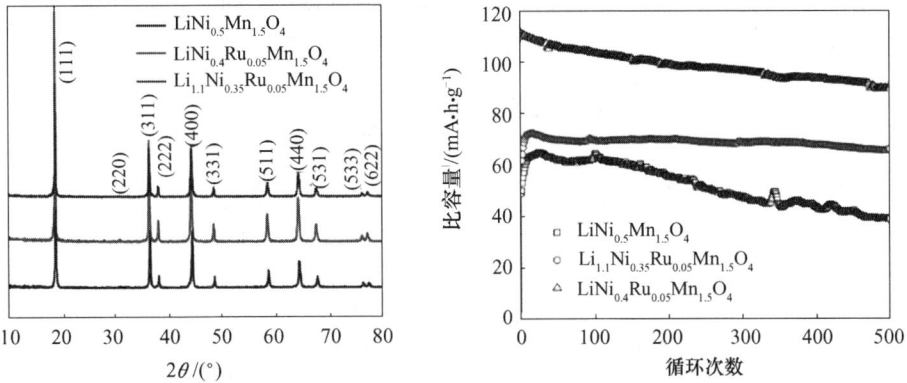

图 4 – 12　Ru^{4+} 掺杂制备的 $LiNi_{0.5}Mn_{1.5}O_4$ 及其性能测试

　　图 4 – 13 所示是尖晶石 $LiCr_{0.2}Ni_{0.4}Mn_{1.4}O_4$ 材料的前两次充放电曲线。从图中可以看出,尖晶石 $LiCr_{0.2}Ni_{0.4}Mn_{1.4}O_4$ 材料的充放电平台更高,除了 4V 和 4.7V 附近的两段充放电平台外,在 4.8V 以上还存在更高的充放电平台。其中,4V 附近的平台由 Mn^{3+}/Mn^{4+} 氧化还原反应产生,4.7V 附近的平台由 Ni^{2+}/Ni^{4+} 氧化还原反应产生,4.8V 以上的平台应由 Cr^{3+}/Cr^{4+} 氧化还原反应产生。尖晶石 $LiCr_{0.2}Ni_{0.4}Mn_{1.4}O_4$ 材料的首次放电比容量为 $132mA \cdot h \cdot g^{-1}$,接近尖晶石 $LiMn_2O_4$ 材料的比容量,其中 4.8V~5.0V 容量的比例为 13.3%,4.3V~4.8V 容量的比例为 78.8%,3.5V~4.3V 容量的比例为 7.9%,首次循环的库仑效率为 87.0%,第二次循环的库仑效率提高到 96.5%。

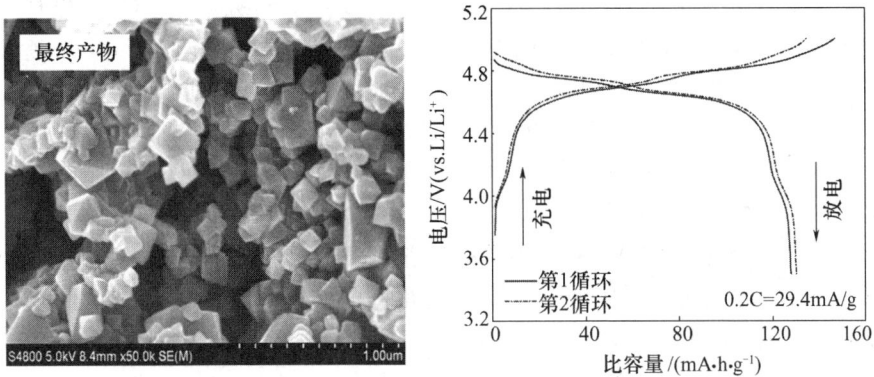

图 4 – 13　尖晶石 $LiCr_{0.2}Ni_{0.4}Mn_{1.4}O_4$ 的 SEM 和前两次充放电曲线[2]

　　图 4 – 14 所示是尖晶石 $LiCr_{0.2}Ni_{0.4}Mn_{1.4}O_4$ 材料的循环性能。从图中可以看出,随着循环次数增加,尖晶石 $LiCr_{0.2}Ni_{0.4}Mn_{1.4}O_4$ 材料的放电比容量降低,100 次循环后容量保持率为 95%,其循环性能优于尖晶石 $LiNi_{0.5}Mn_{1.5}O_4$ 材料,结合前述的分析可知,可能因为铬掺杂后尖晶石结构中 Cr – O 键强于 Mn – O 键和 Ni – O

键,使晶格作用更强,在充放电过程中材料的结构稳定性更高。

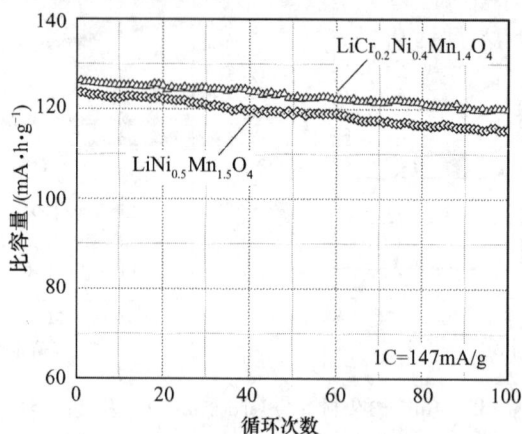

图 4-14 尖晶石 $LiCr_{0.2}Ni_{0.4}Mn_{1.4}O_4$ 的循环性能

4.1.5 $LiNi_{0.5}Mn_{1.5}O_4$ 的发展趋势

随着电动汽车的发展,对于电极材料的要求越来越高,尤其是正极材料。尖晶石 $LiNi_{0.5}Mn_{1.5}O_4$ 具有较高电压平台(4.7V),因此其作为动力电池正极材料具有广泛的应用前景。但是,现阶段的商用锂离子电池中常见的碳酸酯类电解液分解电压较低、电化学窗口较窄和纯度不够高等问题,限制了尖晶石 $LiNi_{0.5}Mn_{1.5}O_4$ 的广泛应用,要实现镍锰酸锂正极材料在电动汽车中的大规模应用,必须进一步解决上述问题,同时降低制备成本,考虑工业化可行性。

前述的各种方法虽然在一定程度上提高或改善了 $LiNi_{0.5}Mn_{1.5}O_4$ 正极材料的循环性能,但同时也存在着其不足之处,如金属离子掺杂的 $LiNi_{0.5}Mn_{1.5}O_4$ 正极材料制备工艺比较繁琐,同时对正极材料容量造成一定降低,不利于工业化生产和使用;带包覆层的正极材料虽然可以抑制容量的衰减,但对正极材料的倍率性能将会造成一定影响,不利于其在动力电池中使用。同时,包覆工艺比较复杂,距离工业化仍存在一定的距离。

因此,在未来的研究中,从简化制备工艺、降低生产成本着手,实现上述的制备方法的工业化以及锂离子电池商用电解液和负极材料(比如钛酸锂)的同步发展是今后 $LiNi_{0.5}Mn_{1.5}O_4$ 正极材料研究和开发的重点。

4.2 高电压磷酸盐正极材料

4.2.1 概述

磷酸盐型正极材料如 $LiMnPO_4$、$LiCoPO_4$、$LiNiPO_4$ 等,具有和金属氧化物正极材料不同的晶体结构以及由结构决定的各种突出的性能。这些正极材料具有较高的电压平台(>4V)和较高的理论容量,循环性能、安全性能也较突出,在高电压高能量密度锂二次电池方面的应用具有较强的竞争力[51]。

同属磷酸盐正极材料的 $LiFePO_4$ 由于原料铁来源丰富、成本低且无毒无污染,已经得到广泛研究并已基本实现工业化,但因为放电电压平台较低(3.3V),通常不将其归入高电位磷酸盐型正极材料的范畴。

磷酸盐型正极材料在微观结构上由一系列 P—O 四面体和 M—O 八面体阴离子结构单元,通过强共价键组成三维网络结构并形成 Li^+ 传输通道,属于聚阴离子 $(XO_m)^{n-}$(X = P、S、As、Mo 和 W)型化合物正极材料的一种。目前报道比较多的高电位磷酸盐型正极材料是具有橄榄石结构的 $LiMPO_4$ 正极材料和 NASICON 结构的 $Li_3M_2(PO_4)_3$ 正极材料[52~55]。NASICON 结构的 $Li_3M_2(PO_4)_3$ 正极材料具有多个放电平台,其代表材料 $Li_3V_2(PO_4)_3$ 作为锂离子电池新型高容量正极材料在第2章中已介绍过。

4.2.2 橄榄石型 $LiMPO_4$ 正极材料结构

图4-15 所示为橄榄石型锂离子电池正极材料 $LiMPO_4$(M = Mn、Fe、Co、Ni)的晶体结构示意图。由图中可以看出,$LiMPO_4$ 属于正交晶系,空间群为 Pmnb[56],O 以微变形的六方密堆积,P 占据四面体空隙,Li 和 M 占据交替的 a—c 面上的八面体空隙,形成一个具有一维锂离子嵌脱通道的三维框架结构。

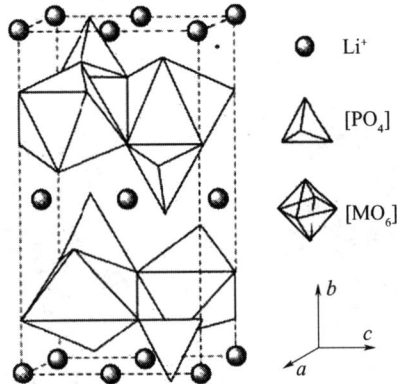

图4-15 $LiMPO_4$ 的晶体结构

以 $LiFePO_4$ 为例,$LiFePO_4$ 晶体是有序的橄榄石结构,属于正交晶系,每个晶胞中有4个 $LiFePO_4$ 单元[57,58]。图4-16 所示为 $LiFePO_4$ 的晶体结构示意图,由图中可以看出在 $LiFePO_4$ 晶体中,氧原子近似于六方紧密堆积,磷原子在氧四面体的 $4c$ 位,铁原子、锂原子分别在氧八面体的 $4c$ 位和 $4a$ 位;$LiFePO_4$ 结构在 c 轴平行方向上是链式的,1 个 FeO_6 八面体与 2 个 LiO_6 八面体和 1 个 PO_4 四面体共边,而 1 个 PO_4 四面体则与 1 个 MO_6 八面体和 2 个 LiO_6 八面体共边,由此形成三维空间网状结构[59]。

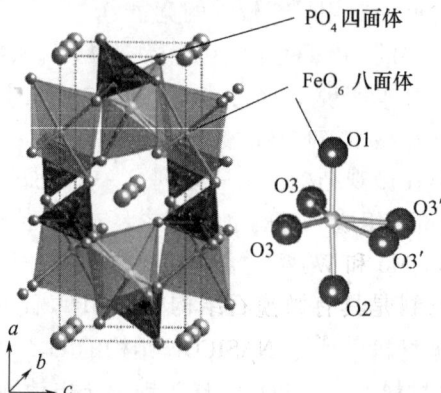

图 4 – 16 LiFePO₄ 晶体结构示意图

在充电过程中,LiFePO₄ 失去电子,同时 Li^+ 从橄榄石结构晶格中脱出转变为 FePO₄;在放电过程中,FePO₄ 得到电子,同时 Li^+ 嵌入橄榄石结构晶格中转变为 LiFePO₄[52]。其中,FePO₄ 与 LiFePO₄ 的结构非常相似,同样具有有序的橄榄石结构,如图 4 – 17 所示,每个晶胞中有 4 个 FeO₆ 八面体和 PO₄ 四面体单元。LiFePO₄ 晶胞体积仅比 FePO₄ 晶胞体积增大 6.9%。因此在充放电过程中,正极材料体积变化率很小,故 LiFePO₄ 材料具有良好的循环性能[60]。

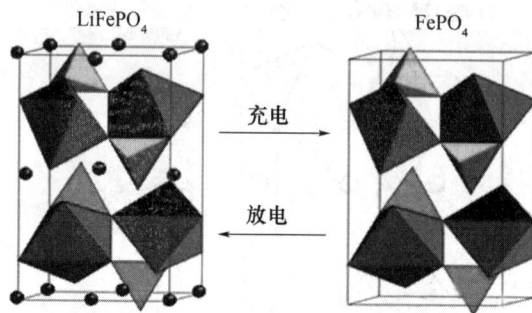

图 4 – 17 LiFePO₄ 与 FePO₄ 结构示意图

高电位磷酸盐型正极材料有两个突出优点[52~55,61]:①材料具有稳定的晶体框架结构,能够实现较高程度的锂离子脱嵌(LiMPO₄↔Li$_{1-\Delta x}$MPO₄ 过程中,$\Delta x→1$),与金属化合物型正极材料有较大的不同;②放电电位平台平稳可调,不同的过渡金属元素 M,放电电位具有明显差别。

1. 稳定的晶体框架结构

正极材料在充电过程中的失氧能力是衡量材料安全性的重要指标。在 LiFePO₄晶格中,处于两个 Fe – O 层之间的 P – O 四面体链起到了支撑结构的作

126

用,Li^+脱出时材料的体积变化较小,而且O与P之间很强的共价键形成四面体聚阴离子,即使是在全充状态,O也很难脱出,因此材料在充电过程中不会有过氧离子的出现,避免了与有机电解液的反应而产生危险的可能。

2. 可调的放电电位平台

体积较大的PO_4^{3-}聚阴离子的存在改变了材料中Fe-O键的共价键成分和离子键成分的对比,降低了Fe^{2+}的费米能级,提高了氧化还原离子对Fe^{3+}/Fe^{2+}的电极电势[7]。正极材料的充放电电位取决于材料中氧化还原电对的能级,而该氧化还原电对的能级取决于两个因素[62]:阳离子位置的静电场;阴阳离子间所成键的共价成分贡献。在聚阴离子型正极材料中,改变M-O-P键中的M或者P原子可以产生不同强度的诱导效应[63~65],导致了M-O键的离子共价特性发生改变,从而改变了M的氧化还原电位。甚至相同的M和P原子在不同的晶体结构环境中,M的氧化还原电位也不一样[55]。由此,选择不同化学元素配置可以对磷酸盐型正极材料的充放电电位平台进行系统的调制,以设计出充放电电位符合应用要求的正极材料。$LiFePO_4$、$LiMnPO_4$和$LiCoPO_4$的对锂电极电位分别为3.5V、4.1V和4.8V;不同Mn/Fe比例$LiMn_yFe_{1-y}PO_4$对锂电极电位可在3.5V~4.1V调节。

4.2.3 材料合成方法及研究进展

1. $LiCoPO_4$正极材料

Amine和Okada两个研究小组证实了橄榄石型$LiCoPO_4$为具有4.8V的高放电电位平台的电化学活性材料,和$LiFePO_4$相似[66,67]。它在锂离子嵌入脱出过程中仍然保持橄榄石型结构,只是脱锂后形成的$CoPO_4$橄榄石相的晶格常数与$LiCoPO_4$相比发生微小变化(a和b减小,c增大)。

采用高温固相方法,以Li_2CO_3、Co_3O_4和$NH_4H_2PO_4$为原料,在空气气氛下750℃制备出的$LiCoPO_4$材料只有70 mA·h·g^{-1}放电比容量,远低于167mA·h·g^{-1}的理论容量[66]。用CoO代替Co_3O_4,其他原料和条件一样,在850℃下可制备出具有100mA·h·g^{-1}放电比容量的$LiCoPO_4$材料[67]。

Jun Liu 等[68]将$Co(CH_3CO_2)_2$·$4H_2O$、$LiNO_3$,$NH_4H_2PO_4$和柠檬酸(HOC(COOH)($CH_2COOH)_2$)按照1:1:1:0.5的摩尔比混合,制备了多孔球状的$LiCoPO_4/C$材料,其扫描电镜照片如图4-18所示,多孔球状颗粒的尺寸约为15μm,颗粒上面布满平均尺寸为68nm的微孔。将$LiCoPO_4/C$作为正极材料组装成模拟电池,其电化学性能曲线如图4-19所示,材料在0.1C的首次放电比容量达到123mA·h·g^{-1},其放电平台在4.75V左右,在该倍率下循环20次仍能保持95%的首次放电比容量;材料在1C、2C、5C、10C放电倍率下的放电比容量分别为110mA·h·g^{-1}、100mA·h·g^{-1}、80mA·h·g^{-1}、60mA·h·g^{-1},呈现较好的倍率性能。这是由于材料特有的多孔结构使电解液能够浸润材料内部,使锂离子与电子的传输更为容易。

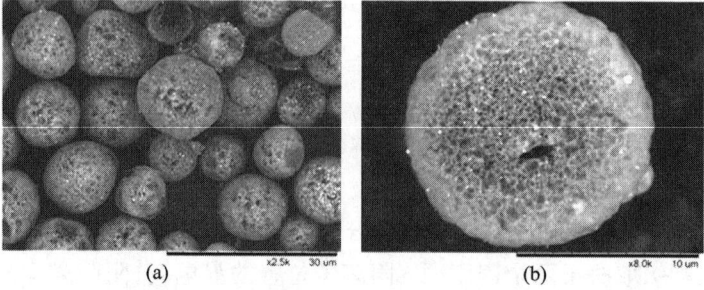

图 4-18　纳米多孔 LiCoPO$_4$/C 微球的扫描电镜图片

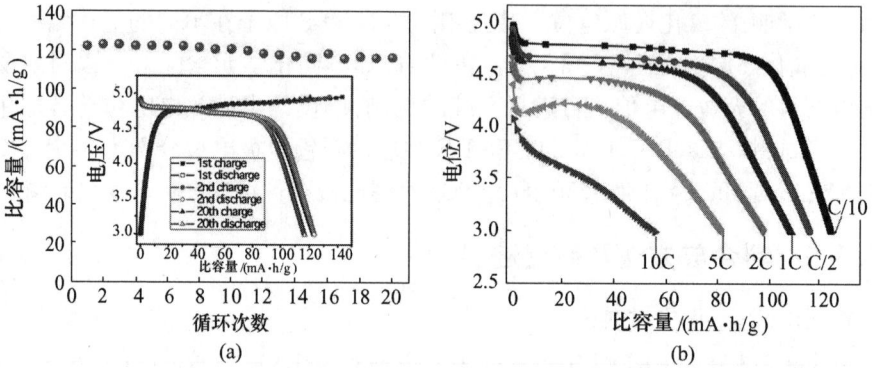

图 4-19　LiCoPO$_4$/C 材料的循环性能以及倍率放电性能曲线

综上所述，LiCoPO$_4$ 在正极材料中无较为明显的电化学优势，且由于其较高的电压平台，电解液的分解较为严重，因此只有在优化合成条件、采用新的合成方法或者对 LiCoPO$_4$ 进行包覆掺杂改性，并且开发能够承受高电压的电解液体系，才能提高 LiCoPO$_4$ 材料的性能，材料才会更具竞争力。

2. LiMnPO$_4$

由于在充电过程中的 Jahn-Teller 效应，使得 LiMnPO$_4$ 非常不稳定[66]，以致于 Goodenough 等合成的 LiMnPO$_4$ 几乎没有电化学活性[52]。

索尼公司利用机械化学活化结合固相烧结方法在惰性气氛下制备出的容量为 140mA·h·g^{-1} 以上的高电势 LiMnPO$_4$/C 材料，显示出良好的电化学性能[69]：充放电电位平台为 4.1V，首次充放电比容量分别为 162mA·h·g^{-1} 和 146mA·h·g^{-1}（电流密度 128 mA·cm^{-2}），放电比容量可稳定保持在 140mA·h·g^{-1} 以上，充放电过程中材料的晶体结构稳定，晶格常数发生变化与 LiFePO$_4$ 和 LiCoPO$_4$ 的变化相似。

进一步研究表明 LiMnPO$_4$ 的充放电过程也是一个两相反应行为，从 LiMnPO$_4$ 相转变为 Li$_{x0}$MnPO$_4$(x_0→0)相，晶格常数中 a、b 轴收缩，而 c 轴稍微增大。从 DSC

数据分析可知,充电到 4.5V 的 $LiMnPO_4$,在 $130 \sim 380℃$ 时,其总热效应仅为 $290 J \cdot g^{-1}$;而处于满充状态的 $LiNiO_2$ 和 $LiCoO_2$ 则分别为 $1600J \cdot g^{-1}$、$1000 J \cdot g^{-1}$。可以预期 $LiMnPO_4$ 的高电压平台和独特的热稳定性将会在高温环境方面得到广泛的应用。

HoChun Yoo 等[70]通过聚合物模板法合成了具有三维立体多孔结构的 $LiMnPO_4$ 正极材料,如图 4-20 所示。该材料具有较大的比表面积,微孔大大缩短了锂离子的扩散距离,使其能在纳米量级扩散,同时碳模板显著提高了其导电性能,使材料相比于其他纳米材料具有优异的倍率性能,其 0.1C 首次放电比容量达到 $146mA \cdot h \cdot g^{-1}$,$0.5C$、$1C$、$3C$、$6C$ 和 $10C$ 的放电比容量分别为 $154mA \cdot h \cdot g^{-1}$、$150mA \cdot h \cdot g^{-1}$、$135mA \cdot h \cdot g^{-1}$、$120mA \cdot h \cdot g^{-1}$ 和 $105mA \cdot h \cdot g^{-1}$。

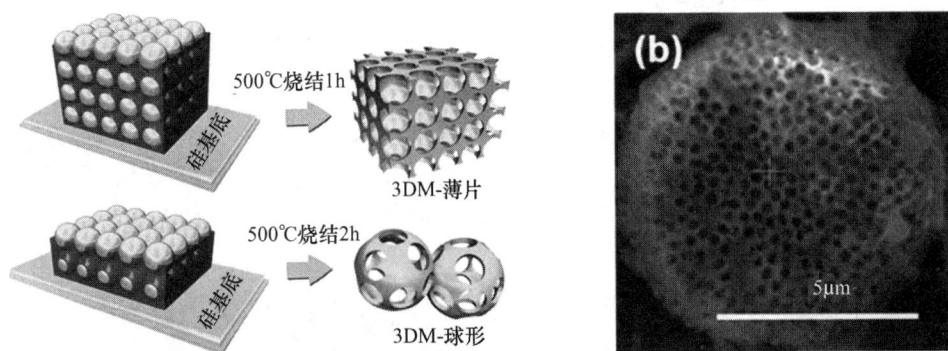

图 4-20　三维多孔结构制备过程示意图与材料的 SEM 图

与 $LiFePO_4$ 较为类似,目前 $LiMnPO_4$ 在功率型锂离子电池中应用的主要问题是其较低的电子电导率与离子传导率。在 $LiMnPO_4$ 的结构中,电子的传导主要依靠 Mn-O-Mn 键的连结,但由于不导电的 PO_4 四面体将 MnO_6 八面体分割,无法形成连续的 MnO_6 共边八面体网络,导致材料的电子导电性能降低,无法达到锂离子二次电池正极材料所要求的 $10^{-3} S \cdot cm^{-1}$ 量级,因此必须通过改性提高 LiMnPO₄ 的电子电导率;另一方面,$LiMnPO_4$ 的离子传导率由 Li^+ 的扩散迁移速率决定,由于 PO_4 四面体限制了晶格体积变化,阻碍了 Li^+ 传输,Li^+ 在充放电过程中只能沿着 b 方向的通道嵌入和脱出,因此 $LiMnPO_4$ 只具有一维 Li^+ 传输通道,这严重阻碍了 Li^+ 的扩散迁移速率。而且一般合成方法得到的 $LiMnPO_4$ 不可能具备完整的晶型,如内部缺陷的产生或者合成过程中引入的杂质离子,都会导致一维 Li^+ 传输通道受阻,使其离子导电率进一步下降。因此,由于 $LiMnPO_4$ 正极材料较低的电子电导率与离子传导率,其倍率性能大大降低,必须通过一定的技术方法提高其电子导电率和离子传导率,从而改善其倍率性能。

相对于 $Li_2Mn_2O_4$ 三维 Li^+ 传输通道,$LiMnPO_4$ 的 Li^+ 扩散迁移速率要小得多,如图 4-21 所示。对于一维离子传输材料,其离子迁移率是一定的,而且离子只能从一个方向嵌入和脱出,因此传输的路径决定着迁移时间的长短。在这种情况下,如图 4-21 所示,离子在具有定向的片状材料中的传输时间最短,从而材料具有最优的快速放电性能和功率性能。基于这一思路,各国研究者通过控制材料的形貌,制备出具有取向生长的片状 LiMnPO₄ 材料。

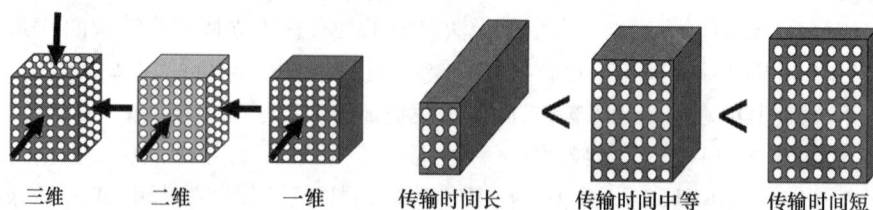

图 4-21　正极材料中三种不同离子的嵌入方式及锂离子传输时间示意图

Li G H 等[71]以二甘醇为溶剂纳米片状 LiMnPO₄ 正极材料,其扫描电镜图片如图 4-22 所示,其片状厚度约为 30nm,这为锂离子的传输提供了较短的迁移距离。材料在 C/20、C/10 和 1C 的放电比容量分别为 145mA·h·g⁻¹、141mA·h·g⁻¹、113mA·h·g⁻¹,材料在室温以及 50℃ 的温度下分别循环 200 次,容量几乎没有衰减,这表明材料消除了 Jahn-Teller 效应的影响,具有较好的循环性能。

图 4-22　纳米片状 LiMnPO₄ 正极材料的扫描电镜照片

Daiwon Choi 等[72]以熔融的石蜡为溶剂,以油酸为表面活性剂,制备了具有取向的纳米片状 LiMnPO₄ 正极材料,油酸作为表面活性剂吸附在晶粒表面,使晶粒以特定的方式进行自组装,形成片状结晶,材料的片状生长与结晶过程如图 4-23 所示。该材料具备良好的电化学性能,首次放电比容量达到 168mA·h·g⁻¹,并且循环性能优异。

LiMnPO₄ 正极材料相比 LiFePO₄ 有着相同的理论比容量,且放电电压平台更高,这使得其相比 LiFePO₄ 有着更高的能量密度。但 LiMnPO₄ 正极材料有着电子导电率与离子扩散率较低的缺点,且容易受到 Jahn-Teller 效应的影响,因此研究的重点必然是通过改性提高其电子导电率与离子扩散率,消除 Jahn-Teller 效应

130

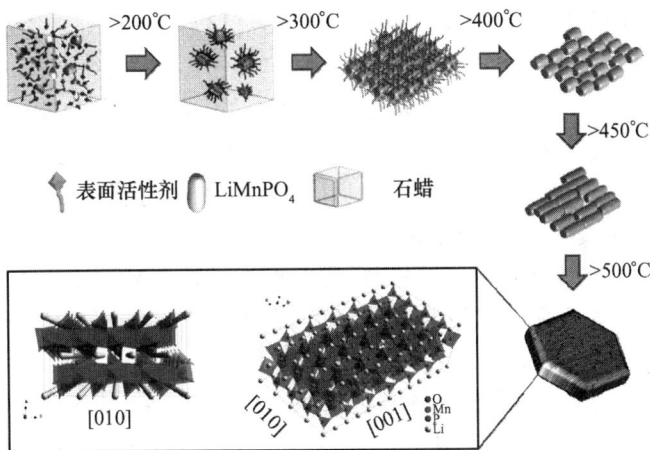

图 4-23 片状生长与结晶过程示意图

的影响,并利用其高电压平台与优异的高温稳定性的特点,提高 $LiMnPO_4$ 正极材料的性能。

3. $LiMn_yFe_{1-y}PO_4$

相比 $LiFePO_4$,$LiMnPO_4$ 材料虽然氧化还原电位上高出 $600\sim700$ mV,但是由于其更低的电子电导率,降低了其倍率充放电性能。同时由于其脱锂产物的不稳定性,使得实际制备的 $LiMnPO_4$ 材料放电比容量较低,循环性能不佳。在 $LiMnPO_4$ 的基础上,用 Fe 原子取代部分 Mn 原子,使得材料结构得以稳定,提高其循环性能和倍率性能。$LiMn_yFe_{1-y}PO_4$ 材料应具备尽可能大的 y 值,使得材料在高电压平台处有较高的容量,以尽可能保持其较高的能量密度。

Yamada 等[73-75]研究了不同 Mn/Fe 比例的 $LiMn_yFe_{1-y}PO_4$,表明随着 Mn 含量的增大,$LiMn_yFe_{1-y}PO_4$ 的稳定性下降,容量也降低,当 $y>0.75$ 时,$LiMn_yFe_{1-y}PO_4$ 趋于不稳定,容量急剧下降。钟美娥等研究了不同 Mn 含量对材料物理与化学性能的影响,发现掺杂少量的 Mn 离子($y\leqslant0.2$)可以提高材料的电子导电率和锂离子扩散速率,而掺杂大量 Mn 离子($0.6\leqslant y\leqslant0.8$)能提高材料的充放电电位平台,进而提高其能量密度,但会导致电子导电率的降低。谢辉等人认为掺杂后实际为 $LiFePO_4-LiMnPO_4$ 二元体系,而 $LiMnPO_4$ 作为绝缘体导电性比 $LiFePO_4$(半导体)更差,反而造成富 Mn 的 $LiMn_yFe_{1-y}PO_4$ 导电性降低。

$LiMn_yFe_{1-y}PO_4$ 的电极反应过程由两段组成:4.0V 段为 Mn^{3+}/Mn^{2+} 的反应,它是一个两相行为,晶格参数不变;在 3.5V 区为 Fe^{3+}/Fe^{2+} 的反应,它是一个单相行为,晶格常数连续变化,其中 a、b 轴拉长,c 轴缩短。

索尼公司优化了 $LiMn_yFe_{1-y}PO_4$ 的合成方式,通过掺加炭黑和合成前驱物方式,制备了高 Mn 含量、高比容量的 $LiMn_yFe_{1-y}PO_4$。研究结果表明,Mn 的含量高于 80% 时,$LiMn_yFe_{1-y}PO_4$ 的容量急剧下降[76,77]。如何在保持高电势的条件下,通过混合金属离子的协同效应,优化这类材料电性能将得到更多研究者的重视。

Martha 等[78]采用固相法合成 $LiMn_yFe_{1-y}PO_4$ 材料,发现在橄榄石结构中,Mn/Fe 原子比为 0.8/0.2 时材料具有最好的循环性能、倍率性能和能量密度;碳包覆的 $LiMn_{0.8}Fe_{0.2}PO_4$ 的材料制备成正极片后,选用 $1\ mol\cdot L^{-1}$ 的 $LiPF_6/EC+DMC$ (1:1,v/v)电解液,组装成以 Li 为对电极的扣式电池体系进行充放电测试,结果表明碳包覆的 $LiMn_{0.8}Fe_{0.2}PO_4$ 的材料在 60℃下进行上百次充放循环后无明显容量衰减。相比过渡金属氧化物正极材料,橄榄石结构的 $LiMn_yFe_{1-y}PO_4$ 材料具有稳定的晶体结构使得 O 原子的活性大为降低,减少与电解液的反应,其出色的安全性适宜制备大尺寸的锂离子电池。

Oh 等[79]采用喷雾干燥法制备了纳米碳包覆 $LiMn_yFe_{1-y}PO_4$ 材料,分析了 y 值为 0 和 0.15 的两种纳米碳包覆 $LiMn_yFe_{1-y}PO_4$ 材料结构与电化学性能之间的关系。结果表明,两种材料的晶体结构都为橄榄石型结构,属于 Pnmb 空间群。在 C/20 的充放电倍率下,$LiMnPO_4$ 材料具有单一的 4.2V 充电平台及 4.0V 的放电平台;$LiMn_yFe_{1-y}PO_4$ 材料具有 4.15 和 3.6V 的两个充电平台以及 4.05 和 3.6V 两个放电平台,在其高电压平台处充放电压差小于 $LiMnPO_4$ 材料,说明其极化程度较低,材料具有较好的电子电导率。

高电位磷酸盐正极材料具有较高的电压平台(>4V)和较高的理论容量,循环性能、安全性能也较突出,而较低的倍率性能和不稳定的合成工艺使得该材料的合成还处于实验室研究阶段,要实现商业化还有很长的路要走。

参 考 文 献

[1] Thackeray M M, David W I F, Bruce P G, et al. Lithium insertion into manganese spinels [J]. Mater Res Bull, 1983,18(4):461 –472.

[2] 陈颖超. 高功率型尖晶石锰酸锂正极材料的制备及掺杂改性研究 [D]. 长沙:国防科技大学,2010.

[3] Sigala C, Guyomard D, Verbaere A, et al. Positive electrode materials with high operating voltage for lithium batteries: $LiCr_yMn_{2-y}O_4(0<y<1)$ [J]. Solid State Ionics,1995,81:167 –170.

[4] Yoon Y K, Park C W, Ahn H Y, et al. Synthesis and characterization of spinel type high – power cathode materials $LiM_xMn_{2-x}O_4(M=Ni,Co,Cr)$ [J]. J Phys Chem Solids,2007,68:780 –784.

[5] Amarilla J M, Rojas R M, Pico F, et al. Nanosized $LiM_yMn_{2-y}O_4(M=Cr, Co\ and\ Ni)$ spinels synthesized by a sucrose – aided combustion method structural characterization and electrochemical properties [J]. J Power Sources,2007,174:1212 –1217.

[6] Ito A, Li D C, Lee Y S, et al. Influence of Co substitution for Ni and Mn on the structural and electrochemical characteristics of $LiNi_{0.5}Mn_{1.5}O_4$[J]. J Power Sources,2008,185:1429 –1433.

[7] Patoux S, Sannier L, Lignier H, et al. High voltage nickel manganese spinel oxides for Li – ion batteries [J]. Electrochim Acta,2008,53:4137 –4145.

[8] Ohzuku T, Ariyoshi K, Takeda Sachio, et al. Synthesis and characterization of 5 V insertion material of Li [Fe_yMn_{2-y}]O_4 for lithium – ion batteries [J]. Electrochim Acta,2001,46:2327 –2336.

[9] Fey G T, Lu C Z, Kumar T P. Preparation and electrochemical properties of high – voltage cathode materials, $LiM_yNi_{0.5-y}Mn_{1.5}O_4$ (M = Fe, Cu, Al, Mg; $y = 0 - 0.4$) [J]. J Power Sources, 2003, 115: 332 – 345.

[10] Amine K, Tukamoto H, Yasuda H, et al. Preparation and electrochemical investigation of $LiMn_{2-x}Me_xO_4$ (Me: Ni, Fe, and $x = 0.5, 1$) cathode materials for secondary lithium batteries [J]. J Power Sources, 1997, 68: 604 – 608.

[11] Terada Y, Yasaka K, Nishikawa F, et al. In situ XAFS analysis of $Li(Mn, M)_2O_4$ (M = Cr, Co, Ni) 5 V cathode materials for lithium – ion secondary batteries [J]. J Solid State Chem, 2001, 156: 286 – 291.

[12] Kopec M, Dygas J R, Krok F, et al. Heavy – fermion behavior and electrochemistry of $Li_{1.27}Mn_{1.73}O_4$ [J]. Chem Mater, 2009, 21: 2525 – 2533.

[13] Yamaura K, Huang Q Z, Zhang L Q, et al. Spinel – to – $CaFe_2O_4$ – type structural transformation in $LiMn_2O_4$ under high pressure [J]. J Am Chem Soc, 2006, 128: 9448 – 9456.

[14] Fang C M, Wijs G A. Local structure and chemical bonding of protonated $Li_xMn_2O_4$ spinels from first principles [J]. Chem Mater, 2006, 18: 1169 – 1173.

[15] Prabaharan S R, Saparil N B, Michael S S, et al. Soft – chemistry synthesis of electrochemically – active spinel $LiMn_2O_4$ for li – ion batteries [J]. Solid State Ionics, 1998, 112: 25 – 34.

[16] Zhang Z Z, Jow T R. Optimization of synthesis condition and electrode fabrication for spinel $LiMn_2O_4$ cathode [J]. J Power Sources, 2002, 109: 172 – 177.

[17] Son J T, Kim H G, Park Y J. New preparation method and electrochemical property of $LiMn_2O_4$ electrode [J]. Electrochim Acta, 2004, 50: 453 – 459.

[18] Ohzuku T, Takeda S, Iwanaga M. Solid – state redox potentials for $Li[Me_{1/2}Mn_{3/2}]O_4$ (Me: 3d – transition Metal) having spinel – framework structures: a series of 5 volt materials for advanced lithium – ion batteries [J]. J Power Sources, 1999, 81 – 82: 90 – 94.

[19] Arrebola J C, Caballero A, Hernan L, et al. A high energy li – ion battery based on nanosized $LiNi_{0.5}Mn_{1.5}O_4$ cathode material [J]. J Power Sources, 2008, 183: 310 – 315.

[20] Mukerjee S, Yang X Q, Sun X, et al. In situ synchrotron X – ray studies on copper – nickel 5 v mn oxide spinel cathodes for Li – ion batteries [J]. Electrochim Acta, 2004, 49: 3373 – 3382.

[21] Patoux S, Daniel L, Bourbon C, et al. High voltage spinel oxides for Li – ion batteries: from the material research to the application [J]. J Power Sources, 2009, 189: 344 – 352.

[22] Thackery M M. Structural consideration of layered and spinel lithiated oxides for lithium ion batteries [J]. J Electrochem Soc, 1995, 142, (8): 2558 – 2563.

[23] Molenda M, Dziembaj R, Podstawka E, et al. Changes in local structure of lithium manganese spinels (Li: Mn = 1:2) characterised by XRD, DSC, TGA, IR, and Raman Spectroscopy [J]. J Phys Chem Solids, 2005, 66: 1761 – 1768.

[24] Hon Y M, Lin S P, Fung K Z, et al. Synthesis and characterization of nano – $LiMn_2O_4$ powder by tartaric acid gel process [J]. J Eur Ceram Soc, 2002, 22: 653 – 660.

[25] Morita M, Nakagawa T, Yamada O. Influences of the electrolyte composition on the charge and discharge characteristics of $LiCrO.1Mn1.9O_4$ positive electrode [J]. J Power Sources, 2001, 97 – 98: 354 – 357.

[26] Nazri G A, Pistoia G. Lithium Batteries [M]. Boston: Kluwer Academic Publishers, 2004: 363 – 365.

[27] Sun Q, Li X, Wang Z, et al. Synthesis and electrochemical performance of 5V spinel $LiNi_{0.5}Mn_{1.5}O_4$ prepared by solid – state reaction [J]. Trans Nonferrous Met Soc China, 2009, 19: 176 – 181.

[28] Chen Z Y, Zhu H, Ji S, et al. Performance of $LiNi_{0.5}Mn_{1.5}O_4$ prepared by solid – state reaction [J]. J Power Sources, 2009, 189: 507 – 510.

[29] Lin C Y, Duh J G, Hsu C H, et al. $LiNi_{0.5}Mn_{1.5}O_4$ cathode material by low – temperature solid – state method

133

with excellent cycleability in lithium ion battery [J]. Mater Lett,2010,64(21): 2328 –2330.

[30] Fang H S,Wang Z X,Li X H,et al. Exploration of high capacity LiNi$_{0.5}$Mn$_{1.5}$O$_4$ synthesized by solid – state reaction [J]. J Power Sources,2006,153: 174 – 176.

[31] Amdouni N,Zaghib K,Gendron F,et al. Magnetic properties of LiNi$_{0.5}$Mn$_{1.5}$O$_4$ spinels prepared by wet chemical methods [J]. J Magn Mater,2007,309: 100 – 105.

[32] Amdouni N,Zaghib K,Gendron F,et al. Structure and insertion properties of disordered and ordered LiNi$_{0.5}$ Mn$_{1.5}$O$_4$ spinels prepared by wet chemistry[J]. Ionics,2006,12: 117 – 126.

[33] Fang X,Ding N,Fbeg X Y,et al. Study of LiNi$_{0.5}$Mn$_{1.5}$O$_4$ synthesized via a chloride – ammonia co – precipitation method: Electrochemical performance,diffusion coefficient and capacity loss mechanism [J]. Electrochim Acta,2009,54 (75): 7471 –7475.

[34] Liu D Q,Han J T,Goodenough J B. Structure,morphology,and cathode performance of Li$_{1-x}$[Ni$_{0.5}$Mn$_{1.5}$]O$_4$ prepared by coprecipitation with oxalic acid [J]. J Power Sources,2010,195(9): 2918 –2923.

[35] Sun Y K,Yoon C S,Oh I H. Surface structural change of ZnO – coated LiNi$_{0.5}$Mn$_{1.5}$O$_4$ spinel as 5 V cathode materials at elevated temperatures [J]. Electrochim Acta,2003,48(5): 503 – 506.

[36] Arrebola J C,Caballero A,Hernán L,et al. Re – examining the effect of ZnO on nanosized 5 V LiNi$_{0.5}$Mn$_{1.5}$O$_4$ spinel: An effective procedure for enhancing its rate capability at room and high temperatures [J]. J Power Sources,2010,195(13): 4278 –4284.

[37] Fan Y K,Wang J M,Tang Z,et al. Effects of the nanostructured SiO$_2$ coating on the performance of LiNi$_{0.5}$ Mn$_{1.5}$O$_4$ cathode materials for high – voltage Li – ion batteries [J]. Electrochim Acta,2007,52(11): 3870 – 3875.

[38] Wu H M,Belharouak I,Abouimrane A,et al. Surface modification of LiNi$_{0.5}$Mn$_{1.5}$O$_4$ by ZrP$_2$O7 and ZrO$_2$ for lithium – ion batteries [J]. J Power Sources,2010,195(9): 2909 –2913.

[39] Kang H B,Myung S T,Amine K,et al. Improved electrochemical properties of BiOF – coated 5 V spinel Li [Ni$_{0.5}$Mn$_{1.5}$]O$_4$ for rechargeable lithium batteries [J]. J Power Sources,2010,195(7): 2023 –2028.

[40] Lucas P,Angell C A. Synthesis and diagnostic electrochemistry of nanocrystalline Li$_{1+x}$Mn$_{2-x}$O$_4$ powders of controlled Li content [J]. J Electrochem Soc,2000,147 (12): 4459 –4463.

[41] Rajakumar S,Thirunakaran R,Sivashanmugam A,et al. Electrochemical behavior of LiM$_{0.25}$Ni$_{0.25}$Mn$_{1.5}$O$_4$ as 5 V cathode materials for lithium rechargeable batteries [J]. J Electrochem Soc, 2009, 156 (3): A246 – A252.

[42] Thirunakaran R,Ravikumar R,Vanitha S,et al. Glutamic acid – assisted sol – gel synthesis of multi – doped spinel lithium manganate as cathode materials for lithium rechargeable batteries [J]. Electrochim Acta,2011, 58(30): 348 – 358.

[43] Shen C H,Liu R S,Gundakaram R,et al. Effect of Co – doping in LiMn$_2$O$_4$[J]. J Power Sources,2001,102 (1 –2): 21 –28.

[44] Wu C,Wu F,Chen L Q,et al. Fabrications and electrochemical properties of fluorine – modified spinel LiMn$_2$O$_4$ for lithium ion batteries [J]. Solid State Ionics,2002,152 –153: 327 –334.

[45] Son J T,Kim H G. New investigation of fluorine – substituted spinel LiMn$_2$O$_{4-x}$F$_x$ by using sol – gel process [J]. J Power Sources,2005,147(1 –2): 220 –226.

[46] Molenda M,Dziembaj R,Piwowarska Z,et al. Electrochemical properties of C/LiMn$_2$O$_{4-y}$S$_y$ ($0 \leqslant y \leqslant 0.1$) composite cathode materials [J]. Solid State Ionics,2008,179 (1 –6): 88 –92.

[47] Bao S J,Liang Y Y,Zhou W J,et al. Enhancement of the electrochemical properties of LiMn$_2$O$_4$ through Al^{3+} and F$^-$ co – substitution [J]. J Colloid Interface Sci,2005,291(2): 433 –437.

[48] Matsumoto K,Fukutsuka T,Okumura T,et al. Electronic structures of partially fluorinated lithium manganese

spinel oxides and their electrochemical properties [J]. J Power Sources,2009(1),189: 599 –601.

[49] Wang C Y,Lu S G,Kan S R,et al. Enhanced capacity retention of Co and Li doubly doped LiMn₂O₄[J]. J Power Sources,2009,189(1): 607 –610.

[50] Alcantara R,Jaraba M,Lavela P. Changes in the local structure of LiM$_y$Ni$_{0.5-y}$Mn$_{1.5}$O$_4$ elecrtode mateirals during lithium exrtaction [J]. Chem Mater,2004,16(8): 1573 –1579.

[51] 施志聪,杨勇. 聚阴离子型锂离子电池正极材料研究进展[J]. 化学进展,2005,17(4): 604 –613.

[52] Padhi A K,NanjundaswaMy K S,Goodenough J B. Phospho – olivines as positive – electrode materials for rechargeable lithium batteries [J]. J Electrochem Soc,1997,144(1): 1118 –1194.

[53] Yamada A,Hosoya M,Chung S C,et al. Olivine – type cathodes: achievements and problems [J]. J Power Sources,2003,119 –121: 232 –238.

[54] Huang H,Yin S C,Nazar L F. Approaching theoretical capacity of LiFePO₄ at room temperature at high rates [J]. Electrochem Solid – State Lett,2001,4(10): A170 –A172.

[55] Padhi A K,NanjundaswaMy K S,Masquelier C,et al. Mapping of transition metal redox energies in phosphates with NASICON structure by lithium intercalation [J]. J Electrochem Soc,1997,144 (8): 2581 –2586.

[56] Okada S,Sawa S,Egashira M,et al. Cathode properties of phospho – olivine LiMPO₄ for lithium secondary batteries [J]. J Power Sources,2001,97 –98: 430 –432.

[57] Kang B,Ceder G. Battery materials for ultrafast charging and discharging [J]. Nature,2009,458: 190 –193.

[58] Chung S Y,Bloking J T,Chiang Y M. Electronically conductive phospho – olivines as lithium storage electrodes [J]. Nat Mater,2002,1(2): 123 –128.

[59] Yamada A,Chung S. Optimized LiFePO₄ for lithium battery cathodes [J]. J Electrochem Soc 2001,148(3): A224 –A229.

[60] Dodd J L,Yazami R,Fultz B. Phase diagram of Li$_x$FePO$_4$[J]. Electrochem Solid – State Lett 2006,9(3): A151 –A155.

[61] NanjundaswaMy K S,Padhi A K,Goodenough J B,et al. Synthesis,redox potential evaluation and electrochemical characteristics of NASICON – related – 3D framework compounds [J]. Solid State Ionics,1996,92: 1 – 10.

[62] García – Moreno O,Alvarez – Vega M,García – Alvarado F,et al. Influence of the structure on the electrochemical performance of lithium transition metal phosphates as cathodic materials in rechargeable lithium batteries: a new high – pressure form of LiMPO₄ (M = Fe and Ni) [J]. Chem Mater, 2001, 13 (5): 1570 –1576.

[63] Amine K,Yasuda H,Yamachi M. Olivine LiCoPO₄ as 4.8 V electrode material for lithium batteries [J]. Electrochem Solid – State Lett,2000,3(4): 178 –179.

[64] Okada S,Sawa S,Egashira M,et al. Cathode properties of phospho – olivine LiMPO₄ for lithium secondary batteries [J]. J Power Sources,2001,97 –98: 430 –432

[65] Sun S R,Wang Z,Xia D G. Theoretical study of a new cathode material of li – battery: iron hydroxyl – phosphate [J]. J Phys Chem C,2010,114 (1): 587 –592.

[66] Padhi A K,NanjundaswaMy K S,Masquelier C,et al. Effect of Structure on the Fe^{3+}/Fe^{2+} redox couple in iron phosphates [J]. J Electrochem Soc,1997,144(5): 1609 –1613.

[67] Okada S,Sawa S,Egashira M,et al. Cathode properties of phospho – olivine LiMPO₄ for lithium secondary batteries [J]. J Power Sources,2001,97 –98: 430 –432.

[68] Jun L,Thomas E,Conry,et al. Nanoporous spherical LiFePO₄ for high performance cathodes [J]. J Mater Chem,2011,4: 885 –888.

[69] Zhou F,Cococcioni M,Kang K,et al. The Li intercalation potential of LiMPO₄ and LiMSiO₄ olivines with M =

Fe,Mn,Co,Ni [J]. Electrochem Commun,2004,6(11): 1144 –1148.

[70] Yoo H C,Jo M K,Jin B S,et al. Flexible morphology design of 3D – macroporous $LiMnPO_4$ cathode materials for Li secondary batteries: ball to flake [J]. Adv Energy Mater,2011,1(3): 347 –351.

[71] Li G H,Azuma H,Tohda M. Li conductivity in Li_xMPO_4 (M = Mn,Fe,Co,Ni) olivine materials [J]. Electrochem Solid – State Lett,2002,5(6): A135 – A137

[72] Choi D,Wang D,Bae I T,et al. $LiMnPO_4$ nanoplate grown via solid – state reaction in molten hydrocarbon for Li – ion battery cathode [J]. Nano Lett,2010,10(8): 2799 –2805.

[73] Yamada A,Chung S C. Crystal chemistry of the olivine – type $Li(Mn_yFe_{1-y})PO_4$ and $(Mn_yFe_{1-y})PO_4$ as possible 4 V cathode materials for lithium batteries [J]. J Electrochem Soc,2001,148 (8): 960 –967.

[74] Yamada A,Kudo Y,Liu K Y. Phase diagram of $Li_x(Mn_yFe_{1-y})PO_4(0 < x,y < 1)$ [J]. J Electrochem Soc, 2001,148(10): 1153 –1158.

[75] Yamada A,Kudo Y,Liu K Y. Reaction mechanism of the olivine – type $Li_x(Mn_{0.6}Fe_{0.4})PO_4(0 < x < 1)$ [J]. J Electrochem Soc,2001148(7): 747 –754.

[76] Li G,Azuma H,Tohda M. Optimized $LiMn_yFe_{1-y}PO_4$ (as the cathode for lithium batteries) [J]. J Electrochem Soc,2002,149(6): 743 –747.

[77] Li G,Kudo Y,Liu K Y,et al. X – Ray absorption study of $Li_xMn_yFe_{1-y}PO_4(0 < x < 1,0 < y < 1)$ [J]. J Electrochem Soc,2002,149(11): 1414 –1418.

[78] Martha S K, HaiK O, Zinigrad E, et al. The 15th International Meeting on Lithium Batteries, Abstract # 376,2010.

[79] Oh S M,Kim H G,Scrosati B,et al. The 15th International Meeting on Lithium Batteries,Abstract #417,2010.

第2篇　新一代锂二次电池体系

当前通信、便携式电子设备、电动汽车和空间科技等方面的迅猛发展,对电池的性能提出了越来越高的要求,发展具有高比能量、低成本和环境友好的新型锂离子二次电池具有非常重要的意义。在锂离子二次电池体系中,正极材料一直是制约电池发展的瓶颈,其价格、比容量和循环性能都需要进一步优化。传统的过渡金属氧化物基正极材料由于其理论储锂容量的限制,对这些材料进行组成和工艺的改进难以使锂离子二次电池在能量密度上取得飞跃性进展。

因此,新的高能量密度和长循环寿命、低成本的储能材料的开发尤为重要。其中,以锂为负极的新一代锂二次电池体系,如锂—硫二次电池,锂—空气二次电池,由于其较高的理论能量密度而成为最具发展潜力的新型高能化学电源体系。本篇分为两章,重点介绍锂—硫二次电池(第5章)和锂—空气二次电池(第6章)。

第5章　锂—硫二次电池

5.1　概　述

基于锂金属和硫的二次电池体系已经发现超过 20 年。由于锂和硫具有较低的原子量,锂—硫组合是所有已知化学可逆系统中能量密度最高的组合之一。

锂—硫体系的理论能量密度为 $2600W \cdot h \cdot kg^{-1}$ 和 $2800W \cdot h \cdot L^{-1}$,平均电压 2V,适合于低电压电子器件应用。与锂离子电池理论能量密度($580W \cdot h \cdot kg^{-1}$)和 TNT 当量($1280W \cdot h \cdot kg^{-1}$)相比,锂—硫体系具有相当高的能量密度。

假设 25% 的理论值可以在实际电池上实现,锂—硫二次电池的能量密度大约在 $700W \cdot h \cdot kg^{-1}$,是现有锂离子电池 4 倍。

5.2　锂—硫二次电池的基本原理

锂—硫二次电池是指采用硫或含硫化合物作为正极,锂为负极,以硫－硫键的断裂/生成来实现电能与化学能相互转换的一类电池体系。

与其他"摇椅"反应的锂电池一样,在充放电过程中,锂离子作为导流子在正负极之间"穿梭"。放电时,锂离子从负极往正极迁移,正极活性物质的硫－硫键断裂,与锂离子生成 Li_2S;充电时 Li_2S 电解,释出的锂离子重新迁回负极,沉积为金属锂或者嵌入负极材料中。其电化学反应方程如下:

$$S + 2Li \leftrightarrow Li_2S \quad \Delta G = -425kJ/mol \qquad (5-1)$$

由于锂和硫具有较低的原子量,锂—硫组合是所有已知化学可逆系统中能量密度最高的组合之一。从原理上讲,锂与硫完全反应后生成 Li_2S,可实现 2 电子反应,且单质硫的原子量明显轻于目前商业化锂离子电池的嵌入化合物正极材料,是最具潜力的高容量电极材料。

锂—硫二次电池体系工作情况:与锂离子电池的锂离子的"摇椅"过程不同,锂硫电池的电极反应过程有较大的差别。它是硫的"飞梭"(shuttle)效应为主[1]。

图 5－1 说明了锂—硫二次电池的电化学工作过程。硫的化学过程比较复杂,它形成了一系列硫的聚合物。较高聚合体状态(例如 Li_2S_8)代表了高的电荷状态和电池充电状态。较低聚合体状态(例如 Li_2S)代表了低的电荷状态和电池的放

电形态。硫电化学基础研究的深入,已经明显提升了硫电极的实际容量(图 5 - 2)。到现在为止,Sion Power 公司改善了硫的利用率,从大约 46% 提高到 90% 以上,每克硫提供的容量从大约 800mA·h 到现在大约 1500 mA·h。

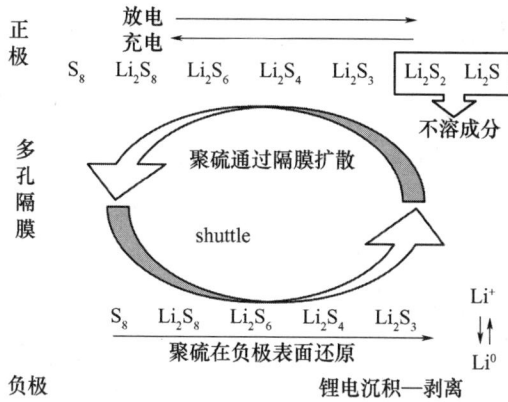

图 5 - 1 锂—硫二次电池中的化学过程[1]

与在部分锂一次和二次电池中采用的金属或硫族元素化合物系统对比,聚硫电极不是嵌入电极材料,而是溶解的氧化还原分子通过电解质媒介扩散到含有电子传导电荷转移涂层的正极(典型的是高比表面碳)。电解质可能是聚合物材料如凝胶电解质或完全液态电解质。在插入材料中,电极反应速率由插入离子的扩散控制,聚硫电极反应速率受电解质媒介扩散速率影响较大,因此高的功率密度可以在锂硫二次电池中实现。

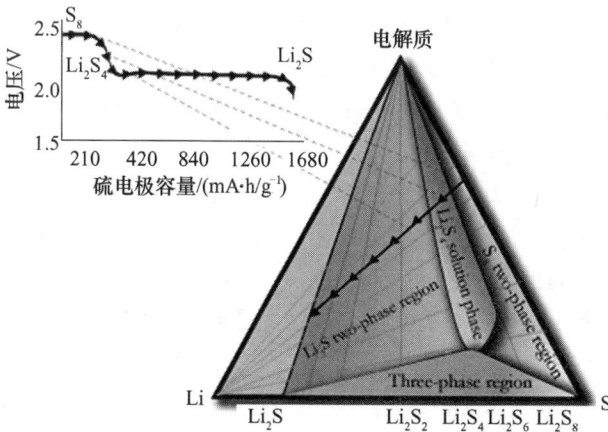

图 5 - 2 锂—硫二次电池体系的三元组成相图与对应的放电过程[2]

锂—硫二次电池在放电过程中出现三个平台[2](图 5 -3):
(1)在高放电平台主要发生的反应为(为快速动力学过程)

139

$$S_8^0 + 4e^- = 2S_4^{2-} \qquad\qquad (5-2)$$

（2）在低放电平台主要发生的反应为（为中速动力学过程）

$$S_4^{2-} + 4e^- = 2S^{2-} + S_2^{2-} \qquad\qquad (5-3)$$

（3）在更低的放电平台主要发生的反应为（为低速动力学过程）

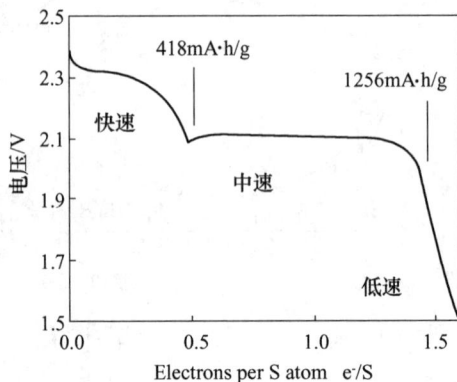

$$S_2^{2-} + 2e^- = 2S^{2-} \qquad\qquad (5-4)$$

图 5-3　锂—硫二次电池体系的放电曲线平台状态[2]

从电池的基本构造来讲锂—硫二次电池与聚合物锂离子电池没有重大区别。从工业化工艺来讲，可以参照聚合物锂离子电池的工艺技术。

锂—硫二次电池除了具有较高的能量密度外，还具有以下几方面潜在的性能优势。

（1）在很宽的温度范围内保持良好性能。锂—硫二次电池在很宽的温度范围具有极好的性能，不存在其他体系在温度 -30 ~ +80℃条件下充放电性能劣化严重的问题。例如，锂离子电池不适于在高于 60℃ 温度下充电。而锂—硫二次电池在 -40 ~ +80℃ 时具有相当好的性能。

（2）固有的安全机理。相对于锂离子电池要不断改进安全性，在锂—硫二次电池中不存在明显的锂晶枝问题。这是采用电解质/液体正极体系的结果。寿命终结时的容量和电压衰竭是由硫电极疲劳造成的，而不是由于锂电极的失效造成的。在开发这项技术的重要设计点上的滥用测试已经证明这项技术满足安全标准[3]。

（3）高功率放电。在一般锂离子电池中，由于电极是以锂离子的插入脱出为主，所以电极反应的速率由插入离子的扩散控制；而在锂—硫二次电池中，聚硫电极的反应速率仅由电解质媒介扩散速率决定。因此高的功率密度可以在锂—硫二次电池中实现。只是该电池体系的研制目前尚未突破充分显示其高功率密度特性的关键技术。

根据研究，锂—硫二次电池在 8C 的放电倍率情况下仍能保持较高的容量。据报道，锂—硫二次电池放电可以达到 15C[4]。按照其容量可以达到普通锂电池

140

容量的 6 倍以上计算,15C 放电时的电流比普通锂电池要大得多。

(4)充放电控制简单。除了可靠性和安全观念外,锂离子电池需要复杂的充电方法来解决安全问题。当锂离子电池在超过 60℃ 以上使用时需要专门的电子保护线路。锂—硫二次电池具有极佳的充电稳定性。当锂—硫二次电池完全充满时,电压迅速升高,它为控制充电完成提供了一个简单的终止控制规则。

(5)较低的材料价格。锂—硫在地球上含量丰富,材料价格低廉。

(6)与现有成熟的电池制造技术兼容。由于锂—硫二次电池的构造与现今锂离子电池相当,所以现有的锂离子聚合物电池的生产工艺可以大部分借用。

5.3 锂—硫二次电池硫正极

5.3.1 硫正极工作原理

锂—硫二次电池的工作原理示意图见图 5-4。硫正极的电化学反应包括多步骤氧化还原反应,同时伴随着硫化物的复杂相转移过程[5]。方程式(5-5)是单质硫的溶解平衡方程式。在放电过程中,固相单质硫 $S_{8(s)}$ 首先溶解在电解液中形成液相单质硫 $S_{8(l)}$,然后按照反应方程(5-6)~(5-10)逐步被还原[6]。$S_{8(l)}$ 由于在第二个电化学还原反应中被消耗,导致固相单质硫进一步溶解。电解液中的 $S_{8(l)}$ 逐步被还原成中间产物 S_n^{2-}($4 \leqslant n \leqslant 8$),聚硫离子与锂离子相结合形成长链聚硫锂,它们易溶于电解液,并将从正极结构中向电解液中扩散。随着放电深度的加深,长链聚硫离子进一步被还原,生成低价态聚硫离子 S_2^{2-} 和 S^{2-},与锂离子结合发生沉淀反应,生成在电解液中溶解度极低的 Li_2S_2 和 Li_2S,如方程式(5-11)和(5-12)。在充电过程中,放电产物 Li_2S_2 和 Li_2S 逐步被氧化成长链聚硫锂,最终被氧化为单质硫。如果单质硫按照反应方程式(5-5)~式(5-12)100% 转化为 Li_2S,则单质硫的理论放电比容量可达 $1680mA \cdot h \cdot g^{-1}$。

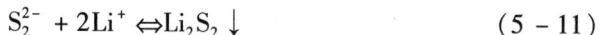

$$S_{8(s)} \Leftrightarrow S_{8(l)} \tag{5-5}$$

$$\frac{1}{2}S_{8(l)} + e \Leftrightarrow \frac{1}{2}S_8^{2-} \tag{5-6}$$

$$\frac{2}{3}S_8^{2-} + e \Leftrightarrow 2S_6^{2-} \tag{5-7}$$

$$S_6^{2-} + e \Leftrightarrow \frac{3}{2}S_4^{2-} \tag{5-8}$$

$$\frac{1}{2}S_4^{2-} + e \Leftrightarrow S_2^{2-} \tag{5-9}$$

$$\frac{1}{2}S_2^{2-} + e \Leftrightarrow S^{2-} \tag{5-10}$$

$$S_2^{2-} + 2Li^+ \Leftrightarrow Li_2S_2 \downarrow \tag{5-11}$$

$$S^{2-} + 2Li^+ \Leftrightarrow Li_2S\downarrow \tag{5-12}$$

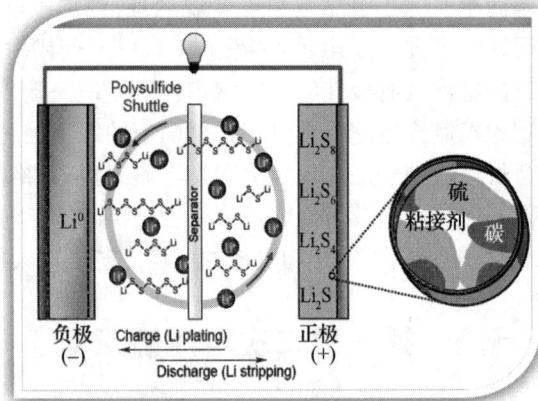

图 5 - 4　锂—硫二次电池工作原理示意图

锂—硫二次电池放电曲线的形式取决于聚硫离子的存在形态。锂—硫二次电池具有两个典型的放电平台,如图 5 - 5 所示。通常高电压平台的电压从 2.45V 降至 2.1V,对应硫正极的电极反应式(5 - 6) ~ 式(5 - 8)。低电压平台的电压维持在 2.1V ~ 1.7V,对应硫电极反应式(5 - 9) ~ 式(5 - 11)。

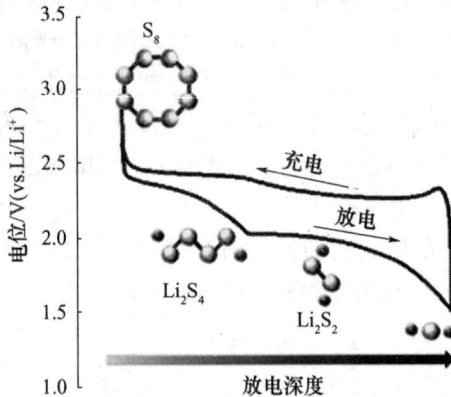

图 5 - 5　锂—硫二次电池充放电曲线原理示意图[4]

高电压放电平台总反应方程式可以简化为式(5 - 13),对应的 Nernst 方程为式(5 - 14):

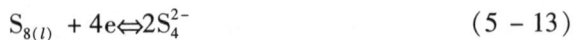

$$S_{8(l)} + 4e \Leftrightarrow 2S_4^{2-} \tag{5-13}$$

$$E_H = E_H^\Theta + \frac{RT}{n_H F}\ln\frac{\left[S_{8(l)}^0\right]}{\left[S_4^{2-}\right]^2} \tag{5-14}$$

低电压放电平台总反应方程式简化为式(5 - 15),对应能斯特方程为式(5 - 16):

142

$$S_4^{2-} + 4e \Leftrightarrow 4S^{2-} \tag{5-15}$$

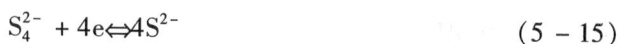

$$E_L = E_L^{\ominus} + \frac{RT}{n_L F} \ln \frac{\left[S_4^{2-} \right]}{\left[S^{2-} \right]} \tag{5-16}$$

在高电压放电平台阶段,随着放电深度的加深,S_4^{2-} 的浓度逐渐增加,然而由于单质硫的低溶解度(0.019 mol·L^{-1}),溶液中单质硫的浓度基本保持在硫的饱和浓度 $S_{8(l)}^0$ 或低于饱和浓度值,而相比于 S_4^{2-} 的浓度变化,几乎可以忽略不计,所以能斯特方程式(5-14)中,高电压平台的电压 E_H 受 S_4^{2-} 的浓度变化影响较大,呈逐渐降低的趋势。在低电压平台阶段,S^{2-} 的浓度始终保持在饱和浓度值,而 S_4^{2-} 浓度随着放电的进行逐渐降低,但由于这是一个十分缓慢的动力学过程,所以 $d(\lfloor S_4^{2-} \rfloor)$ 随 dt 变化很小,放电曲线电压在较长时间内基本保持在 2.1V ~ 2.0V,直到 S_4^{2-} 浓度降低到一定程度,电压才会出现急剧降低,到达反应终止[7]。

实际上,在锂—硫二次电池中,硫活性物质的转化过程并不是严格按照上述方程式(5-5)~式(5-12)逐步进行的,具体反应更加复杂,这是由聚硫离子本身特性所决定的[8]。例如聚硫锂在放电过程中会发生歧化反应,如方程式(5-17)~式(5-18),而这些反应有利于最终放电产物的生成。

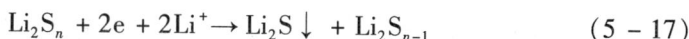

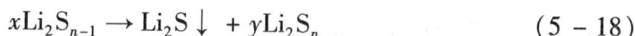

$$Li_2S_n + 2e + 2Li^+ \rightarrow Li_2S \downarrow + Li_2S_{n-1} \tag{5-17}$$

$$xLi_2S_{n-1} \rightarrow Li_2S \downarrow + yLi_2S_n \tag{5-18}$$

长链聚硫锂能够与负极金属锂发生如方程式(5-19)~式(5-20)所示的还原反应,并且长链聚硫锂也能够与不溶的 Li_2S_2 和 Li_2S 发生如方程式(5-21)~式(5-22)所示的还原反应。硫正极生成的长链聚硫锂,由于浓度梯度的存在,向金属锂负极扩散并与其发生反应,生成 Li_2S_2、Li_2S 以及链段长度相对较短的聚硫锂。Li_2S_2 和 Li_2S 会进一步与后续扩散到负极表面的长链聚硫锂发生反应,生成链段长度相对较短的聚硫锂,这些短链聚硫锂会再次扩散回硫正极,被氧化成长链聚硫锂,聚硫锂在电池正负极间的迁移现象,被称为"飞梭效应"[7~10]。

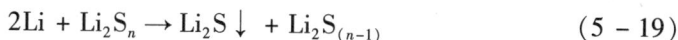

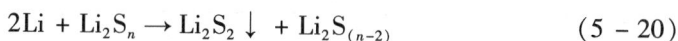

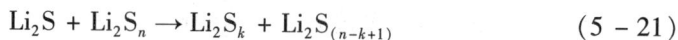

$$2Li + Li_2S_n \rightarrow Li_2S \downarrow + Li_2S_{(n-1)} \tag{5-19}$$

$$2Li + Li_2S_n \rightarrow Li_2S_2 \downarrow + Li_2S_{(n-2)} \tag{5-20}$$

$$Li_2S + Li_2S_n \rightarrow Li_2S_k + Li_2S_{(n-k+1)} \tag{5-21}$$

$$Li_2S_2 + Li_2S_n \rightarrow Li_2S_k + Li_2S_{(n-k+2)} \tag{5-22}$$

式(5-19)~式(5-22)这些化学反应始终存在于锂—硫二次电池的体系中,但在充电过程中尤为显著,因为充电过程主要对应于不溶的 Li_2S_2 和 Li_2S,向易溶于电解液的长链聚硫锂的转化过程。而长链聚硫锂向单质硫的转化动力学十分缓慢,在首次循环之后硫活性物质主要以 S_n^{2-}($4 \leq n \leq 8$)大量存在于电解液中[5],只有少量活性物质被氧化成 S_8[7]。随着充电过程的进行,正负极间聚硫离子浓度梯度不断增加,聚硫锂向负极扩散动力不断增大,而其在负极表面的还原反应也加快。所以,充电曲线对应的高电压平台是聚硫离子电化学氧化和化学还原反应的竞争过程[9]。飞梭效应的存在对锂—硫二次电池有正反两方面的影响,一方面导致电池的自放电,放电比容量低及锂负极的侵蚀;另一方面也对电池的过充有一定的保护作用。

5.3.2　硫正极容量损失及衰减机理

虽然锂—硫二次电池正极活性物质放电比容量高达 $1680mA \cdot h \cdot g^{-1}$,理论能量密度高达 $2600W \cdot h \cdot kg^{-1}$,但目前可实现的能量密度远低于理论值。电池容量衰减快、循环寿命短等问题减慢了锂—硫二次电池实用化的步伐。只有首先分析清楚正极放电比容量是由哪些部分组成及循环过程中活性物质的转化影响了放电比容量哪个组成部分,才能更加深刻地认识引起容量损失的原因及电池容量衰减的机制。

根据转移电子数,按照公式(5-23)[11],计算锂—硫二次电池不同放电阶段的放电比容量,结果见表5-1。

$$q = \frac{nF}{M} \tag{5-23}$$

式中:q 为放电比容量($mA \cdot h \cdot g^{-1}$);n 为每摩尔单质硫转移电子数(mol^{-1});F 为 $26.8A \cdot h$;M 为单质硫的摩尔质量($32g \cdot mol^{-1}$)。

表5-1　不同放电深度对应的硫放电比容量

放电产物	n 转移电子数 mol·mol^{-1} S	放电深度 DOD	q 放电比容量 /mA·h·g^{-1}
$S_8 \rightarrow S_8^{2-}$	0.25	12.5%	210
$S_8 \rightarrow S_6^{2-}$	0.33	16.7%	280
$S_8 \rightarrow S_4^{2-}$	0.5	25.0%	420
$S_8 \rightarrow Li_2S_2$	1	50.0%	840
$S_8 \rightarrow Li_2S$	2	100.0%	1680

首次实际放电比容量可按如下计算公式归纳为

$$q_{r1} = \sum \omega_n q_{S_8 \rightarrow Li_2S_n}$$
$$q_{r1} = \omega_8 q_{S_8 \rightarrow S_8^{2-}} + \omega_6 q_{S_8 \rightarrow S_6^{2-}} + \omega_4 q_{S_8 \rightarrow S_4^{2-}} + \omega_2 q_{S_8 \rightarrow Li_2S_2} + \omega_1 q_{S_8 \rightarrow Li_2S} \tag{5-24}$$
$$q_{r1} = \omega_8 \cdot 210 + \omega_6 \cdot 260 + \omega_4 \cdot 420 + \omega_2 \cdot 840 + \omega_1 \cdot 1680$$

式中:q_{r1} 为首次实际放电比容量($mA \cdot h \cdot g^{-1}$);ω_n 为转化为 S_n^{2-} 硫量与正极中总硫量的比,$\sum \omega_n = 1$。

由于放电中间产物聚硫锂 $Li_2S_n (4 \leqslant n \leqslant 8)$ 易溶于电解液,在放电循环结束时,部分活性物质以可溶高价态聚硫锂的形式残留在电解液中,或者是转化为 Li_2S_2 后,由于正极结构的导电性变差,难以进一步转化为放电终产物 Li_2S,这将会导致放电比容量低于理论容量。

在充电循环过程中,由于将 $S_n^{2-}(4 \leq n \leq 8)$ 氧化为单质硫的热力学反应速度十分缓慢,所以只有少量的活性物质在充电结束时能够被氧化为单质硫[7],大量活性物质是以 $Li_2S_n(4 \leq n \leq 8)$ 的形式存在于电解液中[3,5]。那么从第二次放电循环开始,起始的放电活性物质和首次放电差别较大,只有少量的活性物质是从单质硫开始放电反应,而大量的活性物质是从 $Li_2S_n(4 \leq n \leq 8)$ 开始放电反应的。同时,由于放电产物 Li_2S_2 和 Li_2S 不易溶于电解液,它们沉积在正极中,会使正极结构的传导性变差,部分 Li_2S_2 和 Li_2S 会与导电相分离,从而失去活性,造成容量的不可逆损失。从第二次放电开始,实际的放电比容量可归纳为

$$q'_r = \sum \omega_m^{S_8} q_{S_8 \to Li_2S_n} + \sum \omega_m^{S_8^{2-}} q_{S_8^{2-} \to Li_2S_n} + \sum \omega_m^{S_6^{2-}} q_{S_6^{2-} \to Li_2S_n} + \sum \omega_m^{S_4^{2-}} q_{S_4^{2-} \to Li_2S_n}$$

$$(5-25)$$

其中, $\sum \omega_m^{S_8} + \sum \omega_m^{S_8^{2-}} + \sum \omega_m^{S_6^{2-}} + \sum \omega_m^{S_4^{2-}} = 1 - \dfrac{\sum \Delta S_{(Li_2S_2 + Li_2S)}}{S}$, $\sum \omega_m^{S_8^{2-}} q_{S_8^{2-} \to Li_2S_n}$

$= \omega_6^{S_8^{2-}} q_{S_8^{2-} \to S_6^{2-}} + \omega_4^{S_8^{2-}} q_{S_8^{2-} \to S_4^{2-}} + \omega_2^{S_8^{2-}} q_{S_8^{2-} \to Li_2S_2} + \omega_1^{S_8^{2-}} q_{S_8^{2-} \to Li_2S} = \omega_6^{S_8^{2-}} \cdot 70 + \omega_4^{S_8^{2-}} \cdot 210 +$

$\omega_2^{S_8^{2-}} \cdot 630 + \omega_1^{S_8^{2-}} \cdot 1270$。

其余各项依此类推。

总之,无论何种原因使得活性物质在放电过程中未能完全转化为 Li_2S,或者在充电过程中未能完全转化为单质硫,结果都将导致放电比容量的损失及衰减。

目前,由正极活性物质导致锂—硫二次电池容量降低或容量衰减的原因主要有以下几个方面:

(1) 由于活性物质单质硫和固态放电产物 Li_2S_2 和 Li_2S 的绝缘性,使得单质硫必须与电子导体相复合,制备成导电剂/硫复合结构,来增加正极对电子和离子的传导性。而导电剂不参与电极反应,所以降低了正极的容量[1-4]。

(2) 正极结构破坏。由于放电中间产物聚硫锂易溶于电解液,在充放电过程中,会从正极结构中溶出,而放电终产物不溶于电解液,在电池充放电过程中将会发生一系列沉淀/溶解反应,正极活性物质将会在液相和固相间发生相的转移[6],正极结构也会不断收缩和膨胀,这将导致正极结构的失效[12]。同时,Cheon 等认为固态放电产物 Li_2S_2 和 Li_2S 在正极上的不均匀沉积,会使正极导电性变差,部分 Li_2S_2 和 Li_2S 将会与导电相分离,失去活性,从而导致容量损失及正极结构的破坏[9,13-15]。国防科技大学的 Diao 等[16]认为,由于电解液体系中长链聚硫锂的存在,它们与 Li_2S_2 和 Li_2S 发生如方程式(5-21)和式(5-22)的反应,提高了 Li_2S_2 和 Li_2S 的可逆性,不可逆 Li_2S_2 和 Li_2S 的量在 20 次循环后不超过 10%。但是在

放电过程中 Li_2S_2 和 Li_2S 将会与电解液分解产物 $LiOR$、HCO_2Li 等发生共沉积,这些电解液分解产物没有电化学活性,随着循环的进行,它们在正极上不断累积,使得正极导电性变差,从而导致结构的破坏。

(3) 聚硫锂的溶解。聚硫锂溶解于电解液中,在循环终止时,未能完全转化为终产物,将会导致一定的容量损失,但这并不是循环过程中容量衰减的主要原因[5]。聚硫锂首次循环后,在固相和液相间的转移会达到一定的平衡,电解液中聚硫锂的总含量会保持在相对稳定值,并不随着循环的增加而增加,所以聚硫锂在电解液中的溶失对容量衰减的贡献不大。但是聚硫锂的溶解会引起更加严重的问题——"飞梭效应",穿过隔膜的聚硫锂与金属锂发生如方程式(5－19)和式(5－20)所示的反应,在负极生成 Li_2S_2 和 Li_2S 钝化层,一方面消耗了正极活性物质,另一方面导致负极腐蚀及钝化,同时也会降低电池的库仑效率[1~4,17,18]。

(4) 活性物质不可逆氧化。国防科技大学的 Diao 等[16]通过对正极产物的分析,首次发现了 Li_xSO_y 在正极的生成,并且沉积量随着循环次数的增加而增多,这意味着活性物质的不可逆损失。由于在循环伏安测试中,很难区分聚硫锂的逐级氧化峰和长链聚硫锂到 Li_xSO_y 的氧化峰,这主要是因为长链聚硫锂被氧化成 Li_xSO_y 是一个动力学十分缓慢的过程,所以在通常状态下,这个反应并不明显,因此始终没有引起研究人员的注意。但是在飞梭反应十分活跃的情况下,电池的充电过程被延长,使得氧化产物 Li_xSO_y 的生成量显著增加,从而为长链聚硫锂转化为 Li_xSO_y 氧化反应的存在提供了充分的证据。因此,活性物质的不可逆氧化是导致锂—硫二次电池容量衰减的重要原因之一。

5.3.3 硫正极性能提高

目前,对于提高锂—硫二次电池正极性能的研究主要致力于控制活性物质硫的分散和抑制聚硫锂在电解液中的溶解。通过采用多孔结构导电骨架、聚合物包覆、添加纳米吸收剂等方法来提高硫在正极中的分散性以及降低聚硫锂溶解。

1. 碳导电结构

碳材料作为电子的良导体而在电池工业中被广泛使用,由于锂—硫二次电池正极活性物质单质硫的绝缘性,决定了碳材料在锂—硫二次电池正极中的重要地位。虽然提高碳的用量可以增加电极的导电性,却是以牺牲电池的能量密度为代价,所以人们致力于将低密度、高比表面积、高孔容积并且具有丰富纳米孔道结构的新型碳材料应用于锂—硫二次电池正极结构中。

碳纳米管(CNT)由于其特殊的结构性能、良好的导电性、优异的热及力学性能被人们广泛应用于锂—硫二次电池正极结构中,构建三维导电网络,改善正极的导电性,并对硫进行束缚[19~28]。Ahn 等[19]采用化学气相沉积法制备了多壁碳纳米管(MWCNTs),将 MWCNTs 作为导电剂添加到正极中,但是首次放电比容量仅有 485 $mA \cdot h \cdot g^{-1}$。Qiu 等[20]采用类似的方法制备硫包覆 MWCNTs 壳－核结构正极材料,60 次循环后容量保持在 670 mA·h·g^{-1}。Guo 等[21]采用阳极氧化铝膜（AAO）作为模板,制备无序碳纳米管（DCNTs）,见图5-6,单质硫通过挥发法扩散到 DCNTs 内部结构中,甚至可以到达管壁的石墨层中,在 500℃下制备的 DCNTs/S 复合结构正极,100 次循环后容量保持率可达 72.9%。

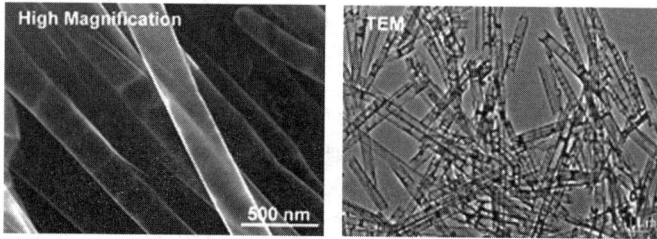

图5-6　无序碳纳米管 DCNTs 的 SEM 图[21]

与碳纳米管结构有着相似之处的碳纳米线（CNF）也受到 Li-S 研究人员的关注。Kim 等[29]采用 CNF 作为导电添加剂,首次放电比容量可达 1191mA·h·g^{-1},40 次循环后,容量保持在约 500mA·h·g^{-1}。Zhang 等[30]采用静电纺丝法制备碳纤维,碳化后获得具有多孔结构的碳纤维,通过在溶液中进行化学反应将硫沉积在碳纤维的空隙中,制备成多孔碳纤维/硫复合结构正极材料,其原理示意图见图5-7,在 0.1 C 倍率下 20 次循环后容量可达 1057mA·h·g^{-1}。Cui 研究小组[31]采用 AAO 为模板,聚苯乙烯碳化后沉积在 AAO 壁上,再将单质硫熔融后渗入 AAO/碳结构中,最后将 AAO 模板去除,得到空心碳纤维包覆硫复合正极结构,原理示意图见图 5-8,0.2C 倍率下 150 次循环后,可逆容量仍保持在 730 mA·h·g^{-1}。

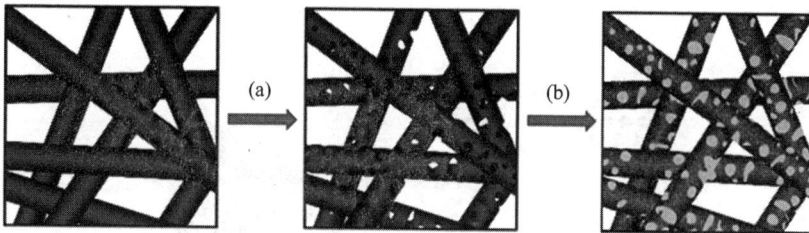

图5-7　多孔碳纤维/硫复合正极结构原理示意图[30]

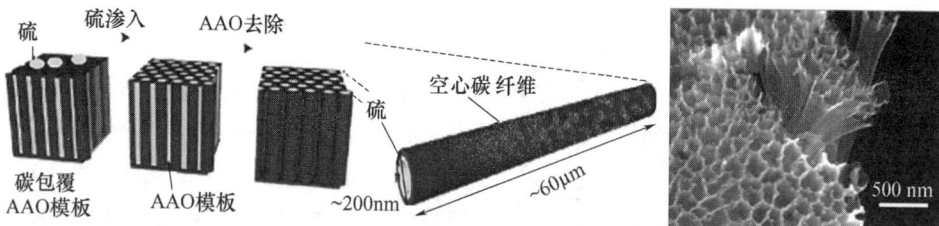

图5-8　空心碳纤维包覆硫复合正极结构原理示意图[31]

近年来,以 CMK-3 为代表的介孔碳材料制备 C/S 复合结构正极,引起了研究者们将结构新颖、性能优异的新型碳材料广泛应用于锂—硫二次电池的热潮[32~39]。采用熔融法,在 155℃ 单质硫通过毛细力被吸入碳材料的孔道中,液态硫在冷却后收缩附着于碳结构的内壁上。通过碳硫比的设计可以在结构中预留离子迁移通道,以及循环过程中产物体积膨胀所需的空间。由于丰富的孔道结构对单质硫和聚硫锂具有一定的吸附作用,研究人员认为这种 C/S 复合结构可以提高单质硫在正极结构中的分散性,限制聚硫离子从正极结构中溶出,提高电极反应的转化效率,从而改善正极的性能。Nazar 研究小组[32]通过纳米浇注法制备了平均孔径为 3~4 nm 的 CMK-3 型有序阵列介孔碳。首先采用水热法合成硅基介孔分子筛 SBA-15,再以 SBA-15 为模板,以蔗糖为碳前驱体,在酸性条件下灌入 SBA-15 孔道中,形成纳米有机物/硅复合材料,然后经过高温碳化,再用 HF 或 NaOH 将模板清洗掉,最终获得孔道高度有序排列的介孔碳材料 CMK-3。将 CMK-3 与单质硫采用熔融法复合制备 CMK-3/S 复合结构,原理示意图见图 5-9。将 CMK-3/S 复合材料采用聚合物包覆后,首次放电比容量可达 1320mA·h·g^{-1},20 次循环后放电比容量仍保持在 1100mA·h·g^{-1}。Sun 等[35]采用与 CMK-3 类似的方法制备了双重孔道结构有序介孔碳(5.6 nm/2.3 nm)材料,其首次放电比容量为 1138mA·h·g^{-1},并在 6 C 倍率放电下,显示了良好的循环性能,400 次循环后容量仍保持在约 300mA·h·g^{-1}。Nazar 研究小组[40]也制备了一种具有双重孔道结构的新型介孔碳 BMC-1(5.6 nm/2.0 nm),采用该介孔碳制备的 BMC-1/S 复合结构正极表现了较好的倍率性能,1 C 倍率下首次放电比容量为 995mA·h·g^{-1},100 次循环后容量仍保持在 550mA·h·g^{-1}。

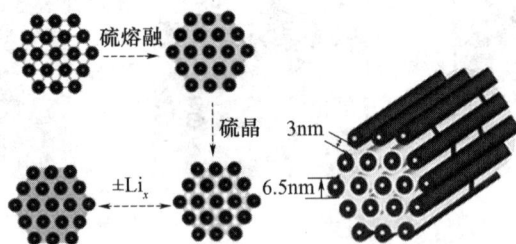

图 5-9　CMK-3/S 复合正极结构原理示意图[32]

Archer 等[41,42]制备了一种结构更加新颖的空心碳胶囊/硫正极结构。首先在高温下裂解先驱体,将碳沉积在多孔金属氧化物纳米球表面内,再反洗除去金属氧化物球,得到具有图 5-10(a)所示外壁含有介孔而内部为空心结构的二维碳球。最后将空心碳球暴露于硫蒸气中,获得硫负载率达 70% 的碳胶囊/硫正极材料,在 0.5C 倍率下 100 次循环后可逆容量达 850mA·h·g^{-1}。

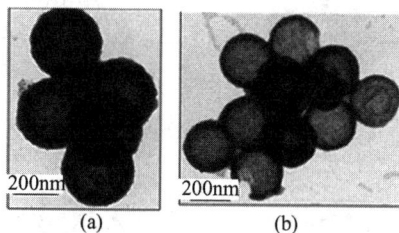

图5-10 空心碳球(a),空心碳胶囊/硫正极结构(b)[41]

Dudney 等[43]首先采用软模板法制备了孔径为 7.3 nm 的介孔碳(MPC),然后用 KOH 对其进行活化,在 MPC 的孔壁上生成孔径小于 2 nm 的微孔,最后获得具有双重孔道结构的碳材料 a-MPC。微孔用于负载单质硫,并为其传导电子提供有效的路径,介孔用于传输 Li^+ 及容纳循环过程中产生的聚硫锂,其原理示意图见图5-11。采用双重孔道 a-MPC/S 复合正极电池首次放电比容量高达 1584mA·h·g^{-1},50 次循环后容量仍保持在 805mA·h·g^{-1}。

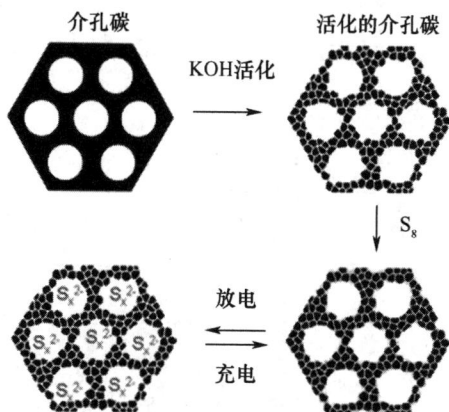

图5-11 双重孔道 a-MPC/S 复合正极结构原理示意图[43]

Gao 等[44]采用蔗糖作为碳源制备了内部具有孔径小于 1 nm 微孔结构的碳球,并将硫熔融渗入碳球内部,制备 S/碳球复合正极材料,原理示意图见图5-12。该结构表现出优异的循环性能,500 次循环后可逆容量仍保持在 650mA·h·g^{-1}。

石墨烯由于其高导电性、高比表面积、易表面改性,而在锂—硫二次电池中备受瞩目[45~59]。Liu 等[45]将硫颗粒填充在石墨烯片层间,制备"三明治"结构石墨烯/硫(FGSS)纳米复合结构,利用离子交换型 Nafion 膜对 FGSS 材料进行包覆,制备的正极材料在 1 C 倍率下,100 次循环后可逆放电比容量可达 505mA·h·g^{-1}。

149

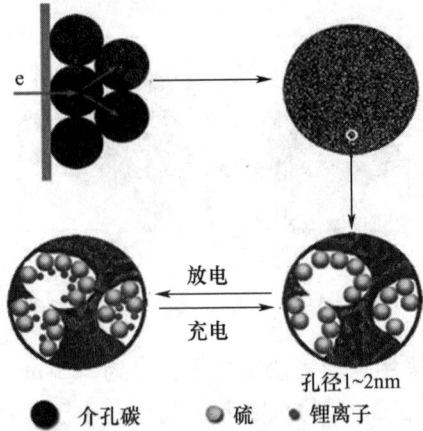

图 5-12   硫/微孔碳球复合结构原理示意图[44]

Dai 等[48]首先将聚乙二醇(PEG)包覆在硫颗粒上,再将用碳黑颗粒修饰的氧化石墨烯(GO)组装在硫颗粒外部,制备成氧化石墨烯/硫复合结构正极材料,其原理示意图见图 5-13。100 次循环后,可逆容量保持在 $600mA \cdot h \cdot g^{-1}$。Zhang 等[60]采用氧化石墨热膨胀法制备 HPG-1000 型石墨烯,再将熔融硫渗入石墨烯孔隙中,得到多孔石墨烯/硫复合结构,原理结构示意图见图 5-14,在 10C 倍率下放电比容量可达 $543mA \cdot h \cdot g^{-1}$。

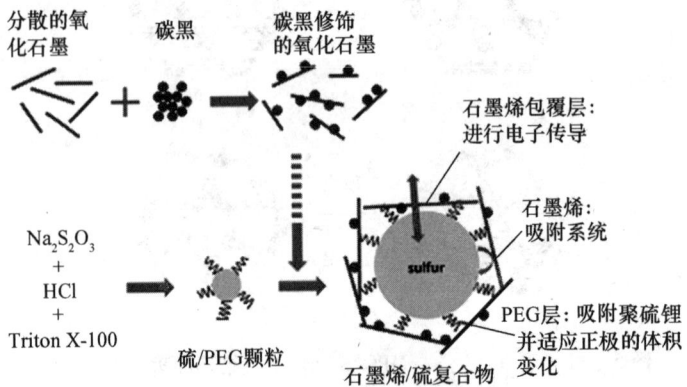

图 5-13   石墨烯/硫复合结构原理示意图[48]

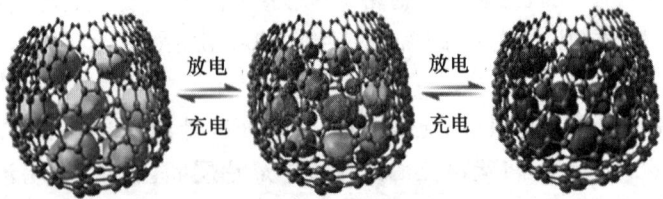

图 5-14   多孔石墨烯/硫复合机构原理示意图[60]

150

另外，Aurbach 研究小组[61]将熔融硫渗入含有微孔结构的碳纤维布中，在无需加入黏结剂的情况下，制备活性碳纤维布/硫复合正极，80 次循环后可逆容量仍然可达 800mA·h·g^{-1}。

2. 聚合物包覆硫活性物质

除了碳材料，有机聚合物材料也在锂—硫二次电池中得到了广泛应用，它们一方面可通过导电聚合物来改善硫正极的导电性，另一方面可利用有机聚合物包覆硫或碳/硫复合材料，通过物理阻隔的方法来抑制聚硫锂在电解液中的溶解损失。

上海交通大学 Wang 等[62~64]利用聚丙烯腈(PAN)包覆单质硫来改善正极的导电性，降低硫的颗粒尺寸，抑制聚硫锂的溶解。将 PAN 颗粒与升华硫在 300℃惰性气氛下共融 6h，PAN 经过了脱 H$_2$S 过程后生成主链含有聚苯烯结构的导电化合物，制备了分子水平接触的聚丙烯腈包覆硫复合材料，采用凝胶电解质在 50 次循环后容量仍保持在 600mA·h·g^{-1}。该研究小组[65]也将丙烯腈在 MWCNT 表面进行原位聚合，制备 PAN@MWCNT 复合材料，再将升华硫与 PAN@MWCNT 在低温下热解，获得 pPAN-S@MWCNT 复合正极材料，其合成原理示意图见图 5-15。该材料由内外两种导电材料聚丙烯腈和 MWCNT 构建了良好的核壳结构导电网络，显示了良好的倍率性能，4 C 倍率下放电比容量可达 550mA·h·g^{-1}。同时，他们通过原位聚合法制备了聚丙烯腈/石墨烯(PAN/GNS)复合材料，再采用低温热解的方法制备 pPAN-S/GNS 复合正极材料，其合成原理示意图见图 5-16。该材料首次放电比容量可达 1500mA·h·g^{-1}，6C 倍率下放电比容量仍可保持在 800 mA·h·g^{-1}[66,67]。

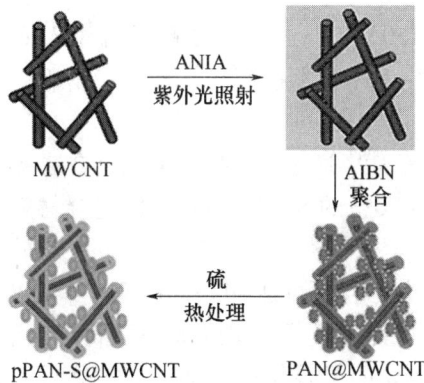

图 5-15　原位聚合法制备 pPAN-S@MWCNT 复合正极材料原理示意图[65]

聚吡咯(PPy)作为一种优异的导电聚合物被广泛应用于锂—硫二次电池中[68-77]。将 PPy 均匀包覆在硫颗粒表面上，不仅可以提高硫的导电性，PPy 也起到了黏结剂的作用，使得颗粒与颗粒之间紧密结合，提高电子在颗粒之间的传导能力。同时，PPy 有一定的电化学活性，有利于提高正极的放电比容量。Wang 等[68]

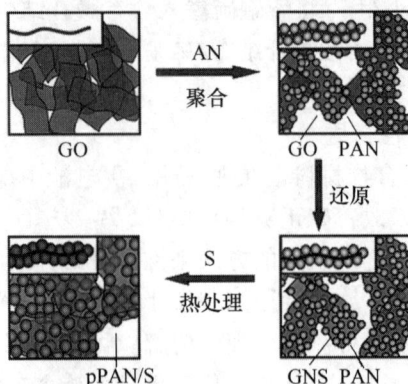

图 5 - 16　原位聚合法合成 pPAN - S/GNS 复合正极材料原理示意图[66,67]

利用聚吡咯来改善硫正极的导电性,采用对甲苯磺酸钠作为掺杂剂,4 - 苯乙烯磺酸钠为表面活性剂,0.1 M 的 FeCl₃ 作为氧化剂,通过化学聚合法制备了 PPy,然后将单质硫与 PPy 共融,制备 S/PPy 复合材料。该材料在 20 次循环后容量可达 800mA · h · g⁻¹。北京航空航天大学 Zhang 等[69]采用十六烷基 - 三甲基溴化铵 (CTAB)作为软模板,通过化学聚合法制备了聚吡咯纳米线,再与单质硫在 150℃ 共融,制备 S/PPy 纳米线复合材料,20 次循环后容量可保持在 570mA · h · g⁻¹。该研究小组采用类似的方法制备硫/聚(吡咯 - 苯胺)(S/PPyA)纳米线复合材料,首次放电比容量可达 1285mA · h · g⁻¹,40 次循环后容量仍保持在 866 mA · h · g⁻¹[70]。中科院上海陶瓷研究所 Wen 等[71-73]采用模板自分解法制备了管状聚吡咯纳米线(T - PPy),在 150℃ 下与升华硫共融,将硫渗入 T - PPy 的管状结构中,制备了硫含量为 30% 的 T - PPy 包覆硫复合结构正极材料,在 80 次循环后,容量仍保持在650mA · h · g⁻¹。

北京理工大学 Wu 等[78,79]通过原位化学氧化聚合法将聚噻吩(PTh)包覆在硫颗粒表面,制备硫含量达 70% 的 S/PTh 核壳结构复合材料,合成原理示意图见图 5 - 17。聚噻吩一方面可增强正极材料的导电性,另一方面由于其多孔结构可抑制聚硫锂的溶解。首次放电比容量可达 1119mA · h · g⁻¹,80 次循环后容量仍保持在 811mA · h · g⁻¹。该研究小组[80]采用类似方法将导电聚苯胺(PANi)包覆在以多壁碳纳米管为核、硫为壳的复合材料外部,制备 PANi - S/MWCNT 复合结构正极材料,首次放电比容量达 1334mA · h · g⁻¹,80 次循环后容量仍保持在932mA · h · g⁻¹。

图 5 - 17　硫/聚噻吩核壳结构正极材料制备过程原理示意图[79]

南开大学 Gao 等[81]采用球磨和热处理两步法制备了导电炭黑和升华硫复合材料,然后再采用原位化学氧化聚合法制备聚苯胺包覆硫碳核壳结构复合正极材料(PANI@S/C),聚苯胺包覆层厚度为 5 ~ 10nm,硫负载率为 43.7% 时,10 C 倍率下最高放电比容量可达 635mA·h·g^{-1},200 次循环后容量保留率仍高于 60%。武汉大学 Cao 等[82]采用自主装方法制备了聚苯胺纳米管(PANI - NT)来对活性物质硫进行束缚,在 280℃ 下与硫进行热处理,部分硫将会与 PANI - NT 发生反应,生成具有稳定 3D 交联结构的硫 - 聚苯胺聚合物(SPAN - NT)。该结构不仅对硫及硫化锂具有较强的物理和化学束缚作用,在充放电过程中聚硫锂能够实现原位可逆电化学反应,其结构原理示意图见图 5 - 18。SPAN - NT 正极材料在 0.1 C 倍率下 100 次循环后容量仍可达 837mA·h·g^{-1},而在放电 1C 倍率下 500 次循环后容量仍可保持在 420mA·h·g^{-1}。

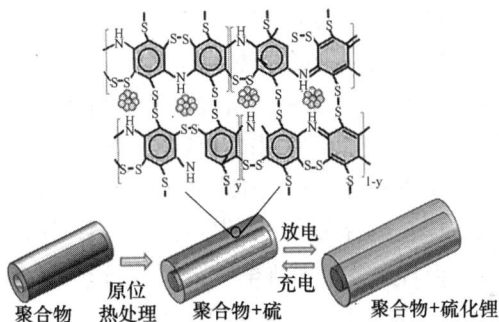

图 5 - 18 SPAN - NT 正极材料结构原理示意图[82]

Cui 等[83]为了更加有效地抑制聚硫锂的溶解,采用结构稳定且强度适中的聚二氧噻吩 - 聚苯乙烯磺酸酯(PEDOT:PSS)导电聚合物包覆 CMK - 3/S 复合材料,其合成原理示意图见图 5 - 19。该材料相比于 CMK - 3/S 复合正极材料,100 次循环放电比容量约有 10% 的提高。

3. 金属氧化物添加剂

在锂—硫二次电池研究初期,为了抑制聚硫锂向电解液中的溶解,提高正极活性物质的转化效率,人们将纳米金属氧化物添加剂加入正极材料中,如氧化钒、氧化硅、氧化铝及过渡金属氧化物,以期利用它们的高比表面积及表面基团,对聚硫锂产生一定的物理和化学吸附作用[84~91]。

Kim 等[84]采用溶胶—凝胶法制备了纳米级镍镁氧化物($Mg_{0.6}Ni_{0.4}O$)颗粒,作为非活性组分加入锂—硫二次电池正极材料中,对抑制聚硫锂向电解液中溶解以及促进氧化还原反应产生了积极的效果,改善了材料的倍率性能及循环性能,最高放电比容量可达 1185mA·h·g^{-1},50 次循环后容量保留率高于 85%。Chen 等[88,89]采用自蔓延高温合成法也制备了纳米结构 $Mg_{0.6}Ni_{0.4}O$,并利用其通过球磨

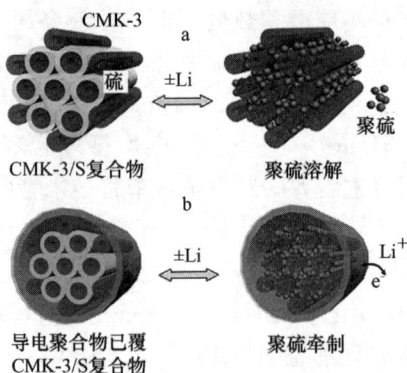

图 5 - 19　PEDOT:PSS 包覆 CMK - 3/S 复合正极材料原理示意图[83]

制备了硫/聚丙烯腈/$Mg_{0.6}Ni_{0.4}O(S/PAN/Mg_{0.6}Ni_{0.4}O)$复合正极材料,从第二次循环开始放电比容量可达 $1223mA \cdot h \cdot g^{-1}$,100 次循环后容量保持率可达 100%。

Nazar 研究小组[87]将不同形态的介孔氧化钛(TiO_2)与孔内含有升华硫的介孔碳材料(孔径大于 10 nm),按照 10:1 比例制备复合正极材料,获得了纳米吸收剂的物理性能与其对聚硫锂吸附能力之间的关系,发现由于聚硫负离子与氧化物表面静电力的作用,在充放电过程中聚硫锂将优先被吸附在 TiO_2 的孔道内。比表面积最高,平均粒径为 5 nm 的 $\alpha - TiO_2$ 复合正极表现出最优异的电性能,首次放电比容量可达 $1201mA \cdot h \cdot g^{-1}$,100 次循环后容量保留率可达 73%,在高倍率下 200 次循环后容量仍可保持在 $750mA \cdot h \cdot g^{-1}$。同时,采用表面自生长法,在介孔碳/硫复合材料表面生成均匀的氧化物层 $MO_x(M = Si, V)$,MO_x 绝缘包覆层可以阻止聚硫锂在正极表面反应生成不溶的阻挡层,并且可以限制聚硫锂的溶解,$MO_x -$ 包覆 CMK - 3/S 复合正极材料合成原理示意图见图 5 - 20。2.7% SiO_x 包覆 CMK - 3/S 复合材料可逆容量可达 $718mA \cdot h \cdot g^{-1}$,60 次循环后容量保留率为 82.5%。相比于未包覆 MO_x 的 CMK - 3/S 正极材料,可逆放电比容量有所下降可能是由于 MO_x 的绝缘性导致的,但是由于其阻挡能力强对提高电池的循环性能具有积极的作用[90]。

5.3.4　硫正极发展趋势

在过去的几十年中,通过研究人员的不懈努力,锂—硫二次电池的性能已经获得了显著的提高,尤其在硫正极方面采用孔道丰富、结构新颖的碳材料、导电聚合物以及纳米金属氧化物材料,在提高正极导电性能、改善正极结构、抑制聚硫溶解方面取得了长足的进步。

然而,无论是利用碳材料还是导电聚合物材料对硫活性物质进行束缚,抑制聚硫锂从正极结构中溶出,在电池充放电过程中,都很难按照这种理想的正极结构模型来运行,即使聚硫锂的溶出得到一定程度的缓解,仍然不能做到完全控制。在充电过程中,当脱离了正极结构的聚硫锂再次向正极内部扩散时,这种优化设计的正

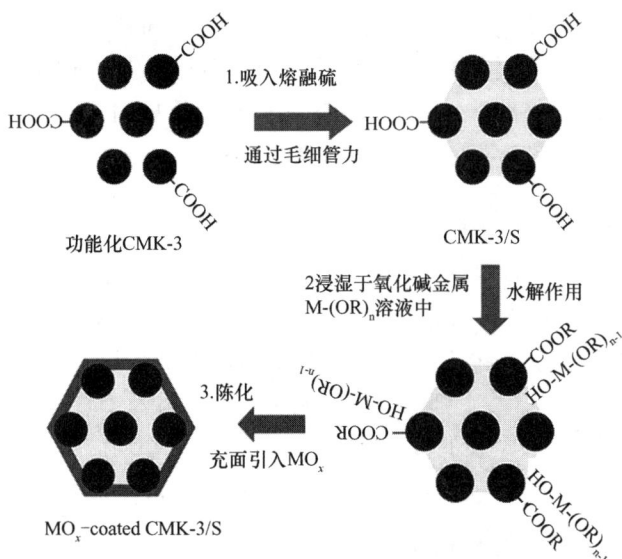

图 5 – 20 MO_x – 包覆 CMK – 3/S 复合正极材料合成原理示意图[90]

极结构又会成为物理阻隔屏障,而反作用于溶出的聚硫锂。另外,导电聚合物/硫复合材料对硫的负载率虽然可以高达 70%,但是该材料的导电性仍然不能满足锂—硫二次电池正极的需要,所以仍然需要加入 20% ~ 30% 的导电碳材料,这样就会降低硫在正极材料中的比例,不利于电池能量密度的提高。而纳米金属氧化物吸收剂,由于其本身的绝缘性不具有电化学活性及对改善电极的导电性没有积极作用,并且会增加消极质量,降低电池的能量密度。

在上述诸多方法中,性能最佳的硫正极可逆容量保持在 1200mA · h · g^{-1}[89],距离硫的理论放电比容量 1680mA · h · g^{-1} 仍然有一定的差距。所以,除了优化正极结构,抑制聚硫锂溶出以外,其他方面影响硫电极性能的原因也需要引起研究人员的注意。如电解液分解产物在正极表面沉积,形成的不溶有机物阻挡层而引起的正极传导性降低[5]。硫活性物质的不可逆氧化,导致 Li_xSO_y 在正极富集,不仅会加速正极结构的破坏,更意味着活性物质的不可逆损失[16]。除了正极方面的问题,电解液随着循环而枯竭以及金属锂负极的腐蚀,均为锂—硫二次电池性能的重要影响因素,不应该将其割裂而分开对待。例如由聚硫溶解而导致锂—硫二次电池所特有的"飞梭效应"就不仅对金属锂负极有影响,也对硫正极有负面作用。

5.4 锂负极

以金属锂为负极的锂二次电池有多种。根据电池种类的不同,在充放电过程中,锂负极所发生的化学反应及形貌变化也各不相同。以早期的 Li/MoS_2 二次电

155

池为例,电池负极在充放电过程中将出现"锂枝晶"的问题,导致电池出现安全问题;而在锂—硫二次电池中,在锂硫电池中不存在明显的锂晶枝问题。

由于锂负极是以金属锂为负极的锂二次电池的重要组成部分。因此,本节并不仅仅针对锂—硫二次电池,而是对锂负极的相关研究进行综合介绍。

5.4.1 锂负极与固态电解质相界面

由于金属锂活泼的化学性质,锂负极在电池体系中的充放电行为与锂电极的表面化学密切相关。应用于锂电池的锂箔一般是在人工控制的气氛下采用挤压法制备的。由于锂的高反应性,锂箔在挤压制备的过程中会与气氛中的组分(水、氧气、二氧化碳等)发生反应,在锂箔表面形成主要成分为 Li_2O、$LiOH$ 和 Li_2CO_3 的原始表面膜。这层原始表面膜的表层主要是 $LiOH$ 和 Li_2CO_3,底层主要是 Li_2O 和 $LiOH$(图 5 −21)[92~94],实际的组成和分布与生产条件密切相关。

图 5 −21　金属锂原始表面膜组成示意图[98]

目前应用于金属锂电池体系的电解质主要是包含锂盐和有机溶剂的有机液体电解质(简称电解液)。金属锂对锂盐和有机溶剂都是热力学不稳定的,但原始表面膜的存在会抑制金属锂与电解液的直接反应。在不同电解液体系下或者在循环过程中,电解液组分仍会渗透穿过原始表面膜接触到金属锂发生反应,而且原始表面膜本身也会参与其中反应。在复杂的化学反应中,不溶于电解液的反应产物沉淀在锂负极表面形成表面钝化层[95],这一层钝化层的物理和化学性质明显不同于金属锂且具有固态电解质的性质,因此最早由以色列学者 Emanuel Peled 在 1979 年命名为固态电解质相界面(Solid Electrolyte Interphase,SEI)[100]。经过近三十年的研究,固态电解质相界面对电极电化学行为和电池体系整体性能的重要影响逐渐得到认识和发展,本节主要介绍有机液体电解质体系中锂电极 SEI 膜的形成过程和组成结构。

锂电极 SEI 膜的形成过程实质上是金属锂、原始表面膜与电解液组分(有机溶剂、锂盐和添加剂)发生化学反应产生不同沉淀产物的过程,各国研究者采用多种表征手段详细研究了这一过程的动力学、反应步骤以及产物的种类。

① 采用差示扫描量热法。以色列学者 Doron Aurbach 等通过金属锂在标准电解液中的反应热来研究锂负极表面膜的生长过程和热行为[97],锂电极在电解液中

156

反应热的变化可以区分表面膜生成过程中的不同化学反应过程。不同温度下的反应热对应不同的化学反应过程,在 150℃以下的放热反应显示随着浸泡时间的增加锂负极表面膜厚度发生变化;当温度超过 150℃时,锂盐阴离子、溶剂和锂金属之间发生大量氧化还原反应,金属有机锂盐转化为更稳定的无机组分。通过这种方法获得的反应热仅仅与表面膜有关,可用于持续跟踪表面膜的生长过程。后续的研究发现表面膜的厚度和反应时间呈逆对数关系,这表明锂电极在电解液液中形成表面膜的过程中遵守 Mott - Cabrera 理论模型。Mott - Cabrera 理论模型的物理解释是在活泼金属表面形成固态薄膜的过程中,从活性金属到薄膜表面的电子隧穿过程(反应产生表面组分的过程)可能是非常快的,因此离子在薄膜中的传输是薄膜生长的限速步骤。

② 采用高温裂解气相色谱—质谱联用技术可以详细研究电解液组分在金属锂表面分解形成表面膜的过程[98]。在 1M LiClO$_4$/PC(碳酸丙烯酯)溶液中锂电极表面膜的主要组分为 ROCH(CH$_3$)CH$_2$OR 型结构,-OR 和 -OR 可能是 -OLi 或 -OCO$_2$Li。加入 5wt.% 的氟化碳酸乙烯酯(FEC)后形成活性组分 Li$^+$-CO$_2$·,其可以与 PC 反应形成同样的产物:ROCH(CH$_3$)CH$_2$OR′,采用高温分解气相色谱—质谱联用的数据可推导部分反应的示意图(图 5 - 22),这种反应机制解释无论电解液是否含有 FEC 最终表面膜具有相同的主要组分。研究还发现,锂盐的种类很大程度上影响着表面膜的化学组分。锂电极在 1M LiBFTI/PC 电解液中形成的表面膜含有 LiBFTI(LiN(SO$_2$C$_2$F$_5$)$_2$)的分解产物,且该表面膜主要由无机组分和少量有机组分组成。

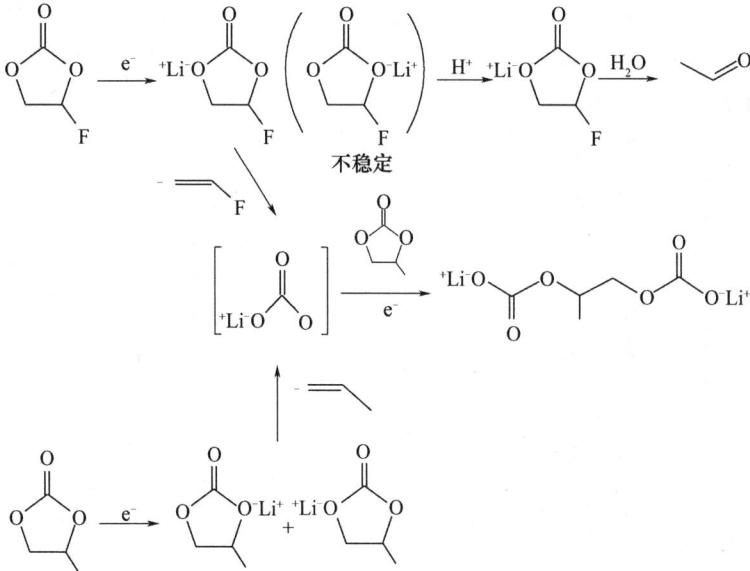

图 5 - 22　金属锂在 1 M LiClO$_4$/PC ＋ FEC (5wt.%)电解液中的表面反应示意图[98]

③ 电化学交流阻抗法

电化学交流阻抗谱是研究锂金属表面膜结构和性能的有效测试方法,采用不同反应时间测得的时差阻抗谱可以研究锂金属表面膜形成的过程[99]。锂电极阻抗随着反应时间的变化与表面膜厚度和组成的变化有关,这种变化可以作为表征从金属—表面膜界面到新生成表面膜组分的距离函数。时差阻抗谱就是两个不同时间(t_1, t_2)测得的阻抗曲线之间的差异$Z(\omega, t_1) - Z(\omega, t_2)$,这个频率函数可以有效表征锂电极表面膜的生长过程。

以烷基碳酸酯(EC – DMC)基电解液为例,采用周期性的电化学交流阻抗谱分析证实了这种方法的可行性。时差阻抗谱的分析表明,当锂电极浸入电解液后,表面膜的生长过程十分复杂,表面膜的部分性能随着反应时间变化而变化,因此表面膜具有不均一的结构。经较长时间的反应后,锂电极表面膜的生长变得更均匀,可能是因为随着锂电极表面膜厚度的增加,金属锂和溶液间反应的选择性增强。测试电解液电化学阻抗的变化还可以从侧面研究锂电极的表面化学[100],由于锂电极与电解液的反应影响着溶液中导电组分的含量,因此可将溶液阻抗的变化与锂电极的表面化学反应联系起来。

锂电极在电解液中通过表面化学反应形成的表面膜组分可以通过光谱、光电子能谱和核磁共振技术得以充分表征[97,101~103],金属锂在几种主要电解液组分中的表面膜组分已被充分研究(表5 – 2)。

表5 – 2 金属锂与几种常见电解液组分反应的主要反应产物

类别	组分	反应产物
烷基碳酸酯类	碳酸丙烯酯(PC)[104,105]	$CH_3CH(OCO_2Li)CH_2OCO_2Li$,$ROCO_2Li$
	碳酸乙烯酯(EC)[105,106]	$(CH_2OCO_2Li)_2$,Li_2CO_3
	碳酸二甲酯(DMC)[105,107]	CH_3OCO_2Li,Li_2CO_3
	碳酸二乙酯(DEC)[104,108]	$CH_3CH_2OCO_2Li$,CH_3CH_2OLi
	碳酸甲乙酯(EMC)[109]	CH_3OLi,CH_3OCO_2Li,$LiOH$,Li_2O
其他酯类	甲酸甲酯(MF)[110]	HCO_2Li,CH_3OLi
	γ – 丁内酯(γ – BL)[111]	$CH_3(CH_2)_2CO_2Li$,$LiO(CH_2)_3COOLi$
醚类	四氢呋喃(THF)[112]	$CH_3(CH_2)_3OLi$,$LiOH$
	二甲基四氢呋喃(2Me – THF)[113]	$ROLi$,Li_2O
	乙二醇二甲醚(DME)[112]	$ROLi$(CH_3OLi)
	1,3 – 二氧戊环(1.3 – DOL)[114]	$CH_3CH_2OLi(CH_2OLi)_2$,聚环氧烷成分
	二甘醇二甲醚(DG)[115]	CH_3OLi,$CH_3OCH_2CH_2OLi$,$(CH_2OLi)_2$
混合溶剂	EC – PC[106]	主要是EC分解产物,$ROCO_2Li$,Li_2CO_3
	EC – DEC[108]	Li_2O,$LiOH$
	MF – EC[116]	HCO_2Li,$ROCO_2Li$,Li_2CO_3
	MF – DMC[116]	HCO_2Li,$ROCO_2Li$,$LiOH$

158

类别	组分	反应产物
锂盐	六氟砷锂（$LiAsF_6$）[104,117]	LiF,$LiAsF_y$
	高氯酸锂（$LiClO_4$）[104,120,114]	Li_2O,$LiCl$,$LiClO_3$,$LiClO_2$
	四氟硼锂（$LiBF_4$）[104,118]	LiF,Li_xBF_y,$LiBF_yO_z$
	六氟磷锂（$LiPF_6$）[118,119]	LiF,Li_xPF_y,$LiPF_yO_z$
	三氟甲基磺酸锂（$LiSO_3CF_3$）[118,119]	$Li_xS_yO_z$,LiF,RCF_yLi_z
	二（三氟甲基磺酰）亚胺锂（$LiN(SO_2CF_3)_2$）[119,120]	LiF,$Li_xS_yO_z$,Li_3N,RCF_yLi_z,$Li_2NSO_2CF_3$

除组分外,表面膜结构和形态也对其电化学行为具有重要影响。采用红外光谱、X 射线光电子能谱和二维核磁共振测试表明,金属锂在电解液中形成的表面膜具有多层结构[103]。表面膜顶层的主要成分是 $ROCO_2Li$、Li_2CO_3、有机组分和 LiF,底层主要成分为 Li_2O 和碳化物。在环醚溶剂—LiTFSI 电解液体系中,顶层组分为 $Li_2S_2O_4$ 和 Li_2SO_3,底层组分为 Li_2S,这表明锂盐也参与表面膜形成的过程。通过 ^1H 和 ^{13}C 的二维核磁共振谱,发现顶层的有机组分主要包括（CH_2OCO_2Li）$_2$、氧化聚乙烯和含有氧化乙烯基的（CH_2OCO_2Li）$_2$。这些不同组分及其分布影响着锂负极的循环效率和循环后的形貌。Doron Aurbach 等采用 X 射线光电子能谱和离子刻蚀对几种重要电解液中的锂电极表面膜的结构进行分析[118],主要研究以 PC、EC、DMC、DOL 为溶剂,以 $LiAsF_6$、$LiBF_4$、$LiPF_6$、$LiN(SO_2CF3)_2$、$LiC(SO_2CF_3)_3$ 作为锂盐的电解液体系。金属锂在有机电解液体系中的表面化学主要是溶剂和金属锂间的化学反应,但是锂盐阴离子也会被还原成不溶于电解液的组分,沉淀形成表面膜（图 5-23）。锂电极的剖面分析表明表面膜具有多层复合结构,随着表面膜深度增加,表面膜中有机盐的浓度降低。

基于大量关于锂电极界面的研究工作,Doron Aurbach 研究小组结合电化学交流阻抗谱法建立了获得广泛认同和采用的锂电极—电解液界面模型[121]（图 5-24）。该模型将锂电极固态电解质相界面分为两层,底层的致密相界面和顶层的多孔相界面,分别对应电化学交流阻抗谱的高频部分和低频部分,其中底层的致密相界面又分为多个亚层。多孔相界面可以采用带有韦伯元件的 RC 电路来模拟,每一个致密相亚层都对应一个 RC 电路。通过 R 和 C 的数值分析可计算得到锂电极—电解液界面不同层的厚度和阻值。采用四种方案检验了上述模型:溶液组分和储存时间的影响;温度影响;溶液阻抗;电流通路。利用这个模型可以研究在不同实验条件下各层的阻值、厚度和锂离子迁移的活化能。

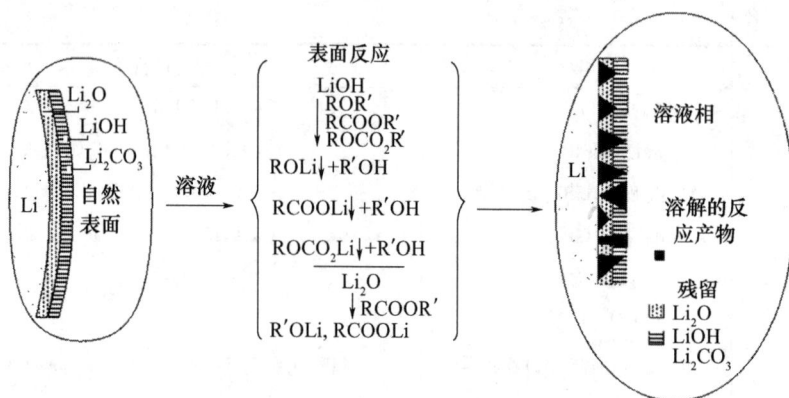

A lithium electrode covered by native surface films is introduced into the electrolyte solution.

图 5-23 锂电极浸入有机电解液后表面膜生成过程示意图[118]

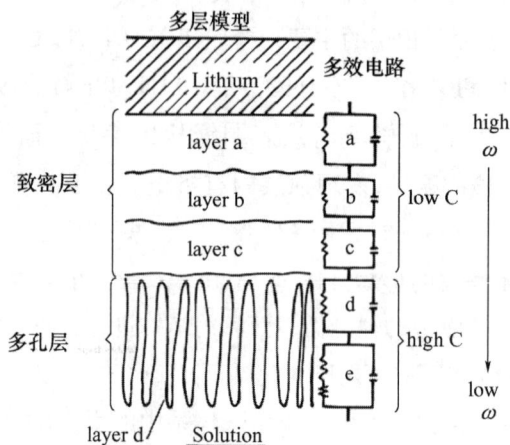

图 5-24 锂电极—电解液相界面的多层模型[121]

电解液各组分与金属锂的反应影响着锂电极在循环过程中的表面形貌[122,123]。锂电极在没有 HF 存在的电解液中沉积状态都以枝晶状为主,但在含有 HF 的电解液中锂沉积的表面高度光滑并具有球状颗粒形貌(图 5-25),HF 在碳酸酯类电解液中对锂沉积形貌和表面膜组分的影响甚至大于溶剂和锂盐。这表明,电解液中部分微量组分对锂负极表面膜的形貌和组分也具有重要影响。X 射线光电子能谱分析表明,锂电极在含有 HF 的碳酸酯类电解液中沉积形成的表面膜含有高度稳定且超薄(20~50Å),组分为 LiF 和 Li_2O 的亚层,这可能是锂电极沉积形成光滑形貌的深层次原因。采用原子力显微镜可以研究金属锂的表面形貌,采用力—距离膜模式可以评估锂表面膜的厚度和韧性,从而推测表面膜是否存在聚合物层[123]。

160

(a) (b)

图 5 - 25　金属锂在不同电解液体系中含有中沉积到镍基底上扫描电子显微镜照片

(a) $1.0 mol \cdot L^{-1}$ $LiBF_4/PC$；

(b) $10 * 10^{-3}$ mol $\cdot$ L^{-1} HF 和 $14 * 10^{-3}$ mol $\cdot$ L^{-1} H_2O 的 $1.0 mol \cdot L^{-1}$ $LiClO_4/EC + DEC$。

5.4.2　锂负极的失效过程

　　锂电极的失效过程指的是在锂电极的充放电过程中,随着不均匀沉积—溶解以及界面反应的加剧,锂电极逐渐从致密金属转化为多孔产物,电极中金属锂不断失去反应活性至电极完全瓦解失效。不均匀的锂沉积—溶解过程受到电池结构和电解液与锂电极间的浓度梯度影响[124],然而锂电极表面的固态电解质相界面主导着金属锂沉积—溶解过程和界面反应。

　　不同电解液体系的研究表明,锂电极表面膜的一致性对锂的沉积—溶解过程具有重要影响,采用原子力显微镜和表面电势显微镜可以表征锂金属表面膜的一致性[125,126]。原子力显微镜实验表明,电沉积锂电极的溶解过程伴随着锂负极表面膜的破碎。石英微晶天平的实验结果显示,该过程伴随着锂电极与电解液之间的化学反应,充放电过程中锂电极和电解液之间的化学反应是由于表面膜的破碎引起的,这种现象可能导致金属锂在有机液体电解质中低的库仑效率。表面电势研究表明,在含有 HF 的电解液中形貌良好的锂颗粒显示出均一的表面电势分布,也就是说 HF 可以提高锂负极表面膜的一致性。然而在循环若干次后,表面膜的分布就很不均匀并有初级阶段的枝晶形成。基于这些实验结果,Soshi Shiraishi 等推断锂电极表面膜的不均匀性会导致锂枝晶的形成(图 5 - 26)。

　　但这些应用的测试方法都没有做到定量地表征锂电极表面膜变化的全部过程。英国剑桥大学的学者 Clare P. Grey 将 ^7Li 的核磁共振成像应用到金属锂表面微观结构的研究中,为深入准确地研究锂负极的失效过程提供了可能(图 5 - 27)[127,128]。结合化学位移可以确定磁化诱导位移和微结构与金属锂之间距离的关系,因此该方法可以原位研究不同条件(充放电倍率、电解液体系中的溶剂、锂盐和添加剂等)下锂枝晶的形成过程、运动变化过程以及量化分析锂电极表面微观结构的变化。

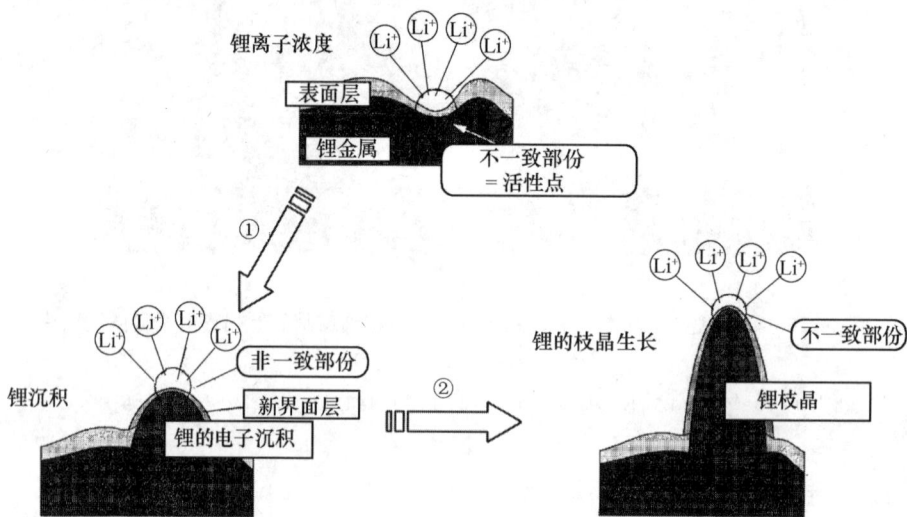

图 5 – 26　锂电极表面膜的不均匀导致枝晶形成的示意图[34]

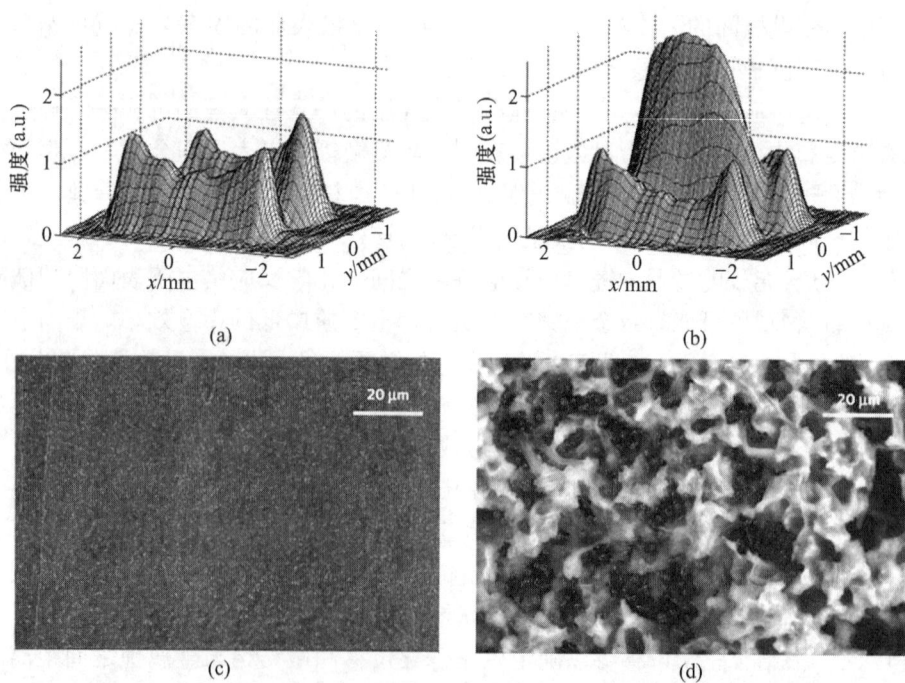

图 5 – 27　^{7}Li 的核磁共振成像图谱和对应的扫描电子显微镜照片[128]

Doron Aurbach 等结合计算模拟和实验手段表征对锂负极的沉积结晶过程做出深入研究[129,130]。在高充放电速率下,锂沉积形成半球状,锂晶粒间包含有数量较大的微晶,110 和 211 是锂晶体沉积过程中的两个优先生长方向。研究表明电流密度越大,电解液和锂负极反应沉积不溶性产物的速度越快,而溶剂的耗竭最终导致电池体系的失效。同时他们在非常安静和减振的条件下采用高灵敏度的原子力显微镜原位研究表面形貌以研究锂电极循环过程表面膜的行为[131,132]。基于系统研究以 PC、EC、DMC 和 DEC 为溶剂,以 LiPF$_6$、LiClO$_4$、LiAsF$_6$,LiN(SO$_2$CF$_3$)$_2$,LiN(SO$_2$CF$_2$CF$_3$)$_2$ 为锂盐的电解液中锂电极表面膜行为的数据,提出锂电极可逆性行为的条件以及枝晶形成的机理。通过研究溶液组分、浸泡时间、电流密度及其对锂沉积—溶解过程的影响得到锂枝晶的形成过程,以及高电流密度下锂负极表面膜的破损修复过程(图 5 - 28)。

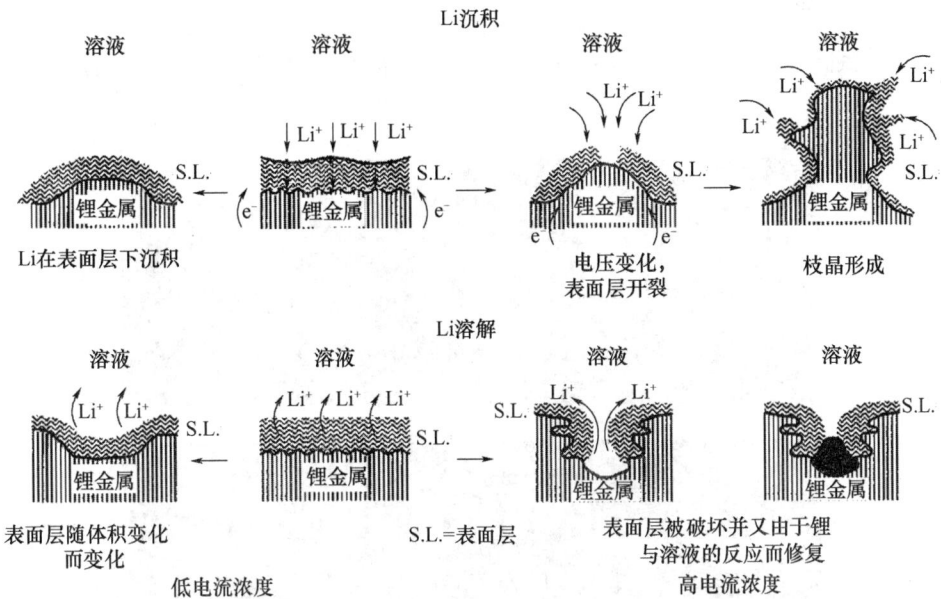

图 5 - 28   锂枝晶的形成过程以及高电流密度下锂负极表面膜的破损修复过程

前期关于锂电极面膜的破损导致持续的界面反应的实验现象并没有得到直观的表征。最近美国阿贡国家实验室 Carmen M. López 团队采用实时扫描电子显微镜对锂负极表面形貌和界面形貌进行系统研究,更加直接证实了这一过程[133,134]。实验表明,锂负极的表面形貌从平坦光滑转化为具有明显多层的毯式结构:顶层为锂枝晶形成的枝状层,中间多孔层为金属和电解液反应的产物,底层为未反应的致密金属锂层(图 5 - 29)。金属锂与电解液间持续的界面反应导致多孔层不断扩展,致密金属层不断变薄,最终整个锂电极转化为疏松多孔的反应产物,导致锂电极的完全失效(图 5 - 30)。

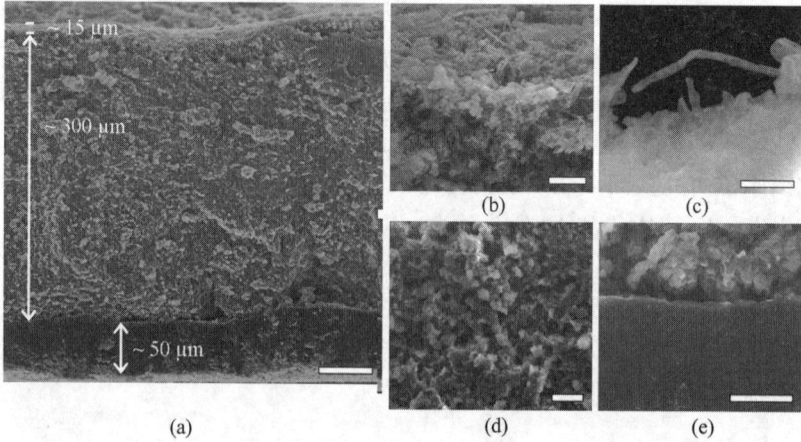

图 5 - 29 250 次循环后锂电极截面的扫面电子显微镜照片
（a）低倍数；（b）枝状层；（c）枝状层中的锂枝晶；（d）多孔层；（e）多孔层与致密金属层的界面。
标尺：（a）50μm；（b）、（d）、（e）10μm；（c）2μm。

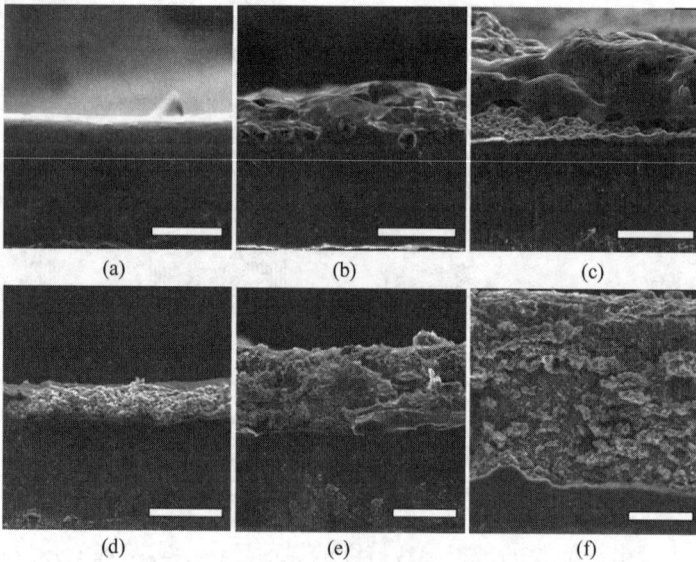

图 5 - 30 不同循环次数的锂电极截面的扫描电子显微镜照片
（a）循环前；（b）2 次；（c）10 次；（d）50 次；（e）125 次；（f）250 次。

5.4.3 锂负极的改性

锂电极表面膜对于锂电极电化学行为具有重要影响,因此人为干预锂电极表面膜的形成可以在一定程度上改善表面膜的性能,提高锂电极的电化学性能。除采用真空低温蒸镀在锂表面形成隔离层之外[135],在电解液中加入添加剂是最常见的办法(图5-31)。

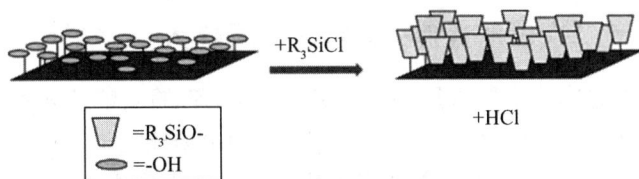

图5-31 氯硅烷改性锂表面的示意图

采用氯硅烷改性金属锂表面最早由 Fred Wudl 等提出并采用调制红外吸收光谱(PM-IRRAS)、X 射线光电子能谱(XPS)、能量色散 X 射线(EDX)和差示扫描量热法(DSC)对其机理进行初步研究[136]。研究表明锂负极表面原始层中的氢氧化锂与氯硅烷中的氯基团发生反应,主要的反应过程见反应式(5-26)~式(5-29)。通过界面反应在锂电极表面形成一层含硅的表面膜,改性后的锂电极表面膜可以抑制锂电极上的几种气相反应并具有良好的离子传导性。

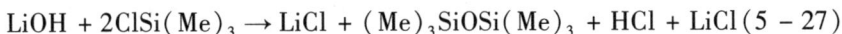

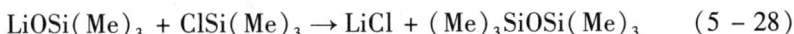

$$LiOH + ClSi(Me)_3 \rightarrow LiOSi(Me)_3 + HCl \qquad (5-26)$$
$$LiOH + 2ClSi(Me)_3 \rightarrow LiCl + (Me)_3SiOSi(Me)_3 + HCl + LiCl \qquad (5-27)$$
$$LiOSi(Me)_3 + ClSi(Me)_3 \rightarrow LiCl + (Me)_3SiOSi(Me)_3 \qquad (5-28)$$
$$2HCl + 2Li \rightarrow 2LiCl + H_2 \qquad (5-29)$$

美国阿贡实验室的 John T. Vaughey 等深入研究了不同类型氯硅烷对锂电极表面膜的影响[136,137]。通过不同的预处理工艺和不同烷基的氯硅烷处理锂电极表面,获得不同的锂电极表面膜。研究表明,采用戊烷预处理锂金属表面有助于提高锂电极的循环性能。在一系列氯硅烷中,具有较大体积(大于三苯基)和较小体积(甲基)烷基的氯硅烷可以提高锂电极的性能,介于两者之间的反而会降低锂电极的循环性能。

在电解液中加入 HF 等在锂表面形成 LiF 的工作在早期已有报道[139],还有研究者将 $(C_2H_5)_4NF(HF)_4$ 作为锂电极电解液的添加剂[140]。加入该添加剂后 $(C_2H_5)_4NF(HF)_4$ 与多种基础锂化合物反应生成含有 LiF/Li_2O 层的表面膜,锂电极的沉积效率得到提高。特别是在 DME 基电解液中加入 0.0025 mol·L^{-1} 的 $(C_2H_5)_4NF(HF)_4$ 后锂电极表现出最高的可逆性,这可能跟 DME 的还原反应性有关。有学者认为锂电极表面绝缘的电化学惰性锂(死锂)是造成锂电极循环效率低下的主要原因,采用添加有导电炭黑的金属锂作为电极[141],并加入苯类添加剂可改善锂电极的循环性能。

采用添加剂在锂电极表面形成合金可以形成具有保护性的过渡层,降低金属锂与电解液间界面反应的活性[142,143]。将锂电极在含有 AlI$_3$ 添加剂的电解液中恒流循环一次作为预处理,处理后的锂电极在不含添加剂的电解液中的循环效率得到提高。在锂电极充放电的过程中发现预处理的铝仍保持在电极上,这种残留的铝通过形成锂铝合金,可以稳定锂电极界面。

5.4.4　锂—硫二次电池锂负极改性的发展趋势

目前锂硫电池体系主要采用 DOL + DME/LiTFSI 的电解液体系,而且充放电过程中的活性物质聚硫锂会溶解在电解液中并扩散到锂负极与之发生反应[144~147],因此锂硫电池中锂负极的界面化学不仅要考虑锂电极与有机电解液组分的界面反应,还要考虑其与活性物质聚硫锂的反应。美国 Sion Power 公司最早提出在锂硫电池电解液中加入含有氮氧键的添加剂(无机硝酸盐、有机硝酸盐、有机硝基化合物)可以提高锂硫电池循环性能和充放电效率[148~150],这种方法的改善效果已为中科院上海硅酸盐研究所温兆银课题组研究[151]。研究表明,加入硝酸锂后锂硫电池循环性能得到提高,库仑效率高于95%。

Doron Aurbach 等研究了锂硫电池中锂负极复杂的表面化学反应[152]。采用傅里叶红外光谱和 X 射线光电子能谱研究溶剂(1,3 - 二氧戊烷)、锂盐(LiTFSI)、聚硫离子和硝酸锂添加剂对于生成锂负极保护表面膜的贡献,并分析其反应机理(图 5 - 32 和图 5 - 33)。研究表明,电解液中硝酸锂可以钝化锂电极表面,抑制金属锂和聚硫锂之间的电子转移,从而阻止聚硫锂与锂电极之间的副反应。

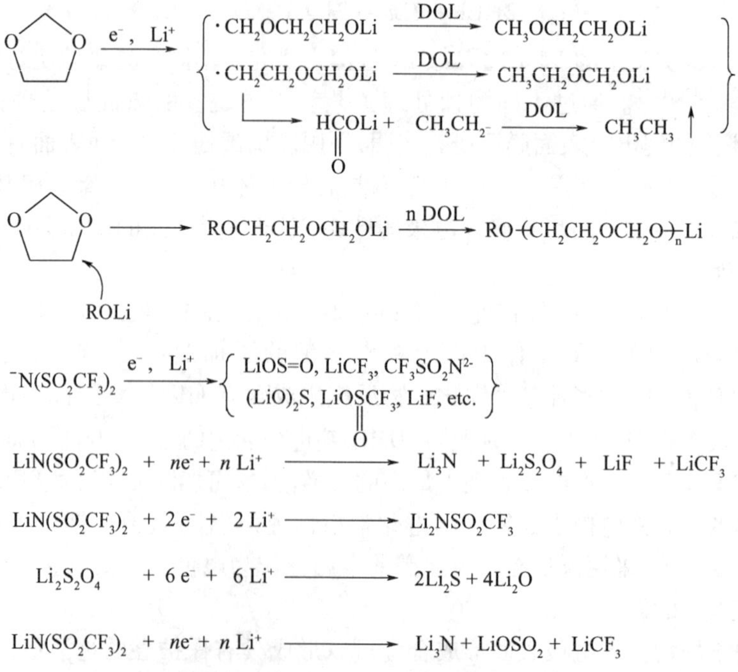

图 5 - 32　锂电极与电解液组分反应示意图

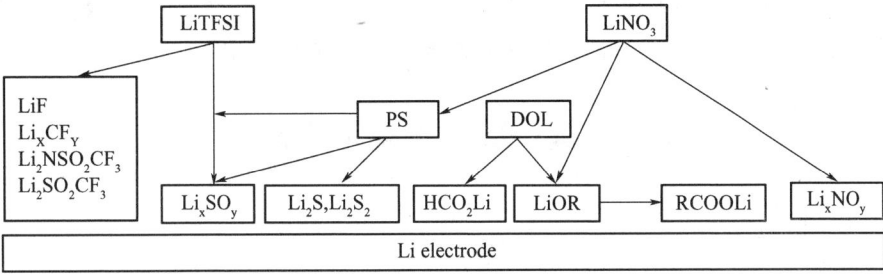

图 5 - 33 锂电极在锂硫电池中的界面反应示意图

国防科技大学的熊仕昭等采用 X 射线光电子能谱、离子刻蚀结合原子力显微镜对锂负极在含有硝酸锂的电解液中表面膜的结构进行表征。研究表明,随着表面膜深度的增加,硝酸锂被还原成价态更低的产物(图 5 - 34)。在锂电极表面膜生成的过程中,电解液溶剂与锂电极的反应可能优先于锂盐在锂电极上的分解,经过多步反应最终形成致密均匀的表面膜。

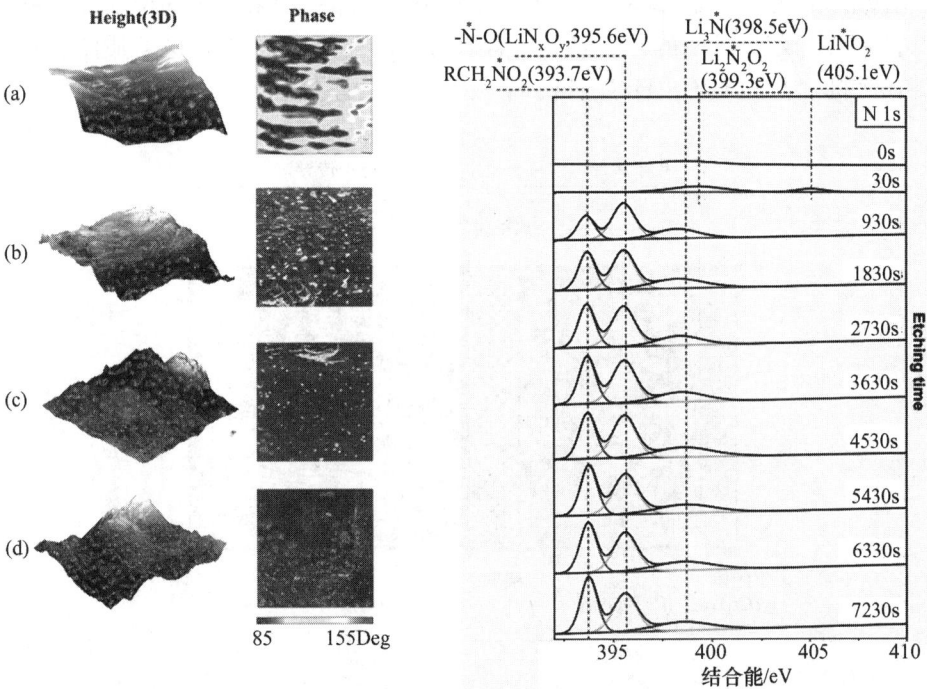

图 5 - 34 锂电极在锂硫电池电解液中的形成的表面膜结构
(左图:不同反应时间后的原子力显微镜张片;右图:不同深度的 XPS 图谱)

除硝酸锂外,研究者们还尝试其他办法来保护锂硫电池的锂负极,提高体系性能,包括采用引发剂与电解液中单体的交联反应形成保护膜[154]、用原位沉积法在锂负极表面形成包含单离子导体层和聚合物层的复合保护膜[155]，均取得一定改善效果，但锂负极的行为和改进方法还需要更多更深入的研究。

5.5 锂—硫二次电池电解液

5.5.1 概述

大部分市场化的锂电池中使用的非水电解质溶液即有机液体电解质，是由锂盐溶解到有机溶剂中制成的。

图 5 – 35 示意了电解液在锂电池中的作用。电解液在电池中起到的作用是在电池充放电时作为离子导体在正极和负极之间传输锂离子。由于正极一般为多孔电极，因此液体电解质必须能够渗入电极并在固—液界面间流畅传输锂离子。电解液必须具备高电导率、高化学稳定性、高电化学稳定性、宽的适用温度范围和高安全性。目前已被开发并充分研究的用于电解液的有机溶剂主要有碳酸酯类（碳酸乙烯酯、碳酸丙烯酯、碳酸二乙酯等）、羧酸酯类（γ – 丁内酯，甲酸甲酯等）、醚类（1,3 – 二氧戊环、乙二醇二甲醚等）、含硫有机溶剂等，用于有机电解质的锂盐主要有无机锂盐（$LiClO_4$、$LiPF_6$、$LiAsF_6$ 等）和有机锂盐（$LiCF_3SO_3$、LiTFSI、LiBOB

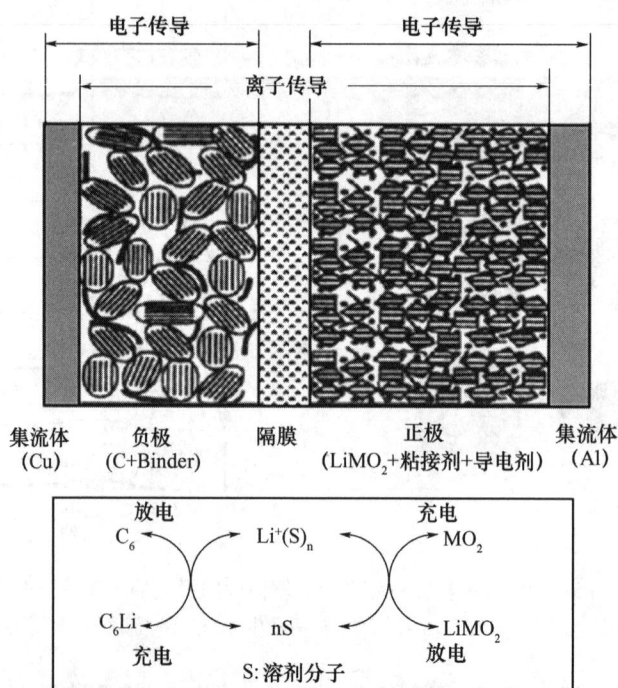

图 5 – 35 有机电解液在锂电池中的作用

等)。商品化的锂离子电池电解液一般选择 LiPF₆ 作为锂盐,溶剂多为碳酸乙烯酯与碳酸二甲酯或者碳酸二乙酯构成的混合溶剂。关于有机液体电解质的理论和实验研究已在同类专著中有着较为详尽的介绍,本章主要介绍应用到锂硫电池的有机液体电解质及其改性的研究工作,并在最后介绍了离子液体在锂硫电池中的研究情况以及发展前景。

5.5.2 有机液体电解质

最初人们研究四氢呋喃基电解液体系的锂—硫二次电池并对氧化还原机理进行了详细讨论[156]。Emanuel Peled 等最早将 1,3 - 二氧戊环(DOL)用于锂—硫二次电池,相比甲苯 - 四氢呋喃体系,采用 DOL 基电解液的锂—硫二次电池可以在较宽温度范围内(-30℃ ~60℃)获得较高的电导率以及良好的锂电极兼容性[157]。

目前用于锂硫电池的有机电解液体系主要以醚类为溶剂,以二(三氟甲基磺酰亚胺)锂(LiTFSI)为锂盐。研究发现,电解液用量、醚类官能团的不同和比例都对锂硫电池的充放电性能具有重要影响。实验表明,中等用量的电解液可以获得稳定最佳的循环性能[158]。同时,锂—硫二次电池的放电比容量和循环稳定性取决于溶剂的特性和比例,DOL 的比例越高放电比容量越低,DME 含量越高平均放电电压越低,因此优化比例后的电解液体系可以有效改善锂—硫二次电池的电化学性能[159]。进一步研究表明,电解液中 DME 含量过高会在硫正极表面形成钝化层,增加了电池的界面阻抗,钝化层导致锂硫电池循环性能变差,DOL 和 DME 的最佳体积比为 1:2[160]。

此外,以四甘醇二甲醚(TEGDME)和 1,3 - 二氧戊环为混合溶剂的电解液也较多用于锂—硫二次电池的研究[161,162]。实验发现,具有最高离子电导率的混合比例是 TEGDME: DOL = 30:70,因为 TEGDME 能较好地溶解锂盐,而 DOL 可以有效降低电解液黏度。基于这种二元电解液的锂—硫二次电池显示出两个平台(2.4V 和 2.1V),分别对应着可溶性聚硫锂的形成和固态还原产物的形成。二元电解液的红外光谱分析表明短链聚硫锂在 2.4V 左右的高电压平台更倾向于在 DOL 基电解液中形成。两种溶剂的比例决定着锂—硫二次电池低平台的电压,因为低平台的硫利用率与电解液黏度和离子电导率有关。

5.5.3 离子液体和添加剂

由于锂—硫二次电池在有机电解液体系中的电化学性能并不能令人满意,因此很多电解液添加剂被开发出来用于锂—硫二次电池。Soo - Jin Park 等采用咪唑类离子液体作为添加剂[163]。研究表明,加入 EMI - (1 - 乙基 - 3 - 甲基咪唑)和 BMI - (1 - 丁基 - 3 - 甲基咪唑)基离子液体的锂—硫二次电池表现出更大的容量。但加入 DMPI - (1,2 - 二甲基 - 3 - 丙基咪唑)的锂—硫二次电池表现出很差的循环性能,10 次以后仅剩 200mA·h·g⁻¹。造成这种现象的可能原因是 DMPI 与聚硫锂的反应造成碳骨架被覆盖一层不导电反应产物而失效。Choi 等[164]研究了在 1M LiCF₃SO₃ 的 TEGDME(四乙二醇二甲醚)电解液中加入不同量的甲苯对锂—硫二次电池电化学性能的影响。甲苯的加入可以降低电极和电解液界面的阻抗,加入 5%(vol%)甲苯的锂硫电池首次放电比容量为 750mA·h·g⁻¹ 且循环性能和充放电效率得到显著提高。Boris A. Trofimov 等研究了保护性二羟基聚硫作为锂电池电解液的添加剂[165],加入 5% 的添加剂后锂硫电池的循环性能得到改善。机理是添加剂可以提高 Li₂S 的可逆性,进而提高电池的可逆容量(图 5 – 36)。

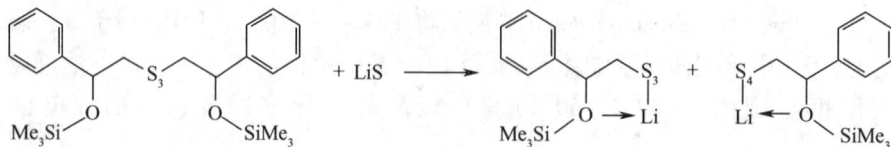

图 5 – 36 二羟基聚硫改善锂—硫二次电池性能的机理

综合来看,以混合醚类作溶剂,双(三氟甲基磺酰亚胺)锂为锂盐,低浓度硝酸锂作为添加剂的有机电解液体系仍然是目前锂—硫二次电池较为理想的液态电解质体系。通过不同醚类溶剂的混合和比例的优化,可以显著提高聚硫的溶解度,改善电解液的传导性、安全性和适用范围。离子液体体系虽然具有较高的安全性和较宽的电化学窗口,但较低的电导率和锂离子迁移数使其应用受到限制。聚硫在离子液体基电解质体系中溶解度极低,这会改变锂硫电池的电化学反应过程,降低活性物质的利用率。

5.6 锂—硫二次电池隔膜

隔膜作为在锂离子电池的重要组成部分,有效阻止正负极之间的直接接触以避免短路。锂硫电池用隔膜材料首先要满足一般化学电源的基本要求,即:①有一定的力学强度和热稳定性;②具有较好的锂离子传输能力;③优良的电子绝缘性以保证电极间的有效隔离;④在工作电压范围内与正负极及电解液保持良好的相容性;⑤廉价、无毒、环保。

商业化的聚乙烯/聚丙烯多层复合隔膜具有孔隙率高、强度高、韧性好、耐酸碱能力强、持液率高等特点,被广泛应用于各类型锂离子电池。锂—硫二次电池使用该类隔膜配合醚类电解液能达到良好的性能。

但是由于聚乙烯/聚丙烯多层复合隔膜与电解液中的离子并无相互作用,无法从根本上解决锂—硫二次电池由聚硫离子溶解所造成的各种问题。因此为了达到锂—硫二次电池的最佳性能,对隔膜材料还有一些特殊要求,其中最重要的是对溶解在电解液中的电化学活性物质扩散迁移具有一定的阻隔作用。最为理想的状

170

态是电解质膜材料的锂离子迁移数为1,使隔膜材料仅传导锂离子而不传导其他阴离子,从而避免溶解在电解液中的聚硫离子与锂负极接触并反应,造成活性物质的损失。

可满足锂—硫二次电池特殊使用要求的隔膜材料从相态上来分,分为无机电解质和聚合物电解质两类。

5.6.1 无机电解质

无机电解质包括陶瓷电解质(又称晶态电解质)和玻璃电解质(又称非晶态电解质)。这种材料具有较高的锂离子电导率和锂离子迁移数(≈ 1)、耐高温性能和较好的可加工性能,具有很好的发展前景。但其力学性能差、与电极接触的界面阻抗大和电化学窗口不宽是限制该类电解质发展的主要因素。

陶瓷电解质室温离子电导率低,材料导电性具有各向异性,对金属锂稳定性差,制备难度大,造价高[166,167],可用于锂硫电池的陶瓷电解质寥寥无几。与陶瓷电解质相比,玻璃电解质在组成上可以有较大变化,因而易获得较高的室温离子电导率;由于玻璃材料基本上各向同性,使其离子扩散通道也具备各向同性的特点;而且,玻璃电解质颗粒界面电荷迁移电阻很小,除本体阻抗外,影响传导性能的因素还有堆积密度。总体而言,玻璃电解质具有离子电导率高、导电各向同性、颗粒界面电荷迁移电阻小和制备工艺较晶体材料简单等优点,在锂硫电池中具有很好的应用前景[168,169]。

玻璃电解质在结构上不具有长程有序(即原子排列的周期性)结构,但其中的原子排列不是完全杂乱无章,而是在一个原子或几个原子距离范围内的排列遵从一定规律(即短程有序)。在玻璃电解质中,阴离子被固定在玻璃网络并以共价键连接,而阳离子的跃迁过程仍在继续。对于不规则网络结构的玻璃电解质,各通道口径大小不一。半径大的阳离子,通道易发生阻塞;半径小的锂离子,在玻璃网络中易通过,因此对只有阳离子导电的玻璃电解质,锂离子迁移数接近1。

玻璃电解质主要有氧化物型、硫化物型及氧化物、硫化物混合型。氧化物玻璃电解质由网络形成氧化物(SiO_2、B_2O_3、P_2O_5等)和网络改性氧化物(如Li_2O)组成,在低温下属于热力学稳定体系。网络形成氧化物形成相互连接较强的分子链,具有长程无序的特征,氧原子固定在玻璃网络间并以共价键相连。目前研究较多的氧化物玻璃电解质有$Li_2O - B_2O_3 - P_2O_5$[170,171]、$Li_2O - B_2O_3 - SiO_2$[172]和$Li_2O - SeO_2 - B_2O_3$[172]三元体系。氧化物玻璃电解质玻璃网络中的氧离子被硫离子取代后便形成硫化物玻璃电解质,硫离子与氧离子相比,S^{2-}的最高价带$3p^6$比O^{2-}的最高价带$2p^6$能级位置高,因此非桥S^{2-}比非桥O^{2-}活性大,有较大的极化能力,对锂离子的束缚力弱。同时,硫离子半径比氧离子大,可以形成较大的离子传输通道,有利于锂离子迁移,因而硫化物玻璃电解质显示出较高的室温离子电导率。近年来,日本研究人员对硫化物玻璃电解质进行了大量的系统研究,其中 Li_2S – SiS_2、Li_2S – P_2S_5 和 Li_2S – B_2S_3 等是研究最多的电解质体系[173]。氧化物与硫化物混合型玻璃电解质是在氧化物玻璃中掺入硫化物或在硫化物玻璃中掺入氧化物制得,可以分别达到提高氧化物玻璃电解质离子电导率和硫化物玻璃电解质热稳定性及电化学稳定性的作用。此类玻璃电解质研究较多的是 Li_3PO_4 – Li_2S – SiS_2 电解质体系。

无机电解质作为聚硫负离子的物理屏蔽应用于锂—硫二次电池,可完全阻隔单质硫和聚硫离子向金属锂负极的扩散。Kobayashi 等[174] 采用 $Li_{3.25}Ge_{0.25}P_{0.75}S_4$ 陶瓷电解质组装成锂硫电池,在 $0.13mA \cdot cm^{-2}$ 放电电流密度下首次放电比容量达 $650mA \cdot h \cdot g^{-1}$,经 10 次循环以后容量为 $370mA \cdot h \cdot g^{-1}$。Hayashi 等[175] 采用 Li_2S – P_2S_5 玻璃陶瓷电解质,以 S/CuS 为正极组装成全固态锂—硫二次电池,在 $0.064mA \cdot cm^{-2}$ 放电电流密度下,经 20 次循环后保持 $650mA \cdot h \cdot g^{-1}$ 的放电比容量。Machida 等[176] 用高能球磨法制备了 $60Li_2S$ – $40SiS_2$ 玻璃电解质,室温离子电导率为 $1.3 \times 10^{-4}S \cdot cm^{-1}$,并具有高达 $10V$(vs. Li^+/Li) 的电化学工作窗口,将其与球磨得到的 Cu/S 复合材料正极组装成电池,在 $0.64mA \cdot cm^{-2}$ 放电电流密度下首次放电比容量大于 $980mA \cdot h \cdot g^{-1}$。国防科技大学的 Hu 等[177] 为解决无机电解质力学性能差等问题,采用低温磁控溅射法将 LiPON 隔膜沉积于 PP 微孔膜衬底上,分别制得"部分覆盖"、"生长覆盖"和"基本覆盖"三种复合隔膜,其结构示意图如图 5 – 37 所示。该类型隔膜在锂—硫二次电池常用液态电解液中的电导率最高可达到 $5.8 \times 10^{-4} S \cdot cm^{-1}$,电化学窗口达 $4.93V$。用于锂—硫二次电池的循环性能如图5 – 38所示,其中"基本覆盖"型复合膜组装的锂—硫二次电池循环稳定性最佳,经 50 次循环以后仍保持有初始放电比容量的 56%($483mA \cdot h \cdot g^{-1}$),且随循环进行较为稳定。

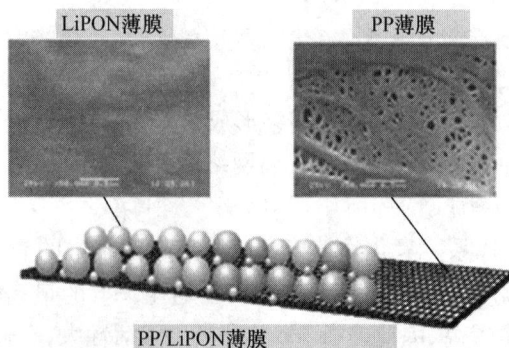

LiPON薄膜   PP薄膜

PP/LiPON薄膜

图 5 – 37   PP/LiPON 复合膜结构示意图

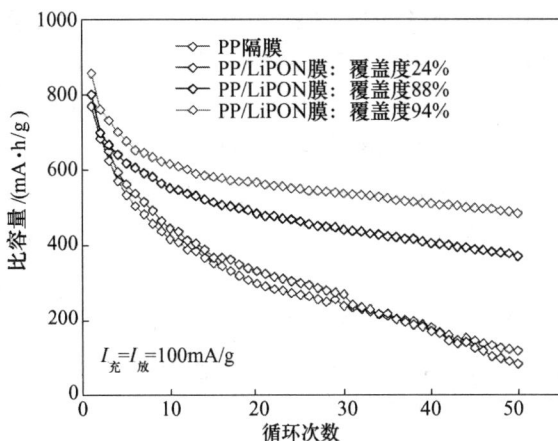

图 5-38 不同隔膜体系的锂—硫电池循环性能

5.6.2 聚合物电解质

聚合物电解质主要是由聚合物和盐类构成的一类新型的离子导体,材料通常情况下为固态(凝胶态),避免了液漏问题;多数聚合物电解质材料在室温下处于高弹态,易产生形变,能保证与电极良好的接触,这对于降低电池内阻、抑制锂枝晶的产生至关重要。聚合物电解质的研究起源于 1973 年,Wright 等[178]发现聚醚碱金属有很高的离子导电性,1979 年 Armend[179]首次将这类聚合物应用于电池,从此聚合物电解质得到了人们的广泛关注,各国相继展开对新型聚合物电解质的研究工作。聚合物电解质主要分为全固态聚合物电解质和凝胶电解质。

1. 全固态聚合物电解质

全固态聚合物电解质(SPE)是将锂盐(如 $LiClO_4$、$LiBF_4$、$LiPF_6$、$LiAsF_6$、$LiCF_3SO_3$、$LiN(CF_3SO_2)_2$、$LiC(CF_3SO_2)_3$ 等)溶于高分子聚醚(如 PEO(polyethylene oxide),聚氧化乙烯)中,其中聚醚起到了固体溶剂的作用。通常而言,固体聚合物电解质的导电机制是[180]:首先迁移离子如锂离子等与聚合物链上的极性基团如氧、氮等原子配位,在电场作用下,随着聚合物无定形区中分子链段的热运动,迁移离子与极性基团不断发生配位与解配位的过程,从而实现离子传导。

1993 年 Angell[181,182]等把传统聚合物掺盐的想法倒转过来,将少量的聚合物(质量含量小于 10%)熔于低温共熔盐中,以无机快离子导体作为体系的主体,而聚合物为第二组分,仅作为黏结剂而存在,提出了"Polymer-in salt"固体电解质的概念。该体系具有较高的锂离子导电性,室温电导率为 10^{-4} S·cm^{-1},并具有良好的电化学稳定性。但是该类体系的力学性能很差,另外由于大量无机快离子导体的存在导致体系的吸水性较大,这两方面的不足限制了其实际应用。

但是,目前 SPE 室温离子电导率较低($10^{-8} \sim 10^{-4}$ S·cm^{-1}),应用于锂—硫二

173

次电池时需要在高温(70~90℃)下才能正常工作[183~190]。Ryu 等[191]采用 PEO—LiTFSI(EO/Li=8)SPE 组装的锂—硫二次电池以 0.2mA·cm^{-2}电流放电,在 70℃下首次放电比容量为 800mA·h·g^{-1},经 40 次循环以后电池循环容量仅 400mA·h·g^{-1}。Zhu 等[192]将添加有 10 wt% γ-LiAlO$_2$ 的 PEO—LiTFSI(EO/Li=20)SPE 应用于锂—硫二次电池,以 0.1mA·cm^{-2}电流放电,该电池在 75℃下首次放电比容量仅 450mA·h·g^{-1},经 50 次循环以后电池循环容量仅剩 290mA·h·g^{-1}。

2. 凝胶聚合物电解质

凝胶型聚合物电解质(GPE)与传统聚合物固体电解质的不同之处在于往聚合物固体电解质中加入了极性有机增塑剂。凝胶型聚合物电解质是以金属盐作为溶质,由聚合物基体和极性有机增塑剂为溶剂组成的凝胶态电解质体系。由聚合物、金属盐、极性有机增塑剂三元组分组成的电解质也是固体,由于高分子网络吸附有大量的电解液,该混合物的离子电导率比全固态聚合物电解质高两个数量级以上,并有类似于液态电解质的导电机理,使其同时具有液态电解质中隔膜和离子导体的双重功能。为了促进锂盐的解离以提高锂离子的迁移能力,使凝胶电解质具有较高的电导率,通常需要增加大量增塑剂,如高沸点的碳酸酯类化合物,但是这样会造成凝胶电解质的力学性能劣化。

通常使用的聚合物如 PVdF(聚偏氟乙烯)、PVC(聚氯乙烯)、PAN(聚丙烯腈)、PVP(聚乙烯基吡咯烷酮)、PMMA(聚甲基丙烯酸甲酯)等,价格便宜,材料易得,在凝胶聚合物电解质中应用,适于批量生产,是一个诱人的优点,因此凝胶电解质得到了人们的广泛研究[193~195]。在以上聚合物基体材料中,以 PAN 为基体的 GPE 与金属锂电极相容性差,不适用于锂—硫二次电池。

Lee 等[196]将 P(VDF-HFP)浸入 1M LiClO$_4$/TEGDME 电解液中制得 GPE,以此 GPE 组装的锂—硫二次电池首次放电比容量达 500mA·h·g^{-1}。Hassoun 等[197,198]将 Li$_2$S 和 Super P 球磨混合后,加入黏结剂经过热压处理制得正极材料,然后将 PEO 聚合物基体浸入 1M LiPF$_6$/EC+DMC(1:1,v/v)电解液中制得 GPE,以此 GPE 组装的锂—硫二次电池首次放电比容量达 600mA·h·g^{-1}。Saikia 等[199]以 P(VDF-HFP)为基体,将 LiAsF$_6$ 溶于以 PC/DMC 为增塑剂的混合溶剂中制得微孔 GPE,使用该电解质的锂—硫二次电池可以实现快速充放电性能。马萍等[200]用溶液浇注和电解液吸收的方法制备了 PVDF-PEO 基 GPE,将其应用于锂—硫二次电池,电池经过 15 次循环以后,放电比容量高于 400mA·h·g^{-1}。

但是近年来,关于 SPE、GPE 用于锂硫电池的相关报道逐渐减少,这是因为上述聚合物仅是与 Li$^+$ 存在相互作用,而与负离子没有任何相互作用。因此在锂—硫二次电池循环过程中所产生的硫负离子仍能在该体系的聚合物电解质中自由扩散,从而由于硫负离子自由扩散而造成的诸如活性物质损失、库仑效率降低等问题无法通过 SPE、GPE 的应用而得到根本性解决。

3. 单离子聚合物电解质

一般的聚合物电解质是通过锂离子和其反离子的定向迁移而实现传导电流的，因此又被称为双离子导体。单锂离子聚合物电解质膜是将与 Li^+ 配位的阴离子固定在高分子链上，利用这些固定阴离子的体积效应和电荷效应传递 Li^+ 并阻隔阴离子的穿过。因此，单离子聚合物电解质既保持了 SPE、GPE 相容性好、安全性高等特点，又能满足锂—硫二次电池的特殊要求。

目前各种梳状[201,202]、超支化状[203]等离子选择传导膜都已被广泛研究。其中全氟型的单离子聚合物电解质由于稳定性高、力学性能好而备受关注。其中 Dupont 公司的 Nafion 系列作为较为成熟的质子选择传导膜被广泛应用于氢氧燃料电池、氯碱工业等。Doyle 等[204~206]、Sachan 等[207]分别尝试通过阳离子交换得到具有锂离子选择通过性的 Li^+ – Nafion，并研究了其在多种无水有机电解液中的离子电导率。虽然没有将 Li^+ – Nafion 实际应用于锂离子电池，但是该聚合物电解质在某些锂离子电池常用电解液中的离子电导率最高能达到 10^{-4} S·cm^{-1}，能够基本满足锂离子电池的需要。Liang 等[208]首次将 Li^+ – Nafion 作为聚合物电解质应用于 Li – $LiCoO_2$ 电池，其首次放电比容量为 126mA·h·g^{-1}，10 次循环后放电比容量为 100mA·h·g^{-1}。Cai 等[209]将 Li^+ – Nafion 作为聚合物电解质应用于 Li – $LiFePO_4$ 电池，100 次循环后容量保持率达到 90.9%，证明 Li^+ – Nafion 单离子聚合物电解质能够实际应用于锂离子电池。

国防科技大学的 Jin 等[210]首次将 Li^+ – Nafion 应用于锂—硫二次电池，其循环性能如图 5 – 39 所示。50 次循环以后仍保持有初始放电比容量的 69%（815mA·h·g^{-1}），且对锂负极表面形貌观测表明 Li^+ – Nafion 对聚硫负离子的扩散有明显的抑制作用，如图 5 –40 所示。使用液态电解质的锂—硫二次电池的锂负极表面覆盖了一层 Li_2S/Li_2S_2 钝化层，而使用 Li^+ – Nafion 的锂负极表面并未发现该钝化层。

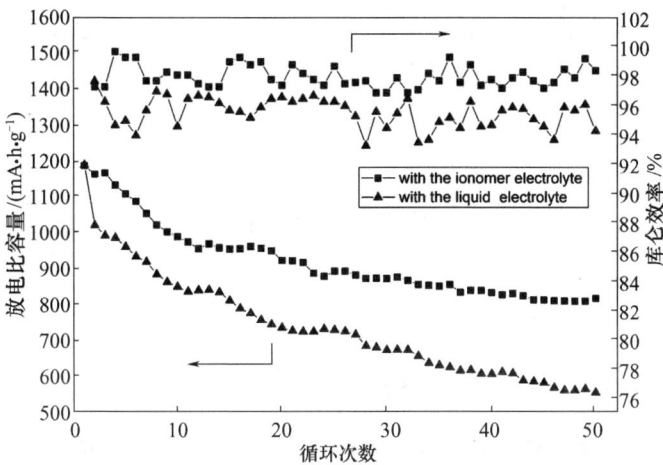

图 5 – 39　使用 Li^+ – Nafion 电解质和液态电解质的锂硫电池循环性能和库仑效率

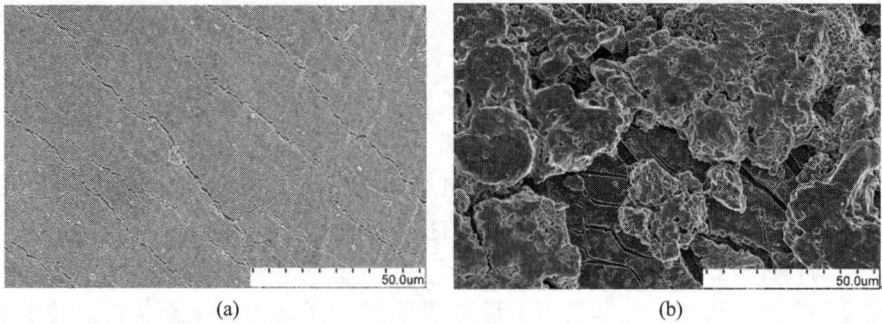

图 5 - 40 50 次循环后锂硫电池锂负极表面形貌

（a）使用 Li[+] - Nafion 电解质；（b）使用液态电解质。

为了增加 Li[+] - Nafion 在有机电解液中的锂离子电导率，Doyle 等[204,211]、Desmarteau 等[212,213]分别对 Li[+] - Nafion 进行改性研究，将 Li[+] - Nafion 末端的磺酸锂基团（ - SO_3Li）分别转化为羧酸锂基团（ - COOLi）、苯乙烯磺酸锂基团（ - CH - CH - C_6H_4 - SO_3Li），磺酰亚胺锂基团（ - $SO_2N(Li)SO_2CF_3$），磺酰双腈胺锂基团（ - SO_2 - $C(CN)_2Li$）等，都取得了不同程度的进展。国防科技大学的 Jin 等[214]合成的全氟磺酰双腈胺锂聚合物（合成示意图如图 5 - 41 所示），采用流延法制得的电解质膜在 DME 中室温锂离子电导率达 8.46×10^{-5} S·cm^{-1}，电化学窗口 4.5V，经长时间储存仍对锂负极有较好的界面接触，具有应用于锂硫电池的潜力。

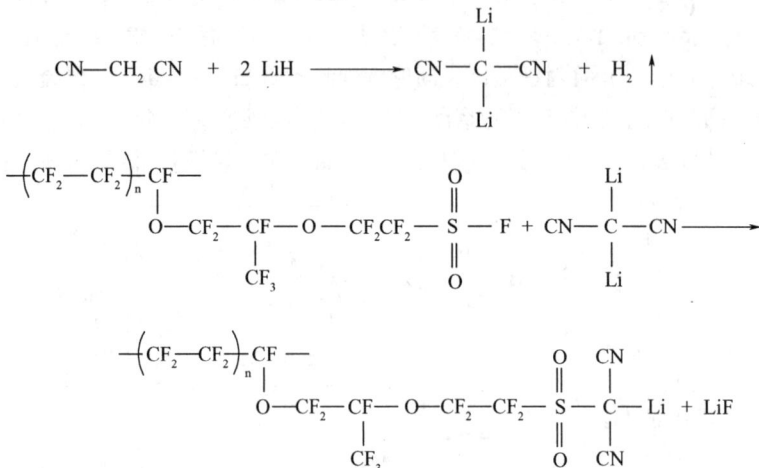

图 5 - 41 全氟磺酰双腈胺锂合成示意图

5.6.3 锂—硫二次电池用隔膜发展趋势

虽然目前针对锂—硫二次电池用隔膜，研究者做出了大量的工作，但是大都没有跳出传统锂离子电池用隔膜的范围，没有针对 Li - S 二次电池的特殊性，即实现抑制硫负离子向负极的扩散。在保持锂—硫二次电池电池高能量密度的前提下，提高其循环性能，不宜采用离子电导率相对较低、重量相对较重的无机电解质，以及对离子扩散没有限制作用的普通聚合物电解质。具有较高离子电导率且对硫负离子扩散有限制作用的功能性聚合物电解质膜，如单锂离子聚合物电解质膜，应该是一个可行的发展方向。

5.7 锂—硫二次电池发展趋势

以美国 Sion Power 公司为代表的锂—硫二次电池已经于 2004 年进入工业生产，2006 年产品性能达到 $300W \cdot h \cdot kg^{-1}$，2008 年达到 $350W \cdot h \cdot kg^{-1}$。Sion Power 公司能量密度为 $300 \sim 350W \cdot h \cdot kg^{-1}$ 的锂—硫二次电池，循环 $50 \sim 80$ 次，应用于高空无人机已成功进行了多次飞行演示，创造了高空无人机不间断飞行 336h 的纪录（图 5 - 43，表 5 - 3）。随着研发过程的进行，未来可能达到 $700W \cdot h \cdot kg^{-1}$。目前 Sion Power 公司已通过正极结构的改进使活性物质利用率高于 85%（80 次循环），单体电池能量密度将突破 $550W \cdot h \cdot kg^{-1}$。

图 5 - 43 Sion Power 公司研制的锂—硫二次电池

表 5 - 3 Sion Power 锂硫二次电池性能及研制规划情况

项目	锂—硫二次电池	备注
工作电压/V	2.1	—
循环寿命,80 ~ 100% DoD	产品报道:50 ~ 80 次循环,0.2C 倍率 研究报道:200 ~ 300 次	计划 2013 年 500 次
能量密度/($W \cdot h \cdot kg^{-1}$)	250 ~ 350	计划 2013 年:500 ~ 550 次
电芯容量/($mA \cdot h$)	1200 ~ 2500	计划 2013 年:$25A \cdot h$
工作温度/℃	$-60 \sim 65℃$,$-40℃$ 时室温的 60%	—
功率/$W \cdot kg^{-1}$	$\geq 750W \cdot kg^{-1}$	—
放电速率能力	产品报道:1/5C,可 2 ~ 3C 连续放电	脉冲最高可超 过20C,$3.3\ kW \cdot kg^{-1}$

虽然锂—硫二次电池的研究已经历了几十年,并且在近10年取得了许多成果,但离实际应用还有不小的距离,开发锂—硫二次电池仍有相当的难度。

单质硫为电子绝缘性物质(25℃电导率 5×10^{-30} S·cm^{-1}),其发生氧化还原反应时电子的传输必须借助特殊构建的导电骨架完成,同时,硫电极的放电中间产物多硫化锂在有机电解质体系中具有高的溶解性,可溶的多硫化物在充放电过程扩散到锂负极,锂负极的高反应性造成循环过程电解液有机溶剂的不断枯竭,对电池的容量、内阻等性能也有很大影响。因此,从宏观性能看,锂—硫二次电池体系尚存在较突出的随循环次数和储存、使用时间增加性能下降的问题。从微观角度看,锂—硫二次电池电极材料与电解液界面不稳定,电极与电化学反应产物相互作用复杂,造成活性物质的损耗,电池充放电过程体积的变化也对循环稳定性有较大的影响。所以,尽管锂—硫体系新型动力电池的基本性能如能量密度已达到较高水平,但在循环性、安全性、服役寿命等关键应用性能上还有待进一步提升,研究工作主要涉及正、负极材料的稳定化,以及有机电解液及电解质膜层的综合调节,还有大量的基础问题需要研究。

参 考 文 献

[1] Bruce P G, Freunberger S A, Hardwick L J. Li – O$_2$ and Li – S batteries with high energy storage [J]. Nat Mater, 2012, 11: 19 – 29.

[2] Ellis B L, Lee K T, Nazar L F. Positive electrode materials for Li – ion and Li-batteries [J]. Chem Mater, 2010, 22: 691 – 714.

[3] Ji X, Nazar L F. Advances in Li – S batteries [J]. J Mater Chem, 2010, 20: 9821.

[4] Evers S, Nazar L F. New approaches for high energy density lithium sulfur battery cathodes [J]. Acc Chem Res, 2013, 46(5), 1135 – 1143.

[5] Diao Y, Xie K, Xiong S, et al. Analysis of polysulfide dissolved in electrolyte in discharge-charge process of Li-S battery [J]. J Electrochem Soc, 2012, 159(4): A421 – A425.

[6] Kumaresan K, Mikhaulik Y, White R E. A mathematical model for a lithium-sulfur cell [J]. J Electrochem Soc, 2008, 155(8): A576 – A582.

[7] Mikhaulik Y V, Akridge J R. Polysulfide shuttle study in the Li-S battery system [J]. J Electrochem Soc, 2004, 151(11): 1969 – 1976.

[8] Kolosnisyn V S, Karaseva E V, Amineva N A, et al. Cycling lithium sulfur batteries [J]. Russ J Electrochem, 2002, 38(3): 371 – 374.

[9] Cheon S, Ko K, Cho J, et al. Rechargeable lithium sulfur battery I. structural change of sulfur cathode during discharge and charge [J]. J Electrochem Soc, 2003, 150(6): A796 – A799.

[10] Akridge J, Mikhaulik Y V, White N. Li/S fundamental chemistry and application to high-performance rechargeable batteries [J]. Solid State Ionics, 2004, 175: 243 – 245.

[11] Mikhaulik Y, Kovalev I, Xu J, et al. Rechargeable Li-S battery with specific energy 350 Wh/kg and specific power 3000 W/kg [J]. ECS Trans, 2008, 13(19): 53 – 59.

[12] He X, Ren J, Wang L, et al. Expansion and shrinkage of the sulfur composite electrode in rechargeable lithium

batteries [J]. J Power Sources,2009,190: 154 – 156.

[13] Cheon S,Ko K,Cho J,et al. Rechargeable lithium sulfur battery II. rate capability and cycle characteristics [J]. J Electrochem Soc,2003,150(6): A800 – A805.

[14] Cheon S,Choi S,Han J,et al. Capacity fading mechanisms on cycling a high-capacity secondary sulfur cathode [J]. J Electrochem Soc,2004,151(12): A2067 – A2073.

[15] Elazari R,Salitra G,Talyosef Y,et al. Morphological and structural studies of composite sulfur electrodes upon cycling by HRTEM,AFM and Raman spectroscopy [J]. J Electrochem Soc,2010,157: A1131 – A1138.

[16] Diao Y,Xie K,Xiong S,et al. Analysis of polysulfide dissolved in electrolyte in discharge-charge process of Li-S battery [J]. J Electrochem Soc,2012,159(4): A421 – A425.

[17] Barchasz C,Lepretre J C,Allion F,et al. New insights into the limiting parameters of the Li/S rechargeable cell [J]. J Power Sources,2012,199: 322 – 330.

[18] Barchasz C,Molton F,Duboc C,et al. Lithium/Sulfur cell discharge mechanism: an original approach for inter-mediate species identification [J]. Anal Chem,2012,84: 3973 – 3980.

[19] Han S,Song M,Lee H,et al. Effect of multiwalled carbon nanotubes on electrochemical properties of lithium/sulfur rechargeable batteries [J]. J Electrochem Soc,2003,150(7): A889 – A893.

[20] Yuan L,Yuan H,Qiu X,et al. Improvement of cycle property of sulfur-coated multi-walled carbon nanotubes composite cathode for lithium/sulfur batteries [J]. J Power Sources,2009,189: 1141 – 1146.

[21] Guo J,Xu Y,Wang C. Sulfur-impregnated disordered carbon nanotubes cathode for lithium/sulfur batteries [J]. Nano Lett,2011,11: 4288 – 4294.

[22] Weil W,Wang G J,Zhou L,et al. CNT enhanced sulfur composite cathode material for high rate lithium battery [J]. Electrochem Commun,2011,13(5): 399 – 402.

[23] Ahn W,Kim K,Jung K,et al. Synthesis and electrochemical properties of a sulfur-multi walled carbon nano-tubes composite as a cathode material for lithium sulfur batteries [J]. J Power Sources,2012,202: 394 – 399.

[24] Chen J,Zhang Q,Shi Y,et al. A hierarchical architecture S/MWCNT nanomicrosphere with large pores for lith-ium sulfur batteriesw [J]. Phys Chem Chem Phys,2012,14: 5376 – 5382.

[25] Dorfler S,Hagen M,Althues H,et al. High capacity vertical aligned carbon nanotube/sulfur composite cathodes for lithium-sulfur batteries [J]. Chem Commun,2012,48: 4097 – 4099.

[26] Su Y,Fu Y,Manthiram A. Self-weaving sulfur - carbon composite cathodes for high rate lithium-sulfur batter-iesw [J]. Phys Chem Chem Phys,2012,14: 14495 – 14499.

[27] Zhou G,Wang D,Li F,et al. A flexible nanostructured sulphur-carbon nanotube cathode with high rate per-formance for Li-S batteries [J]. Energy Environ Sci,2012,5: 8901 – 8906.

[28] Zheng W,Liu Y W,Hu X G,et al. Novel nanosized adsorbing sulfur composite cathode materials for the ad-vanced secondary lithium batteries [J]. Electrochim Acta,2006,51: 1330 – 1335.

[29] Choi Y,Kim K,Ahn H,et al. Improvement of cycle property of sulfur electrode for lithium / sulfur battery [J]. J Alloy Compd,2008,449: 313 – 316.

[30] Ji L,Rao M,Aloni S,et al. Porous carbon nanofiber-sulfur composite electrodes for lithium/sulfur cells [J]. Energy Environ Sci,2011,4: 5053 – 5059.

[31] Zheng G,Yang Y,Cha J J,et al. Hollow carbon nanofiber-encapsulated sulfur cathodes for high specific capaci-ty rechargeable lithium batteries [J]. Nano Lett,2011,11: 4462 – 4467.

[32] Ji X,Lee K T,Nazar L F. A highly ordered nanostructured carbon-sulphur cathode for lithium-sulphur batteries [J]. Nat Mater,2009,8(6): 500 – 506.

[33] Wang J,Chew S Y,Zhao Z W,et al. Sulfur-mesoporous carbon composites in conjunction with a novel ionic liq-uid electrolyte for lithium rechargeable batteries [J]. Carbon,2008,46: 229 – 235.

179

[34] Lai C, Gao X P, Zhang B, et al. Synthesis and electrochemical performance of sulfur/highly porous carbon composites [J]. J Phys Chem C,2009,113: 4712 –4716.

[35] Chen S, Zhai Y, Xu G, et al. Ordered mesoporous carbon/sulfur nanocomposite of high performances as cathode for lithium-sulfur battery [J]. Electrochim Acta,2011,56(26): 9549 –9555.

[36] Li X, Cao Y, Qi W, et al. Optimization of mesoporous carbon structures for lithium-sulfur battery [J]. J Mater Chem,2011,21: 16603 –16610.

[37] Liang X, Wen Z, Liu Y, et al. Highly dispersed sulfur in ordered mesoporous carbon sphere as a composite cathode for rechargeable polymer Li/S battery [J]. J Power Sources,2011,196(7): 3655 –3658.

[38] Schuster J, He G, Mandlmeier B, et al. Spherical ordered mesoporous carbon nanoparticles with high porosity for lithium-sulfur batteries [J]. Angew Chem Int Ed,2012,124: 3651 –3655.

[39] Kim J, Lee D, Jung H, et al. An advanced lithium-sulfur battery [J]. Adv Funct Mater,2013,23(8): 1076 –1080.

[40] He G, Ji X, Nazar L. High "C" rate Li-S cathodes: sulfur imbibed bimodal porous carbons [J]. Energy Environ Sci,2011,4: 2878 –2883.

[41] Jayaprakash N, Shen J, Moganty S S, et al. Porous hollow carbon@ sulfur composites for high-power lithium-sulfur batteries [J]. Angew Chem Int Ed,2011,123: 6026 –6030.

[42] Zhang C, Wu H B, Yuam C, et al. Confining sulfur in double-shelled hollow carbon spheres for lithium-sulfur batteries [J]. Angew Chem Int Ed,2012,124: 9730 –9733.

[43] Liang C, Dudney N J, Howe J Y. Hierarchically structured sulfur/carbon nanocomposite material for high-energy lithium battery [J]. Chem Mater,2009,21: 4724 –4730.

[44] Zhang B, Qin X, Li G R, et al. Enhancement of long stability of sulfur cathode by encapsulating sulfur into micropores of carbon spheres [J]. Energy Environ Sci,2010,3: 1531 –1537.

[45] Cao Y, Li X, Aksay I A, et al. Sandwich-type functionalized graphene sheet-sulfur nanocomposite for rechargeable lithium batteries [J]. Phys Chem Chem Phys,2011,13: 7660 –7665.

[46] Ji L, Rao M, Zheng H, et al. Graphene oxide as a sulfur immobilizer in high performance lithium/lulfur cells [J]. J Am Chem Soc,2011,133: 18522 –18525.

[47] Li S, Xie M, Liu J, et al. Layer structured sulfur/expanded graphite composite as cathode for lithium battery [J]. J Electrochem Soc,2011,14(7): A105 –A107.

[48] Wang H, Yang Y, Liang Y, et al. Graphene-wrapped sulfur particles as a rechargeable lithium-sulfur battery cathode material with high capacity and cycling stability [J]. Nano Lett,2011,11: 2644 –2647.

[49] Wang J, Lu L, Choucair M, et al. Sulfur-graphene composite for rechargeable lithium batteries [J]. J Power Sources,2011,196(16): 7030 –7034.

[50] Evers S, Nazar L F. Graphene-enveloped sulfur in a one pot reaction: a cathode with good coulombic efficiency and high practical sulfur content [J]. Chem Commun,2012,48: 1233 –1235.

[51] Li N, Zheng M, Lu H. High-rate lithium-sulfur batteries promoted by reduced graphene oxide coating [J]. Chem Commun,2012,48: 4106 –4108.

[52] Park M, Yu J, Kim J, et al. One-step synthesis of a sulfur-impregnated graphene cathode for lithium-sulfur batteries [J]. Phys Chem Chem Phys,2012,14: 6796 –6804.

[53] Sun H, Xu G, Xu Y, et al. A composite material of uniformly dispersed sulfur on reduced graphene oxide: aqueous one-pot synthesis, characterization and excellent performance as the cathode in rechargeable lithium-sulfur batteries [J]. Nano Res,2012,5(10): 726 –738.

[54] Wang D, Zhou G, Li F, et al. A microporous-mesoporous carbon with graphitic structure for a high-rate stable sulfur cathode in carbonate solvent-based Li-S batteries [J]. Phys Chem Chem Phys,2012,14: 8703 –8710.

180

[55] Wang Y X, Huang L, Sun L C, et al. Facile synthesis of a interleaved expanded graphite-embedded sulphur nanocomposite as cathode of Li-S batteries with excellent lithium storage [J]. J Mater Chem, 2012, 22: 4744 – 4750.

[56] Wei Z, Chen J, Qin L, et al. Two-step hydrothermal method for synthesis of sulfur-graphene hybrid and its application in lithium sulfur batteries [J]. J Electrochem Soc, 2012, 159(8): A1236 – A1239.

[57] Yan Y, Yin Y, Xin S, et al. Ionothermal synthesis of sulfur-doped porous carbons hybridized with graphene as superior anode materials for lithium-ion batteries [J]. Chem Commun, 2012, 48: 10663 – 10665.

[58] Zhang F, Zhang X, Dong Y, et al. Facile and effective synthesis of reduced graphene oxide encapsulated sulfur via oil/water system for high performance lithium sulfur cells [J]. J Mater Chem, 2012, 22: 11452 – 11454.

[59] Zhang L, Ji L, Glans P A, et al. Electronic structure and chemical bonding of a graphene oxide-sulfur nanocomposite for use in superior performance lithium-sulfur cells [J]. Phys Chem Chem Phys, 2012, 14: 13670 – 13675.

[60] Huang J, Liu X, Zhang Q, et al. Entrapment of sulfur in hierarchical porous graphene for lithium-sulfur batteries with high rate performance from − 40 to 60 oC [J]. Nano Energy, 2013, 2: 314 – 321.

[61] Elazari R, Salitra G, Garsuch A, et al. Sulfur-impregnated activated carbon fiber cloth as a binder-free cathode for rechargeable Li − S batteries [J]. Adv Mater, 2011, 23: 5641 – 5644.

[62] Wang J L, Yang J, Xie J Y, et al. Sulfur-carbon nano-composite as cathode for rechargeable lithium battery based on gel electrolyte [J]. Electrochem Commun, 2002, 4: 499 – 502.

[63] Wang B J, Yang J, Wan C, et al. Sulfur composite cathode materials for rechargeable lithium batteries [J]. Adv Funct Mater, 2003, 13(6): 487 – 492.

[64] Yu X, Xie J, Li Y, et al. Stable-cycle and high-capacity conductive sulfur-containing cathode materials for rechargeable lithium batteries [J]. J Power Sources, 2005, 146: 335 – 339.

[65] Yin L, Wang J, Yang J, et al. A novel pyrolyzed polyacrylonitrile-sulfur@ MWCNT composite cathode material for high-rate rechargeable lithium / sulfur batteries [J]. J Mater Chem, 2011, 21: 6807 – 6810.

[66] Yin L, Wang J, Lin F, et al. Polyacrylonitrile/graphene composite as a precursor to a sulfur-based cathode material for high-rate rechargeable Li − S batteries [J]. Energy Environ Sci, 2012, 5: 6966 – 6972.

[67] Yin L, Wang J, Yu X, et al. Dual-mode sulfur-based cathode materials for rechargeable Li-S batteries [J]. Chem Commun, 2012, 48: 7868 – 7870.

[68] Wang J, Chen J, Konstantinov K, et al. Sulphur-polypyrrole composite positive electrode materials for rechargeable lithium batteries [J]. Electrochim Acta, 2006, 51: 4634 – 4638.

[69] Sun M, Zhang S, Jiang T, et al. Nano − wire networks of sulfur − polypyrrole composite cathode materials for rechargeable lithium batteries [J]. Electrochem Commun, 2008, 10(12): 1819 – 1822.

[70] Qiu L, Zhang S, Zhang L, et al. Preparation and enhanced electrochemical properties of nano − sulfur/poly (pyrrole − co − aniline) cathode material for lithium/sulfur batteries [J]. Electrochim Acta, 2010, 55(15): 4632 – 4636.

[71] Liang X, Wen Z, Liu Y, et al. A composite of sulfur and polypyrrole − multi walled carbon combinatorial nanotube as cathode for Li/S battery [J]. J Power Sources, 2012, 206: 409 – 413.

[72] Liang X, Wen Z, Liu Y, et al. Preparation and characterization of sulfur − polypyrrole composites with controlled morphology as high capacity cathode for lithium batteries [J]. Solid State Ionics, 2011, 192(1): 347 – 350.

[73] Liang X, Wen Z, Liu Y, et al. A nano − structured and highly ordered polypyrrole − sulfur cathode for lithium − sulfur batteries [J]. J Power Sources, 2011, 196(16): 6951 – 6955.

[74] Fu Y, Manthiram A. Core − shell structured sulfur − polypyrrole composite cathodes for lithium − sulfur batteries [J]. RSC Adv, 2012, 2: 5927 – 5929.

181

[75] Fu Y,Manthiram A. Enhanced cyclability of lithium – sulfur batteries by a polymer acid – doped polypyrrole mixed ionic – electronic conductor [J]. Chem Mater,2012,24: 3081 – 3087.

[76] Fu Y,Su Y,Manthiram A,et al. Sulfur – polypyrrole composite cathodes for lithium – sulfur batteries [J]. J Electrochem Soc,2012,159(9): A1420 – A1424.

[77] Zhang Y,Bakenov Z,Zhao Y,et al. One – step synthesis of branched sulfur/polypyrrole nanocomposite cathode for lithium rechargeable batteries [J]. J Power Sources,2012,208: 1 – 8.

[78] Wu F,Chen J,Li L,et al. Improvement of rate and cycle performence by rapid polyaniline coating of a MWC-NT/S cathode [J]. J Phys Chem C,2011,115(49): 24411 – 24417.

[79] Wu F,Wu S,Chen R,et al. Sulfur – polythiophene composite cathode materials for rechargeable lithium batteries [J]. Electrochem Solid – State Lett,2010,13(4): A29 – A31.

[80] Wu F,Chen J,Chen R,et al. Sulfur / polythiophene with a core / shell structure: synthesis and electrochemical properties of the cathode for rechargeable lithium batteries [J]. J Phys Chem C,2011,115: 6057 – 6063.

[81] Li G,Li G,Ye S,et al. Coated sulfur/carbon composite with an enhanced high – rate capability as a cathode material for lithium/sulfur batteries [J]. Adv Energy Mater,2012,2: 1238 – 1245.

[82] Xiao L,Cao Y,Xiao J,et al. A soft approach to encapsulate sulfur: polyaniline nanotubes for lithium – sulfur batteries with long cycle life [J]. Adv Mater,2012,24: 1176 – 1181.

[83] Yang Y,Yu G,Cha J J,et al. Improving the performance of lithium – sulfur batteries by conductive polymer coating [J]. ACS Nano,2011,5(11): 9187 – 9193.

[84] Song M S,Han S C,Kim H S,et al. Effects of nanosized adsorbing material on electrochemical properties of sulfur cathodes for Li/S secondary batteries [J]. J Electrochem Soc,2004,151(6): A791 – A795.

[85] Zheng W,Hu X G,Zhang C F. Electrochemical properties of rechargeable lithium batteries with sulfur – containing composite cathode materials [J]. Electrochem Solid – State Lett,2006,9(7): A364 – A367.

[86] Zhang Y, Wu X, Feng H, et al. Effect of nanosized $Mg_{0.8}Cu_{0.2}O$ on electrochemical properties of Li/S rechargeable batteries [J]. Int J Hydrogen Energy,2009,34(3): 1556 – 1559.

[87] Evers S,Yim T,Nazar L F. Understanding the nature of absorption/adsorption in nanoporous polysulfide sorbents for the Li – S battery [J]. J Phys Chem C,2012,116: 19653 – 19658.

[88] Zhang Y,Bakenov Z,Zhao Y,et al. Effect of nanosized $Mg_{0.6}Ni_{0.4}O$ prepared by self – propagating high temperature synthesis on sulfur cathode performance in Li/S batteries [J]. Powder Technol, 2013, 235: 248 – 255.

[89] Zhang Y G,Zhao Y,Yermukhambetova A. Ternary sulfur/polyacrylonitrile/$Mg_{0.6}Ni_{0.4}O$ composite cathode for high performance lithium/sulfur batteries [J]. J Mater Chem A,2013,1: 295 – 301.

[90] Lee K T,Black R,Yim T,et al. Surface – initiated growth of thin oxide coatings for Li – sulfur battery cathodes [J]. J Appl Electrochem,2013,43(1): 1 – 7.

[91] Demir C R,Morcrette M,Nouar F,et al. Cathode composites for Li – S batteries via the use of oxygenated porous architectures [J]. J Am Chem Soc,2011,133: 16154 – 16160.

[92] Aurbach D,Zinigrad E,Teller H,et al. Attempts to improve the behavior of Li electrodes in rechargeable lithium batteries [J]. J Electrochem Soc,2002,149(10): A1267 – A1277.

[93] Balbuena P B,Wang Y. Lithium – ion batteries solid – electrolyte interphase [M]. London: Imperial College Press,2004: 88 – 89.

[94] Kanamura K. Secondary batteries – lithium rechargeable systems – negative electrodes: lithium metal [M]. Amsterdam: Elsevier,2009: 28 – 30.

[95] Peled E,Golodnitsky D. Lithium – ion batteries solid – electrolyte interphase [M]. London: Imperial College Press,2004: 7 – 8.

182

[96] Peled E. The electrochemical behavior of alkali and alkaline earth metals in nonaqueous battery systems – the solid electrolyte interphase model [J]. J Electrochem Soc,1979,126(2): 2047 –2051.

[97] Larush L,Zinigrad E,Goffer Y,Aurbach D. Following the growth of surface films on lithium and their thermal behavior in standard LiPF$_6$ solutions using differential scanning calorimetry [J]. Langmuir,2007,23(26): 12910 –12914.

[98] Mogi R,Inaba M,Iriyama Y,Abe T,et al. Study of the decomposition of propylene carbonate on lithium metal surface by pyrolysis – gas chromatography – mass spectroscopy [J]. Langmuir,2003,19(3): 814 –821.

[99] Vorotyntsev M A,Levi M D,Schechter A,et al. Time – difference impedance spectroscopy of growing films containing a single mobile charge carrier,with application to surface films on Li electrodes [J]. J Phys Chem B, 2001,105(1): 188 –194.

[100] Aurbach D,Schechter A. Changes in the resistance of electrolyte solutions during contact with lithium electrodes at open circuit potential that reflect the Li surface chemistry [J]. Electrochim Acta,2001,46(15): 2395 –2400.

[101] Li G,Li H,Mo Y,et al. Further identification to the SEI film on Ag electrode in lithium battreies by surface enhanced Raman scattering(SERS) [J]. J Power Sources,2002,104(2): 190 –194.

[102] Louis J,Rendek J,Chottiner G S,et al. The reactivity of linear alkyl carbonates toward metallic lithium X – ray photoelectron spectroscopy studies in ultrahigh vacuum [J]. J Electrochem Soc,2002,149(10): E408 – E412.

[103] Ota H,Sakata Y,Wang X,et al. Characterization of lithium electrode in lithium imides ethylene carbonate and cyclic ether electrolytes [J]. J Electrochem Soc,2004,151(3): A427 –A436.

[104] Aurbach D,Daroux M L,Faguy P W,et al. Identification of surface films formed on lithium in propylene carbonate solutions [J]. J Electrochem Soc,1987,134(7): 1611 –1620.

[105] Aurbach D,Ely E Y,Zaban A. The surface chemistry of lithium electrodes in alkyl carbonate solutions [J]. J Electrochem Soc,1994,141(1): L1 –L3.

[106] Aurbach D,Gofer Y,Zion M B,et al. The behaviour of lithium electrodes in propylene and ethylene carbonate-major factors that influence Li cycling efficiency [J]. J Electroanal Chem,1992,339(1): 451 –471.

[107] Aurbach D,Cohen Y. The application of atomic force microscopy for the study of Li deposition processes [J]. J Electrochem Soc,1996,143(11): 3525 –3532.

[108] Aurbach D,Zaban A,Schechter A,et al. The study of electrolyte solutions based on ethylene and diethyl carbonates for rechargeable Li batteries [J]. J Electrochem Soc,1995,142(9): 2882 –2870.

[109] EinEli Y,Thomas S R,Koch V,et al. Ethylmethylcarbonate,a promising solvent for Li – ion rechargeable batteries [J]. J Electrochem Soc,1996,143(12): L273 –L277.

[110] Ein – Ely Y,Aurbach D. Identification of surface films formed on active metals and nonactive metal electrodes at low potentials in methyl formate solutions [J]. Langmuir,1992,8(7): 1845 –1850.

[111] Aurbach D,Gottlieb H. The electrochemical behavior of selected polar aprotic systems [J]. Electrochim Acta,1989,34(2): 141 –156.

[112] Aurbach D,Daroux M L,Faguy P W,et al. Identification of surface films formed on lithium in dimethoxyethane and tetrahydrofuran solutions [J]. J Electrochem Soc,1988,135(8): 1863 –1871.

[113] Malik Y,Aurbach D,Dan P,et al. The electrochemical behaviour of 2 – methyltetrahydrofuran solutions [J]. J Electroanal Chem,1991,282(1): 73 –105.

[114] Aurbach D,Youngman O,Gofer Y,et al. The electrochemical behaviour of 1,3 – dioxolane – LiClO$_4$ solutions I. uncontaminated solutions [J]. Electrochim Acta,1990,35(3): 625 –638.

[115] Aurbach D,Granot E. The study of electrolyte solutions based on solvents from the "glyme" family (linear

183

polyethers) for secondary Li battery systems [J]. Electrochim Acta,1997,42(4): 697 -718.

[116] Zaban A,Aurbach D. Impedance spectroscopy of lithium and nickel electrodes in propylene carbonate solutions of different lithium salts a comparative study [J]. J Power Sources,1995,54(2): 289 -295.

[117] Aojula K S,Genders J D,Holding A D,et al. Application of microelectrodes to the study of the Li/Li + couple in ether solvents [J]. Electrochim Acta,1989,34(11): 1535 -1539.

[118] Aurbach D,Weissman I,Schechter A. X - ray photoelectron spectroscopy studies of lithium surfaces prepared in several important electrolyte solutions. A comparison with previous studies by fourier transform infrared pectroscopy [J]. Langmuir,1996,12(16): 3991 -4007.

[119] Aurbach A,Zaban A,Chusid O,et al. Correlation between surface chemistry,morphology,cycling efficiency and interfacial properties of Li electrodes in solutions containing different Li salts [J]. Electrochim Acta, 1994,39(1): 51 -71.

[120] Aurbach D,Chusid O,Weissman I,et al. LiC(SO$_2$CF$_3$)$_3$,a new salt for Li battery systems. A comparative study of Li and non - active metal electrodes in its ethereal solutions using in situ FTIR spectroscopy [J]. Electrochim Acta,1996,41(5): 747 -760.

[121] Zaban A,Zinigrad E,Aurbach D. Impedance spectroscopy of Li electrodes. 4. A general simple model of the Li - solution interphase in polar aprotic system [J]. J Phys Chem,1996,100(8): 3089 -3101.

[122] Shiraishi S,Kanamura K,Takehara Z. Study of the Surface Composition of Highly Smooth Lithium Deposited in Various Carbonate Electrolytes Containing HF [J]. Langmuir,1997,13(13): 3542 -3549.

[123] Morigaki K. Analysis of the interface between lithium and organic electrolyte solution [J]. J Power Sources, 2002,104(1): 13 -23.

[124] Ferrese A,Albertus P,Christensen J,et al. Lithium redistribution in lithium - metal batteries [J]. J Electrochem Soc,2012,159(10): A1615 - A1623.

[125] Shiraishi S,Kanamura K,Takehara Z. Imaging for uniformity of lithium metal surface using tapping mode - atomic force and surface potential microscopy [J]. J Phys Chem B,2001,105(1): 123 -134.

[126] Shiraishi S. The observation of electrochemical dissolution of lithium metal using electrochemical quartz crystal microbalance and in - Situ tapping mode atomic force microscopy [J]. Langmuir,1998,14(25): 7082 -7086.

[127] Bhattacharyya R,Key B,Chen H,et al. In situ NMR observation of the formation of metallic lithium microstructures in lithium batteries [J]. Nat Mater,2010,9(6): 504 -510.

[128] Chandrashekar S,Trease N M,Chang H J,et al. [7]LiMRI of Li batteries reveals location of microstructural lithium [J]. Nat Mater,2012,11(4): 311 -315.

[129] Zinigrad E,Aurbach D,Dan P. Simulation of galvanostatic growth of polycrystalline Li deposits in rechargeable Li batteries [J]. Electrochim Acta,2001,46(12): 1863 -1869.

[130] Zinigrad E,Levi E,Teller H,et al. Investigation of lithium electrodeposits formed in practical rechargeable Li - LixMnO$_2$ batteries based on LiAsF$_6$/1,3 - dioxolane solutions [J]. J Electrochem Soc,2004,151(1): A111 - A118.

[131] Aurbach D,Cohen Y. In situ micromorphological studies of Li electrodes by atomic force microscopy in a glove box system [J]. Electrochem Solid - State Lett,1999,2(1): 16 -18.

[132] Cohen Y S,Cohen Y,Aurbach D. Micromorphological studies of lithium electrodes in alkyl carbonate solutions using in situ atomic force microscopy [J]. J Phys Chem B,2000,104(51): 12282 -12291.

[133] López C M,Vaughey J T,Dees D W. Morphological transitions on lithium metal anodes [J]. J Electrochem Soc,2009,156(9): A726 - A729.

[134] López C M,Vaughey J T,Dees D W. Insights into the role of interphasial morphology on the electrochemical

184

performance of lithium electrodes [J]. J Electrochem Soc,2012,159(6): A873 – A886.

[135] Affinito J D. Methods and apparatus for vacuum thin film deposition [P]. U. S. Patent 7112351,2006.

[136] Marchioni F,Star K,Menke E,et al. Protection of lithium metal surfaces using chlorosilanes [J]. Langmuir, 2007,23(23): 11597 – 11602.

[137] Thompson R S,Schroeder D J,López C M,et al. Stabilization of lithium metal anodes using silane – based coatings [J]. Electrochem Commun,2011,13 (12): 1369 – 1371.

[138] Neuhold S,Schroeder D J,Vaughey J T. Effect of surface preparation and R – group size on the stabilization of lithium metal anodes with silanes [J]. J Power Sources,2012,206(15): 295 – 300.

[139] Kanamura K,Tamura H,Takehara Z. XPS analysis of a lithium surface immersed in propylene carbonate solution containing various salts [J]. J Electroanal Chem,1992,333(1): 127 – 142.

[140] Kanamura K,Shiraishi S,Takehara Z. Electrochemical deposition of lithium metal in nonaqueous electrolyte containing (C$_2$H$_5$)$_4$NF(HF)$_4$ additive [J]. J Fluorine Chem,1998,87(2): 235 – 243.

[141] Saito K,Nemoto Y,Tobishima S,et al. Improvement in lithium cycling efficiency by using additives in lithium metal [J]. J Power Sources,1997,68(2): 476 – 479.

[142] Skotheim T A. Lithium anodes for electrochemical cells [P]. U. S. patent 6733924,2004.

[143] Ishikawa M,Kawasaki H,Yoshimoto N,et al. Pretreatment of Li metal anode with electrolyte additive for enhancing Li cycleability [J]. J Power Sources,2005,146(1): 199 – 203.

[144] Yang Y,Yu G,Cha J J,et al. Improving the performance of lithium – sulfur batteries by conductive polymer coating [J]. ACS Nano,2011,5(11): 9187 – 9193.

[145] Elazari R,Salitra G,Garsuch A,et al. sulfur – impregnated activated carbon fiber cloth as a binder – free cathode for rechargeable Li – S batteries [J]. Adv Mater,2011,23(47): 5641 – 5644.

[146] Yang Y,McDowell M T,Jackson A,et al. New nanostructured Li$_2$S/silicon rechargeable battery with high specific energy [J]. Nano Lett,2010,10(4): 1486 – 1491.

[147] Bruce P G,Freunberger S A,Hardwick L J,et al. Li – O$_2$ and Li – S batteries with high energy storage [J]. Nat Mater,2012,11(1): 19 – 29.

[148] Mikhaylik Y V. Methods of charging lithium – sulfur batteries [P]. U. S. Patent 6329789,2001.

[149] Mikhaylik Y V. Lithium anodes for electrochemical cells [P]. U. S. Patent 6706449,2004.

[150] Mikhaylik Y V. Electrolytes for lithium sulfur cells [P]. U. S. Patent 7354680,2008.

[151] Liang X,Wen Z,Liu Y,et al. Improved cycling performances of lithium sulfur batteries with LiNO$_3$ – modified electrolyt e[J]. J Power Sources,2011,196(22): 9839 – 9843.

[152] Aurbach D,Pollak E,Elazari R,Salitra G,et al. On the surface chemical aspects of very high energy density, rechargeable Li – sulfur batteries [J]. J Electrochem Soc,2009,156(8): A694 – A702.

[153] Xiong S,Xie K,Diao Y,et al. Properties of surface film on lithium anode with LiNO$_3$ as lithium salt in electrolyte solution for lithium – sulfur batteries [J]. Electrochim Acta,2012,83(30): 78 – 86.

[154] Lee Y M,Choi N S,Park J H,et al. Electrochemical performance of lithium/sulfur batteries with protected Li anodes [J]. J Power Sources,2003,119 – 121(1): 964 – 972.

[155] Skotheim T A. Lithium anodes for electrochemical cells [P]. U. S. Patent 7247408,2007.

[156] Yamin H,Gorenshtein A,Penciner J,et al. Lithium sulfur battery oxidation/reduction mechanisms of polysulfides in THF solutions [J]. J Electrochem Soc,1988,135(5): 1045 – 1048.

[157] Peled E,Sternberg Y,Gorenshtein A,et al. Lithium – sulfur battery: evaluation of dioxolane – based electrolytes [J]. J Electrochem Soc,1989,136(6): 1621 – 1625.

[158] Choi J W,Kim J K,Cheruvally G,et al. Rechargeable lithium/sulfur battery with suitable mixed liquid electrolytes [J]. Electrochim Acta,2007,52(5): 2075 – 2082.

185

[159] Kim S,Jung Y,Lim H S. The effect of solvent component on the discharge performance of Lithium – sulfur cell containing various organic electrolytes [J]. Electrochim Acta,2004,50(2): 889 – 892.

[160] Wang W K,Wang Y,Huang Y Q,et al. The electrochemical performance of lithium – sulfur batteries with Li-ClO$_4$ DOL/DME electrolyte [J]. J Appl Electrochem,2010,40(2): 321 – 325.

[161] Chang D R,Lee S H,Kim S W,et al. Binary electrolyte based on tetra(ethylene glycol) dimethyl ether and 1,3 – dioxolane for lithium – sulfur battery [J]. J Power Sources,2002,112(2): 452 – 460.

[162] Ryu H S,Ahn H J,Kim K W,et al. Discharge behavior of lithium/sulfur cell with TEGDME based electrolyte at low temperature [J]. J Power Sources,2006,163(1): 201 – 206.

[163] Kim S,Jung Y,Park S J. Effect of imidazolium cation on cycle life characteristics of secondary lithium – sulfur cells using liquid electrolytes [J]. Electrochim Acta,2007,52(5): 2116 – 2122.

[164] Choi J W,Cheruvally G,Kim D S,et al. Rechargeable lithium/sulfur battery with liquid electrolytes containing toluene as additive [J]. J Power Sources,2008,183(1): 441 – 445.

[165] Trofimov B A,Markova M V,Morozova L V,et al. Protected bis(hydroxyorganyl) polysulfides as modifiers of Li/S battery electrolyte [J]. Electrochim Acta,2011,56(5): 2458 – 2463.

[166] Xu X,Wen Z,Gu Z,et al. Lithium ion conductive glass ceramics in the system Li$_{1.4}$Al$_{0.4}$(Ge$_{1-x}$Ti$_x$)$_{1.6}$(PO$_4$)$_3$($x = 0 - 1.0$) [J]. Solid State Ionics,2004,171(3 – 4): 207 – 214.

[167] Sanz J,Varez A,Alonso J,et al. Structural changes produced during heating of the fast ion conductor Li$_{0.18}$La$_{0.61}$TiO$_3$. A neutron diffraction study [J]. J Solid – State Chem,2004,177(4 – 5): 1157 – 1164.

[168] Lee S H,Cho K I,Choi J B,et al. Novel application of aluminum salt for cost – effective fabrication of a highly creep – resistant nickel – aluminum anode for a molten carbonate fuel cell [J]. J Power Sources,2006,162(2): 1341 – 1345.

[169] 许晓雄,温兆银. 锂离子电池玻璃及玻璃陶瓷固体电解质材料研究[J]. 无机材料学报,2005,20(1): 21 – 23.

[170] Cho K,LeeT,Oh J,et al. Fabrication of Li$_2$O – B$_2$O$_3$ – P$_2$O$_5$ solid electrolyte by aerosol flame deposition for thin film batteries [J]. Solid State Ionics,2007,178: 119 – 123.

[171] Cho K H,You H J,Youn Y S,et al. Fabrication of Li$_2$O – B$_2$O$_3$ – P$_2$O$_5$ solid electrolyte by flame – assisted ultrasonic spray hydrolysis for thin film battery [J]. Electrochim Acta. 2006,52(4): 1571 – 1575.

[172] Lee S H,Cho K I,Choi J B,et al. Novel application of aluminum salt for cost – effective fabrication of a highly creep – resistant nickel – aluminum anode for a molten carbonate fuel cell [J]. J Power Sources,2006,162(2): 1341 – 1345.

[173] Kanno R,Hata T,Kawamoto Y,et al. Synthesis of a new lithium ionic conductor,thio – LISICON – lithium germanium sulfide system [J]. Solid State Ionics. 2000,130(1 – 2): 97 – 104.

[174] Kobayashi T,Imade Y,Shishihara D,et al. All solid – state battery with sulfur electrode and thio – LISICON electrolyte [J]. J Power Sources,2008,182: 621 – 625.

[175] Hayashi A,Ohtomo T,Mizuno F,et al. All – solid – state Li/S batteries with highly conductive glass – ceramic electrolytes [J]. Electrochem Commun,2003,5: 701 – 705.

[176] Machida N,Maeda H,Peng H,et al. All – solid – state lithium battery with LiCo$_{0.3}$Ni$_{0.7}$O$_2$ fine powder as cathode materials with an amorphous sulfide electrolyte [J]. J Electrochem Soc,2002,149(6): A688 – A693.

[177] Hu Z,Xie Kai,Influence of Sputtering pressure on the structure and ionic conductivity of thin film amorphous electrolyte [J]. J Mater Sci,2011,46(23): 7588 – 7593.

[178] Fenton D E,Parkel J M,Wright P V. Complexes of alkaline metal ions with poly(ethylene oxide) [J]. Polymer,1973,14: 72 – 75.

[179] Armand M B, Chabagno J M, Duclot M. Fast ion transport in solids [C]. Edited by Vashista P, Munday J N, Shenoy G K. Amsterdam: North Holland, 1979, 131.

[180] Appetecchi G B, Henderson W, Villanova P, et al. PEO – LiN(SO$_2$CF$_2$CF$_3$)$_2$ polymer electrolytes 1. XRD, DSC and ionic conductivity characterization [J]. J Electrochem Soc, 2000, 133: 257 – 263.

[181] Rutt S, Ichino T, Matsumoto M. Ion – free latex films composed of fused polybutadiene and poly(vinyl pyrrolidone) particles as polymer electrolyte materials [J]. Polym Sci, PartA, 1994, 32: 779 – 781.

[182] Angell C A, Liu C, Sanchez E. Rubbery solid electrolytes with dominant cationic transport and high ambient conductivity [J]. Nature, 1993, 362: 137 – 139.

[183] Choe H S, Giaccai J, Abraham K M. Preparation and characterization of poly (vinyl sulfone) and poly(vinylidene fluoride) – based electrolytes [J]. Electrochim Acta, 1995, 40: 2289 – 2293.

[184] Abraham K M, Snf Alamgir M. Li + – conductive solid polymer electrolytes with liquid – like conductivity [J]. J Electrochem Soc, 1990, 137: 1657 – 1659.

[185] Abraham K M. Directions in secondary lithium battery research and development [J]. Electrochim Acta, 1993, 38: 1233 – 1236.

[186] Bohnke O, Rousselot C, Gillet P A, et al. Gel electrolyte for solid – state electrochromic cell [J]. J Electrochem Soc, 1992, 139: 1862 – 1866.

[187] Feuillade G, Perche. Ion – conductive macromolecular gels and membranes for solid lithium cells [J]. J Appl Electrochem, 1975, 5: 63 – 66.

[188] Ryu H S, Ahn H J, Kim K W, et al. Discharge process of Li/PVdF/S cells at room temperature [J]. J Power Sources, 2006, 153: 360 – 364.

[189] Shin J H, Kim K W, Ahn H J, et al. Effect of ball milling on structural and electrochemical properties of (PEO)$_n$Li$_x$(Li$_x$ = LiCF$_3$SO$_3$ and LiBF$_4$) polymer electrolytes[J]. J Power Sources, 2002, 107: 103 – 109.

[190] Han S C, Kim K W, Ahn H J, et al. Charge – discharge mechanism of mechanically alloyed NiS used as a cathode in rechargeable lithium batteries [J]. J Alloys Compd, 2003, 361: 247 – 251.

[191] Yu X, Xie J, Yang J, et al. All solid – state rechargeable lithium cells based on nano – sulfur composite cathodes [J]. J Power Sources, 2004, 132: 181 – 186.

[192] Zhu X, Wen Z, Gu Z, et al. Electrochemical characterization and performance improvement of lithium/sulfur polymer batteries [J]. J Power Sources, 2005, 139: 269 – 273.

[193] Zhu X, Wen Z, Gu Z, et al. Room – temperature mechanosynthesis of Ni$_3$S$_2$ as cathode material for rechargeable lithium polymer batteries [J]. J Electrochem Soc, 2006, 153 (3): A504 – A507.

[194] Feuillade G, Perche. Ion – conductive macromolecular gels and membranes for solid lithium cells [J]. J Appl Electrochem, 1975, 5: 63 – 66.

[195] Capiglia C, Saito Y, Kataoka H. Structure and transport properties of polymer gel electrolytes based on PVdF-HFP and LiN(C$_2$F$_5$SO$_2$)$_2$[J]. Solid State Ionics, 2000, 131: 291 – 299.

[196] Lee Y M, Choi N S, Park J H, et al. Electrochemical performance of lithium/sulfur batteries with protected Li anodes [J]. J Power Sources, 2004, 119 – 121: 964 – 972.

[197] Hassoun J, Scrosati B. A high – performance polymer tin sulfur lithium ion battery [J]. Angew Chem Int Ed, 2010, 49: 2371 – 2374.

[198] Hassoun J, Sun Y K, Scrosati B. Rechargeable lithium sulfide electrode for a polymer tin/sulfur lithium – ion battery [J]. J Power Sources, 2011, 196 (1): 343 – 348.

[199] Saikia D, Kumar A. Ionic conduction studies in P(VDF – HFP) – LiAsF6 – (PC + DEC) – fumed SiO$_2$ composite gel polymer electrolyte system [J]. Phys Status Solidi A, 2005, 202 (2): 309 – 315.

[200] 马萍, 徐宇虹, 张宝宏, 等. Li/S 电池凝胶聚合物电解质的研究[J]. 电池, 2006, 36(6): 426 – 428.

[201] Allcock H R,Welna D T,Maher A E. Single ion conductors — polyphosphazenes with sulfonimide functional groups [J]. Solid State Ionics,2006,177:741－747.

[202] 张田林,郝庆英,黄长桂. 侧挂聚醚和烷基磺酸锂的单离子梳状聚合物电解质的合成与性能[J]. 化工科技,2004,12(4):11－14.

[203] Sun X,Liu G,Xie J,et al. New gel polyelectrolytes for rechargeable lithium batteries [J]. Solid State Ionics, 2004,175:713－716.

[204] Doyle M,Wang L,Yang Z,et al. Polymer electrolytes based on ionomeric copolymers of ethylene with fluoro-sulfonate functionalized monomers [J]. J Electrochem Soc,2003,150(11):D185－D193.

[205] Doyle M,Lewittes M E,Roelofs M G,et al. Relationship between ionic conductivity of perfluorinated ionomer-ic membranes and nonaqueous solvent properties [J]. J. Membr Sci,2001,184:257－273.

[206] Doyle M,Lewittes M E,Roelofs M G,et al. Ionic conductivity of nonaqueous solvent－swollen ionomer mem-branes based on fluorosulfonate,fluorocarboxylate,and fulfonate fixed ion groups [J]. J Phys Chem B,2001, 105:9387－9394.

[207] Sachan S,Ray C A,Perusich S A,et al. Lithium ion transport through nonaqueous perfluoroionomeric mem-branes [J]. Polym Eng Sci,2002,42(7):1469－1480.

[208] Liang H,Qiu X,Zhang S,et al. Study of lithiated Nafion ionomer for lithium batteries [J]. J Appl Electro-chem,2004,34:1211－1214.

[209] Cai Z,Liu Y,Liu S. High performance of lithium－ion polymer battery based on non－aqueous lithiated per-fluorinated sulfonic ion－exchanged memebranes [J]. Energy Environ Sci,2012,5:5690－5693.

[210] Jin Z,Xie K,Hong X. Application of lithiated Nafion ionomer film as functional separator for lithium sulfur cells [J]. J Power Sources,2012,218:163－167.

[211] Mclean R S,Doyle M,Sauer B B. High－resolution imaging of ionic domains and crystal morphology in iono-mers using AFM techniques [J]. Macromolecules,2000,33:6541－6550.

[212] Desmarteau D D. Copolymers of tetrafluoroethylene and perfluorinated sulfonyl monomers and membranes made therefrom [P]. U. S. Patent 005463005,1995.

[213] Savett S C,Atkins J R,Sides C R,et al.·A comparison of bis[(perfluoroalkyl)sulfonyl]imide ionomers and perfluorosulfonic acid ionomers for applications in PEM fuel－cell technology [J]. J Electrochem Soc,2002, 149(12):A1527－A1532.

[214] Jin Z,Xie K,Hong X. Synthesis and electrochemical properties of perfluorinatedionomer with lithium sulfonyl-dicyanomethide functional groups [J]. J Mater Chem A,2013,1:342－347.

第6章 锂—空气电池

6.1 概　述

锂—空气电池是目前已知的具有最高理论能量密度的锂电池体系,其理论能量密度远远超过基于嵌入－脱出型阳极反应的能源储存技术。电极反应活性物质—氧气直接来源于周围环境中的空气而无需储存于正极材料中是锂—空气电池具有极高能量密度的主要原因。同时,通过扩大正负极之间的化学电势差及尽可能减小单电荷转移所需反应物质的质量,可实现能源存储系统的能量存储最大化。

基于上述原因,在仅考虑金属锂负极的条件下,锂—空气电池的理论能量密度可达到 $13000W \cdot h \cdot kg^{-1}$,该数值与汽油的能量密度接近($13200W \cdot h \cdot kg^{-1}$)[1](图 6－1)。作为目前最高能量密度的蓄电池体系,锂—空气电池在未来电动汽车领域、移动能源领域具有广阔的应用前景。

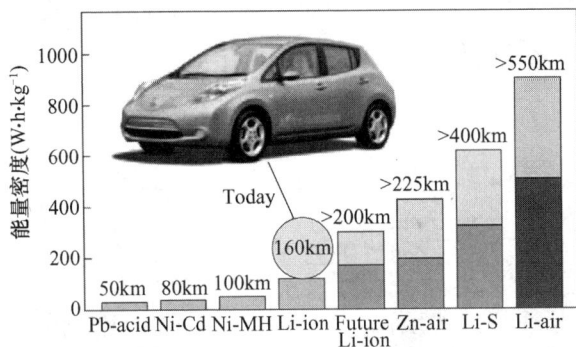

图 6－1　不同可充电电池的实际能量密度($W \cdot h \cdot kg^{-1}$)及其相应的可驱动距离(km)[2]

早期的锂—空气电池与锂—水电池类似,采用全水性电解液,空气电极为多孔碳电极。金属锂负极直接与具有锂离子传输性质的固体电解质膜复合,以防止其与水发生反应。由于金属锂在充放电过程中会产生体积膨胀,造成金属锂—固体电解质膜界面的不稳定,因此这种结构的锂—空气电池为一次电池。

1996 年,Abraham 等首次在电池中引入非水电解液体系并制备出第一个可充电的锂—空气二次电池[3],锂空气电池展现出作为二次电池的应用前景并开始得到了各国研究人员的广泛关注。

6.2 锂—空气电池基本原理

依据目前锂—空气电池的研究进展,锂—空气电池的体系结构主要存在如图 6-2 所示的两种模式,即非水锂—空气电池和混合式锂—空气电池[1]。

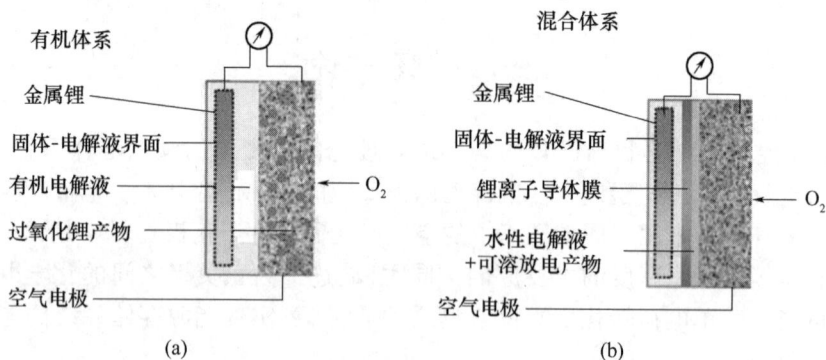

图 6-2 两种锂—空气电池结构示意图[1]

(a)非水锂—空气电池结构示意图;(b)混合体系锂—空气结构示意图。

对于非水锂—空气电池,其充放电过程如图 6-3 所示。放电过程过程中,金属锂负极首先发生氧化反应生成 Li^+(式 6-1),继而 Li^+ 与电子分别通过电解液与外电路扩散/迁移至正极。

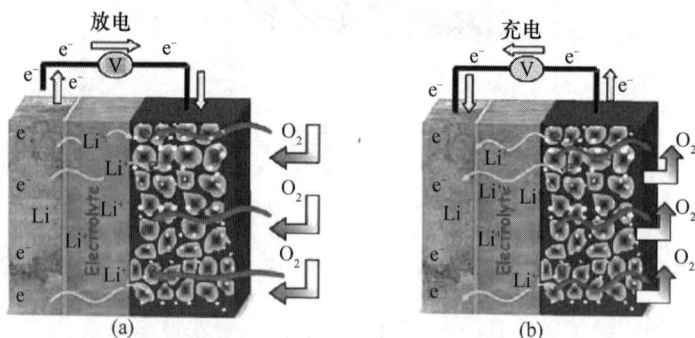

$$Li - e^- \rightarrow Li^+ \qquad (6-1)$$

图 6-3 非水锂空气电池充放电过程示意图[1]

(a)非水锂—空气电池放电过程示意图;(b)非水锂—空气电池充电过程示意图。

在正极一侧,氧气首先溶解在电解液中并扩散至碳颗粒表面,进而接受一个电子生成 O_2^-(式 6-2(a)),O_2^- 可通过以下两个途径转换成 Li_2O_2:①O_2^- 与电解液中扩散至正极表面的 Li^+ 结合生成 LiO_2^*,LiO_2^* 作为晶体生长活性中心进一步接受一个 Li^+ 和一个电子生成 Li_2O_2(式 6-2(b));②当 O_2^- 与电解液中扩散至正极

190

表面的 Li^+ 结合生成 LiO_2 后,LiO_2 自身发生歧化反应生成 Li_2O_2 并释放 O_2(式 6 - 2(c))[2,4]。两种途径最终都将导致 Li_2O_2 沉积在多孔碳正极表面,阻塞氧气扩散通道和电子传导通道致使电池放电终止。

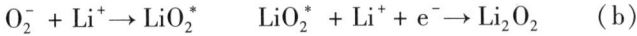

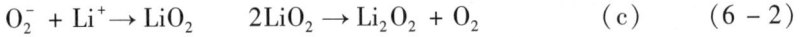

$$O_2 + e^- \rightarrow O_2^- \qquad\qquad\qquad\qquad (a)$$

$$O_2^- + Li^+ \rightarrow LiO_2^* \qquad LiO_2^* + Li^+ + e^- \rightarrow Li_2O_2 \qquad (b)$$

$$O_2^- + Li^+ \rightarrow LiO_2 \qquad 2LiO_2 \rightarrow Li_2O_2 + O_2 \qquad (c) \qquad (6-2)$$

在非水锂—空气电池体系中,金属锂负极直接与有机电解液接触,形成稳定的 SEI 膜并提供锂离子;在电池正极一侧,高比表面碳材料作为电极反应场所吸收空气中的氧气并通过氧还原反应(Oxygen Reductdn Reactron,ORR)与锂离子结合生成不溶于有机电解液的 Li_2O_2。在催化剂作用下,如果对正极施加足够高的氧化电势,还原产物 Li_2O_2 发生氧化分解生成锂离子与氧气,从而实现整个电池体系的可逆循环[1,2,5]。

对于混合式锂—空气电池,根据水性介质的酸碱性,其电池反应式如式(6-3)所示:

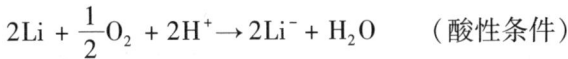

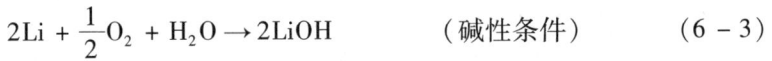

$$2Li + \frac{1}{2}O_2 + 2H^+ \rightarrow 2Li^- + H_2O \qquad (酸性条件)$$

$$2Li + \frac{1}{2}O_2 + H_2O \rightarrow 2LiOH \qquad (碱性条件) \qquad (6-3)$$

酸性条件下,氧气通过还原反应生成 H_2O,而在碱性条件下,氧气则被还原成氢氧根离子进而与锂离子结合生成 $LiOH$[2,5]。与非水锂空气电池不同,混合体系锂—空气电池的正极反应历程是确定的。尽管相较于非水锂—空气电池,混合体系锂—空气电池不存在放电过程中氧气扩散通道阻塞及电极电子电导率不断下降的问题,其首次放电比容量要高于非水锂—空气电池,但制备可有效隔绝水且具有较高锂离子电导率离子传导隔膜的复杂性,使得混合体系锂—空气电池的应用受到了极大的限制。

由于具有高能量密度等优点,近十几年有关锂—空气电池的研究得到研究人员的持续关注,成为目前的研究热点。但是,锂—空气电池的研究仍处于起步阶段,对于电池体系中的一些基本问题研究人员仍存在争议,因此本章仅从目前的研究进展出发,对锂—空气电池中制约电池性能的关键因素进行简要论述。

6.3 空气电极

根据非水锂—空气电池的充放电工作原理,其主要反应过程在空气电极的碳颗粒表面进行。空气电极通常由高比表面积的多孔碳组成,多孔结构可以为 O_2 向碳 - 电解液界面的扩散提供气体传输通道,O_2 在空气电极内的扩散动力学将决定电池的性能;同时多孔结构也为放电过程中形成的 Li_2O_2 提供存储空间,可提供的沉积场所越多,电池的放电比容量也就越高。因此多孔碳电极的微观结构性质(如比表面积、平均孔径、孔容及孔径分布)是影响非水锂—空气电池性能的关键因素之一。

对于空气电极微观结构性质对锂—空气电池放电性能的影响机制,目前研究结论仍存在相当大的争议。Hayashi 等[6]首先研究了不同种类的碳材料作为空气电极时的电化学性质。研究结果表明,高比表面积的碳表现出较高的放电比容量(大于 $700mA \cdot h \cdot g^{-1}$),并且放电比容量与比表面积之间大致成正比例。与之相反,Tran 等[7]在研究了一系列高比表面积多孔碳的孔径分布与性能之间关系的基础上提出,由于微孔孔道与部分的介孔孔道将会被放电起始阶段所形成的锂氧化物堵塞,被堵塞孔道的表面将无法提供放电产物的沉积场所,因此电池放电比容量与碳颗粒的比表面积大小并无直接关系(图 6-4),电池放电比容量仅由不会影响物质传输的大尺寸孔道内的比表面积决定。在进一步研究的基础上,他们发现多孔碳的平均孔径与放电比容量之间有着非常好的线性关系,随着平均孔径的增大,放电比容量也不断提高[7]。

首次综合考虑空气电极所用碳材料各项微观结构性质对电池放电性能影响的是 Mirzaeran 所在的研究小组。Mirzaeian 等利用碳酸钠为催化剂,通过间苯二酚与甲醛聚合、碳化制备了多孔碳气凝胶,通过控制反应参数条件对碳气凝胶的孔结构进行调控,系统研究了多孔碳材料的结构、孔容、孔径以及比表面积对放电比容量与放电电压的影响[8]。结果表明,随着碳材料介孔孔容的增加,电池放电比容量提高。所有样品中,具有最大介孔孔容($2.195\ cm^3 \cdot g^{-1}$)并且平均孔径为 14.23nm 的碳材料具有最高的放电比容量($1290mA \cdot h \cdot g^{-1}$)。Mirzaeian 等认为,这一结果主要与 Li_2O_2 的沉积方式有关。

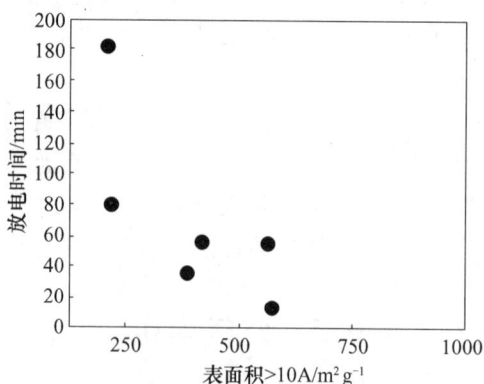

图 6-4　放电比容量与比表面积关系[7]

图 6-5 为 Li_2O_2 在不同孔径大小孔道中沉积状态的示意图。从图中可以看

出,具有较大比表面的微孔极易被还原生成的 Li_2O_2 堵塞,氧气无法向孔道内部扩散,导致孔道中相当部分的碳表面没有得到充分利用,孔道利用率低;而大孔尽管具有较大的孔径尺寸且不易被 Li_2O_2 堵塞,但其能够提供的反应场所面积较小,同样无法生成更多的 Li_2O_2。

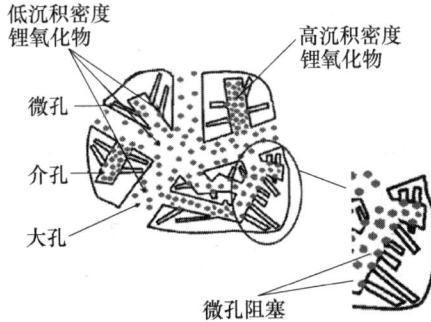

图 6-5　Li_2O_2 在孔道中的沉积状态[7]

在此之后,王凌岩等[9]通过分析不同种类商用多孔碳材料在介孔尺度内的孔道分布,对上述过程进行了进一步解释。其研究结果表明,碳材料微观孔道结构与电池放电比容量间的关系主要是由于具有不同孔径尺寸的孔道在电极放电过程中所起的作用不同造成的。对于碳材料内部的三种孔道结构:大孔、介孔和微孔,微孔及尺寸较小的介孔由于内部色散力的作用而具有很高的吸附势,气体分子能通过"微孔填充"吸附机制进行吸附。因此,微孔与尺寸较小介孔是吸附氧的主要部分,也是放电产物沉积和生长的主要场所。孔径尺寸大的介孔和大孔主要影响氧到微孔的传输,两者共同构成了氧在碳孔结构中传输的主孔道。王凌岩等[9]利用 t 曲线法对不同碳材料的 N_2 吸附/脱附曲线进行分析,确定了在非水锂—空气电池中,直径小于 $8nm$ 的孔道具有吸附作用,而直径大于 $8\ nm$ 的孔道主要体现气体传输作用,因此电极的放电性能决定于电极所用碳材料中微孔与介孔的相对含量(图 6-6),用于制备空气电极的碳材料应具有微/介孔共存的复合式孔道结构。

对于微孔含量较高的碳材料,碳孔内能够提供氧传输的主孔道较少并且相对较窄,这种孔道结构会在放电过程中使得主孔道被较早地堵塞,导致氧的传输和扩散难以向碳孔内部进行,位于主孔道深处的微孔无法与氧接触,反应产物难以利用主孔道内部微孔进行沉积(图 6-7)[9]。在这种情况下,放电产物开始转向碳颗粒间相互接触形成的孔隙,即优先在碳颗粒的表面上生长,材料内部具有高比表面的微孔无法得到充分利用,电池的放电比容量较低。

相反,对于介孔含量较高的碳材料,孔结构中除了大量微孔及孔径尺寸较小的介孔外还有许多尺寸较大的介孔,这些尺寸较大的介孔与大孔共同构成了数量较多的主孔道。在放电开始后,尽管碳颗粒的部分主孔道口很快被放电产物堵塞,但

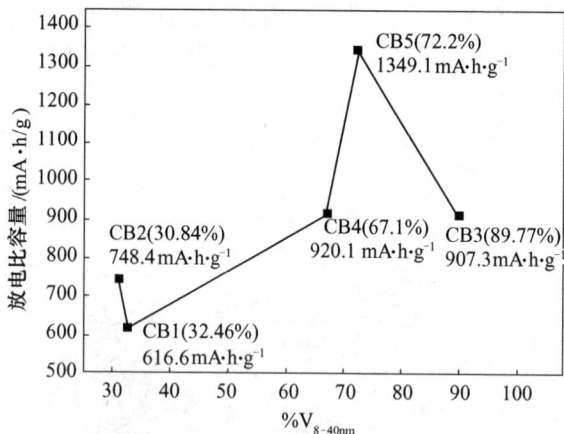

图6-6 8~40nm介孔含量与放电比容量之间的关系[9]

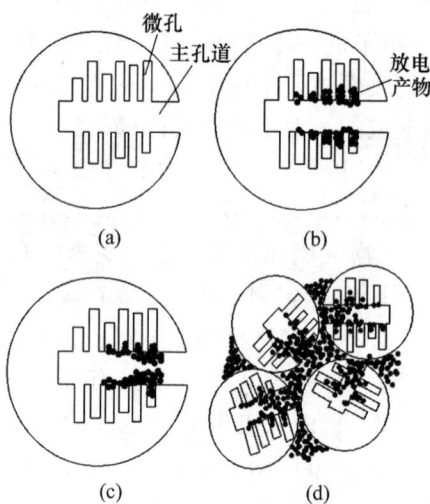

图6-7 具有高微孔含量碳材料的放电过程示意图
(a)放电前;(b)放电初始;(c)放电中期;(d)放电终止[9]。

由于主孔道数目较多,在部分通道被堵塞的情况下,碳孔内部依然有充足的孔道可供氧传输通过,使得位于主孔道深处的微孔得以吸附氧气,成为放电产物的沉积场所(图6-8)。在这种孔道结构中,放电产物的沉积主要利用碳颗粒的内部微孔,孔道的利用效率得到显著提升,因此空气电极具有较高的放电比容量[9]。

在减缓放电过程中氧气扩散主孔道堵塞的基础上,碳材料中微孔的含量就决定了电极的放电比容量。综合考虑多孔碳材料比表面积、孔径分布及孔容大小等

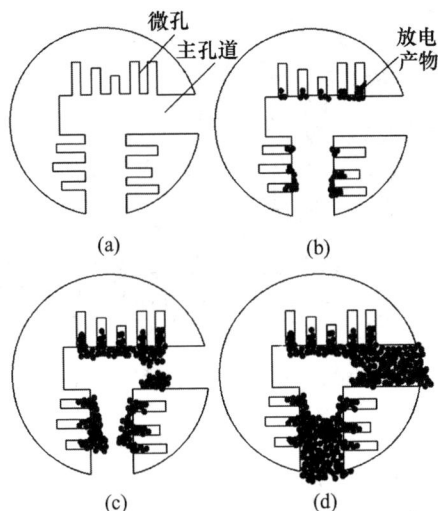

图 6-8 具有高介孔含量碳材料的放电过程示意图
（a）放电前；（b）放电初始；（c）放电中期；（d）放电终止[9]。

材料结构参数，合理设计微/介孔含量的比例并制备相应的碳材料，使其既具有合适孔径尺寸防止气体扩散通道被阻塞，同时又具有较大比表面积以提供足够多的反应面积是获得具有优良放电性能非水锂—空气电池的基础。

除上述研究外，一些新型碳材料在非水锂—空气电池中的应用也得到了研究，并展现了非常优异的性能，体现出广阔的应用前景。其中石墨烯与碳纳米管是目前的研究热点。

石墨烯是一种由碳原子构成的单层片状结构，具有稳定的结构以及优异的电性能，目前已经在超级电容器及锂离子电池的电极中得到了应用，并获得了较好的结果。美国西北太平洋国家实验室的 Xiao 等[10]以具有多级孔道结构的石墨烯作为组成空气电极的碳材料，采用传统的滚压法制备了石墨烯空气电极。相比于传统的多孔导电炭黑，石墨烯相互聚集并松散堆积在一起形成一种"broken egg"结构（图 6-9），在这种结构中大孔的孔壁上附着有许多尺寸较小的孔，两者相互之间有良好的内部连通与贯穿特性。在放电过程中尺寸较大的孔可以为氧提供快速传输的通道，而尺寸较小的孔内则主要提供氧还原反应所需的固-液-气的三相界面，因此这种特殊的孔结构可供氧在放电过程中持续地扩散到达电极内部。另外这种特殊的孔结构在极片浸润了电解液之后可以得到很好的保持，而不会像导电炭黑一样发生孔结构的膨胀。得益于上述结构优势，该空气电极在 $0.1\ mA \cdot cm^{-2}$ 的放电电流下获得了高达 $15000mA \cdot h \cdot g^{-1}$ 的高放电比容量，远超过目前已有报道的其他空气电极。

麻省理工学院的 Robert R. Mitchell 等[11]采用真空电子束蒸镀法在多孔的阳极氧化铝片上负载了 Ta 与 Fe 的催化剂薄层，而后以其作为基底，采用 CVD 法在

(a)   (b)

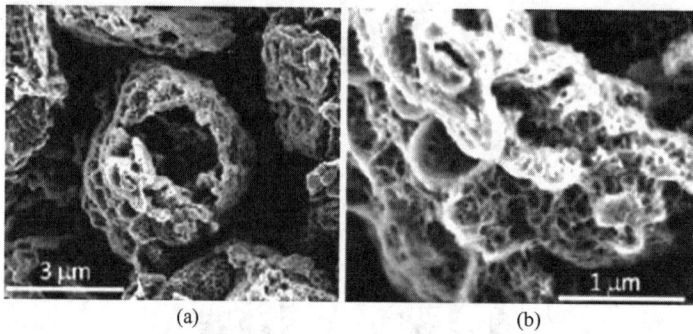

图 6-9　多级孔道石墨烯结构[10]

其表面上原位生长出碳纳米线,获得了结构规整且具有高孔隙率的线毯状结构(图 6-10)。在不加载催化剂的情况下,此电极结构在 63 mA·gc^{-1} 的电流密度下进行恒流放电测试,获得了高达 7200mA·h·gc^{-1} 的放电比容量。研究者认为,该电极优异的电性能主要得益于其自身的独特结构以及高孔隙率,这使其可以具有远低于传统空气电极的碳载量,同时可以保证在放电过程中,有充足的通道及空间可供氧的传输及放电产物的沉积,使其具有良好的持续放电能力[11]。

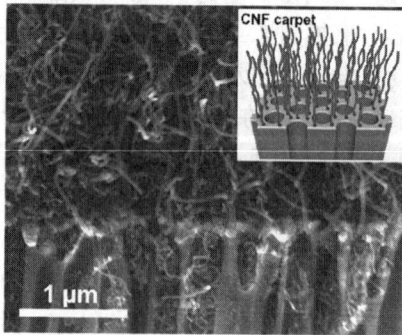

图 6-10　纳米纤维空气电极[11]

国防科技大学的 Wang 等[12]在 Mitchell 研究基础上,利用浓硝酸和浓硫酸混酸溶液对多壁碳纳米管进行氧化制备高度分散的碳纳米管水溶液,然后通过简单的溶液浸渍,即可在泡沫镍基底上沉积具有良好孔道结构的空气电极(图 6-11(a))。在这种电极结构中,碳纳米管仅沉积在泡沫镍的骨架上,泡沫镍间的孔道(>100 μm)确保了氧气可以扩散至整个电极。同时由于氧气优先在碳纳米管表面的缺陷位置进行吸附,放电产物首先在碳纳米管表面进行沉积,过氧化锂在放电初期不会堵塞碳纳米管间缠绕形成的气体扩散通道,这种"由内至外"的填充过程使得电极具有极高的孔道利用效率,在 0.1mA·cm^{-2} 的放电电流密度下,电极的放电比容量为 8300mA·h·g^{-1}(图 6-11(b)),而在更高的电流密度下(0.2mA·cm^{-2} 和 0.3mA·cm^{-2}),电极的放电比容量也保持在 5000mA·h·g^{-1} 以上,体现

196

了优异的放电性能。

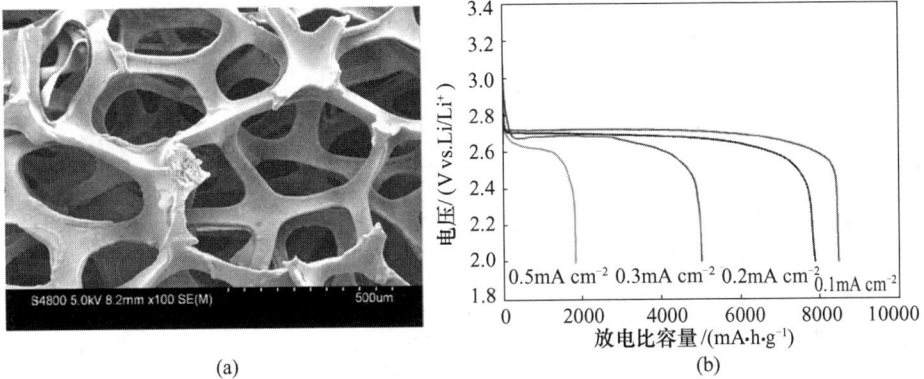

(a)   (b)

图 6-11 浸渍法制备的全碳纳米管电极及放电性能[12]
(a) 全碳纳米管电极 SEM 照片;(b) 全碳纳米管电极放电曲线。

对于混合体系的锂—空气电池,由于放电过程中生成的放电产物($LiOH$ 或 H_2O)不会堵塞多孔碳电极,多孔碳电极的结构不是制约电池性能的主要因素,因此有关多孔电极的研究报道很少,目前主要是研究新型碳材料作为电极在电池中的应用。Yoo 等[13]首次报道了石墨烯电极在混合锂—空气电池中的应用,结果表明,由于石墨烯边界及表面 σ 悬挂键的存在,石墨烯电极表现出比乙炔黑更低的还原过电势(图 6-12),接近负载催化剂 Pt 的空气电极性能,有望作为新型的空气电极材料应用于混合体系锂—空气电池。

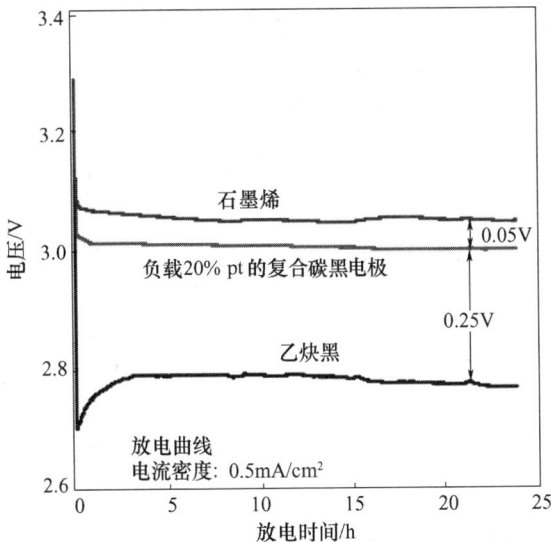

图 6-12 不同空气电极在混合锂—空气电池中的放电曲线[13]

6.4 电解液体系

电解液是锂—空气电池工作过程中正极与负极之间传输锂离子的媒介,同时也是空气中 O_2 扩散至电极表面的传输通道。因此电解液体系的物理化学性质也是决定锂—空气电池放电性能的关键因素之一。

同空气电极一样,有关电解液体系优化设计及其对锂—空气电池性能的影响机制同样得到了研究者的广泛关注。

电解液体系的物理化学性质对电池的放电性能的影响主要由电解液-电极界面性质及溶剂分子与氧还原产物的相互作用引起。

对于非水锂—空气电池体系,电解液-电极界面如图 6-13 所示[14]。由于有机电解液体系完全浸润碳颗粒表面,非水锂—空气电池的电极反应界面为两相界面,电极反应速度依赖于界面处的锂离子浓度和氧气浓度。界面处的锂离子与氧气来源于负极一侧的离子迁移/扩散和空气中氧气的溶解、扩散,因此锂离子及氧气分子在电解液中的传输扩散能力是决定锂—空气电池性能的关键因素。表6-1列出了不同电解液体系下离子电导率(σ)、溶解氧气能力(α)、黏度(个)与放电比容量的关系[15]。根据表中数据可以发现,在具有较高离子电导率和氧溶解能力的电解液体系中,非水锂—空气电池均表现出较好的放电性能。

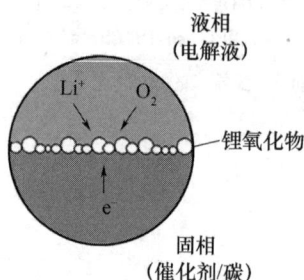

图 6-13 非水锂—空气电池电极-电解液界面示意图[14]

表6-1 不同电解液体系的物理性质及相应锂—空气电池的放电比容量[15]

电解液	α /$(cm^3 \cdot O_2 \cdot mL^{-1})$	σ /$(mS \cdot cm^{-1})$	η /(cps)	不同电流密度$(mA \cdot cm^{-2})$下放电比容量$(mA \cdot h \cdot g^{-1})$		
				0.05	0.1	0.2
1M LiPF$_6$ PC:EC(1:1)	0.0482	6.5	7.73	519	512	224
1M LiPF$_6$ PC	0.0516	5.5	8.06	648	380	203
1M LiPF$_6$ PC:DEC(1:1)	0.0787	6.7	4.78	1881	1308	591
1M LiPF$_6$ PC:DME(1:2)	0.0998	15.9	1.98	1599	1095	678

除离子电导率与氧气溶解能力外,电解液体系的其他物理性质(如吸水性、挥发速率、黏度和极性等)同样会对电池放电性能产生影响,其影响方式主要体现在与金属锂的相互作用以及正极表面反应界面的生成上,如表6-2所列[16]。

表6-2　电解质性质对电池性能的影响[16]

电解质的性质	对电池性能的影响
吸水性	吸收的水分会与负极锂片产生副反应
挥发速率	挥发使电解质成分发生变化
黏度	高的黏度导致高的氧传输阻抗,降低氧扩散速率
溶剂的极性、电解质与正极的接触角	溶剂极性越大,其与正极的接触角越大,对应的电解质越难润湿空气电极表面,能形成更多的三相界面,获得更高的放电比容量

长期以来,大多数研究者认为非水锂—空气电池的放电产物为 Li_2O_2,研究的重点主要集中在通过调整溶剂和锂盐的种类、浓度及配比以获得具有最佳离子导电能力和氧气溶解能力的有机电解液体系[15,17~20]。但最近的研究表明,由于还原产物超氧根离子极高的反应活性或诱导有机溶剂分子发生分解,其电极产物为 Li_2CO_3、HCO_2Li、CH_3CO_2Li、$LiNO_x$ 等副产物[21~30],并不能得到理论放电产物 Li_2O_2。因此,相对于非水电解液体系的物理性质,电解液溶剂分子在电池循环过程中的化学稳定性更是直接影响非水锂—空气电池性能,以下就对目前常用的有机电解液体系在非水锂—空气电池中的应用做简单的介绍。

1. 碳酸酯类分子

碳酸酯类分子是目前锂离子电池体系最为常用的有机电解液体系,代表溶剂分子主要有碳酸丙烯酯(PC)、碳酸乙烯酯(EC)和碳酸二乙酯(DEC),其作为非水电解液体系在锂—空气电池中的应用也最先得到研究。Mizuno 等[21]首次通过红外吸收光谱分析了放电后空气电极上的产物组成,发现在碳酸酯类电解液体系中得不到理论放电产物 Li_2O_2,电极表面产物主要由碳酸锂和锂的酯化物组成。随后Bryantsev 等[22]利用密度泛函理论得出超氧根离子可以通过亲核反应诱导酯类分子分解。Freunberger 利用红外吸收光谱、拉曼光谱和固体核磁共振谱系统研究了采用 PC 作为电解液的锂—空气电池中电极产物的组成和超氧根离子与 PC 分子相互作用过程。研究结果表明[23],电极放电产物主要为 Li_2CO_3、HCO_2Li、CH_3CO_2Li 以及 $C_3H_6(OCO_2Li)_2$(图6-14(a))[23],而超氧根离子通过攻击 PC 五元环上的乙基碳原子诱导溶剂分子分解(图6-14(b))是形成上述锂氧化合物的主要原因。

在此基础上,国防科技大学的 Hui Wang 等[24]对 EC/DEC 电解液体系中的氧还原过程也进行了研究,结果表明电极表面的放电产物主要为 Li_2CO_3 和 $CH_3CH_2OCO_2Li$,同样不包括 Li_2O_2。超氧根离子诱导 EC 和 DEC 分解过程与 PC

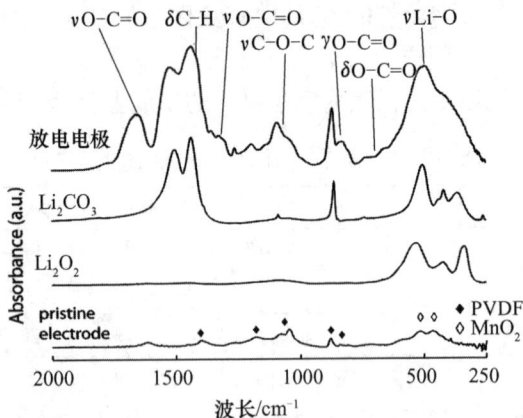

(a)

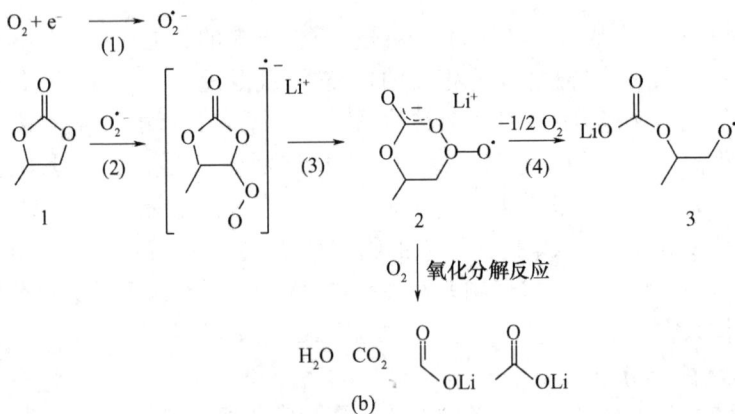

(b)

图 6-14　碳酸丙烯酯(PC)中的放电产物组成及分解过程[23]

(a) PC 中电极放电产物红外吸收光谱;(b) PC 与 $O_2^{\cdot-}$ 的反应过程。

分解过程相似。在放电过程中,$O_2^{\cdot-}$ 对 EC 中乙基碳原子进行亲核攻击,生成 Li_2CO_3、H_2O 和 CO_2(图 6-15(a))。与 PC 电解液中放电产物相比,EC/DEC 电解液中的放电产物不含有 CH_3COOLi。这是由于 EC 中存在两个化学性质相同的乙基碳原子,在乙烷基碳酸氢锂(中间产物 3)生成之后,$O_2^{\cdot-}$ 可以继续攻击中间产物 3 中另外一个乙基碳原子,使得乙烷基碳酸氢锂进一步分解生成 Li_2CO_3、H_2O 和 CO_2。对于 DEC,由于其结构为线性碳酸酯,亲核取代反应主要在羰基碳原子上发生,分解产物主要为 $CH_3CH_2OCO_2Li$ 和 $LiOH$,其中 $LiOH$ 可与 CO_2 进一步反应生成 Li_2CO_3,具体的分解过程如图 6-15(b)所示。

2. 醚类溶剂分子

除了碳酸酯类分子外,醚类溶剂同样是锂离子电池中常用的溶剂体系。Mc-Closkey 首先研究了采用乙二醇二甲醚(DME)溶剂中锂—空气电池的放电过程。通过 XRD 和拉曼光谱的分析结果,McCloskey 等[24]认为 DME 在氧气的还原过程

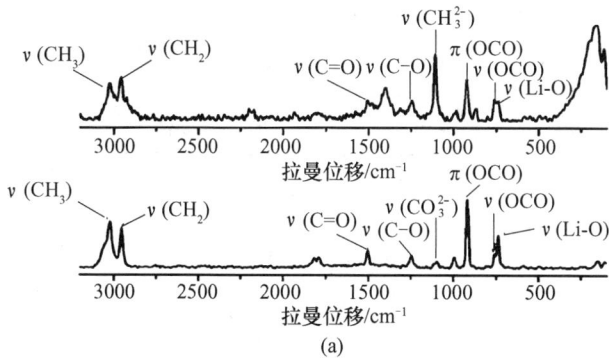

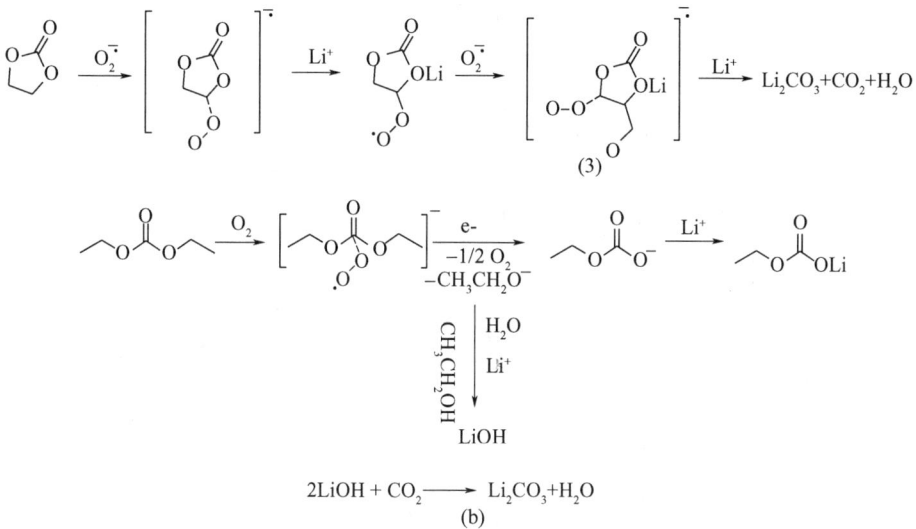

图 6-15　碳酸乙烯酯(EC)-碳酸二乙酯(DEC)中的放电产物组成及分解过程[24]

(a) EC/DEC 中电极放电产物的拉曼光谱;(b) EC/DEC 与 O_2^- 的反应过程。

中具有良好的化学稳定性质,其分解过程仅发生在充电过程中,Li_2O_2 分解所需的高过电势是 DME 分子发生分解的主要原因[25]。但与此同时,国防科技大学的 Hui Wang 等指出,由于锂—空气电池具有极长的放电时间,醚类溶剂长期暴露于纯氧环境下会自氧化生成活性极高的氢过氧化物从而发生分解,DME 溶剂中锂—空气电池的放电产物不仅包含 Li_2O_2,同样包含 Li_2CO_3(图 6-16(a))。DME 与氧气分子的具体反应历程(图 6-16(b))过程如下所述。

根据图 6-16(b),在放电的初始阶段,溶解于电解液中的 O_2 分子得到一个电子并与一个锂离子结合,生成 LiO_2。生成的 LiO_2 进一步接受一个电子和一个锂离子,生成 Li_2O_2。由于醚类分子对 O_2 还原产物不敏感,因此这一阶段的主要产物是 Li_2O_2。随放电过程的进行,DME 在纯 O_2 环境下逐渐形成氢过氧化物。氢过氧化

201

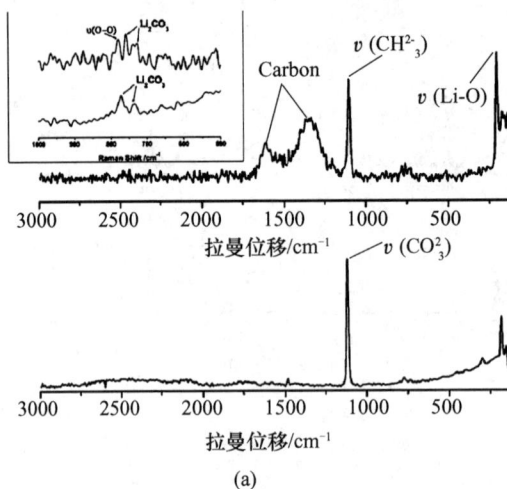

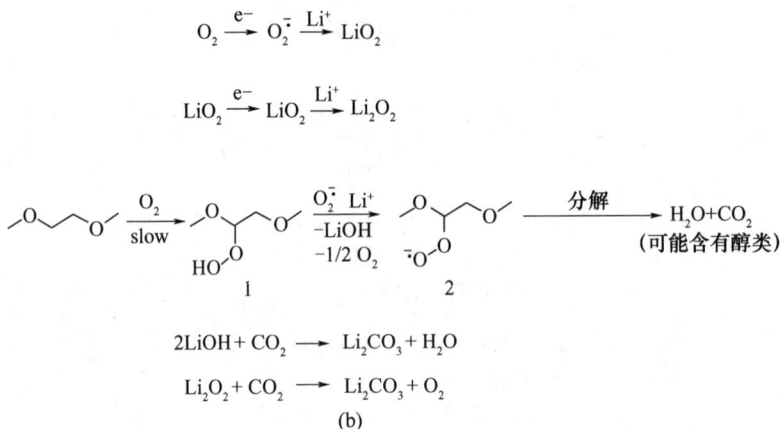

图 6 - 16　乙二醇二甲醚(DME)中的放电产物组成及分解过程[24]

(a) DME 中电极放电产物的拉曼光谱;(b) DME 与 O_2^- 的反应过程。

物通过酸碱化学反应与超氧根离子反应,生成中间产物 2 和 LiOH[24]。中间产物 2 这一类物质会快速分解为 H_2O 和 CO_2 并可能包含醇类,如 CH_3OH。另一方面,由于没有结果显示放电产物中含有 LiOH,因此分解产生的 LiOH 会与 CO_2 进一步反应生成 Li_2CO_3 和 H_2O。最后,放电过程中最初生成的部分 Li_2O_2 会与 CO_2 反应生成 Li_2CO_3 和 O_2。

此后,Freunberger 等[26]研究了四甘醇二甲醚(TEGDMG)中氧气的电化学过程,结果表明电极表面放电产物除 Li_2O_2 外,同样含有 Li_2CO_3、CH_3CO_2Li(图 6 - 17a)。过氧化物的生成是形成上述产物的主要原因(图 6 - 17(b)),因此由于存在自氧化现象,醚类溶剂分子同样不适用于非水锂—空气电池。

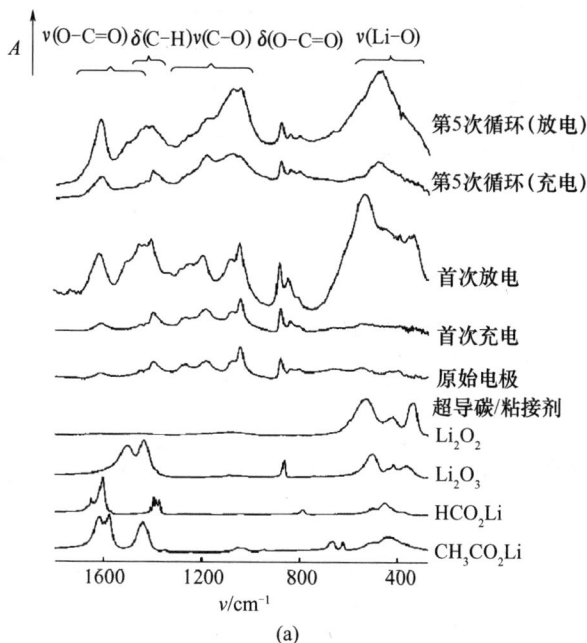

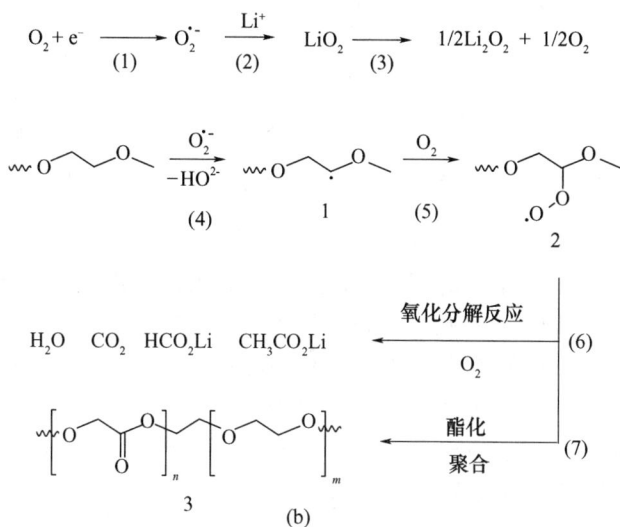

图 6-17　四甘醇二甲醚(TEGDME)中的放电产物组成及分解过程[26]
（a）TEGDME 中放电产物的红外吸收光谱；（b）TEGDME 与 O_2^- 的反应过程。

3. 酰胺类溶剂分子

由于碳酸酯类溶剂分子与醚类溶剂分子在电池的放电过程中会与超氧根发生反应发生分解，电解液的物理化学性质无法得到保持，因此无法作为非水锂—空气电池的电解液体系。在上述两种电解液体系的研究基础上，Chen 等[27]提出了一

203

种采用 N,N – 二甲基甲酰胺(DMF)为溶剂的新型电解液体系。研究结果表面,在电池的首次放电过程中,酰胺类分子对超氧根离子具有极高的稳定性,放电产物主要为过氧化锂(图6 – 18(a))。

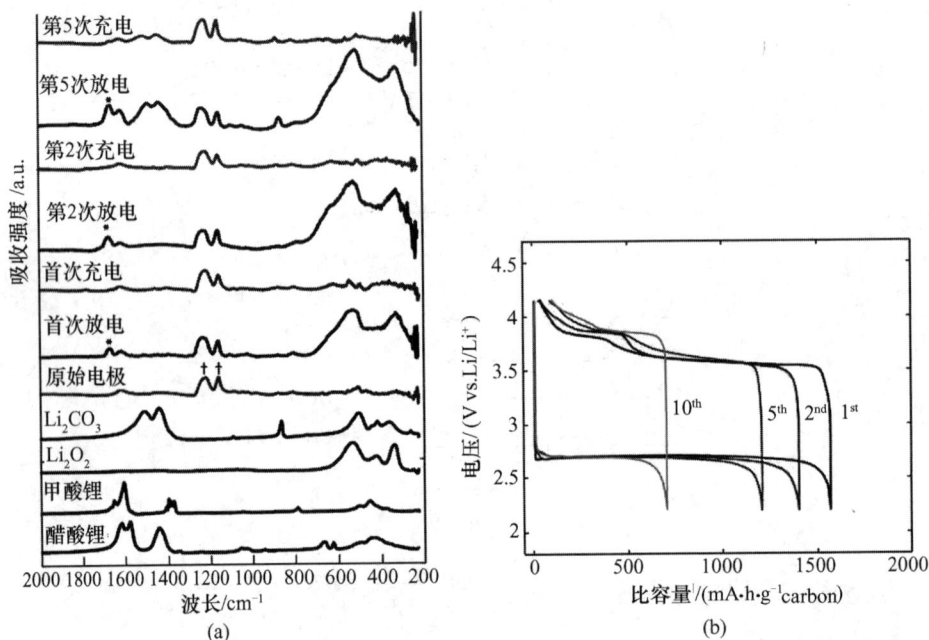

图6 – 18 N,N – 二甲基甲酰胺(DMF)中的放电产物组成及循环性能[27]
(a) DMF 中放电产物的红外吸收光谱;(b) DMF 中电池充放电曲线。

由于在放电过程中获得了理论产物,电池在首次充电过程中体现了良好的循环效率(图6 – 18(b)),但随着循环的进行,电极表面放电物质逐渐发生改变,碳酸锂和烷基锂化合物开始在碳颗粒表面发生沉积,导致电池的放电比容量和循环效率发生衰减。Chen 等[27]认为,尽管 DMF 在放电过程中具有良好的化学稳定性质,但在充电过程中,超氧根离子同样会与 DMF 反应,通过进攻羰基碳原子,诱导溶剂分解(图6 – 19),破坏电解液物化性质,生成副产物,造成电池性能恶化。

与此同时,国防科技大学的 Hui Wang 等[28]研究了另一种重要酰胺类分子——N – 甲基 – 2 – 吡咯烷酮(NMP)作为电解液溶剂在非水锂—空气电池中的应用,其研究结果与 Chen 等人类似,在首次放电过程中,溶剂分子体现了良好的化学稳定性质,放电产物同样为过氧化锂(图6 – 20(b)),但随着循环过程的进行,在电极表面检测到 Li_2CO_3 及 $LiNO_x$ 等副产物的存在(图6 – 20(c)),同时电池性能逐渐衰退。研究结果发现,与采用 DMF 作为电解液类似,采用 NMP 作为电解液体系的电池性能的减退同样与 NMP 在充电过程的分解有关。由于电化学氧化条件的存在,NMP 会首先发生自氧化反应生成过氧化物,随后通过电化学氧化过程生成碳

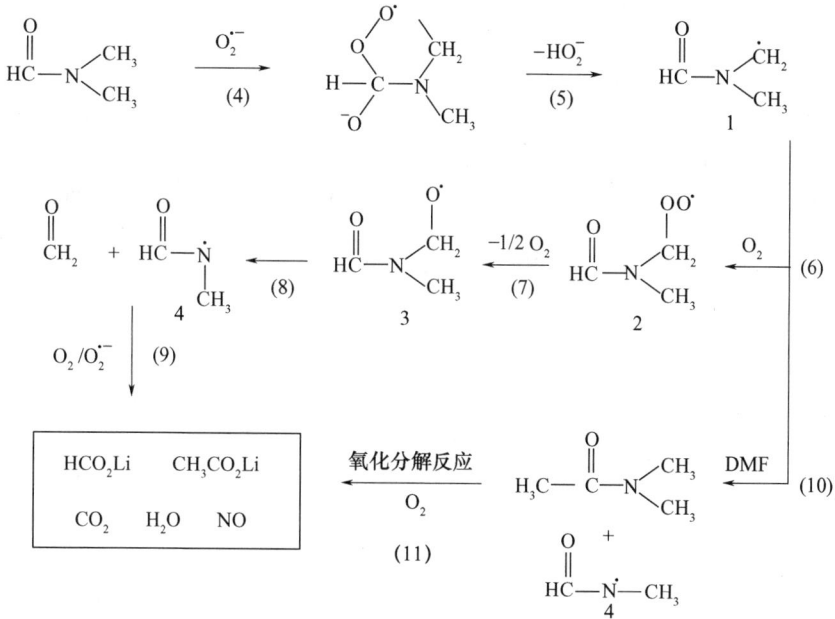

图 6-19 充电过程中 DMF 分解历程[27]

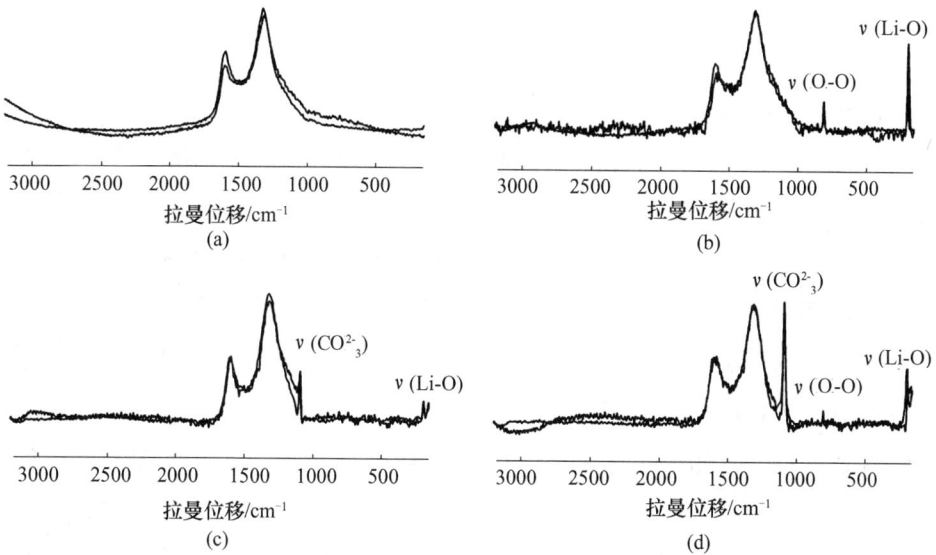

图 6-20 NMP 中电极表面的拉曼光谱

（a）放电前；（b）首次放电后；（c）首次充电后；（d）5 次循环后[28]。

自由基。碳自由基与充电过程中产生的超氧根离子相互作用,经过均裂、开环等过程,由环状酰胺分子转变成线性酰胺分子,并经历同 DMF 类似的分解历,程生成 CO_2、H_2O 及 NO_x(图 6-21),最终导致电解液自身性质被破坏。

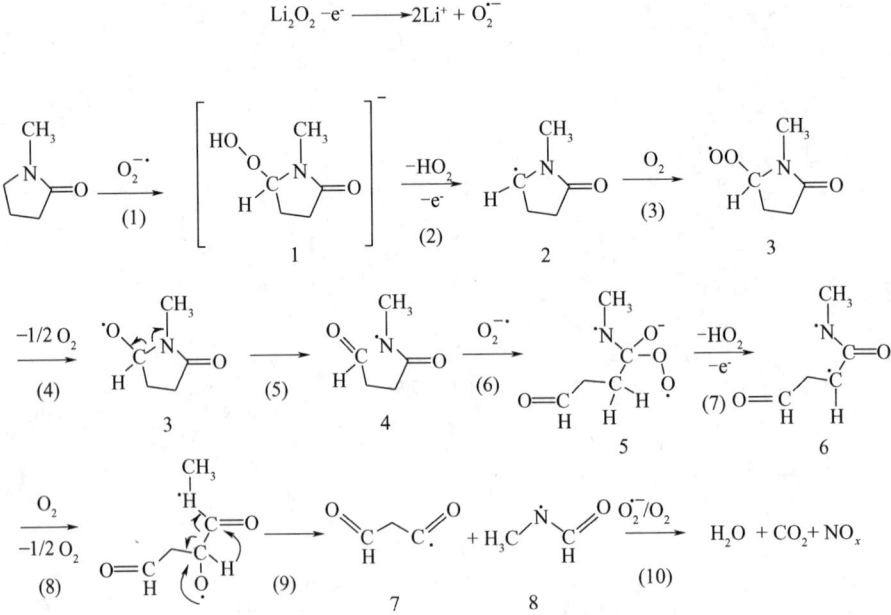

图 6-21　NMP 在充电过程中的分解历程[28]

4. 砜类溶剂分子

砜类溶剂分子中,二甲基亚砜(DMSO)作为非水锂—空气电池电解液溶剂得到了广泛的关注。

Xu 等[29]研究了采用 DMSO 作为电解液的非水锂空气电池的性能。同 PC、TEG-DME 相比,采用 DMSO 作为电解液的电池表现出更高的放电平台及更好的倍率性能,同时电池的稳定性也有明显的改善(图 6-22,图 6-23(a)、(d))。同酰胺类溶剂一样,DMSO 溶液中电极首次放电的产物为 Li_2O_2,但随着循环过程的进行,电极表面检测到 Li_2CO_3 和 HCO_2Li 的生成,同时产生 CO_2(图 6-23(c),(d))[30]。

此外,混合体系锂空气电池,制约电池性能的不是电解液自身,而是能将水性电解液与有机电解液隔开、有效保护金属锂不与水反应,同时又具有较高锂离子电导率的厌水隔膜。目前在混合锂—空气电池中普遍采用的厌水隔膜是具有锂离子快导体(LISICON)性质的玻璃-陶瓷膜。

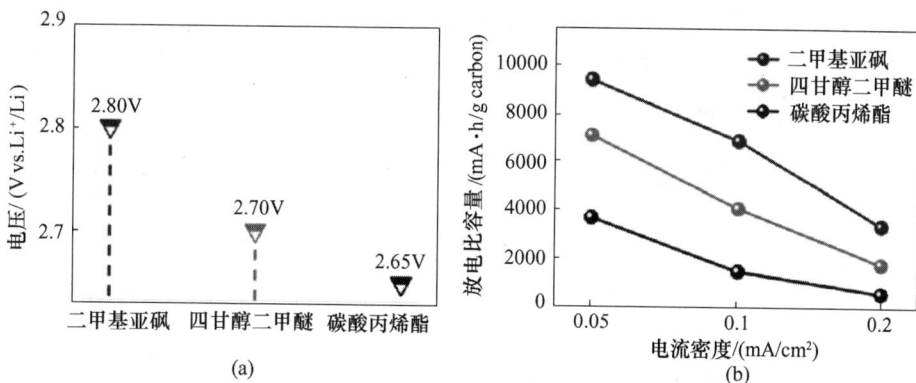

图 6-22　采用不同电解液非水锂空气电池的性能

(a) 平台电压;(b) 倍率性能[29]。

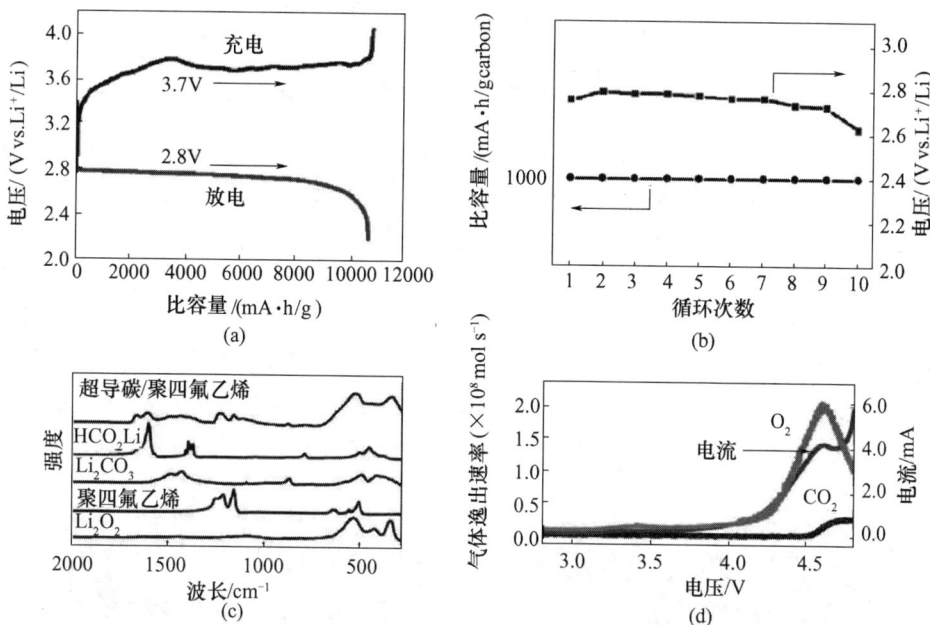

图 6-23　二甲基亚砜(DMSO)中电池的循环性能、电极表面及充电过程中气相组成[29,30]

(a) DMSO 中锂空气电池充放电曲线;(b) DMSO 中锂空气电池的循环性能;

(c) DMSO 中充电后电极表面的红外光谱;(d) DMSO 中充电过程的电化学微分质谱。

Wang 等[31]以日本 Ohara 公司生产的 LISICON 膜作为隔膜,采用 1M KOH 和 1M LiClO₄EC/DEC 分别作为水性电解液和有机电解液组装混合锂—空气电池。在持续供氧的条件下,该电池的放电时间超过 500h,放电比容量更是达到了 50000mA·h·g⁻¹(图 6-24)。混合锂—空气电池远高于非水锂—空气电池的放电比容量主要是由于混合锂—空气电池不存在放电产物堵塞气体扩散通道并覆盖活性碳表面的问题。在持续补充氧气并定期更换水性电解液的条件下,可以实现超长时间的持续放电。

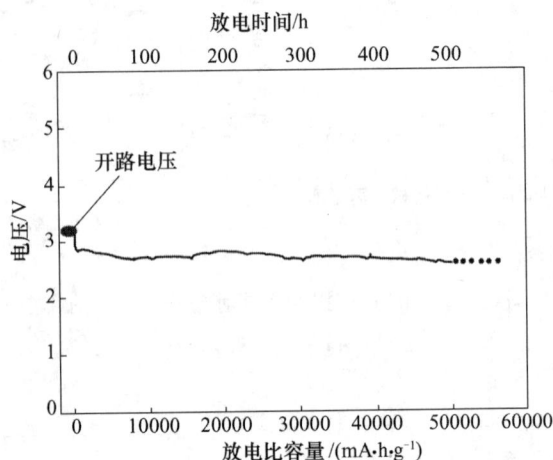

图6-24　混合锂—空气电池的放电曲线[31]

　　尽管混合锂—空气电池表现出极其优异的放电性能,但是 LISICON 膜在电池放电过程中的稳定性同样是困扰混合锂—空气电池发展的主要问题。根据6.2节中有关混合锂—空气电池的工作原理的描述,电池工作的水性电解液体系为酸碱溶液,而 Hasegawa 等[32]研究发现,常用的 LISICON 膜($Li_{1+x} Al_x Ti_{2-x}(PO_4)_3$,LATP)在酸碱溶液中都不稳定(图6-25)。尤其在碱性电解液中,随着电极反应的进行,电解液中 LiOH 浓度不断增加,LATP 膜会被高浓度 LiOH 诱导分解生成 Li_3PO_4(图6-25(d))。LISICON 膜的结构变化会使其锂离子快导体的性质丧失,在酸碱溶液中浸泡一段时间后,膜的锂离子电导率会下降 1~2 个数量级[32]。

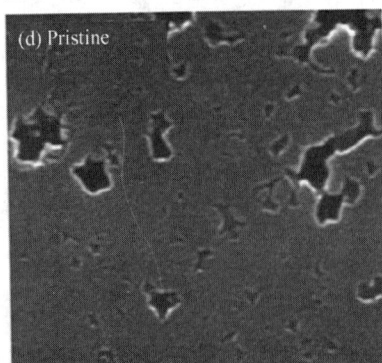

(a)

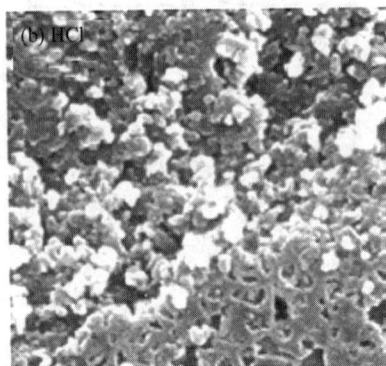

(b)

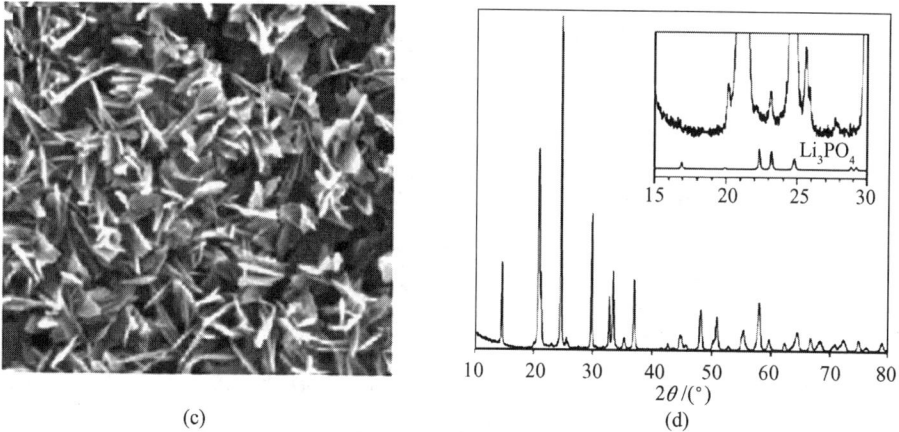

(c)

(d)

图 6 - 25　不同处理条件下 LATP 膜的形貌及结构
（a）初始 LATP 膜的 SEM 照片；（b）浸泡 HCl 后 LATP 膜的 SEM 照片；
（c）浸泡 LiOH 后 LATP 膜的 SEM 照片；（d）浸泡 LiOH 后 LATP 膜的 XRD 谱图。

6.5　催化剂及防水透氧膜

6.5.1　催化剂

混合体系的锂—空气电池中，其电极反应类似于燃料电池，均为氧气在水溶液中的还原与氧化。针对这一反应的催化剂选择及催化机理探讨，在燃料电池的发展过程中已经得到了较为全面的研究。其中性能比较优异的催化剂主要是贵金属（Pt）及金属氧化物（MnO_2），而 MnO_2 则因其成本低廉的特性得到了广泛的应用。因此，针对混合体系锂—空气电池催化剂的研究很少报道。

不同的是，对于非水锂—空气电池，其电极反应是一个全新的电化学过程，不仅涉及到有机体系中的氧气电化学过程，同时还涉及了固体产物——过氧化锂的分解历程。尽管目前对于过氧化锂分解过程是通过两个单电子转移过程分解成 Li^+ 和 O_2，还是通过一个两电子反应直接分解成 Li^+ 和 O_2 仍存在较大的分歧，但可以肯定的是，分解过程中所需较高的分解电压是目前非水锂—空气电池循环效率低下的直接原因（图 6 - 26）。

为了降低过氧化锂的分解过电势，提高电池充放电效率，在多孔碳正极上搭载催化剂是一种有效途径。尽管有部分研究者[30,33~37]已经通过引入几种催化剂（如 α - MnO_2、Pt、Au 等）降低了电池的分解电势，但目前关于催化剂的催化分解机制依然没有一个明晰的理解。更为重要的是，大部分研究者所采用的电解液体系本身就不稳定，因此催化剂所体现的催化作用是针对过氧化锂的分解，还是催化了其他副反应，仍需仔细进行考察。本节仅对非水锂—空气电池中催化剂的研究进展进行简要的总结。

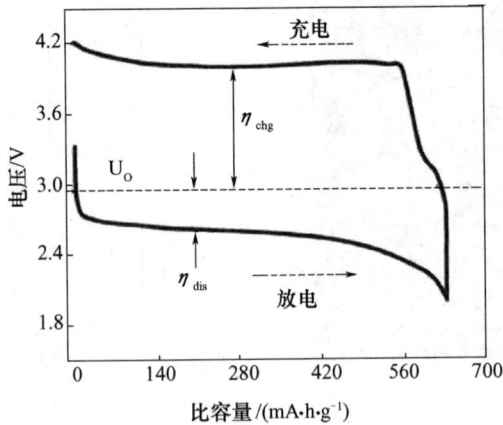

图 6 - 26　非水锂—空气电池充放电曲线[1]

1. 金属氧化物催化剂

作为燃料电池中应用最为广泛的催化剂,MnO_2 是非水锂—空气电池中最先得到研究的催化剂。Bruce 研究小组[33]采用共混手段将商品电解二氧化锰(EMD)与碳多孔材料混合用于空气电极,可对 Li^+/Li_2O_2 的氧化还原反应起到一定的催化作用。为了充分发挥氧化锰的活性,在上述研究基础上,Bruce 等[34]又利用水热反应制备了 $\alpha - MnO_2$ 纳米线(图 6 - 27(a)),通过球磨共混,制备了具有较好循环性能的空气电极(图 6 - 27(b))。此外,Ida 等[35]用二维氧化锰纳米片组装合成了具有卡 - 房形状的锰氧化物(图 6 - 28(a)),该电极同样具有较好的催化活性和充电性能(图 6 - 28(b))。

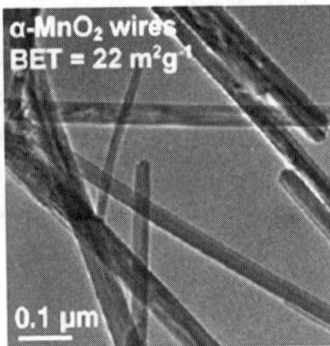

(a)

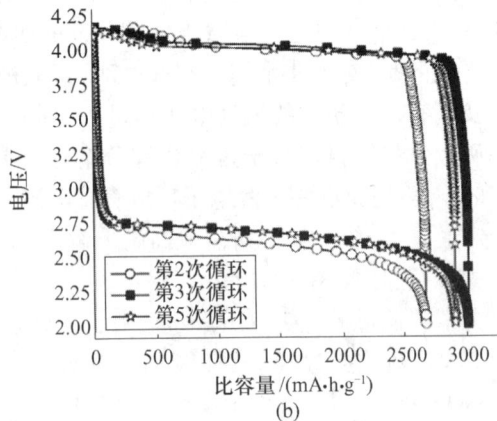

(b)

图 6 - 27　$\alpha - MnO_2$ 纳米线的形貌和 $\alpha - MnO_2/C$ 电极的循环性能[34]

(a) $\alpha - MnO_2$ 纳米线;(b) $\alpha - MnO_2/C$ 电极的放电电曲线。

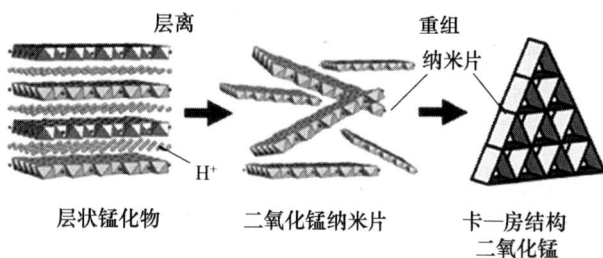

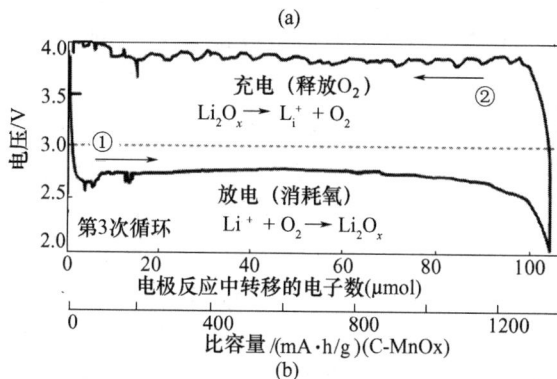

图6-28 卡-房氧化锰结构及电极充放电曲线[35]

(a) 卡-房氧化锰组装示意图;(b) 卡-房氧化锰电极充放电曲线。

Co_3O_4是另外一种得到研究的金属氧化物催化剂。Yoon等采用原位化学沉积方法制备了CNT/Co_3O_4复合电极(图6-29(a))[36]。同单一CNT电极相比,复合电极在1M LiTFSI EC/PC电解液中的充电电压明显减小($\Delta U > 0.1V$,图6-29(b)),体现了对放电产物分解过程的催化作用。

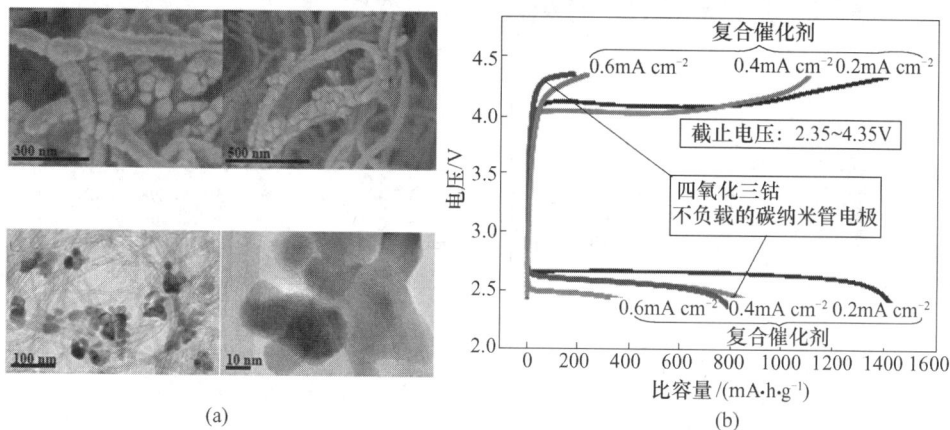

图6-29 CNT/Co_3O_4复合电极及充放电曲线[36]

(a) CNT/Co_3O_4复合电极;(b) CNT/Co_3O_4复合电极的充放电曲线。

值得注意的是,后续的光谱表征结果显示,由于所采用的电解液体系本身的不稳定性,在上述电极中的放电产物均不为理论放电产物过氧化锂[23,38]。因此金属氧化物所体现的表观催化作用仍需进一步验证。

2. 贵金属催化剂

锂—空气电池中采用的贵金属催化剂主要为 Pt 和 Au,同金属氧化物类催化剂一样,贵金属类催化剂在电池的电极反应过程中体现出了一定的催化作用。

Yang 等[37]利用液相脉冲激光消融法(Liquid Phase Pulsed Laser Ablation,图 6-30(a))在片状石墨烯(GNS)上均匀搭载了 3 ~ 5 nm 的纳米 Pt 颗粒作为催化剂(图 6-30(b)),所制备的空气电极(Pt/GNS)在在 1M LiPF$_6$ EC/DEC 电解液中的放电比容量达到了 4860mA·h·g^{-1}(图 6-30(c))。由于氧气在石墨烯及 Pt 颗粒表面吸附能的差异,Pt/GNS 电极改变了放电产物在电极表面的组成状态,使得放电产物在充电过程中易于分解。因此,同单一石墨烯电极相比较,Pt/GNS 电极体现了较好的循环性能(图 6-30(c),(d))[37]。但由于碳酸酯类电解液体系本身的不稳定性,贵金属类催化剂的催化作用也同样需要进一步分析。

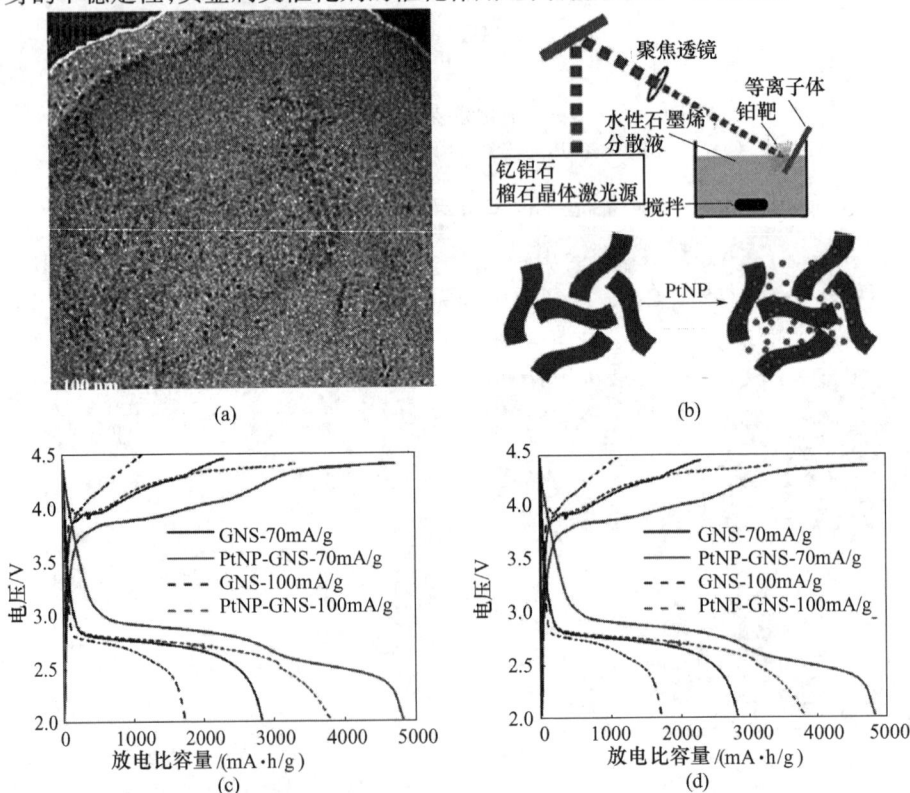

图 6-30 液相脉冲激光消融法制备的 Pt/GNS 电极及其与单一 GNS 电极的性能对比[37]

(a)液相脉冲激光消融法示意图;(b)Pt/GNS 电极 TEM 照片;

(c)Pt/GNS 电极循环性能;(d)单一 GNS 电极循环性能。

为了避免电解液在多孔碳电极表面的分解,Zhang 等[30]直接利用 Au 纳米线制备了用于非水锂—空气电池的空气电极。测试结果表明,DMSO 电解液在金电极表面具有很好的稳定性,电池在循环过程并不发生副反应(图 6 - 31)。在电解液体系稳定的基础上,金电极体现了真正意义上的催化作用,电池循环的过电压小于 1V(图 6 - 32),并且在百次循环后,容量损失率仅为 5%。这一结果在锂—空气电池研究发展过程中具有极为重要的意义,它展现了锂—空气电池作为一种稳定电池体系的实用化前景,同时也实际说明了在稳定电解液的基础上,通过引入特定种类的催化剂,确实可以提高电池的充放电效率,改善电池性能。

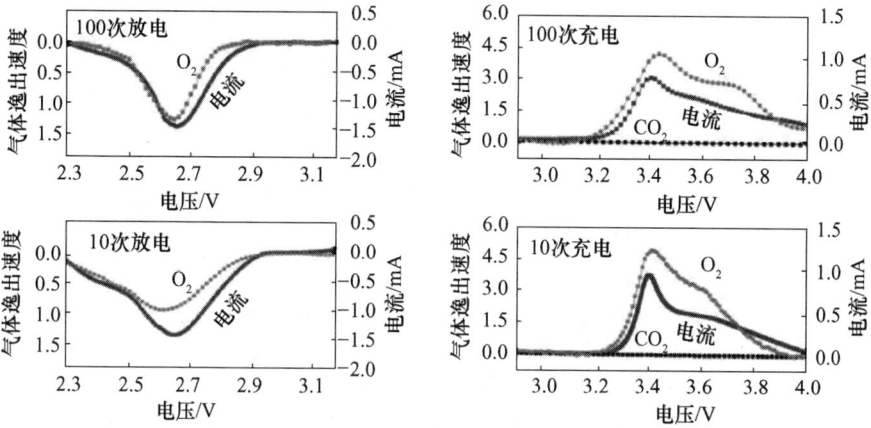

图 6 - 31　Au 纳米线电极在 DMSO 电解液中循环的电化学微分质谱[30]

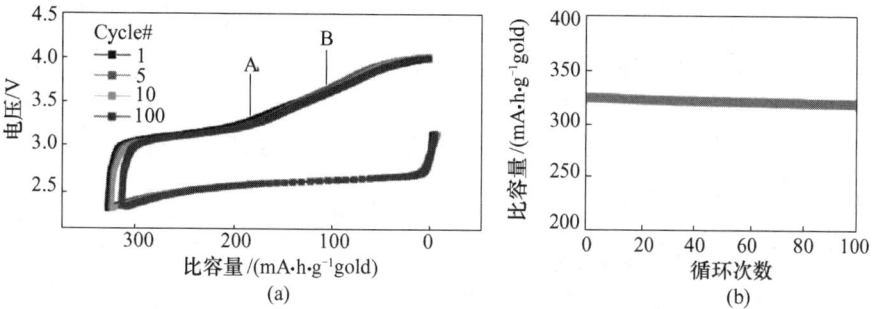

图 6 - 32　Au 纳米线电极在 DMSO 电解液中的循环性能[30]

3. 多元金属氧化物催化剂

相对于金属氧化物与贵金属,多元金属氧化物由于组成元素种类多,晶体结构复杂,在放电产物分解的过程中可能表现出单一金属氧化物和贵金属所不具备的催化性质,因此具有较好的研究前景;但同时,结构及组成的复杂性也使得对多元金属氧化物催化机理的研究阐释更为困难。

Wang 等[39]采用直接成核生长法在石墨烯表面生长了 MnCo$_2$O$_4$ 纳米颗粒作为催化剂。在 100mA·g^{-1}的电流密度下,放电平台电压为 2.95V,接近理论电势(3.10V),充电平台电压为 3.75V,过电势仅为 0.8V(图 6−33(a)),催化性能十分接近 Pt/C 电极。更为重要的是,MnCo$_2$O$_4$/GNS 电极在碳酸酯类电解液中体现了良好的稳定性,在限制容量的条件下,电池的循环次数可以达到 40 次,而充放电截止电压则基本保持不变(图 6−33(b))[39]。

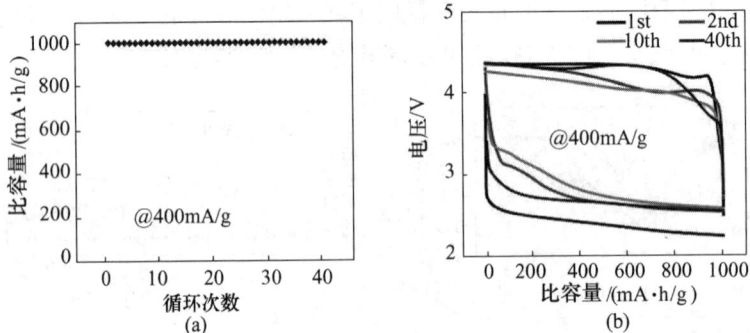

图 6−33 MnCo$_2$O$_4$/GNS 电极的倍率性能[39]

(a) MnCo$_2$O$_4$/GNS 电极的倍率性能;(b) MnCo$_2$O$_4$/GNS 电极的循环性能。

具有烧绿石结构(A$_2$B$_2$X$_2$O$_{1-\delta}$)的多元氧化物同样有很好的电化学催化活性,Nazar 等[40]研究了 Pb$_2$Ru$_2$O$_{6.5}$ 作为催化剂在锂—空气电池中的应用[40]。利用化学氧化先驱体溶液,Nazar 等在碳颗粒表面直接沉积了 Pb$_2$Ru$_2$O$_{6.5}$ 纳米颗粒(图 6−34(a))。由于纳米颗粒的大比表面,Pb$_2$Ru$_2$O$_{6.5}$−C 电极表面具有高浓度的催化活性中心,同时 Pb$_2$Ru$_2$O$_{6.5}$ 晶体内部元素的多种氧化还原态也提高了电极反应过程中电子异相转移速率,因此,该电极在 70mA·g^{-1} 的电流密度下,放电比容量超过了 10000mA·h·g^{-1},同时循环过程的过电势也比单一碳电极显著降低,在 100% 放电深度的条件下,三次循环后的容量保持率超过 80%(图 6−34(b))。

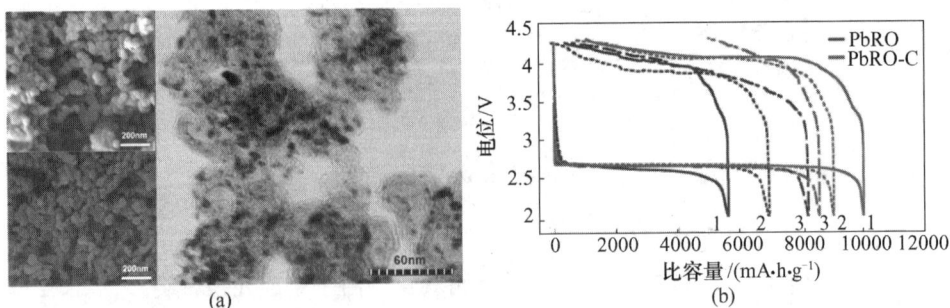

图 6−34 Pb$_2$Ru$_2$O$_{6.5}$−C 电极的形貌及循环性能[40]

(a) Pb$_2$Ru$_2$O$_{6.5}$−C 电极的扫描电气镜/透射电镜照片;(b) Pb$_2$Ru$_2$O$_{6.5}$−C 电极的循环性能。

214

4. 有机金属化合物

有机金属化合物是目前锂—空气电池研究领域中较为新颖的催化剂种类。在 1996 年 Abraham 等制备的第一个非水锂—空气电池中,他们所采用的酞菁钴便是一种重要的有机金属化合物。近年来,Shui 等[41]研究了一种新型的 Fe/N/C 复合物作为锂—空气电池的催化剂。通过控制合成工艺,可以实现 Fe/N/C 复合物在碳表面的原子级分散[41]。催化剂在碳颗粒表面的均匀搭载,有效提升了催化剂的催化性能,该电极在 TEGDME 中的循环过电势仅为 0.8V(图 6-35(a),其中 BP 代表多孔碳)。同时,TEGDME 电解液在 Fe/N/C-碳复合电极表面也体现了良好的稳定性,气相色谱的测试结果表明电池循环过程中并没有副产物 CO_2 产生(图 6-35(b),(c)),该复合电极同样体现了良好的循环性能(图 6-35(d))。

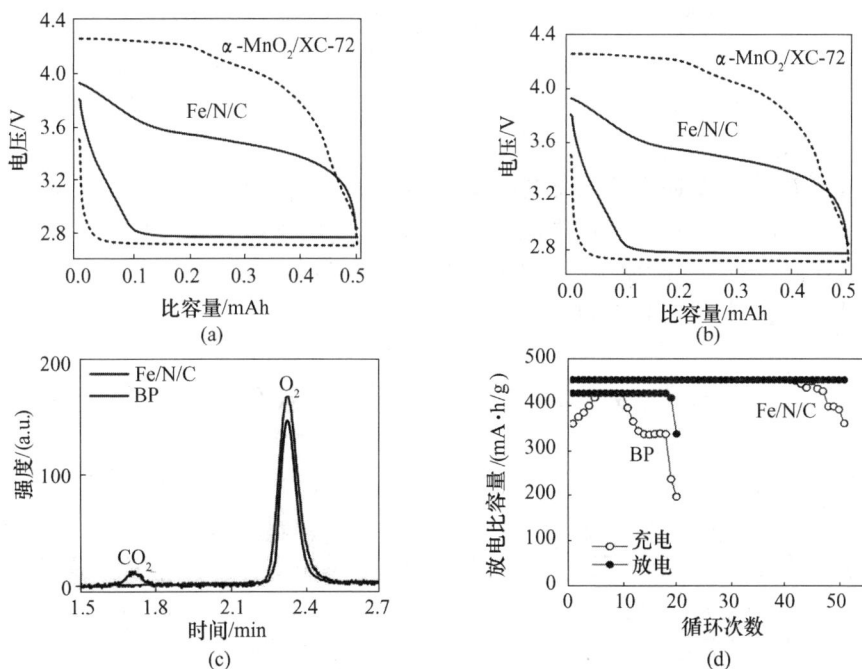

图 6-35 Fe/N/C 复合电极的循环性能及循环过程中的气体组成[41]
(a) Fe/N/C 复合电极充放电曲线;(b) Fe/N/C 复合电极首次充电后的气体;
(c) Fe/N/C 复合电极 20 次充电后的气体;(d) Fe/N/C 复合电极的循环性能。

6.5.2 防水透氧膜

由于空气中的水分会与金属锂反应($2H_2O + 2Li = 2LiOH + H_2\uparrow$),目前对锂空气电池的研究大多数是在纯氧条件下进行的。但为了体现无需在电池内部储存活性物质这一优势,锂—空气电池的未来使用环境还应是日常空气。因此,能有效隔绝空气中水分,并高效选择透过氧气的防水透氧膜是未来锂—空气电池实用化的关键因素之一。在防水透氧膜的研制方面,部分研究者也进行了有益的探索。

Zhang 等[42]利用可热封的防水透氧高分子膜,开发了一种全封闭锂—空气电池,同时也提出了防水透氧膜应当达到的技术指标。假设锂—空气电池的锂金属电极厚度为 0.5 mm,同时 20% 的锂与水分反应会导致电池失效,那么,要使锂—空气电池在空气中使用 5 天且锂与水分反应不到 20%,根据 Zhang 等人的计算结果,就要求水蒸气最大渗透速率必须小于 3.23×10^{-4} g $\cdot$ $(m^2 \cdot s)^{-1}$,而对于 12.7 μm 厚的膜,膜的水蒸气渗透速率则必须小于 1.4 g $\cdot$ mm $\cdot$ $(m^2 \cdot d)^{-1}$,同时如果需要维持 0.05mA $\cdot$ cm^{-2} 的电流密度,膜的氧气扩散速率则不得小于 1.08×10^{-7} mol $\cdot$ $(m^2 \cdot s)^{-1}$。

Liu 等[43,44]针对在外界空气中使用的锂—空气电池,分别开发了氧选择性膜和空气干燥膜。前者可由氧选择性硅油负载到多孔金属片和 PTFE 薄膜等多孔载体而制成,后者则采用了硅质岩沸石和 PTFE 作为无机高分子疏水材料。在锂负极的保护方面,Crowther 等[45,46]则发现聚硅氧烷和丙烯酸聚硅氧烷共聚物、涂有 Teflon 的玻璃纤维布对金属锂有明显的防护作用。

整体而言,这些防水透氧膜能够很好地防止外界水气的渗透,从而避免了锂金属电极与水反应造成的腐蚀,同时在放电电流密度比较低的情况下也可以满足氧的渗透速率。但是实际使用中如果放电电流密度要求比较高的话,防水透氧膜的透氧性(氧气选择性)则有待提高。

6.6　锂—空气电池发展趋势

综上所述,尽管混合锂—空气电池在首次放电比容量方面具有一定的优势,但其结构体系的复杂性及存在的安全问题使其在现阶段并不能作为锂—空气二次电池的基本结构模式。非水锂—空气电池具有结构简单安全、电极反应可逆、比容量高等优点,得到了广泛的关注。

尽管具有广阔的应用前景,锂—空气电池在目前的发展阶段依然存在许多关键性问题无法突破,其中,如何在电池体系中确立一个实际的电化学可逆过程是目前亟需解决的首要难点。只有在实际电化学可逆的基础上,才能进一步讨论改善空气电极性能,优化电解液体系设计,提高电池循环能量效率,推动锂—空气电池实用化进程。目前锂空气电池的发展主要应从以下几个方面努力:

(1) 进一步探索锂空气电池的电化学过程和机理,发展高效正极催化剂,减小充电过电位,加强氧化还原反应的可逆性。

(2) 进一步发展电解质体系。好的电解质体系应该具有如下特征:高的氧气传输能力和低挥发性;高的 Li^+ 传导性和很低的黏度;要避免电解质的氧化与分解;能为锂负极提供氧(及 CO_2)和水气扩散的屏障,并能保证锂金属负极的可循环性。特别是,找到氧化电位较高、能抵抗放电产物亲核进攻的电解质很关键。

（3）发展多种孔结构体系的空气正极。在保证充足的氧气和 Li$^+$ 能正常传输到活性电子传导表面的同时，还要为锂氧化物提供足够的容纳空间，并通过设计新式纳米结构电极和掺杂、加导电剂等手段设法提高锂氧化物的导电性，从而得到高的充电容量、功率密度和循环性。

（4）发展能对空气中的水和二氧化碳进行过滤的高穿透性的氧气选择性空气交换膜（防水透氧膜），以保证稳定性。水性锂空气电池还要开发选择性高、离子传导快的阴离子（OH$^-$ 或 Ac$^-$）交换膜。

（5）发展流动性、环保型锂—空气电池。在电池外储存锂氧化物，提高容量，同时对 Li 负极采取保护和密封措施，保证电池的耐用和安全；对锂—空气电池做好回收利用。

参 考 文 献

［1］ Girishkumar G，McCloskey B，Luntz A C，et al. Lithium – air battery：promise and challenges ［J］. J Phys Chem Lett，2010，1（14）：2193 – 2203.

［2］ Bruce P G，Freunberger S A，Hardwick L J，et al. Li – O$_2$ and Li – S batteries with high energy storage ［J］. Nat Mater，2012，11（1）：19 – 29.

［3］ Abraham K M，Jiagn Z. A polymer electrolyte – based rechargeable lithium/oxygen battery ［J］. J Electrochem Soc，1996，143（1）：1 – 5.

［4］ Laoire C O，Mukerjee S，Abraham K M，et al. Elucidating the mechanism of oxygen reduction for lithium – air battery applications ［J］. J Phys Chem C，2009，113（46）：20127 – 20134.

［5］ Christensen J，Albertus P，Sanchez – Carrera R S，et al. A critical review of Li/air batteries ［J］. J Electrochem Soc，2012，159（2）：R1 – R30.

［6］ Hayashi M，Minowa H，Takahashi M，et al. surface properties and electrochemical performance of carbon materials for air electrodes of lithium – air batteries ［J］. Electrochemistry，2010，78（5）：325 – 328.

［7］ Tran C，Yang X，Qu D. Investigation of the gas – diffusion – electrode used as lithium/air cathode in non – aqueous electrolyte and the importance of carbon material porosity ［J］. J Power Sources，2010，195（7）：2057 – 2063.

［8］ Mirzaeian M，Hall P J. Characterizing capacity loss of lithium oxygen batteries by impedance spectroscopy ［J］. J Power Sources，2010，195（19）：6817 – 6824.

［9］ 王凌岩，谢凯，王珲，等. 碳的孔分布对锂空气电池空气电极性能影响［J］. 电源技术，2012，36（9）：1287 – 1290.

［10］ Xiao J，Mei D，Li X，et al. Hierarchically porous graphene as a lithium – air battery electrode ［J］. Nano Lett，2011，11（11）：5071 – 5078.

［11］ Mitchell R R，Gallant B M，Thompson C V，et al. All – carbon – nanofiber electrodes for high – energy rechargeable Li – O$_2$ batteries ［J］. Energy Environ Sci，2011，4（8）：2952 – 2958.

［12］ Wang H，Xie K，Wang L，et al. All carbon nanotubes and freestanding air electrodes for rechargeable Li – air batteries ［J］. RSC Adv，2013，3（22）：8236 – 8241.

［13］ Yoo E，Zhou H. Li – air rechargeable battery based on metal – free graphene nanosheet catalysts ［J］. ACS Nano，2011，5（4）：3020 – 3026.

[14] Padbury R, Zhang X. Lithium – oxygen batteries – Limiting factors that affect performance [J]. J Power Sources,2011,196(10):4436 –4444.

[15] Read J,Mutolo K,Ervin M,et al. Oxygen transport properties of organic electrolytes and performance of lithium/oxygen battery [J]. J Electrochem Soc,2003,150(10):A1351 – A1356.

[16] 高勇,王诚,蒲薇华,等. 锂空气电池的研究进展[J]. 电池,2011,41(3):161 – 164.

[17] Xu W,Xiao J,Zhang J,et al. Optimization of nonaqueous electrolytes for primary lithium/air batteries operated in ambient environment [J]. J Electrochem Soc,2009,156(10):A773 – A779.

[18] Xu W,Xiao J,Wang D,et al. Effects of nonaqueous electrolytes on the performance of lithium/air batteries [J]. J Electrochem Soc,2010,157(2):A219 – A224.

[19] Zhang S S,Foster D,Read J. The effect of quaternary ammonium on discharge characteristic of a non – aqueous electrolyte Li/O_2 battery [J]. Electrochim Acta,2011,56(3):1283 – 1287.

[20] Zhang S S,Read J. Partially fluorinated solvent as a co – solvent for the non – aqueous electrolyte of Li/air battery [J]. J Power Sources,2011,196(5):2867 –2870.

[21] Mizuno F,Nakanishi S,Kotani Y,et al. Rechargeable Li – air batteries with carbonate – based liquid electrolytes [J]. Electrochemistry,2010,78(5):403 –405.

[22] Bryantsev V S,Blanco M,Faglioni F. Stability of lithium superoxide LiO_2 in the gas phase:computational study of dimerization and disproportionation reactions [J]. J Phys Chem A,2010,114(31):8165 – 8169.

[23] Freunberger S A,Chen Y,Peng Z,et al. Reactions in the rechargeable lithium – O_2 battery with alkyl carbonate electrolytes [J]. J Am Chem Soc,2011,133(20):8040 – 8047.

[24] Wang H,Xie K. Investigation of oxygen reduction chemistry in ether and carbonate based electrolytes for Li – O_2 batteries [J]. Electrochim Acta,2012,64:29 –34.

[25] McCloskey B D,Bethune D S,Shelby R M,et al. Solvents' critical role in nonaqueous lithium – oxygen battery electrochemistry [J]. J Phys Chem Lett,2011,2(10):1161 –1166.

[26] Freunberger S A,Chen Y,Drewett N E,et al. The lithium – oxygen battery with ether – based electrolytes [J]. Angew Chem Int Ed Engl,2011,50(37):8609 –8613.

[27] Chen Y,Freunberger S A,Peng Z,et al. Li – O_2 battery with a dimethylformamide electrolyte [J]. J Am Chem Soc,2012,134(18):7952 –7957.

[28] Wang H,Xie K,Wang L,et al. N – methyl – 2 – pyrrolidone as a solvent for the non – aqueous electrolyte of rechargeable Li – air batteries [J]. J Power Sources,2012,219:263 –271.

[29] Xu D,Wang Z L,Xu J J,et al. Novel DMSO – based electrolyte for high performance rechargeable Li – O_2 batteries [J]. Chem Commun,2012,48(55):6948 –6950.

[30] Peng Z,Freunberger S A,Chen Y,et al. A reversible and higher – rate Li – O_2 battery [J]. Science,2012,337(6094):563 –566.

[31] Wang Y,Zhou H. A lithium – air battery with a potential to continuously reduce O_2 from air for delivering energy [J]. J Power Sources,2010,195(1):358 –361.

[32] Hasegawa S,Imanishi N,Zhang T,et al. Study on lithium/air secondary batteries—Stability of NASICON – type lithium ion conducting glass – ceramics with water [J]. J Power Sources,2009,189(1):371 –377.

[33] Débart A,Bao J,Armstrong G,et al. An O_2 cathode for rechargeable lithium batteries:The effect of a catalyst [J]. J Power Sources,2007,174(2):1177 –1182.

[34] Débart A,Paterson A J,Bao J,et al. Alpha – MnO_2 nanowires:a catalyst for the O_2 electrode in rechargeable lithium batteries [J]. Angew Chem Int Ed,2008,47(24):4521 –4524.

[35] Ida S,Thapa A K,Hidaka Y,et al. Manganese oxide with a card – house – like structure reassembled from nanosheets for rechargeable Li – air battery [J]. J Power Sources,2012,203:159 – 164.

218

[36] Yoon T H, Park Y J. Carbon nanotube/Co_3O_4 composite for air electrode of lithium – air battery [J]. Nanoscale Res Lett,2012,7: 28.

[37] Yang Y, Shi M, Zhou Q – F, et al. Platinum nanoparticle – graphene hybrids synthesized by liquid phase pulsed laser ablation as cathode catalysts for Li – air batteries [J]. Electrochem Commun,2012,20: 11 – 14.

[38] Veith G M, Dudney N J, Howe J, et al. Spectroscopic characterization of solid discharge products in Li – air cells with aprotic carbonate electrolytes[J]. J Phys Chem C,2011,115(29): 14325 – 14333.

[39] Wang H, Yang Y, Liang Y, et al. Rechargeable Li – O_2 batteries with a covalently coupled $MnCO_2O_4$ – graphene hybrid as an oxygen cathode catalyst [J]. Energy Environ Sci,2012,5(7): 7931 – 7935.

[40] Oh S H, Nazar L F. Oxide catalysts for rechargeable high – capacity Li – O_2 batteries [J]. Adv Energy Mater, 2012,2(7): 903 – 910.

[41] Shui J L, Karan N K, Balasubramanian M, et al. Fe/N/C composite in Li – O_2 battery: studies of catalytic structure and activity toward oxygen evolution reaction [J]. J Am Chem Soc,2012,134(40): 16654 – 16661.

[42] Zhang J – G, Wang D, Xu W, et al. Ambient operation of Li/air batteries [J]. J Power Sources,2010,195 (13): 4332 – 4337.

[43] Zhang J, Xu W, Liu W. Oxygen – selective immobilized liquid membranes for operation of lithium – air batteries in ambient air [J]. J Power Sources,2010,195(21): 7438 – 7444.

[44] Zhang J, Xu W, Li X, et al. Air dehydration membranes for nonaqueous Lithium – air batteries [J]. J Electrochem Soc,2010,157(8): A940 – A946.

[45] Crowther O, Meyer B, Morgan M, et al. Primary Li – air cell development [J]. J Power Sources,2011,196 (3): 1498 – 1502.

[46] Crowther O, Keeny D, Moureau D M. Electrolyte optimization for the primary lithium metal air battery using an oxygen selective membrane [J]. J Power Sources,2012,202(6): 347 – 351.

第3篇　全固态锂二次电池体系

目前,基于有机液态电解质的锂离子电池占据了电池市场的主要份额,但潜在的安全问题制约了其在电动汽车、航空航天和武器装备等领域的大规模应用。采用固体电解质替代液体电解液形成全固态的电池结构,不仅可简化锂离子电池结构设计,更能有效避免液体电解液泄漏及暴露于空气环境中易燃的隐患。因此,全固态锂离子电池具有更高的安全性和可靠性,已成为锂电池行业关注的热点。

根据固体电解质材料类型,全固态锂离子电池主要分为两类:无机全固态锂离子电池和聚合物全固态锂离子电池。其中,无机全固态锂离子电池根据结构又分为薄膜型无机全固态锂离子电池和普通型无机全固态锂离子电池。多功能结构锂二次电池是一种基于聚合物锂离子电池的新型电池,它将系统中的电源功能与承力结构功能有效复合,具有降低系统质量、提高电池有效容量、节约载荷空间等一系列优点,在航空航天领域有着广泛的应用前景。

本篇分为两章,重点介绍无机全固态锂二次电池(第7章)和多功能结构锂二次电池(第8章)。

第7章　无机全固态锂二次电池

7.1　无机固体电解质

固体电解质是全固态锂二次电池最关键的组成部分,直接影响电池的性能。固体电解质主要包括有机聚合物电解质和无机陶瓷电解质。有机聚合物电解质经过多年发展取得了较大的进展,尤其是凝胶聚合物电解质已成功应用于商业锂离子电池中,而无机陶瓷电解质在近十年成为研究的热点。

由于两类电解质的物质结构存在较大差异,锂离子传输特性有所差别。根据研究,就整体而言,无机陶瓷电解质的离子电导率略高于有机聚合物电解质。此外,两类电解质在宏观性能上也各有特点,陶瓷电解质外形尺寸稳定、可阻止锂枝晶的形成,在高温等特殊环境下具有更优的安全稳定性;而聚合物电解质更易于加工,可用于柔性电池设计,且生产成本相对更低。

陶瓷化合物中离子的传输主要通过离子点缺陷的移动来实现,升高温度有利于缺陷的产生和移动,因此陶瓷电解质的离子电导率通常随温度的升高而增加,高温环境更有利于陶瓷电解质性能的发挥。随着研究的发展[1],现在已有不少材料体系的陶瓷电解质可在相对较低的温度下达到较高的离子电导,满足常用电池的使用要求,这大大加快了陶瓷电解质在锂离子电池中应用的进程。

7.1.1　硫化物体系

晶态、玻璃态和微晶态的硫化物均可作为固体电解质。最典型的是 $Li_2S - P_2S_5$ 玻璃－陶瓷,室温下离子电导率可达 10^{-3} S·cm^{-1},对金属锂高度稳定,电化学窗口大约为 10V[2]。玻璃态和微晶态 $Li_2S - P_2S_5$ 体系的电导率分布如图 7－1 所示[1,3-5]。此外,一些玻璃态硫化物体系经过掺杂也能获得较高的离子电导率,如 $Li_2S - SiS_2$ 玻璃态电解质通过掺杂 LiI,室温电导率可由 $10^{-4} \sim 10^{-5}$ S·cm^{-1} 增加至 1.32×10^{-3} S·cm^{-1},但该材料与 Li 接触不稳定,负极不可逆反应较明显。目前较为常用的 Li_3PO_4、Li_4SiO_4 等掺杂剂既能提高离子电导率,又不破坏化学和电化学稳定性。

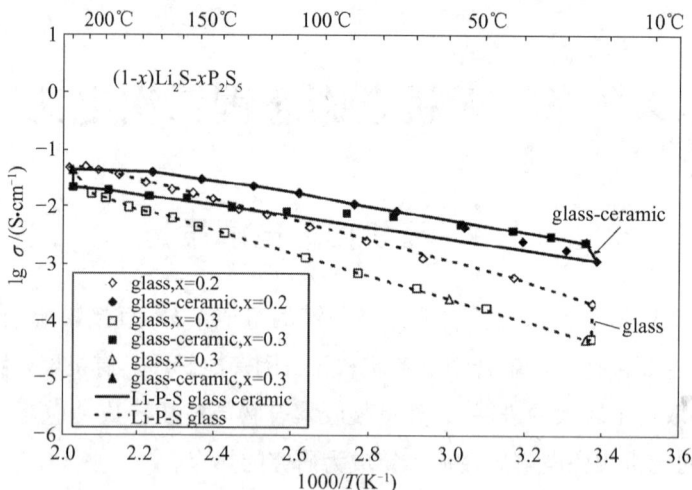

图 7 - 1   Li$_2$S - P$_2$S$_5$ 体系离子电导率分布[1,3-5]

图 7 - 2 所示是几种玻璃态硫化物及掺杂后形成电解质的电导率分布[1,3-4,6-8]。晶态硫化物中性能较优的是在 Li$_2$S - GeS$_2$ - P$_2$S$_5$ 体系中发现的 LISICON 型化合物 Li$_{4-x}$Ge$_{1-x}$P$_x$S$_4$，其室温离子电导率在 $x = 0.75$ 时达到 2.2×10^{-3} S·cm^{-1}，且电子电导率很小，电化学稳定性和热稳定性好，500℃ 无相变，并对金属锂稳定，但与碳负极的匹配性较差。图 7 - 3 所示是几种 LISICON 型硫化物的电导率分布[1,9-13]。

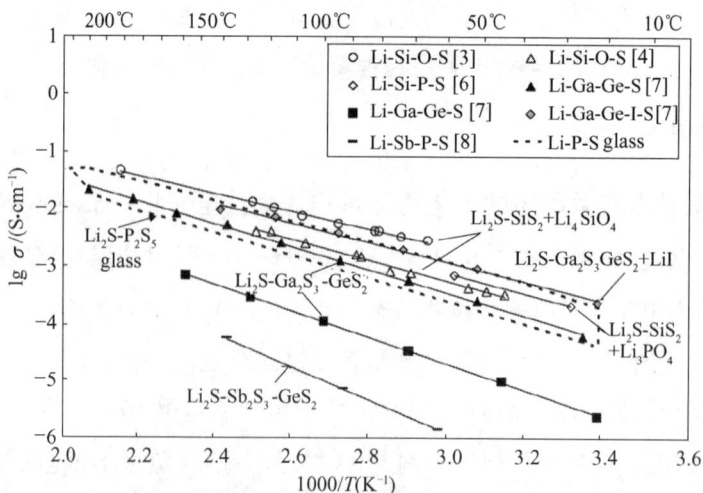

图 7 - 2   几种玻璃态硫化物及掺杂后形成电解质的电导率分布[1,3,4,6-8]

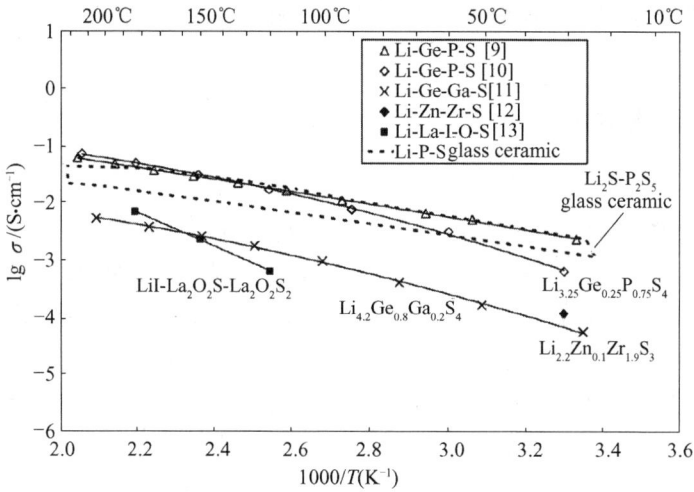

图 7 - 3　几种 LISICON 型硫化物的电导率分布[1,9~13]

　　硫化物体系固体电解质可通过熔融淬火、高温固相反应、机械化学等方法制备,因不同方法获得的主体微观结构有所差异,其离子电导率水平也不相同(表 7 - 1[9,14,15~22])。由于机械化学方法操作相对简单且可获得具有更高离子传输性能的玻璃 - 陶瓷结构,近年来成为硫化物体系固体电解质制备的主要趋势。机械化学方法就是利用高速球磨使原始反应物粉体(如 $75Li_2S \cdot 25P_2S_5$ 固体电解质的原始反应物为 L_2S 和 P_2S_5)充分分散混合并在碰撞挤压过程中发生化学反应。对于遇空气易氧化的硫化物体系,高速球磨过程通常需要充入惰性气体进行保护。

表 7 - 1　不同方法制备硫化物体系固体电解质的离子电导率[9,14,15~22]

材料体系	$\sigma/(S \cdot cm^{-1})(25℃)$	合成方法
$Li_2S - GeS_2$	4×10^{-5}	熔融淬火
$Li_2S - P_2S_5$	1×10^{-4}	熔融淬火
$Li_2S - B_2S_3$	3×10^{-4}	熔融淬火
$L_{i2}S - SiS_2$	5×10^{-4}	双辊急冷
$Li_2S - SiS_2 - LiI$	2×10^{-3}	熔融淬火
$Li_2S - SiS_2 - Li_3PO_4$	2×10^{-3}	熔融淬火
$Li_2S - SiS_2 - Li_4SiO_4$	2×10^{-3}	双辊急冷
$Li_4GeS_4 - Li_3PS_4$ (晶体)	2×10^{-3}	固相反应
$Li_2S - P_2S_5$ (玻璃 - 陶瓷)	3×10^{-3}	机械球磨和热处理

　　硫化物体系的固体电解质已用于锂—铟正极和多种不同负极组合的电池中,可匹配包括硫化镍[23,24]、铜[25]、铜 - 钼合金[26]等对 Li 电位 2 ~ 3V 的负极材料。

223

此外,硫化物体系的固体电解质还可以与电位相对更低的正极材料匹配,如已广泛使用的 $LiCoO_2$[27~29]、$Li_4Ti_5O_{12}$[30,31]以及 NiP_2[32]等。

7.1.2 氧化物体系

自 Inaguma 等[33]报道 $Li_{3x}La_{2/3-x}TiO_3(x=0.11)$ 的室温离子电导率达 10^{-3} S·cm^{-1} 以后,LLTO 型固体电解质的研究引起了人们的广泛关注。LLTO 型固体电解质[34]是通过三价稀土 La^{3+} 和一价阳离子(Li^+、Na^+、K^+)共同取代钙钛矿结构(ABO_3)中碱土离子形成的 $Li_{3x}La_{2/3-x}TiO_3(0.04<x<0.17)$,其中离子半径较大的 La^{3+} 稳定钙钛矿结构,而半径较小的 Li^+ 通过 La^{3+} 周围的通道在空位间迁移。La/Li 的比例大于 1 时结构中将产生更多的空位以保持整个体系的电中性。研究表明[35,36],当 $x=0.125$(La/Li = 1.4)时,体系电导率相对最高,该结果与分子动力学计算的结果基本吻合。图 7-4 列举了不同 La/Li 比的体系电导率分布[1,37~46]。从图中可以发现,单颗粒的电导率高于多颗粒分布的整体电导率,这说明界面对锂离子的传输有明显的阻碍作用。

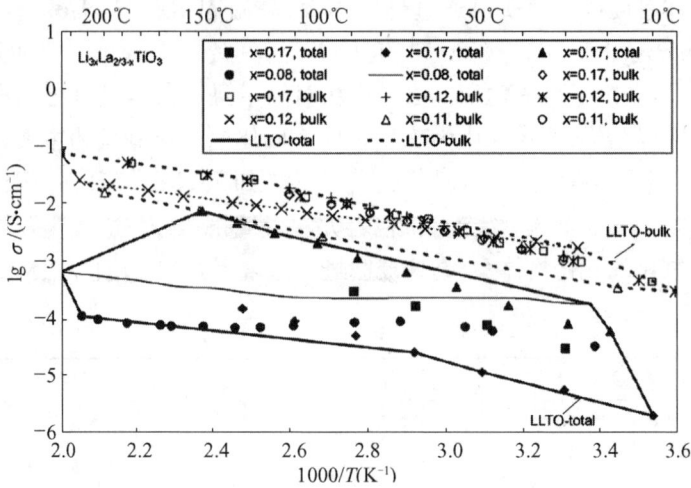

图 7-4　不同 La/Li 比的 LLTO 体系电导率分布[1,37~46]

对 LLTO 进行掺杂,一方面可提高其离子电导率,另一方面可改善其对金属锂的稳定性。从晶格结构分析,传输瓶颈、空位大小以及钙钛矿晶格 A 位置阳离子的无序度对 LLTO 的离子电导率影响很大。在 LLTO 立方面心密堆积结构中,立方顶点 A 位阳离子的半径越大,A 位阳离子无序度越高,越有利于 Li^+ 在 A 空位间的迁移,但半径过大也会导致晶体结构变形严重,导致离子电导率下降。例如,使用二价碱土金属离子 Ca^{2+}、Sr^{2+}、Ba^{2+} 等部分替代 A 位置 La^{3+} 时,半径小于 La^{3+} 的 Ca^{2+} 同时引起晶胞体积收缩和 A 位 Li^+ 浓度降低,体系的电导率下降;半径较大的 Sr^{2+} 取代可形成尺寸较大的空位,增加 Li^+ 迁移空间,稳定材料的立方无序结构,从而提高其电导率;半径更大的 Ba^{2+} 同样可以产生晶格膨胀,但晶体结构变形严重,阻碍 Li^+ 迁移。而从 Li^+ 与骨架离子间的相互作用考虑,在 ABO_3 钙钛矿氧化物中 $A-O$ 与 $B-O$ 键共用同样的 O^{2-} 导致其相互影响。半径较小的 B 位阳离子有利于增强 $B-O$ 原子间键能,由此可以削弱 A 位 Li^+ 与 O^{2-} 间的作用力,降低材料的导电活化能,利于 Li^+ 迁移。图 7-5 列举了 Al 替代 Ti 以及 Na 掺杂 A 位的电导率分布[1,45~48]。从图中可以看出掺杂对 LLTO 电导率的影响。

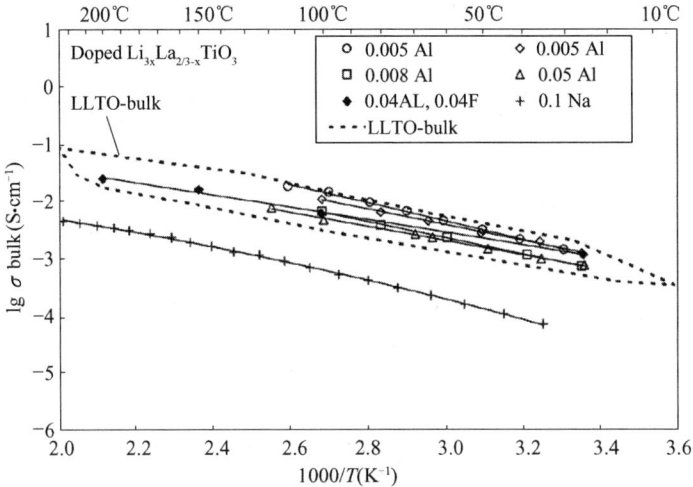

图 7-5　不同掺杂的 LLTO 体系电导率分布[1,45~48]

此外,一些基于石榴石结构的氧化物也表现出较好的锂离子传导能力。图 7-6 是几种基于石榴石结构 $Li_5La_3Ta_2O_{12}$ 的电导率分布[1,49~54]。从图中可以发现,利用 Ba、Sr 或它们共同替代 La 可进一步提升材料的离子电导。

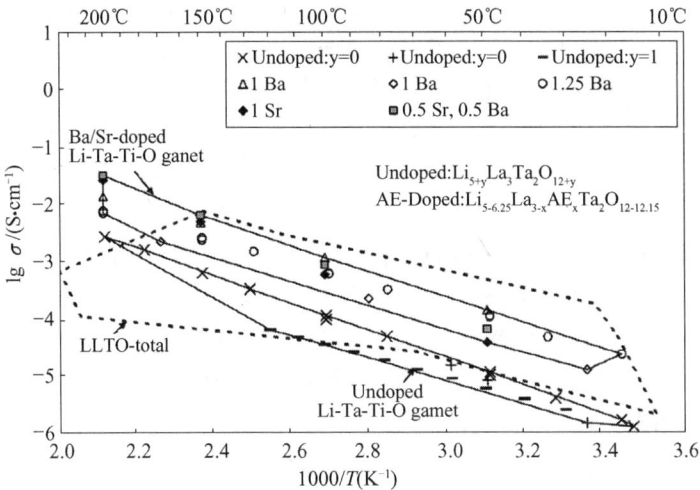

图 7-6　几种基于石榴石结构 $Li_5La_3Ta_2O_{12}$ 的电导率分布

225

其他几种在研锂离子电池固体电解质的电导率分布如图 7 - 7 所示[1,55~60]。其中，$Li_3BO_{2.5}O_{0.5}$ 玻璃态薄膜以及 Li_9SiAlO_8 的电导率与 LLTO 较为接近。虽然电导率较低的体系不适用于室温工作的传统电池中，但仍可能被用于薄膜全固态电池或高温电池中。例如，室温下 $Li_3BO_{2.5}N_{0.5}$ 的电导率比 LLTO 低，但已有用在薄膜电池中的实例[58]。

目前，氧化物体系的固体电解质制备仍以传统固相反应为主。

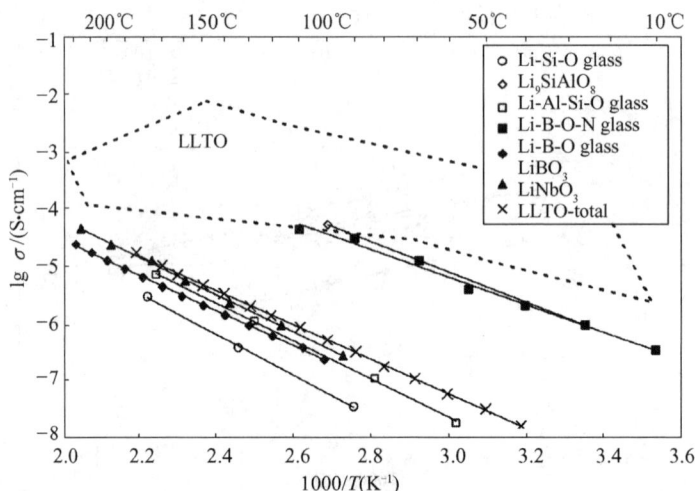

图 7 - 7　其他几种在研的固体电解质的电导率分布

7.1.3　磷酸盐体系

NASICON 结构是锂陶瓷电解质中一种重要的体系结构，其母体为 $NaZr_2P_3O_{12}$，组成可用通式 $M(A_2B_3O_{12})$ 表示，M、A、B 分别代表单价、四价和五价阳离子。由于 $M(A_2B_3O_{12})$ 中的 M 位置可以是 Ag^+、K^+、Na^+ 或 Li^+，A 位置可被多种金属阳离子(如 Ti、Ge、Zr、Hf、V、Sc 等)占据，B 可以是 P、Si 或 Mo 等，并且 A、B 位置的离子可被其他金属离子部分取代，因此，具有 NASICON 结构的化合物种类繁多，组成多变。

在含不同四价离子的 NASICON 结构的锂离子固体电解质中，$LiTi_2(PO_4)_3$ 的离子电导率较高，但这类化合物与金属锂直接接触时易发生氧化还原反应和电子导电，这是在电池应用方面所不希望的。用其他四价阳离子或三价和五价阳离子完全取代 Ti^{4+} 可避免此类反应发生，常用的四价离子有 Zr^{4+}、Sn^{4+}、Hf^{4+}、Ge^{4+}，半径较大的四价阳离子如 Zr^{4+}、Sn^{4+}、Hf^{4+} 取代 Ti^{4+} 后，产物在低温时晶体结构一般属三斜晶系或单斜晶系，离子电导率比较低；而半径较小的 Ge^{4+} 取代 Ti^{4+} 后的产物 $LiGe_2P_3O_{12}$ 属三方晶系，进一步用三价 Al^{3+} 部分取代 Ge^{4+}，其电导率可达 10^{-3} S·cm^{-1}，$Li_{1+x}Al_xGe_{2-x}(PO_4)_3$ (LAGP)是目前可获得的最高离子电导率的磷酸盐体系。

另外, $Li_{1+x}Ti_{2-x}Al_x(PO_4)_3$ (LTAP) 是另一种常见的磷酸盐固体电解质, 还可引入 Si 掺杂替代部分 P 形成 $Li_{1+x+y}Ti_{2-x}Al_xSi_y(PO_4)_{3-y}$。上述两种电解质都已有应用于锂离子电池的实例[61,62]。图 7 - 8 对比了这两种体系的离子电导率分布[1,63~74]。其他磷酸盐电解质的电导率分布见图 7 - 9[1,75~82]。此外, 还有一种磷酸盐体系的固体电解质 LiPON, 虽然离子电导率较低 ($10^{-5} \sim 10^{-6}$), 但通过减小电解质厚度降低阻抗后可用于全固态薄膜锂二次电池[83~90]。

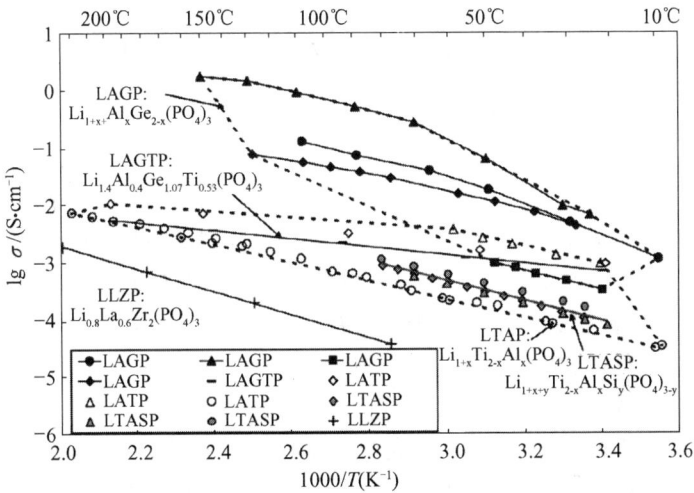

图 7 - 8　LAGP 和 LTAP 体系固体电解质的离子电导率分布[1,63~74]

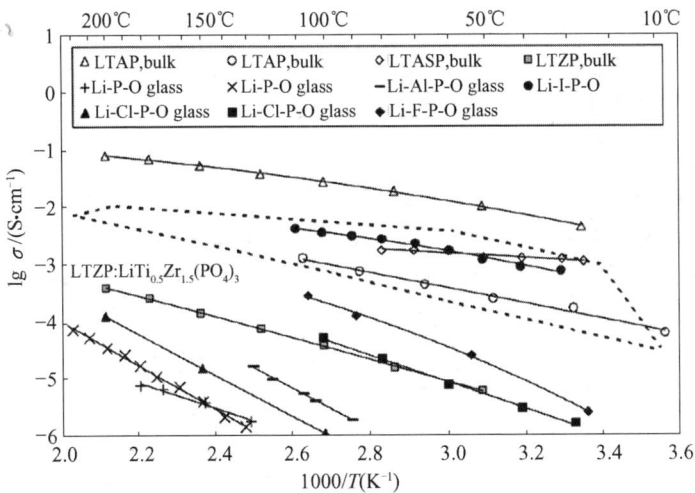

图 7 - 9　其他磷酸盐固体电解质的离子电导率分布[1,75~82]

磷酸盐体系的固态电解质可通过传统固相反应、溶胶—凝胶方法、熔融淬火方法制备。目前,通过熔融淬火方法获得的连续玻璃 - 陶瓷结构具有相对更高的离子传输性能。不过,由于磷酸盐体系熔融温度通常需达到 1400℃ 以上,要通过淬火工艺实现大面积可控厚度的电解质难度较大,在一定程度上制约了磷酸盐体系固体电解质的批量化生产及在锂离子电池中的大规模应用。

为适应全固态电池的应用需求,越来越多的研究人员开始关注熔融淬火与传统固相反应相结合的方法,以提高电解质的离子传输能力。

7.2　薄膜型全固态锂二次电池

7.2.1　概述

随着科技发展和人类社会进步,人们对产品微型化的需求不断增长。而微型设备持续不断的发展对能源供应提出了更高的要求,如某些微型设备要求储能装置面积不大于 $0.01\ cm^2$,连同外壳厚度不超过 3 mm。传统电源已很难满足微型设备发展需求,微电池研究日益为各国所重视。

目前,已经开展的微电池研究主要包括:

(1)微型镍锌电池,其比能量密度低于锂电池。

(2)微型太阳能电池,作为将光能转换为电能的电池,一般采用二次电池作为储能电池配合使用。

(3)微型温差电池,主要是热电转换电池,利用温度差产生电流,使用情况稳定,寿命长。但其能量转换效率低于 10%,且并非储能电池。

(4)微型燃料电池,如甲醇燃料电池目前已经可以应用于笔记本电脑、手机等,但在更微小的电池应用方面仍未见报道。

(5)微型核电池,主要是指放射性同位素核电池,在半衰期内可以持续放出热,并可利用热能转化成电能。

微型全固态薄膜锂电池与其他电池相比,具有以下优点[91]:

(1)工作电压高,使用时间最长,容量最高,见表 7 - 2。

(2)几乎可以制成任何形状和尺寸,可直接集成在电路中,基片的选择范围很广,如玻璃、陶瓷、硅片、塑料、金属片等;

(3)能够充放电数千次以上,自放电速率小,无记忆效应;

(4)性能十分稳定,在各种工作环境中均具有很好的安全性能;

(5)工作温度范围大,在 - 20 ~ 125℃ 间均可工作。

正是基于这些优点,国外对全固态薄膜锂电池的研究非常活跃。如在 NASA支持下,美国 ITN 能源系统公司采用美国橡树岭国家实验室提供的技术生产了全固态薄膜锂电池,结合柔性 Cu - In - Ga - Se₂ 太阳能电池以及柔性电源管理技术,已经研制出卫星用高度集成化的柔性集成电源模块[92]。此外,其潜在的应用领域包括非暂态存储器、半导体加工诊断芯片、射频识别技术(RFID)、传感器、智能卡、超薄手表、微电子机械系统、植入式医疗器械,目前已经进入实用的包括射频识别、自动传感器和智能武器等。

表 7 - 2　各类电池性能比较

电池体系	负极	正极	电压/V	能量密度		循环寿命
				$W \cdot h \cdot kg^{-1}$	$W \cdot h \cdot L^{-1}$	
Baseline Li TFB#	Li	$LiCoO_2$	4.0	200	450	>4000
铅酸电池	Pb	PbO_2	2	35	70	200 ~ 250
镍镉电池	Cd	Ni Oxide	1.2	50	80	400 ~ 500
Ni/MH 二次电池	(MH)	Ni Oxide	1.2	50	175	400 ~ 500
锂离子电池	C	$Li_x CoO_2$	3.6	150	240	>1000
有机锂离子电池	Li	MnO_2	3	120	265	500
聚合物锂离子电池	Li	$V_6 O_{13}$	3	200	350	500
镍氢电池	H_2	Ni Oxide	1.2	55	60	>10000

注:#薄膜锂电池

7.2.2　全固态薄膜锂电池的基本结构

全固态薄膜锂电池的工作原理是基于锂离子在正负极材料间的嵌入和脱出,但采用固态电解质及各功能层的薄膜化是其区别于普通锂离子电池的主要特点。

薄膜电池主要包括正极和负极电流收集极层(主要是各种金属如 Au、Pt、Cu 等)、正极膜、固体电解质膜和负极膜层,通常还涂上一层保护层,使各层膜与空气隔离,保护电池以免受空气中的氧气和水气的影响,基体可选择多种材料,如陶瓷、塑料或柔性材料等。在整个薄膜电池制备过程中,通常各层膜的沉积、晶化以及封装等都是一次完成。

薄膜电池种类包括薄膜锂电池、薄膜锂离子电池以及"锂自由"电池[93],结构如图 7 - 10 所示。

(1)薄膜锂电池:以金属锂为负极,$LiCoO_2$、$LiMn_2O_4$、V_2O_5 等为阴极,电解质为 LiPON 等。这种薄膜电池可在较高电流密度下脉冲放电,应用温度范围较宽,可在接近锂的熔点时工作,电化学性能优良。

(2)薄膜锂离子电池:采用较高熔点较低反应活性的无机化合物替代金属锂。因为一般集成电路中采用焊接回流技术,很快被加热至 250 ~ 260℃[94],由于金属锂的熔点比较低(180℃),在此温度下电池易损坏,而用高熔点化合物就可以避免此现象产生。此类可以嵌锂的化合物包括非晶硅[95~97]、锡硅氧氮化物(SiTON)和锡的氮化物(Sn_3N_4)[98]、氧化物(SnO_2)[99]等。

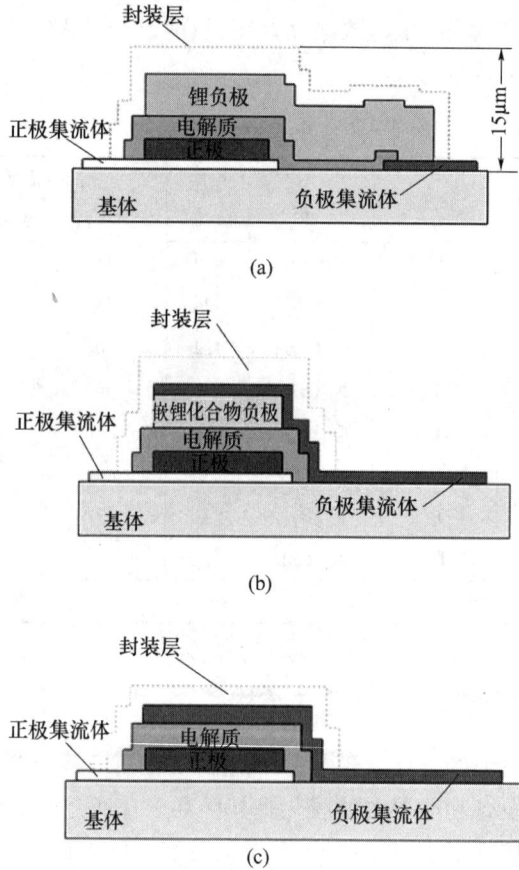

图 7-10 三种薄膜锂电池截面的结构示意图
(a) 以金属锂为负极;(b) 以嵌锂化合物为负极;(c) "锂自由"负极。

(3) "锂自由"电池:又称为原位金属锂负极薄膜电池,即负极锂是在电池充电过程中原位生成的,该电池显示出薄膜锂离子电池的行为。在"无锂"薄膜微电池制备过程中,负极电流收集极直接沉积在电解质薄膜上,充放电时锂在集电极上沉积和脱离[100]。

7.2.3 薄膜型全固态锂二次电池制备方法

薄膜锂电池制备工艺流程如图 7-11 所示:①在基体上沉积正极金属集流体,如 Cu、Pt 等;②在集流体上沉积正极薄膜(如 $LiCoO_2$、$LiMn_2O_4$、$LiFePO_4$);③沉积固体电解质薄膜(如 LiPON)后沉积负极薄膜(如金属锂、氮化锡、氧化锡)组成薄膜微电池;④沉积负极集流体;⑤在锂离子薄膜电池外层制备保护层。

230

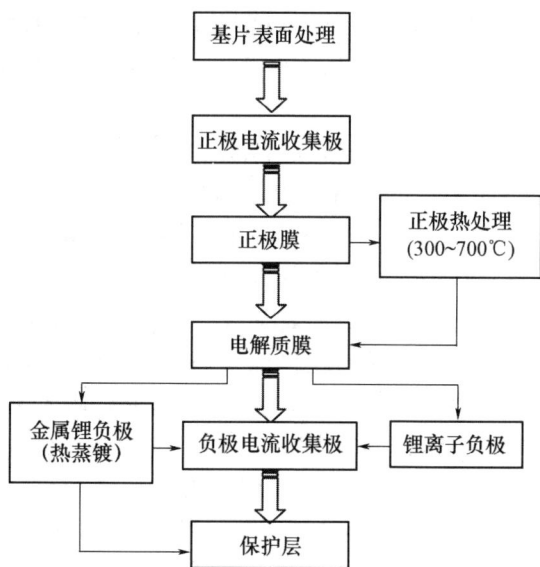

图 7-11　薄膜锂电池制备工艺流程

薄膜锂电池各层功能膜的制备可采用多种物理或化学制膜方法,如磁控溅射、脉冲激光沉积、热蒸镀、化学气相沉积等方法[101]。

磁控溅射是在真空室中电磁场的作用下荷能离子轰击靶材,溅射出大量粒子在基片上沉积成膜。该法制备薄膜沉积速率高、结合牢固、密度高、针孔少、均匀性好,若在溅射时引入活性气体,还可以形成化合物膜。

脉冲激光沉积是以脉冲激光束聚焦在固体靶的表面上,导致靶物质快速蒸发,在基片上沉积形成很薄的膜层。通过控制脉冲的数量,可以精密调节薄膜厚度至单原子层,最重要的特色是沉积膜保留了靶的化学计量成分。

化学气相沉积通过气相作用或化学反应把含有组成薄膜元素的化合物或单质供给基片,生成所需薄膜。该方法可以通过控制气相的成分来控制薄膜的组成,沉积速率快,成本低,适合大面积的薄膜制备。

真空蒸镀将待镀材料和被镀基板置于真空室内,采用一定方法加热待镀材料,使之蒸发或升华,在基板表面凝聚成膜。通常真空蒸镀要求成膜室内压力等于或低于 10^{-2} Pa,对于蒸发源与基板距离较远和薄膜质量要求很高的场合,则要求压力更低。

目前,最常用的方法就是用脉冲激光沉积和磁控溅射法。

7.2.4　薄膜型全固态锂二次电池发展历程

1983 年,Kanehori 等[102]开发出世界上第一个全固态薄膜锂二次电池——Li/$Li_{3.6}Si_{0.6}P_{0.4}O_4$/$TiS_2$ 微电池。该电池的电解质为无定型态,离子电导率为 5×10^{-6}

S·cm^{-1},Li$^+$的迁移数为1.0,在TiS$_2$薄膜中的表观化学扩散系数为1.1×10^{-11} cm^2·s^{-1}。电池开路电压为2.5V,短路电流为1.3 mA·cm^{-2},循环寿命达到2000次。

第一个被认为商业化可行的薄膜锂电池是EBC公司[103](Everyday Battery Company)研究所Steven D. Jones等研制的Li/TiS$_2$薄膜电池:①电池基片可选择玻璃、Al$_2$O$_3$、聚酯薄膜等表面粗糙度小于2 μm的绝缘材料,或在导电材料上镀一层绝缘的LiI;②电流集电极是由溅射法制备的Cr薄膜;③电解质由6LiI – 4Li$_3$PO$_4$ – P$_2$S$_5$靶采用溅射方法制备,室温离子电导率为2.0×10^{-5} S·cm^{-1};④在负极膜Li与电解质间需镀一层起保护层作用的LiI,防止负极Li与电解质反应生成高阻抗的Li$_2$S。EBC薄膜电池的总厚度约10μm,开路电压2.5V,具有良好的充放电循环性能、高的能量密度和功率密度。该电池可在小电流放电,大电流充电,循环性能十分优越。5个薄膜电池串联的开路电压达到12.5V。

随后薄膜锂电池的研究逐渐成为热点。1993年,美国橡树岭国家实验室(Oak Ridge National Laboratory,ORNL)的Bates等开发出一种十分稳定的无机电解质——锂磷氧氮(Lithium phosphorous oxynitride,LiPON),薄膜锂电池研究取得了较大的进展,并有数家公司开发出了可商业化的薄膜锂电池。

目前,大部分薄膜锂电池均采用LiPON电解质,一般是在N$_2$气氛下采用射频磁控溅射Li$_3$PO$_4$靶制备,其室温离子电导率为3.3×10^{-6} S·cm^{-1},电化学窗口可达5.5V,具有良好的热稳定性,在247~413 K范围内不发生相变。ORNL研究小组采用不同正负极材料开发了一系列全固态薄膜锂电池如Li/LiPON/LiCoO$_2$、Li/LiPON/LiMn$_2$O$_4$等;薄膜锂离子电池如SiTON/LiPON/LiCoO$_2$、SnN$_x$/LiPON/LiCoO$_2$等。不同正负极材料容量 – 电压曲线[104]如图7 – 12所示,图中"a"表示非晶态,"c"表示晶态,"n"表示纳米或亚微米晶态。

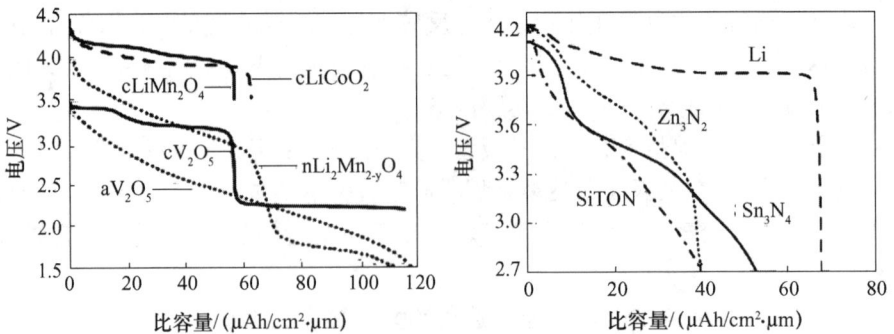

图7 – 12　不同正极材料容量 – 电压曲线

Cymbet公司采用磁控溅射工艺组装了可弯曲的POWER FAB^{TM}系列微电池,面积从几个平方微米至数十平方厘米,厚度在5~25 μm。电池负极采用金属Li,

正极采用 $LiCoO_2$,固态电解质采用 LiPON,电池的性能如表 7-3 所列[105],可在半导体器件(如静态存储器 SRAM、时钟、微控制器、超小型集成电路)、微机电系统、光学开关、智能卡等方面应用。

表 7-3 Cymbet 公司薄膜电池的性能

电池型号	CPF080809L	CPF141490L	CPF804830L
输出电压	3.8V	3.6V	3.8V
容量	200 μAh	0.5 mAh	30 mAh(1C)
工作温度	-40~70℃	-25~125℃	-40~125℃
循环寿命	约千次	>10000 次	70000 次
自放电	<5% 每年	<1% 每年	<1% 每年
再充电时间	2 h 可达 80% 额定容量	10mA 电流,2min 可达 80% 额定容量	最大充电速率 5C
电池形状	8 mm×8 mm×0.9 mm	14 mm×14 mm×0.09 mm	80 mm×48 mm×0.03mm

Infinite Power Solutions 公司研发的 LiTE*STAR™ 系列薄膜锂电池正极采用 LiCoO_2,负极为金属 Li,电解质为 LiPON,厚度 12 μm(不包括基底和外包装膜);基底采用金属箔、硬陶瓷等,最后密封在特制膜内。一些电池的样品和性能参数见图 7-13 和表 7-4[106]。

表 7-4 LiTE*STAR™ 系列薄锂电池膜的性能

电池型号	LiTE*STAR™
基体	金属箔或硬质陶瓷或 OEM 组件
电压	开路电压 4.0V,负荷电流可达 20mA·cm^{-2}
容量	可达约 0.2mAh·cm^{-2}
电池阻抗	150Ohms·cm^{-2}
工作温度范围	-50~120℃
充电	充电效率 >85%,全负荷 >10C
能量密度	200W·h·kg^{-1}
循环寿命	>60000 次,自放电 <1% 每年

Excellatron 公司[107] 和 ORNL、NREL(National Renewable Energy Laboratory)等实验室合作采用 PECVD 法开发了一系列可商业化的薄膜锂电池,并采用独特的有机物和无机物结合的封装技术使得电池可用于一些高压、高温、高湿等苛刻的环境,且总厚度只有 0.31 mm。其性能指标如表 7-5 所列。

图 7 – 13 Infinite Power Solutions 公司的几种薄膜锂电池的样品

表 7 – 5 Excellatron 公司研发的薄膜电池的性能参数

电池	薄膜电池
正极	$LiMn_2O_4$、$LiCoO_2$；V_2O_5
电解质	LiPON
负极	Li 或 Sn_3N_4
基体	发展了低温（<350℃）制备技术,可使用 Kapton 等柔性聚合物基体。
电压	单电池开路电压可达 4.0V
工作温度范围	– 25 ~ 80℃（可在 – 55 ~ 300℃存储）
能量密度	250 ~ 300W·h·kg^{-1}
循环寿命	正极膜厚为 0.05μm 时,45000 次循环后,仍可保持 95% 的初始容量,正极膜厚为 2 μm 时,大于 2000 次。

除了以 LiPON 为电解质的薄膜锂离子电池,研究人员还在研发其他新材料体系的薄膜锂电池。日本岩手大学马场教授[108]开发出厚度仅 10μm 的超薄型锂离子电池。电池由厚 10μm 的不锈钢和厚 1μm 的薄膜构成。不锈钢兼具底板和阴极集电体功能,在其上将阴极活性物质 V_2O_5、固体电解质 Li_3PO_4、阳极活性物质 $LiMn_2O_4$ 和阳极集电体 V 依次溅镀成膜。电池充放电比容量为 10 ~ 30μA·h·cm^{-2},能量密度可达 40μW·h·cm^{-2}。如多次覆盖薄膜,可进一步提高能量密度。

Leea 等[109]制备的 $LiCoO_2/Li_{1.9}Si_{0.28}P_{1.0}O_{1.1}N_{1.0}/Si_{0.7}V_{0.3}$ 薄膜锂电池,在 2.0 ~ 3.9V 间循环性能稳定,当充电截止电压为 4.2V 时,电池性能逐渐衰减。

Naoaki Kuwata 等[110]采用无定型 LVSO($Li_2O – V_2O_5 – SiO_2$)固体电解质,用脉冲激光沉积法制备 $LiCoO_2/LVSO/SnO$ 薄膜锂离子电池的开路电压约为 2.7V,第二次循环放电比容量约为 9.5μA·h·cm^{-2},在 0 ~ 3V 间 100 次循环有较好的可逆性。

234

国内,中科院上海微系统与信息技术研究所[111]和复旦大学[112]等进行了薄膜锂电池方面的研究工作,包括正负极材料制备、PLD 法制备 LiPON 薄膜、氧化锡及氧化镍薄膜的晶状结构分析等。黄峰等[113]用 PLD 法制备了 $Li_2Ag_{0.5}V_2O_5$ 膜,且制备的 $Li/LiPON/Li_2Ag_{0.5}V_2O_5$ 薄膜锂电池在电流密度 $7\mu A \cdot cm^{-2}$ 时,放电比容量为 $60\mu A \cdot h \cdot (cm^2 \cdot \mu m)^{-1}$。

国防科技大学在全固态薄膜锂电池的研究中,解决了全固态电解质薄膜制备的关键技术,攻克了电池薄膜整体成型技术、正负极薄膜工艺匹配性等技术难点。硅基全固态薄膜锂电池电池样品(图 7 - 14)的质量能量密度达到 $200W \cdot h \cdot kg^{-1}$,厚度 $10 \sim 15\mu m$,循环寿命大于 1000 次,工作温度为 $-25 \sim 60℃$。

图 7 - 14　硅基全固态薄膜锂电池

国防科技大学研制的柔性基体全固态薄膜锂电池可承受 30C 的持续放电和 50C 的脉冲放电。图 7 - 15 所示为柔性基体全固态薄膜锂电池 30C 放电性能测试。

图 7 - 15　国防科大柔性基体全固态薄膜锂电池 30 C 放电实验

7.2.5　薄膜型全固态锂二次电池正极材料

目前,薄膜型全固态锂二次电池中研究较多的正极材料包括 $LiCoO_2$、$LiMn_2O_4$ 和 $LiFePO_4$。

1. LiCoO₂ 正极材料

LiCoO₂ 材料具有稳定可靠的性能、较长的循环寿命,是应用最广泛、研究最多的锂离子二次电池正极材料。

LiCoO₂ 薄膜的制备主要采用磁控溅射法,ORNL 实验室等在制备 LiCoO₂ 薄膜时均采用此法。Jeon 等[114]在不锈钢基底上采用不同功率(达到 150 W)的射频磁控溅射制备了 LiCoO₂ 薄膜。薄膜显示出(101)和(104)择优取向,而且研究发现提高功率可增加材料的纳米晶结构。该薄膜在 4.2~3V 范围内平均放电比容量为 $59\mu A \cdot h \cdot (cm^2 \cdot \mu m)^{-1}$。Kim[115]研究了磁控溅射方法中 Ar 和 O₂ 气氛中 650~900℃ 退火对 LiCoO₂ 薄膜的影响。研究发现,O₂ 气氛中 800℃ 得到的薄膜具有较好的循环性能和热稳定性,这可能与 Ar 气中高温退火氧的流失有关。800℃以上退火将使薄膜表面的粗糙度变大,虽然能够增加薄膜的初始容量,但使其循环性能变差。Liao 等[116]研究了工作气压、Ar 与 O₂ 气流量、热处理温度等参数对硅片上制备 LiCoO₂ 薄膜的影响。研究发现,薄膜具有(104)优取向的纳米晶结构。在氧气分压为 5~10 mTorr 时,500~700℃ 退火所制备的薄膜为 LiCoO₂ 单一晶相,超过此氧分压范围,薄膜中会出现 Co₃O₄ 第二相。退火温度对薄膜结晶度影响较大,高温有助于其晶化。500℃、600℃ 和 700℃ 退火后薄膜晶粒大小分别为 60nm、95nm 和 125nm,首次放电比容量分别为 $41.77\mu A \cdot h \cdot (cm^2 \cdot \mu m)^{-1}$、$50.62\mu A \cdot h \cdot (cm^2 \cdot \mu m)^{-1}$ 和 $61.16\mu A \cdot h \cdot (cm^2 \cdot \mu m)^{-1}$,第 50 次的放电比容量分别为首次放电比容量的 58.1%、72.2%、74.9%。

2. LiMn₂O₄ 正极材料

LiMn₂O₄ 具有低成本、较好的耐过充性和安全性,比容量比 LiCoO₂ 低约 20%。其缺点是循环性能较差,特别是在高温下嵌锂容量迅速衰减。

近年来对 LiMn₂O₄ 的研究逐渐增多,制备方法包括磁控溅射法、脉冲激光法、溶胶—凝胶法等。Ouyang 等[117]采用脉冲激光沉积法在不同基底上制备了 LiMn₂O₄ 薄膜,结果表明基底、激光能量及脉冲频率均对材料的性能有影响。在 SrTiO₃(100)表面生长的薄膜具有(400)和(111)择优取向,而在不锈钢基底上制备的薄膜则无取向。Otsuji 等[118]采用相同的方法在不同条件下于 ITO 涂层的玻璃基底上制备了 LiMn₂O₄ 薄膜。当基底温度为 700℃、氧气压力 100 mTorr 时,薄膜显示出较好的结晶和(111)择优取向,循环伏安测试表明薄膜在 3.7V 和 4.3V 有两对氧化还原峰。Wu 等[119]用旋转涂覆法在 Si 基底及蒸镀有一层 800Å 厚的 Pt 基底上沉积了 LiMn₂O₄ 薄膜,并研究了快速热退火对其结构、形态、电性能的影响。在 800℃ 退火 2 min 制备薄膜的放电比容量为 $39\mu A \cdot h \cdot (cm^2 \cdot \mu m)^{-1}$,100 次循环内的每次容量损失为 0.021%。Park 等[120]利用溶胶—凝胶法在 Pt/SiO₂/Si 衬底上(Pt 作为集流体,采用射频磁控溅射法溅射制备在 SiO₂ 上)制得薄膜电极,在 750℃ 退火形成晶体,薄膜的厚度约为 2000Å。XRD 射线分析表明,薄膜具有尖

236

晶石晶体结构,在更高温度下制备的薄膜的表面更加光滑,经 100 次循环后无明显的容量损失。

3. LiFePO₄ 正极材料

20 世纪 90 年代,人们发现过渡金属 M(M = Fe、Mn、Co 等)与 $(SO_4)^{2-}$、$(PO_4)^{3-}$ 等形成的化合物可作为锂离子正极材料,其中 $LiFePO_4$ 价格低廉,对环境友好,是应用前景很好的锂离子电池正极材料。

Yada 等[121]采用脉冲激光沉积法制备了 $LiFePO_4$ 薄膜电极,研究了 Ar 气中不同退火温度对电化学性能的影响。研究表明,773 ~ 873K 退火制备的薄膜,循环伏安曲线中在 3.4V 显示一对氧化还原峰;低于 673 K 退火制备的薄膜,结晶不完全或处于非晶态;而高于 973 K 退火制备的薄膜,非 $LiFePO_4$ 单一晶相,含有不纯晶相。873 K 退火制备的薄膜比 773 K 所制备薄膜的放电比容量大。Sauvage 等[122]采用脉冲激光沉积技术,通过控制沉积时间制备了具有不同厚度(12 ~ 600 nm)的薄膜,薄膜显示了一定的择优取向(120)。

7.2.6 薄膜型全固态锂二次电池负极材料

由于金属锂的电极电位低、比能量高,因此成为最常用的薄膜锂电池负极材料。但由于金属锂的熔点较低(180℃),而集成电路线路装配使用焊接回流技术需要把设备加热到 250℃,在此温度下,金属锂难以保持稳定,并且金属锂对空气和水气敏感,需要较好的封装技术。因此,人们不断寻找可替代金属锂的嵌锂负极材料。目前,研究较多的负极材料包括锡基材料、非晶硅及 V_2O_5 等。

1. Sn 基负极材料

Sn 基材料包括金属锡、锡的合金、锡的氧化物[99]和氮化物[98]等。金属锡达到最大嵌锂量($Li_{4.4}Sn$)时的质量比容量为 994mA·h·g^{-1},但锡嵌锂后会膨胀,经多次循环后会因体积效应而失效。

Inaba 等[123]研究了电镀锡作为薄膜负极的情况,采用原子力显微镜(AFM)观察材料经首次和第二次循环伏安(CV)后锡的表面发现,锂与锡合金化及脱出过程中,锡表面粗糙度变化较大,使薄膜表面破坏,使得材料不可逆容量较大(约 300mA·h·g^{-1})。Maranchi 等[124]采用旋转涂覆法在 1cm^2 不锈钢基底上制备了 SnO_2 薄膜,首次循环容量损失约 70%,随后的 20 次循环中趋于稳定(约 40μA·h)。Lee 等[125]对 SnO_x(x = 1.01、1.25、1.43、1.87、2.00)薄膜进行了详细的研究。研究发现,在第一次充放电过程中,锡的氧化物会分解,部分氧和锂反应生成氧化锂(Li_2O),造成充放电比容量的损失。Oak Ridge 实验室 Bates 等在 N_2 气中溅射 Sn 制备的 Sn_3N_4 薄膜,在 2.7 ~ 4.2V 的放电比容量约为 52μA·h·(cm^2·μm)$^{-1}$,1mA·cm^{-2} 的电流密度下放电 1000 次后容量降低 43%。Park 等[98]采用锡靶(纯度 99.9%),在工作气压 4 Pa、氩氮摩尔比 5:5、射频功率密度 0.6W·cm^{-2} 的条件下分别在室温、100℃、200℃、300℃下于 Pt/Ti/SiO$_2$/Si 衬底上沉积了氮化锡薄膜。研究发现,室温、100℃、200℃条件下沉积的氮化锡膜有非常好的循环性能。在 100 次循环中,薄膜的放电比容量随着沉积温度的提高而增加。

国防科技大学陈颖超等采用射频反应磁控溅射技术制备了氮化锡薄膜。研究发现,溅射功率和 N$_2$/(N$_2$ + Ar)流量比对氮化锡膜的结晶形态有重要影响。溅射功率较小时,氮化锡为非晶态;增加溅射功率,氮化锡呈多晶态,其结晶度在某一功率下达到最大值;N$_2$ 所占流量比在 0.3~0.7 间所制备氮化锡薄膜为多晶态,其中,流量比为 0.5 时,氮化锡的结晶最好。在溅射功率 75W、N$_2$ 所占流量比为 0.5 时制备的氮化锡负极的电性能良好,首次充放电效率超过 60%,放电平台较平稳,但可逆容量较高。

2. 非晶硅及 V$_2$O$_5$ 负极材料

Jung 等[95,96]以 Si$_2$H$_6$ 作为反应气体,在 30mTorr 压力下于 450℃采用化学气相沉积法在玻璃基体上制备了约 500nm 厚非晶硅薄膜。测试表明,在 0~3V 内循环,电池的最大放电比容量为 4 A·h·g^{-1},约每个 Si 原子嵌 4.2 个锂原子(Li$_{4.2}$Si),接近理论嵌锂量(Li$_{22}$Si$_5$)。但循环 20 次后容量迅速降低。若将低电压循环限制在 0.2V,电池的循环寿命将增至 400 次,放电比容量为 400mA·h·g^{-1}。Takamura 等[97]在 Ni 箔上真空沉积的非晶硅薄膜在 10C 充放电速率下嵌锂容量超过 2000mA·h·g^{-1},在 200~500mV(vs. Li/Li$^+$)电压范围内,放电曲线上存在一较宽的平台。而且薄膜越薄,Li 嵌入脱出性能越好。当薄膜较厚时,可通过 FeCl$_3$ 溶液蚀刻基底表面,材料的性能会有较大的提高。这表明基底表面粗糙度与厚膜高电流性能有关。Navone 等[126]采用 DC 反应磁控溅射法在镍箔上制备了 2.4 μm 厚的 V$_2$O$_5$ 薄膜,在电流密度为 100μA·cm^{-2}、电压在 2.8~3.8V 间 100 次循环的稳定容量为 75 μA·h·cm^{-2},在 2.15~3.8V 电压范围内,材料的容量为 130μA·h·cm^{-2}。

7.2.7 薄膜型全固态锂二次电池固体电解质

对于薄膜锂离子电池,一般要求固体电解质具有高的离子电导率(≥10^{-8} S·cm^{-1})、低的电子电导率和活化能,且在几伏的电位下和电极材料接触时性能保持稳定[127]。

20 世纪八九十年代,许多研究小组在研制薄膜锂电池方面取得了一定成果,但都没能实现商品化[128]。其中最主要的原因是薄膜电解质的性能未能获得突破性进展。可见,对于全固态薄膜锂电池,寻找和开发性能良好的电解质十分关键。

尽管有多种电解质体系的离子电导率达到薄膜锂电池的要求,但由于在一定电位下与电极(尤其和金属锂电极)接触时会发生不可逆反应,直接影响了薄膜锂电池的使用性能[129]。如 $Li_2O - B_2O_3 - SiO_2$、$Li_2O - SiO_2 - P_2O_5$、$Li_2O - P_2O_5 - Nb_2O_5$ 和 $Li_2O - V_2O_5 - SiO_2$ 等[130,131]电解质体系与除金属锂外的电极材料接触时,电性能会发生退化,且电化学窗口小、稳定性较差,从而限制了其实际应用。1992 年,美国橡树岭国家实验室(ORNL)的 Bates 研究小组开发出无定形锂磷氧氮(LiPON)薄膜电解质材料,这种材料性能稳定,对提高薄膜锂电池的综合性能起到了关键的作用[132]。

LiPON 薄膜具有以下优点:

(1)电化学性质稳定,室温时电化学窗口(与金属锂接触)达 5.5V 以上,有利于电池的快速充放电。

(2)电子电导率低于 10^{-14} S·cm^{-1},可提高电池的储存性能,如果以 LiPON 为电解质的锂电池储存 12 个月的自放电很微弱。

(3)热稳定性好,在 $-26 \sim 240℃$ 范围内不发生相变,适用于航空、航天等苛刻环境中。

(4)机械稳定性高,在充放电循环过程中不会出现"枝晶"裂化或粉末化等现象[133],以 LiPON 为电解质的薄膜锂电池具有超长的循环寿命证实了这一点。

因此,自从发现 LiPON 以来,LiPON 成为薄膜锂电池开发研究主要选用的电解质材料。

ORNL 实验室利用射频磁控溅射和真空蒸镀法制备出 $Li/LiPON/LiCoO_2$ 薄膜锂电池[134]。Nagasubramanian 等研究了长 2cm、宽 1.5cm、厚约 15μm 的 $Li/LiPON/LiCoO_2$ 薄膜电池在 $-50℃$ 和 80℃ 的充放电行为。研究表明,在低温($-50℃$)和高温(80℃)环境下,电池的充放电比容量远远低于室温。当从低温恢复至室温时,其循环性能和充放电行为都恢复正常。但当从高温环境恢复到室温时,电池的充放电比容量明显下降,循环性能也受到严重影响。

2001 年,ORNL 小组研制出新型的"无锂"薄膜锂电池 $Cu/LiPON/LiCoO_2$[135]。这种电池具有薄膜锂电池的特点,但沉积在电解质 LiPON 上的是集电极(如 Cu)而不是负极。该"无锂"薄膜锂电池在初始充电时,将从 $LiCoO_2$ 正极释放出的 Li 镀在 LiPON 和 Cu 集电极之间。薄膜锂电池充放电循环包括 Li 在集电极上的沉析与脱离。这种"无锂"薄膜锂电池要求正极薄膜较厚,其放电曲线与 $Li/LiPON/LiCoO_2$ 薄膜锂电池一致。

近年来,韩国、日本、德国等研究小组在以 LiPON 为电解质的薄膜锂电池方面也进行了大量研究工作。为提高其锂离子传导,韩国的 Lee 等[136]在 LiPON 中掺杂元素 Si 制备出离子电导率较高的 LiSiPON 薄膜电解质,组装成 $Li_{0.7}V_{0.3}/Li_{1.9}Si_{0.28}PO_{1.1}N/LiCoO_2$ 锂离子薄膜电池。该电池在 $2.0 \sim 3.9V$ 间具有良好的循环稳定性和较高的充放电比容量。但当截止电压升至 4.2V 时其性能急剧下降,这可能是由于电解质分解所致。日本的 Baba 等[137]利用 V_2O_5 薄膜作为正极材料,$Li_xV_2O_5$ 薄膜作为负极材料,制备出 $Li_xV_2O_5/LiPON/V_2O_5$ 薄膜锂离子电池。该电池正、负极薄膜厚度分别为 $0.1\mu m$ 和 $0.3\mu m$。在低电流密度($10\mu A \cdot cm^{-2}$)时,电池具有很好的循环性能。Baba 等进一步改进电池,负极材料采用 $LiMn_2O_4$ 取代 $Li_xV_2O_5$,采用射频磁控溅射技术制备了 $LiMn_2O_4/LiPON/V_2O_5$ 薄膜锂离子电池。该电池的循环性能优良,在 $2\mu A \cdot cm^{-2}$ 的电流密度,电位 $0.3 \sim 3.5V$ 时的放电比容量为 $18\mu A \cdot h \cdot g^{-1}$。Jeon 等[138]在原位和非原位条件下制备出 $Li/LiPON/V_2O_5$ 薄膜锂电池。研究表明,在非原位条件下制备的薄膜锂电池比在原位条件下的界面阻抗高十几倍,且容量损失较快,说明电池性能与薄膜界面密切相关。

国内,复旦大学赵胜利等[112,139]采用脉冲激光沉积法(PLD)制备出 LiPON 薄膜电解质,室温离子电导率为 $6.0 \times 10^{-7}S \cdot cm^{-1}$,并采用脉冲激光沉积和真空热蒸镀相结合的方法,制备出 $Li/LiPON/V_2O_5$ 和 $Li/LiPON/MoO_3$ 薄膜锂电池。采用电子束和真空热蒸镀方法,制备出 $Li/LiPON/Ag_{0.5}V_2O_5$ 薄膜锂电池[140]。

虽然 LiPON 薄膜具有许多优点,但目前尚不清楚溅射工艺参数对离子电导率的影响。一般认为,LiPON 薄膜电解质的离子电导率与薄膜 N 含量有关。国防科技大学胡宗倩等以 Li_3PO_4 为靶材,采用射频磁控溅射方法在高纯 N_2 气氛中制备了固态电解质 LiPON 薄膜,研究了溅射功率、N_2 压强及 N_2 流量对 LiPON 薄膜离子电导率和 N/P 比的影响情况。

与同样条件下制备的 Li_3PO_4 薄膜呈晶型结构相比,LiPON 薄膜呈非晶态结构,但其离子电导率较前者高几个数量级。Roh 等[141]认为 LiPON 薄膜中 Li^+ 电导率的增加可能是其网络结构形成引起的。Wang 等认为 N 的插入提高了 Li_3PO_4 薄膜的硬度、析晶温度及对水和盐溶液侵蚀的抵御能力,这是由于 N 的插入增加了 PO_4 四面体结构间的交叉连接结构,使玻璃体中的桥氧($-O-$)和非桥氧($=O$)离子被二配位氮($=N-$)和三配位氮($-N<$)取代造成的。图 7-16 所示是胡宗倩等制备的不同离子电导率 LiPON 薄膜的 N_{1s} XPS 谱图。从图中可以看出,该峰可解析为两个峰:一是峰位在 399.8 eV 对应于三配位氮的 $P-N<_P^P(N_t)$,另一个是峰位在 398.4 eV 对应于两配位氮的 $P-N=P(N_d)$,这与 Marchand 等[142]报道的结果一致。根据 Bunker 等[143]关于磷氮氧化物碱金属的结构模型,形成两个 $P-N<_P^P$ 结构单元就必须移走三个桥氧键,产生一个 PO_4^- 阴离子(图 7-17(a))。而结构中每生成两个 $P-N=P$ 键就破坏一个桥氧键(图 7-17(b))。因此,N 通过 $P-N<_P^P$ 和 $P-N=P$ 交叉结合的方式进入玻璃结构中使其成为氮化物,且 N 结合到玻璃体后降低了磷酸盐的链长[144]。上述 LiPON 薄膜的 N_{1s} XPS 谱图证实了 N 插入到 Li_3PO_4 结构中与 P 形成化学键的机理,是 LiPON 薄膜的重要特征。

由于两配位氮($=N-$)的键合能(398.4 eV)低于三配位氮($-N<$)(399.8

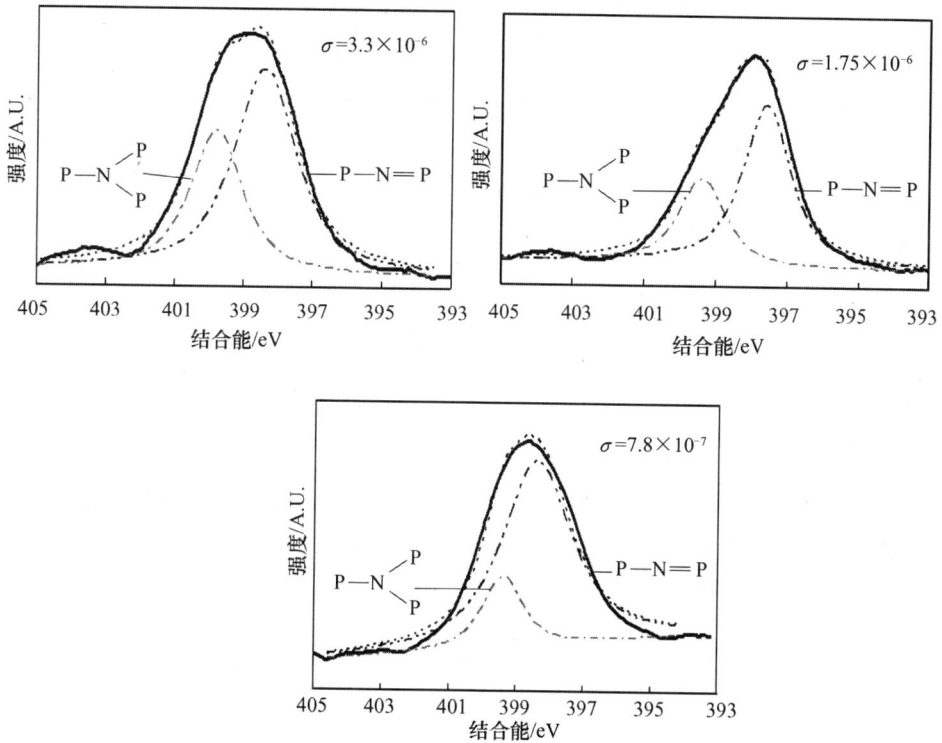

图 7 – 16 LiPON 薄膜中 N_{1s} 的 XPS 谱图

eV),因此磷酸盐中的桥氧(—O—)和非桥氧(=O)分别先后被两配位氮(=N—)和三配位氮(—N<)取代,形成具有交联微结构的 LiPON。由于峰面积越大,该峰对应的化学键在薄膜中的含量也越大。因此,P—N$<^P_P$ 结构在 XPS 谱图中的面积越大,则其在玻璃结构中的含量也越高。从图 7 – 16 可以看到,LiPON 薄膜的离子电导率越高,XPS 谱图中 P—N$<^P_P$ 的峰面积就越大,P—N =P 的峰面积则越小。说明在 LiPON 玻璃结构中 P—N$<^P_P$ 组分含量越高,LiPON 薄膜相应的离子电导率就越高。薄膜中 P—N$<^P_P$ 和 P—N =P 含量的比较可以由 N_t/N_d 说明。N_t/N_d 的比值由 N_{1s} 谱线中 P—N$<^P_P$ 与 P—N =P 的峰面积相比得到,计算结果见表 7 – 6。从表中可以看出,N_t/N_d 的比值越高,薄膜的离子电导率越大。

表 7 – 6   LiPON 薄膜离子电导率与 N_t/N_d 的比值的关系

N_t 峰面积	N_d 峰面积	N_t/N_d	离子电导率
2802.59	4448.56	0.63	3.3×10^{-6} S·cm^{-1}
1466.53	2933.07	0.50	1.75×10^{-6} S·cm^{-1}
318.39	1953.84	0.16	7.8×10^{-7} S·cm^{-1}

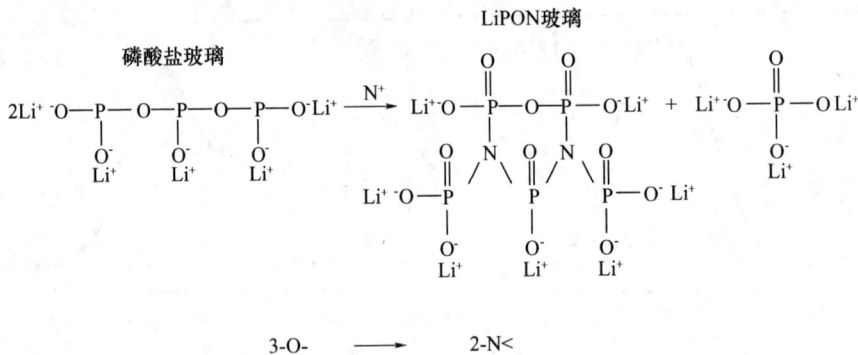

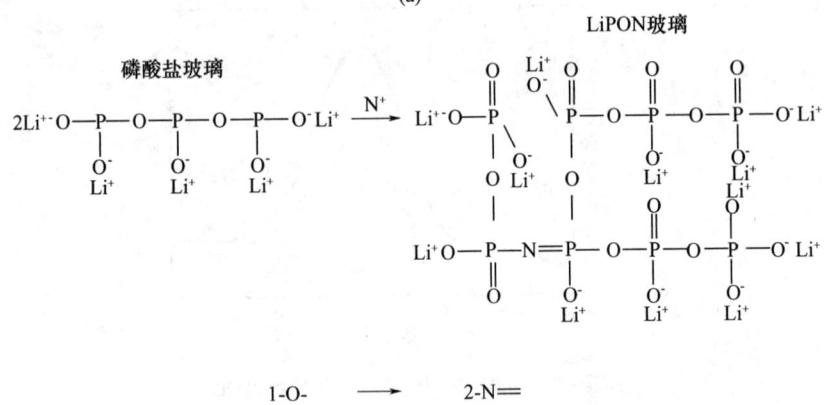

图 7 – 17 氮与磷酸盐结合示意图

实验表明,LiPON 薄膜电解质室温离子电导率随 N/P 原子数之比增大而升高(图 7 – 18)。当 N/P > 0.4 时,薄膜离子电导率达到 10^{-6} S·cm^{-1} 数量级,完全可满足薄膜锂电池对电解质的需要。在溅射功率 150 W、N_2 气氛压强为 1.5Pa 时所制备的薄膜为非晶态结构,薄膜表面平滑致密,无颗粒团聚、针孔和裂缝等缺陷,离子电导率达 3×10^{-6} S·cm^{-1},活化能达 0.42eV,电化学稳定窗口达 5V。

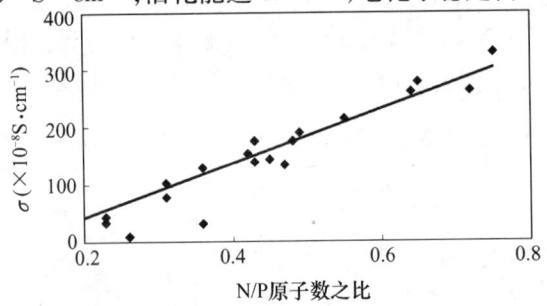

图 7 – 18　LiPON 薄膜中 N/P 原子数之比与离子电导率之间的关系

LiPON 薄膜除作为电解质材料外,由于具有高的电化学稳定性,还可作为保护层应用于液体电解质与电极界面上,防止电极发生不可逆化学反应,从而提高电极的循环性能。此外,利用 LiPON 薄膜的稳定性及致密性,应用于全固态薄膜锂电池的封装,可大大提高电池的充放电稳定性[135,145]。

7.3 普通型无机全固态锂离子电池

7.3.1 普通型无机全固态锂离子电池的基本结构

图 7-19 所示是普通型无机全固态锂离子电池的典型结构[146]。电池的基本组成及其分布与传统液态电解质的锂离子电池相类似,主要分为正极层、电解质层和负极层,其中正负极层中包含电化学活性物质、电解质及保证电子传输的碳导电网络。正负极活性物质也可沿用常规的材料体系,如 $LiCoO_2$ [6,29,147]、$Li_4Mn_5O_{12}$ [148]、$LiFePO_4$ [146]、$Li_3V_2(PO_4)_3$ [146,149]、$Li_4Ti_5O_{12}$ [30,148]等。若采用硫化物体系的固体电解质,还可选用 $SnS - P_2S_5$ 作为活性物质[14,150],或对此结构进行简化以 Li、Li - In 合金箔作为一侧电极[29,30,147,150,151]。

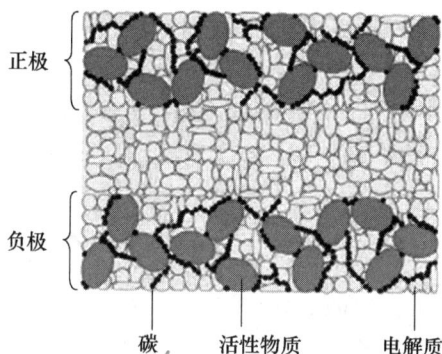

图 7-19　普通型无机全固态锂离子电池典型结构[146]

7.3.2 普通型无机全固态锂离子电池的制备方法

传统型无机全固态锂离子电池的制备主要是通过粉体压制工艺。将正极(或负极)混合粉料、固体电解质粉体、负极(或正极)混合粉料依次放入模具中,通过热压或冷压方法压制成型,形成全固态锂离子电池一体化结构。通常采用磷酸盐体系固体电解质时,需要采用热压成型,而采用硫化物体系固体电解质时,冷压即可实现电池制备。

图 7-20 所示是 2010 年法国研究人员采用粉体热压一次成型法制备的全固态锂离子电池[149]。该电池结构为 $Li_3V_2(PO_4)_3/Li_{1.5}Al_{0.5}Ge_{1.5}(PO_4)_3/Li_3V_2$

（PO₄）₃，图(a)是该电池的截面扫描电镜照片,图(b)和图(c)比较了采用固态电解质和液体电解质的电池性能。由于采用固相粉体压制成型,活性物质粉体颗粒/无机电解质粉体界面以及无机电解质粉体/无机电解质粉体界面的锂离子传输性能成为制约全固态电池整体性能的关键。就目前的研究结果而言,固—固相界面传输研究还需进一步深入,传输能力还有待进一步提高。

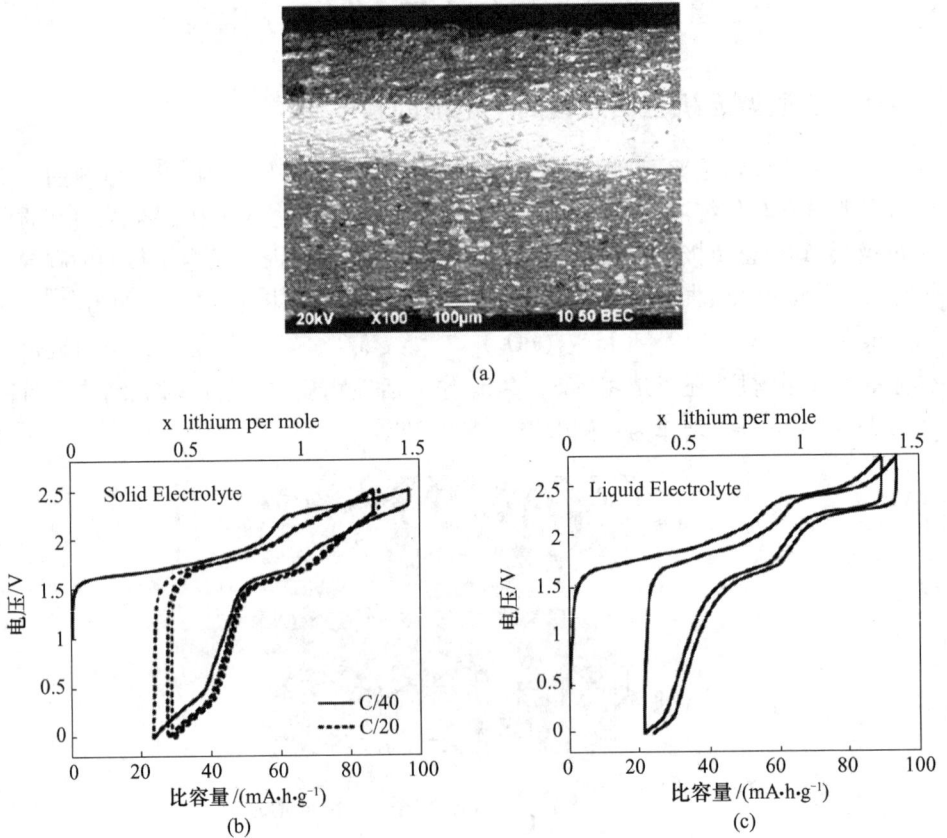

(a)

(b)

(c)

图 7 - 20　（a）$Li_3V_2(PO_4)_3/Li_{1.5}Al_{0.5}Ge_{1.5}(PO_4)_3/Li_3V_2(PO_4)_3$
全固态锂离子电池截面的扫描电镜照片;
（b）全固态锂离子电池 80℃ 的 C/40 和 C/20 充放电曲线;
（c）$Li_3V_2(PO_4)_3/Li_3V_2(PO_4)_3$ 与液体电解液配合的室温 C/10 充放电曲线[149]

通过活性粉料表面包覆进行界面改型,提高活性粉料与无机电解质粉体的界面相容性是目前采用的主要途径,如通过 $LiSiO_3$[29] 或 SiO_2、$Li_2O - TiO_2$[152] 包覆 $LiCoO_2$ 颗粒改善其与 $Li_2S - P_2S_5$ 固体电解质界面,通过 $LiNbO_3$[147,153]、$Li_4Ti_5O_{12}$[147,151]、$LiTaO_3$[147] 包覆 $LiCoO_2$ 颗粒改善其与 LiGePS 固体电解质界面等。

除粉体压制成型方法外,Inada 等[154]采用刮涂辅以热压的方法制备普通型无

244

机全固态锂离子电池。图 7-21 所示是采用刮涂辅以热压方法的工艺过程示意图[154],图 7-22 所示是制备的无机全固态锂离子电池结构及实物照片[154]。该电池用聚合物黏结剂将 Li 箔和 Al 箔黏结为整体作为负极,将 Mo_6S_8、固体电解质 $Li_{3.25}Ge_{0.25}P_{0.75}S_4$ 和乙炔黑混合,用庚烷作为溶剂配成浆料直接刮涂在铝网上作为正极,电解质层由固体电解质 $Li_{3.25}Ge_{0.25}P_{0.75}S_4$ 加入聚硅氧烷作为粘结剂配成浆料刮涂在铝网上制得。三层堆叠后辅以热压处理改善接触界面,最后对其进行封装。作为集流体的 Al 箔和 Al 网也可用 Cu 箔和 Cu 网替代。

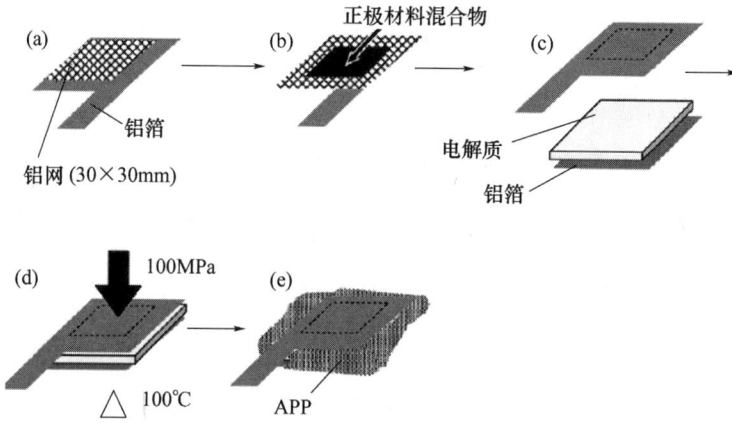

图 7-21   刮涂辅以热压方法制备普通型无机全固态锂离子电池的工艺示意图[154]

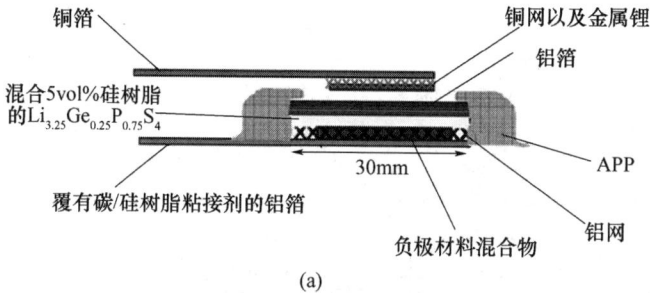

(a)

(b)

图 7-22   刮涂辅以热压方法制备的普通型无机全固态锂离子电池结构及照片[154]

图 7 - 23 所示是该电池以 0.64 mA · cm^{-2}电流密度充放电的性能曲线[154]。从图中可以看出,虽然采用聚合物黏结剂以及刮涂方法,简化了电池制造工艺,但其性能与粉体压制方法制备的电池相比还有一定差距。

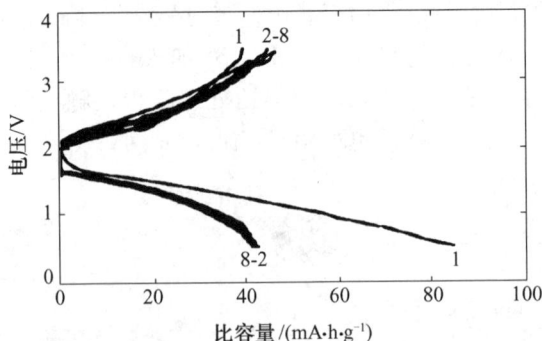

图 7 - 23 刮涂辅以热压方法制备的普通型无机全固态锂离子电池充放电性能[154]

参 考 文 献

[1] Jeffrey W. Fergus. Ceramic and polymeric solid electrolytes for lithium – ion batteries [J]. J. Power Source, 2010,195: 4554 – 4569.

[2] 郑子山,张中太,唐子龙,等. 锂无机固体电解质[J]. 化学进展,2003,15: 101 – 106.

[3] Tatsumisago M,Mizuno F,Hayashi A. All – solid – state lithium secondary batteries using sulfide-based glass-ceramic electrolytes [J]. J Power Sources,2006,159: 193 – 199.

[4] Minami T,Hayashi A,Tatsumisago M. Recent progress of glass and glass-ceramics as solid electrolytes for lithium secondary batteries [J]. Solid State Ionics,2006,177: 2715 – 2720.

[5] Minami K,Hayashi A,Ujiie S,et al. Structure and properties of $Li_2S – P_2S_5 – P_2S_3$ glass and glass-ceramic electrolytes [J]. J Power Sources,2009,189: 651 – 654.

[6] Okamoto H,Hikazudani S,Inazumi C,et al. Upper voltage and temperature dependencies for an all-solid-state $In/LiCoO_2$ cell using sulfide glass electrolyte [J]. Solid-State Lett,2008,11(6): A97 – A100.

[7] Yao W,Martin S W. Ionic conductivity of glasses in the $MI + M_2S + (0.1Ga_2S_3 + 0.9GeS_2)$ system (M = Li, Na,K and Cs) [J]. Solid State Ionic,2008,178: 1777 – 1784.

[8] Nagamedianova Z,Hernández A,Sánchez E. Conductivity studies on $Li_x – Li_2S – Sb_2S_3 – P_2S_5$ (X = LiI or Li_3PO_4) glassy system [J]. Ionics,2006,12: 315 – 322.

[9] Kanno R,Murayama M. Lithium ionic conductor thio-LISICON: the $Li_2S – GeS_2 – P_2S_5$ system [J]. J Electrochem Soc,2001,148(7): A742 – A746.

[10] Wang Y,Liu Z,Huang F,et al. A strategy to improve the overall performance of the lithium ion-conducting solid electrolyte $Li_{0.36}La_{0.56 - 0.08}Ti_{0.97}Al_{0.03}O_3$[J].. J. Inorg. Chem. ,2008,36: 5599 – 5602.

[11] Kanno R,Hata T,Kawamoto Y,et al. Synthesis of a new lithium ionic conductor,thio-LiSiCON-lithium germanium sulfide system [J]. Solid State Ionics,2000,130: 97 – 104.

[12] Liu Z,Huang F,Yang J,et al. New lithium ion conductor,thio-LISICON lithium zirconium sulfide system [J]. Solid State Ionics,2008,179: 1714 – 1716.

[13] Cao Z,Liu Z,Sun J,et al. Lithium ionic conductivity in $LiI - Li_2S - La_2O_2S_m(m = 1,2)$ composite electrolyte by solid state reaction [J]. Solid State Ionics,2008,179: 1776 - 1778.

[14] Hayashi A,Minami K,Tatsumisago M. High lithium ion conduction of sulfide glass-based solid electrolytes and their application to all-solid-state batteries [J]. J. Non-cryst Solids,2009,355: 1919 - 1923.

[15] Souquet J L,Robinel E,Barrau B,et al. Glass formation and ionic conduction in the $M_2S - GeS_2$ (M = Li, Na,Ag) systems [J]. Solid State Ionics,1981,3 ~ 4: 317 - 321.

[16] Mercier R,Malugani J P,Fahys B,et al. Superionic conduction in $Li_2S - P_2S_5 - LiI$-glasses [J]. Solid State Ionics,1981,5: 663 - 666.

[17] Menetrier M,Estournes C,Levasseur A,et al. Ionic conduction in $B_2S_3 - Li_2S - LiI$ glasses [J]. Solid State Ionics,1992,53 ~ 56: 1208 - 1213.

[18] Pradel A,Ribes M. Electrical properties of lithium conductive silicon sulfide glasses prepared by twin roller quenching [J]. Solid State Ionic,1986,18 ~ 19: 351 - 355.

[19] Kennedy J H,Yang Y. High conductive Li^+ glass system: $(1 - x)(0.4SiS_2 - 0.6Li_2S) - xLiI$ [J]. J Electrochem Soc,1986,133: 2437 - 2445.

[20] Aotani N,Iwamoto K,Takada K,et al. Synthesis and electrochemical properties of lithium ion conductive glass, $Li_3PO_4 - Li_2S - SiS_2$ [J]. Solid State Ionics,1994,68: 35 - 39.

[21] Hirai K,Tatsumisago M,Minami T. Thermal and electrical properties of rapidly quenched glasses in the systems $Li_2S - SiS_2 - Li_xMO_y(Li_xMO_y = Li_4SiO_4,Li_2SO_4)$ [J]. Solid State Ionics,1995,78: 269 - 274.

[22] Mizuno F,Hayashi A,Tatsumisago M. Highly ion - conductive crystals precipitated from $Li_2S - P_2S_5$ glasses [J]. Adv Mater,2005,17: 918 - 921.

[23] Nishio Y,Kitaura H,Hayashi A,et al. All - solid - state lithium secondary batteries using nanocomposites of NiS electrode/$Li_2S - P_2S_5$ electrolyte prepared via mechanochemical reaction [J]. J Power Sources,2009, 189: 629 - 632.

[24] Hayashi A,Nishio Y,Kitaura H,et al. Novel technique to form electrode - electrolyte nanointerface in all - solid - state rechargeable lithium batteries [J]. Electrochem Commun,2008,10: 1860 - 1863.

[25] Hayashi A,Ohtsubo R,Tatsumisago M. Electrochemical performance of all - solid - state lithium batteries with mechanochemically activated $Li_2S - Cu$ composite electrodes [J]. Solid State Ionics,2008,179: 1702 - 1709.

[26] Nagao M,Kitaura H,Hayashi A,et al. Characterization of all - solid - state lithium secondary batteries using $Cu_xMo_6S_{8-y}$ electrode and $Li_2S - P_2S_5$ solid electrolyte [J]. J Power Sources,2009,189: 672 - 675.

[27] Sakuda A,Kitaura H,Hayashi A,et al. Modification of interface between $LiCoO_2$ electrode and $Li_2S - P_2S_5$ solid electrolyte using $Li_2O - SiO_2$ glassy layers [J]. J Electrochem Soc,2009,156: A27 - A32.

[28] Sakuda A,Kitaura H,Hayashi A,et al. Improvement of high - rate performance of all - solid - state lithium secondary batteries using $LiCoO_2$ coated with $Li_2O - SiO_2$ glasses [J]. Electrochem Solid - State Lett,2008, 11(1): A1 - A3.

[29] Sakuda A,Kitaura H,Hayashi A,et al. All - solid - state lithium secondary batteries with oxide - coated $LiCoO_2$ electrode and $Li_2S - P_2S_5$ electrolyte [J]. J Power Sources,2009,189: 527 - 530.

[30] Kitaura H,Hayashi A,Tadanaga K,et al. High - rate performance of all - solid - state lithium secondary batteries using $Li_4Ti_5O_{12}$ electrode [J]. J Power Sources,2009,189: 145 - 148.

[31] Kitaura H,Hayashi A,Tadanaga K,et al. Electrochemical analysis of $Li_4Ti_5O_{12}$ electrode in all - solid - state lithium secondary batteries [J]. J Electrochem Soc,2009,156(2): A114 - A119.

[32] Hayashi A,Inoue A,Tatsumisago M. Electrochemical performance of NiP_2 negative electrodes in all - solid - state lithium secondary batteries [J]. J Power Sources,2009,189: 669 - 671.

[33] Inaguma Y,Liquan C,Itoh M,et al. High ionic conductivity in lithium lanthanum titanate. Solid State Com-

mun,1993,86: 689 – 693.

[34] Belous A G. Lithium ion conductors based on the perovskite $La_{23}Li_{3x}TiO_3$ [J]. J European Ceram Soc,2001, 21(10): 1797 – 1800.

[35] Ibarra J,Várez A,León C,et al. Influence of composition on the structure and conductivity of the fast ionic conductors $La_{2/3-x}Li_{3x}TiO_3$ (0. 03 ⩽ x ⩽ 0. 167) [J]. Solid State Ionics,2000,134: 219 – 228.

[36] Inaguma Y,Itoh M. Influences of carrier concentration and site percolation on lithium ion conductivity in perovskite – type oxides [J]. Solid State Ionics,1996,86 – 88: 257 – 260.

[37] Mei A,Wang X L,Feng Y C,et al. Enhanced ionic transport in lithium lanthanum titanium oxide solid state electrolyte by introducing silica [J]. Solid State Ionics,2008,179: 2255 – 2259.

[38] Mei A,Jiang Q H,lin Y H,et al. Lithium lanthanum titanium oxide solid – state electrolyte by spark plasma sintering [J]. J. Alloys Compd,2009,486: 871 – 875.

[39] Jimenez R,Rivera A,Várez A,et al. Li mobility in $Li_{0.5-x}Na_xLa_{0.5}TiO_3$ perovskites (0 ⩽ x ⩽ 0. 5) : influence of structural and compositional parameters [J]. Solid State Ionics,2009,180: 1362 – 1371.

[40] Shibkova A A,Surin A A,Martem' yanova Z S,et al. Properties of ion – conducting lanthanum lithium titanate based ceramics [J]. Glass Ceram,2007,64(3 – 4): 124 – 128.

[41] Zou Y,Inoue N. Structure and lithium ionic conduction mechanism in $La_{4/3-y}Li_{3y}Ti_2O_6$ [J]. Ionics,2005, 11: 333 – 342.

[42] Thangadurai V,Weppner W. $Li_{0.3}Sr_{0.6}B_{0.5}Ti_{0.5}O_3$ (B = Nb,Ta) and $Li_{0.3}Sr_{0.6}Ta_{0.5}Ti_{0.5-x}Fe_xO_3$ (0 < x < 0. 3) : novel perovskite – type materials for monolithic electrochromic devices [J]. J Electrochem Soc,2004,151 (1): H1 – H6.

[43] Inaguma Y,Chen L,Itoh M,et al. Candidate compounds with perovskite structure for high lithium ionic conductivity [J]. Solid State Ionics,1994,70 – 71: 196 – 202.

[44] Bohnké O. The fast lithium – ion conducting oxides $Li_{3x}La_{2/3-x}TiO_3$ from fundamentals to application [J]. Solid State Ionics,2008,179: 9 – 15.

[45] zhang Y,Chen Y. Al,F – doped new perovskite lithium fast ion conductor $Li_{3x}La_{2/3-x□1/3-2x}Ti_{1-y}Al_yO_{3-y}F_y$ (x = 0. 11) [J]. Ionics,2006,12: 63 – 67.

[46] Zou Y,Inoue N,Ohara K,et al. Structure and lithium ionic conduction of B – site Al – ion substitution in $La_{4/3-y}Li_{3y}Ti_2O_6$ [J]. Ionics,2004,10: 463 – 468.

[47] Thangadurai V,Weppner W. Effect of B – site substitution of (Li,La) TiO_3 perovskites by di – ,tri – ,tetra – and hexavalent metal ions on the lithium ion conductivity [J]. Ionics,2000,6: 70 – 77.

[48] Jimenez R,Várez A,Sanz J. Influence of octahedral tilting and composition on electrical properties of the $Li_{0.2-x}Na_xLa_{0.6}TiO_3$ (0 ⩽ x ⩽ 0.2) series [J]. Solid State Ionics,2008,179: 495 – 502.

[49] Murugan R,Thangadurai V,Weppner W. Lithium ion conductivity of $Li_{5+x}Ba_x La_{3-x}Ta_2O_{12}$ (x = 0 – 2) with garnet – related structure in dependence of the barium content [J]. Ionics,2007,13: 195 – 203.

[50] Gao Y X,Wang X P,Gao Y X,et al. Sol – gel synthesis and electrical properties of $Li_5La_3Ta_2O_{12}$ lithium ionic conductors [J]. Solid State Ionics,2010,181: 33 – 36.

[51] wang W G,Wangd X P,Gao Y X,et al. Lithium – ionic diffusion and electrical conduction in the $Li_7La_3Ta_2O_{13}$ compounds [J]. Solid State Ionics,2009,180: 1252 – 1256.

[52] Murugan R,Thangadurai V,Weppner W. Effect of lithium ion content on the lithium ion conductivity of the garnet – like structure $Li_{5+x}BaLa_2Ta_2O_{11.5+0.5x}$ (x = 0 ~ 2) [J]. Appl Phys A,2008,91: 615 – 629.

[53] Awaka J,Kijima N,Takahashi Y,et al. Synthesis and crystallographic studies of garnet – related lithium – ion conductors $Li_6CaLa_2Ta_2O_{12}$ and $Li_6BaLa_2Ta_2O_{12}$ [J]. Solid State Ionics,2009,180: 602 – 606.

[54] Murugan R,Thangadurai V,Weppner W. Lattice parameter and sintering temperature dependence of bulk and

grain – boundary conduction of garnet – like solid Li – electrolytes [J]. J Electrochem Soc,2008,155(1): A90 – A101.

[55] Rogez J,Knauth P,Garnier A, et al. Determination of the crystallization enthalpies of lithium ion conducting alumino – silicate glasses [J]. J. Non – cryst Solids,2000,262: 177 – 181.

[56] Neudecker B J,Weppner W. Li_9SiAlO_8: A lithium ion electrolyte for voltages above 5.4 V [J]. J Electrochem Soc,1996,143(7): 2198 – 2203.

[57] Kuhn A,Wilkening M,Heitjans P. Mechanically induced decrease of the Li conductivity in an alumosilicate glass [J]. Solid State Ionics,2009,180: 302 – 307.

[58] Kim J M,Park G B,Lee k C,et al. Li – B – O – N electrolytes for all – solid – state thin film batteries [J]. J Power Sources,2009,189: 211 – 216.

[59] Berkemeier F,Abouzari M R S,Schmitz G . Sputter – deposited network glasses [J]. Ionics,2009,15: 241 – 248.

[60] Heitjans P,Tobschall E,Wilkening M. Ion transport and diffusion in nanocrystalline and glassy ceramics Impedance and NMR spectroscopy measurements on Li ion conductors [J]. Eur Phys J Special Top,2008,161: 97 – 108.

[61] Xie J,Imanishi N,Zhang T,et al. Li – ion transport in all – solid – state lithium batteries with $LiCoO_2$ using NASICON – type glass ceramic electrolytes [J]. J Power Sources,2009,189: 365 – 370.

[62] Yada C,Iriyama Y,Abe T,et al. A novel all – solid – state thin – film – type lithium – ion battery with in situ prepared positive and negative electrode materials [J]. Electrochem Commun,2009,11: 413 – 416.

[63] Thokchom J S,Gupta N,Kumar B. Superionic conductivity in a lithium aluminum germanium phosphate glass – ceramic [J]. J. Electrochem. Soc,2008,155(12): A915 – A920.

[64] Thokchom JS,Jupta N,Kumar B. Composite effect in superionically conducting lithium aluminium germanium phosphate based glass – ceramic [J]. J Power Sources,2008,185: 480 – 485.

[65] Kumar B,Thomas D,kumar J. Space – charge – mediated superionic transport in lithium ion conducting glass – ceramics [J]. J. Electrochem. Soc,2009,156(7): A506 – A513.

[66] Fu J. Fast Li^+ ion conducting glass – ceramics in the system $Li_2O – Al_2O_3 – GeO_2 – P_2O_5$[J]. Solid State Ionics,1997,104: 191 – 194.

[67] Thokchom J S,Kumar B. The effects of crystallization parameters on the ionic conductivity of a lithium aluminum germanium phosphate glass – ceramic [J]. J Power Sources,2010,195: 2870 – 2876.

[68] Xu X,Wen Z,Gu Z,et al. Lithium ion conductive glass ceramics in the system $Li_{1.4}Al_{0.4}(Ge_{1-x}Ti_x)_{1.6}(PO_4)_3(x=0-1.0)$ [J]. Solid State Ionics,2004,171: 207 – 213.

[69] Xu X,Wen Z,Gu Z,et al. High lithium ion conductivity glass – ceramics in $Li_2O – Al_2O_3 – TiO_2 – P_2O_5$ from nanoscaled glassy powders by mechanical milling [J]. Solid State Ionics,2006,177: 2611 – 2615.

[70] Fu J. Superionic conductivity of glass – ceramics in the system $Li_2O – Al_2O_3 – TiO_2 – P_2O_5$[J]. Solid State Ionics,1997,96: 195 – 200.

[71] Kosova N V,Devyatkina E T,Stepanov A P,et al. Lithium conductivity and lithium diffusion in NASICON – type $Li_{1+x}Ti_{2-x}Al_x(PO_4)_3$ ($x=0$; 0.3) prepared by mechanical activation [J]. Ionics, 2008, 14: 303 – 311.

[72] zhang T,Imanishi N,Hasegawa S,et al. Li/polymer electrolyte/water stable lithium – conducting glass ceramics composite for lithium – air secondary batteries with an aqueous electrolyte [J]. J Electrochem Soc,2008, 155(12): A965 – A969.

[73] Hasegawa S,imanishi N,Zhang T,et al. Study on lithium/air secondary batteries – Stability of NASICON – type lithium ion conducting glass – ceramics with water [J]. J Power Sources,2009,189: 371 – 377.

[74] Barré M, Berre F Le, Crosnier - Lopez M P, et al. The NASICON solid solution $Li_{1-x}La_{x/3}Zr_2(PO_4)_3$: optimization of the sintering process and ionic conductivity measurements [J]. Ionics, 2009, 15: 681 – 687.

[75] Kumar B, Thokchom J S. Space charge signature and its effects on ionic transport in heterogeneous solids [J]. J Am Ceram Soc, 2007, 90(10): 3323 – 3325.

[76] Kartini E, Sakuma T, Basar K, et al. Mixed cation effect on silver - lithium solid electrolyte $(AgI)_{0.5}(LiPO_3)_{0.5}$ [J]. Solid State Ionics, 2008, 179: 706 – 711.

[77] Money B K, Hariharan K. Lithium ion conduction in lithium metaphosphate based systems [J]. Appl Phys A, 2007, 88: 647 – 652.

[78] Moreau F, Durán A, Mu? oz F, et al. Structure and properties of high Li_2O - containing aluminophosphate glasses [J]. J Eur Ceram Soc, 2009, 29: 1895 – 1902.

[79] Kaus n H, Ahmad A H. Conductivity studies and ion transport mechanism in $LiI - Li_3PO_4$ solid electrolyte [J]. Ionics, 2009, 15: 197 – 201.

[80] Tali Z A, Daud W M, Loh Y N, et al. Optical and electrical characteristics of $(LiCl)_x(P_2O_5)_{1-x}$ glass [J]. Ionics, 2009, 15: 369 – 376.

[81] Rao R P, Tho T D, Adams S. Lithium ion transport pathways in $xLiCl - (1-x)(_{0.6}Li_2O - 0.4P_2O_5)$ glasses [J]. J Power Sources, 2009, 189: 385 – 390.

[82] Tron' A V, Nosenko A V, Shembel' E M. Russ. Step dynamics on Cu (100) and Ag (111) electrodes in an aqueous electrolyte [J]. Electrochim Acta, 2009, 45(5): 527 – 536.

[83] Liu W Y, Fu Z W, Qin Q Z. A "lithium – free" thin - film battery with an unexpected cathode Layer [J]. J Electrochem Soc, 2008, 155(1): A8 – A13.

[84] Lu H W, Yu L, Zeng W, et al. Fabrication and electrochemical properties of three - dimensional structure of $LiCoO_2$ fibers [J]. Electrochem Solid - State Lett, 2008, 11(8): A140 – A144.

[85] Song S W, Baek S W, Park H Y, et al. Structural changes in a thin - film lithium battery during initial cycling [J]. Electrochem Solid - State Lett, 2008, 11(5): A55 – A59.

[86] Li C N, Yang J M, Krasnov V, et al. Phase Transformation of nanocrystalline $LiCoO_2$ cathode after high - temperature cycling [J]. Electrochem Solid - State Lett, 2008, 11(5): A81 – A83.

[87] Hayashi M, Takahashi M, Shodai T. Preparation and electrochemical properties of pure lithium cobalt oxide films by electron cyclotron resonance sputtering [J]. J Power Sources, 2009, 189: 416 – 422.

[88] Liu W Y, Fu Z W, Qin Q Z. A sequential thin - film deposition equipment for in - situ fabricating all - solid - state thin film lithium batteries [J]. Thin Solid Films, 2007, 515: 4045 – 4048.

[89] Notten P H L, Roozeboom F, Niessen R A H, et al. 3 - D integrated all - solid - state rechargeable batteries [J]. Adv Mater, 2007, 19: 4564 – 4567.

[90] Song S W, Hong S J, Park H Y, et al. Cycling - driven structural changes in a thin - film lithium battery on flexible substrate [J]. Electrochem Solid - State Lett, 2009, 12(8): A159 – A162.

[91] http://www. sic. ac. cn/kpz2005/zhuanjia/14. htm.

[92] 徐立珍, 李彦, 秦锋. 薄膜太阳能电池的进展及应用前景[J]. 可再生能源, 2006, 3: 9 – 12.

[93] Dudney N J. Solid - state thin film rechargeable batteries [J]. Mater Sci Eng B, 2005, 116: 245 – 249.

[94] Neudeker B J, Zuhr R A, Bates J B. Lithium silicon tin oxynitride (Li_ySiTON): high - perform - ace anode in thin film lithium batteries for microelectronics [J]. J Power Sources, 1999, 81 ~ 82: 27 – 32.

[95] Jung H J, Park M, et al. Amorphous silicon anode for lithium - ion rechargeable batteries [J]. J Power Souces, 2003, 115: 346 – 351.

[96] Jung H J, Park M, Han S H, et al. Amorphous silicon thin - film negative lectrode prepared by low pressure chemical vapor deposition for lithium - ion batteries [J]. Solid State Commun, 2003, 125: 387 – 390.

[97] Takamura T, Ohara S, et al. A vacuum deposited Si film having a Li extraction capacity over 2000 mAh/g with a long cycle life [J]. J Power Sources, 2004, 129: 96 – 100.

[98] Park K S, Park Y J, et al. Charteristics of tin – nitride thin – film negative electrode for thin – film battery [J]. J Power Sources, 2001, 103: 67 – 71.

[99] Nam S C, Yoon Y S, et al. Enhancement of thin film tin oxide negative electrodes for lithium batteries [J]. Electrochem Commun, 2001, 3: 6 – 10.

[100] Neudecker B J, Zuhr R A, Bates J B. "Lithium – free" thin film battery with in – situ plated Li anode [J]. J Electrochem. Soc., 2000, 147(2): 517 – 523.

[101] 郑伟涛, 等. 薄膜材料与薄膜技术 [M]. 北京: 化学工业出版社, 2002.

[102] Kanehori K, Matsumoto K, Miyauchi K, et al. Thin film solid electrolyte and its application to secondary lithium cell [J]. Solid State Ionics, 1983, 9 – 10: 1445 – 1448.

[103] Steven D J, et al. A microfabricated solid – state secondary Li battery [J]. Solid State Ionics, 1996, 86 – 88: 1291 – 1294.

[104] http://www.ornl.gov/sci/cmsd/main/ Programs/BatteryWeb/index.htm.

[105] http://www.cymbet.com.

[106] http://www.infintepowersolutions.com.

[107] http://www.excellatron.com.

[108] http://china5.nikkeibp.co.jp/gate/big5/techon.nikkeibp.co.jp/article/NEWS/20060303/11407.

[109] Leea S J, Baik H K, et al. An all – solid – state thin film battery using LISIPON electrolyte and Si – V negative electrode films [J]. Electrochem Commun, 2003, l5(1): 32 – 35.

[110] Naoaki K, Junichi K, et al. . Thin – film lithium – ion battery with amorphous solid electrolyte fabricated by pulsed laser deposition [J]. Electrochem Commun, 2004, 6: 417 – 421.

[111] 付逊. 薄膜锂(离子)电池的研究 [D]. 中国科学院上海微系统与信息技术研究所, 硕士学位论文, 2004.

[112] 赵胜利. 用于全固态锂电池的无机电解质薄膜制备与性能研究 [D]. 复旦大学, 博士论文, 2003.

[113] 黄峰. 用于锂离子电池的金属氧化物薄膜电池的材料研究 [D], 复旦大学, 硕士论文, 2003.

[114] Jeon S W, Lim J K, et al. As – deposited $LiCoO_2$ thin film cathodes prepared by rf magnetron sputtering [J]. Electrochim Acta, 2005, 51: 268 – 273.

[115] Kim W S. Characteristics of $LiCoO_2$ thin film cathodes according to the annealing ambient for the post – annealing process [J]. J Power Sources, 2004, 134: 103 – 109.

[116] Liao C L, Fung K Z. Lithium cobalt oxide cathode film prepared by rf sputtering [J]. J Power Sources, 2004, 128: 263 – 269.

[117] Ouyang C, Deng H, et al. Pulsed laser deposition prepared $LiMn_2O_4$ thin film [J]. Thin Solid Films, 2006, 503: 268 – 271.

[118] Otsuji H, Kawahara K, et al. $LiMn_2O_4$ thin films prepared by pulsed laser deposition for rechargeable batteries [J]. Thin Solid Films, 2006, 506 ~ 507: 120 – 122.

[119] Wu X M, Li X H, et al. Characterization of solution – derived $LiMn_2O_4$ thin films heat – treated by rapid thermal annealing [J]. Mater Chem Phys, 2004, 83: 78 – 82.

[120] Park Y J, Kim J G, et al. Preparation of $LiMn_2O_4$ thin films by a sol – gel method [J]. Solid State Ionics, 2000, 130: 203 – 214.

[121] Yada C, Iriyama Y, et al. Electrochemical properties of $LiFePO_4$ thin films prepared by pulsed laser deposition [J]. J Power Sources, 2005, 46: 559 – 564.

[122] Sauvage F, Baudrin E, et al. Effect of texture on the electrochemical properties of $LiFePO_4$ thin films [J].

Solid State Ionics,2005,176: 1869 – 1876.

[123] Inaba M,Uno T,et al. Irreversible capacity of electrodeposited Sn thin film anode [J]. J Power Sources, 2005,146: 473 – 477.

[124] Maranchi J P,Hepp A F,et al. $LiCoO_2$ and SnO_2 thin film electrodes for lithium – ion battery applications [J]. Mater Sci Eng,2005,116: 327 – 340.

[125] Lee W H,Son H C,et al. Stoichiometry dependence of electrochemical performance of thin – film SnO_x micro- battery anodes deposited by radio frequency magnetron sputtering [J]. J Power Sources, 2000, 89: 102 – 105.

[126] Navone C,Pereira – Ramos J P,et al. Electrochemical and structural properties of V_2O_5 thin films prepared by DC sputtering [J]. J Power Sources,2005,146: 327 – 330.

[127] Petit D,Colomban P,Collin G,et al. Fast ion transport in $LiZr_2(PO_4)_3$: structure and conductivity [J]. Mater Res Bull,1986,21(3): 365 – 371.

[128] Chowdari B V R,Radhakrishnan K,et al. Ionic conductivity studies on $Li_{1-x}M_{2-x}M'_x(PO_4)_3$ (M = Hf, Zr; M' = Ti,Nb) [J]. Mater Res Bull,1989,24: 221 – 229.

[129] 高海春. 锂快离子导体材料研究述评 [J]. 盐湖研究,1990,1: 55 – 61.

[130] Schramm M,Jong B H W S D,Parziale V E. 29Si and 31PMAS – NMR spectra of $Li_2S – SiS_2 – Li_3PO_4$ rapi- odly quenched glasses [J]. J Am Ceram Soc,1996,79(2): 349 – 353.

[131] Hayashi A,Hama S,Morimoto H,et al. Preparation of $Li_2S_2 – P_2O_5$ amorphous solid electro – lytes by me- chanical milling [J]. J Am Ceram Soc,2001,84(7): 477 – 479.

[132] Bates J B,Dudney N J,Gruzalski G R,et al. Electrical properties of amorphous lithium phosphorous oxynitride electrolyte thin films [J]. Solid State Ionics,1992,53 – 56: 647 – 654.

[133] Bruce P G,Wset A R. Phase diagram of the LISICON,solid electrolyte system,$Li_4GeO_4 – Zn_2GeO_4$ [J]. Ma- ter Res Bull,1980,15(3): 379 – 385.

[134] Jones S D,Kridge J R,Shokoohi F K. Thin film rechargeable Li batteries [J]. Solid State Ionics,1994,69: 357 – 368.

[135] Neudecker B J,Dudney N J,Bates J B. Battery with an in – situ activation plated lithium anode [P]. U. S. Patent 6168884,2001.

[136] Lee S J,Baik H K,Lee S M. An all – solid – state thin film battery using LISIPON electrolyte and Si – V neg- ative electrode films [J]. Electrochem Commun,2003,5: 32 – 35.

[137] Baba M,Kumagai N,Fujita N,et al. Fabrication and clcctrochemical characteristics of all – solid – state lithi- um – ion rechargeable batteries composed of $LiMn_2O_4$ positive and V_2O_5 negative electrodes [J]. J Power Sources,2001,97 – 98: 798 – 800.

[138] Jeon E J,Shin Y W,Nam S C,et al. Characterization of all – solidstate thin – film batteries with V_2O_5 thin – film cathodes [J]. J Electrochem Soc,2001,148: A318 – A322.

[139] 赵胜利,文九巴,李海涛,等. LiPON 薄膜结构与电化学性能研究[J]. 材料热处理学报,2005,26(4): 17 – 21.

[140] 刘文元,傅正文,秦启宗. 锂磷氧氮(LiPON)薄膜电解质和全固态薄膜锂蓄电池研究[J]. 化学学报, 2004,62(22): 2223 – 2227.

[141] Roh N S,Lee S D,Kwon H S. Effects of deposition condition on the ionic conductivity and structure of amor- phous lithium phosphorus oxynitrate thin film [J]. Scripta Mater,2000,42: 43 – 49.

[142] Marchand R,Agliz D,Boukbir L,et al. Characterization of nitrogen containing phosphate glasses by X – ray photoelectron spectroscopy [J]. J Non – Cryst Solids,1988,103: 35 – 44.

[143] Bunker B C,Tallant D R,Luck C A,et al. Structure of phosphorus oxynitride glasses [J]. J. Am Ceram Soc,

1987,70: 675 - 681.

[144] West W C, Whitacre J F, Lim J R, et al. Chemical stability enhancement of lithium conducting solid electro-
lyte plates using sputtered LiPON thin films [J]. J Power Sources, 2004, 126: 134 - 138.

[145] Yu X, Bates J B, Jellsion, et al. A Stable Thin - film lithium electrolyte: lithium phosphorus oxynitride [J].
J Electrochem Soc, 1997, 144 (2): 524 - 532.

[146] Aboulaich A, Bouchet R, Delaizir G, et al. A new approach to develop safe all - inorganic monolithic Li - Ion
Batteries [J]. Adv Energy Mater, 2011, 1: 179 - 183.

[147] Takada K, Ohta N, Zhang L, et al. Interfacial modification for high - power solid - state lithium batteries [J].
Solid State Ionics, 2008, 179: 1333 - 1337.

[148] Birke P, Salam F, D? ring S, et al. A first approach to a monolithic all solid state inorganic lithium battery
[J]. Solid State Ionics, 1999, 118: 149 - 157.

[149] Eiji K, Larisa S P, Takayuki D, et al. Electrochemical properties of Li symmetric solid - state cell with NASI-
CON - type solid electrolyte and electrodes [J]. Electrochem Commun, 2010, 12: 894 - 896.

[150] Hayashi A, Konishi T, Tadanaga K. All - solid - state lithium secondary batteries with SnS - P_2S_5 negative e-
lectrodes and Li_2S - P_2S_5 solid electrolytes [J]. J Power Sources, 2005, 146: 496 - 500.

[151] Seino Y, Ota T, Takada K. High rate capabilities of all - solid - state lithium secondary batteries using
$Li_4Ti_5O_{12}$ - coated $LiNi_{0.8}Co_{0.15}Al_{0.05}O_2$ and a sulfide - based solid electrolyte [J]. J Power Sources,
2011, 196: 6488 - 6492.

[152] Sakuda A, Hayashi A, Tatsumisago M. Electrochemical performance of all - solid - state lithium secondary
batteries improved by the coating of Li_2O - TiO_2 films on $LiCoO_2$ electrode [J]. J Power Sources, 2010, 195:
599 - 603.

[153] Ohta N, Takada K, Sakaguchi I, et al. $LiNbO_3$ - coated $LiCoO_2$ as cathode material for all solid - state lithium
secondary batteries [J]. Electrochem Commun, 2007, 9: 1486 - 1490.

[154] Inada T, Kobayashi T, Sonoyama N, et al. All solid - state sheet battery using lithium inorganic solid electro-
lyte, thio - LISICON [J]. J Power Sources, 2009, 194: 1085 - 1088.

第8章 多功能结构锂电池

8.1 结构电池概述

随着信息技术的发展,新一代电子产品集成度越来越高,朝着轻、薄、短、小的方向发展,电源系统在整个体系中占据空间的比重越来越大。如何在保证足够能量供应的条件下,减小电源比重成为一个亟待解决的问题。尤其在军事及航空航天等领域,对于电源的体积和重量提出了十分苛刻的要求。

解决这一问题的途径之一就是开发新型安全的高能量密度电源材料和电源体系,如高容量的正负极材料,以锂为负极的 Li – S 二次电池、Li – 空气二次电池等,这在本书前面章节中已经介绍。另外一条途径就是研究新型的多功能电源,即结构电池。结构电池,又称为多功能结构电池[1],是为了克服军事、航天航空等领域用电池重量大、体积大的缺点,而将电池与承力结构结合起来形成的一种新型电池。结构电池在系统中既可提供能量又能够作承力结构材料,可以有效降低系统的质量,而且可将电池分散在系统结构中,节约系统空间。

结构电池是电池和结构材料的统一体。为获得高效结构电池,一般要求电池有较高操作电压、较长生命周期和较大比能量,同时要求材料的抗压、抗剪能力较强。其发展经历了镍氢型、锂离子电池型和聚合物锂离子电池型三个阶段,在未来可能以纤维电池或全固态薄膜电池的形式应用。

实际上,结构电池的概念首先由 GSFC(Goddord Space Flight Center)和美国 Boundless 公司提出[2]。1996 年,GSFC 申请了镍氢多功能结构电池专利。其单电池的阳极以玻璃纤维布为基体,镀上镍为集电体,金属氢化物为反应层;隔膜采用尼龙布,以 26% 的 KOH 溶液为电解质;阴极是由玻纤布、镍镀层和 Ni(OH)$_2$ 组成的反应层构成。几个单电池通过黏结剂黏结形成蜂窝状结构,这些小块的蜂窝状电池堆连接在一起,中间用绝缘板隔开,再加上上下面板,就构成蜂窝状的结构电池,如图 8 – 1 所示。一块 20 英寸 * 20 英寸 * 2 英寸的多功能结构电池,可以提供 0.4 kW·h 的能量,重量为 8kg。

在结构电池中,其关键部件是单电池。早期单电池的单元部件是一个个厚度约为 300 ~ 500μm 厚的带状结构电池[3],由阳极、阴极和分隔膜构成。阳极、分隔膜和阴极按顺序被压成有一定强度的片层,即形成一个单电池。然后,多片电池黏结成蜂窝形状,形成电池堆,加上上下面板,即构成承力的蜂窝结构复合材料。图 8 – 2 所示为早期结构电池的应用示意图,图 8 – 3 所示为构成单电池的单电极。

图 8 - 1　结构电池构件剖面图

图 8 - 2　结构电池构件应用示意图

图 8 - 3　结构电池构件

随着锂离子电池的出现，人们开始采用寿命长、工作电压高和抗载荷能力强的锂离子电池作为结构电池的轻质蜂窝板的核心，进一步降低了系统的总重量和总体积，大大提高了结构电池的比能量和功率密度。

美国军方最早开始意识到结构电池构件的应用价值，开展了将聚合物锂离子电池和燃料电池制备成结构电池的研究。研究的关键，一是要找到既能保证强度又有较好的锂离子插入性能的碳纤维，二是要找到可保证锂离子电池稳定性和密封性的基体树脂，同时需要兼顾考虑结构电池电性能和力学性能的优化技术。

Imperial College[4]、Southampton University 和 Smiths Aerospace Mechanical Systems – Aerostructures 等研究单位专门对结构电池构件在卫星上应用的可能性及减重做了详细工作(图 8 – 4)。他们采用商业化软包聚合物锂离子电池,将其密封于夹层结构的中间层中,替代部分蜂窝结构,形成结构电池一体化面板,其减重主要依赖于电池替代的夹芯结构质量。

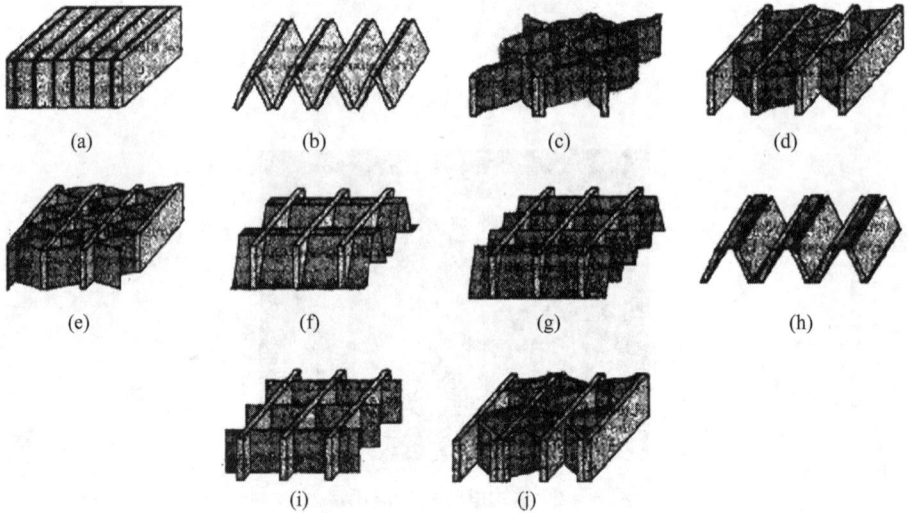

图 8 – 4　Southampton University 研究的结构电池形式
(a) 电池垂直和蜂窝构成夹芯;(b) 电池成垂直三角排列成夹芯;(c) 电池成垂直正强状构成夹芯;
(d) 电池成垂直状与正极波纹状结构材料形成夹芯;(e) 电池成垂直状与三角状结构材料形成夹芯;
(f) 电池成垂直状与梯形状结构材料形成夹芯;(g) 电池成垂直状与水平排列结构材料形成夹芯;
(h) 电池成梯形状排列成夹芯;(i) 电池成垂直状与垂直排列结构材料形成夹芯;
(j) 成垂直状与成正极波纹状结合电池形成的夹芯。

而 ITN Energy Systems[5]公司研发的 LiBaCore 系统是采纳了全固态薄膜锂离子电池的形式,将全固态锂离子电池物理沉积在柔性基底上(铝箔等),制成带状,彼此黏合,通过常规工艺扩展成蜂窝芯,成为真实的 LiBaCore 蜂窝板芯,采用复合材料面板构成最后的结构蜂窝板。目前,演示样品如图 8 – 5 所示,但仍未实现实际应用。

目前,结构电池的概念已在 DARPA 赞助 AeroVironment 公司研究的"黄蜂"(Wasp)无人机上得到了演示验证。Wasp 是无线遥控的飞翼式飞行器,由四个结构电池组合成两套并行的系统嵌入在机翼内。整个结构电池系统能量密度为 $161W \cdot h \cdot kg^{-1}$,使飞行时间由原来的 115min 增加到 126min,比采用普通锂离子电池的微型无人机效率提高将近 26% 。

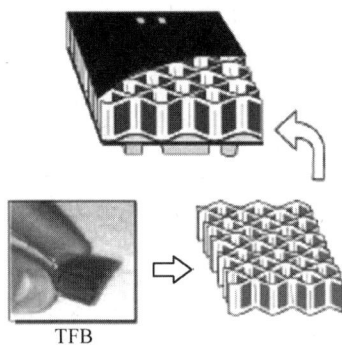

图 8 – 5　LiBaCore 结构电池技术

多功能结构电池将电源系统中的电源功能与承力结构功能有效复合,具有降低系统质量、提高电池的有效容量、节约载荷空间等一系列优点,可以有效提高各类飞行器的机动性,降低制造和发射成本,必将在航空航天等领域得到广泛的应用。

8.2　聚合物基结构锂离子电池

8.2.1　聚合物锂离子电池概述

1990 年,日本索尼公司首先实现了锂离子电池的商品化生产,锂离子电池便以能量密度高、循环寿命长、开路电压高和安全无污染等一系列优点,迅速成为新一代的高效便携式能源,在无线通信、笔记本电脑及空间技术等方面显示出广阔的应用前景和潜在的巨大经济效益,并被认为是 21 世纪最有潜力的新型能源。因而,锂离子电池被人们称之为"最有前途的化学电源",甚至被称为"极限电池"或"最后一代电池"。从此,在世界范围内掀起了锂离子电池研究的热潮,越来越多地引起国内外电池工业的重视,高性能的锂离子电池一直是欧美、日本等发达国家重点开发的电池产品[6~10]。

锂离子电池分为液态锂离子电池和聚合物锂离子电池。液体锂离子电池是目前商业化的主要锂离子电池品种,该类电池主要采用含锂的氧化物,如以氧化钴锂等为正极,以碳为负极,以含锂盐的有机溶液为电解质。但由于液态锂离子电池存在着漏液现象、安全性欠佳、循环寿命还不够长等缺点,限制了此类电池市场的进一步扩大。1973 年,Wright 等发现了聚氧化乙烯(PEO)/碱金属盐的络合物具有离子导电能力。1978 年,法国的 Armand 博士提出这类材料可以用做储能电池的电解质——电池用固体电解质的设想,并于 1979 年提出 PEO/碱金属盐配合物作为带有碱金属电极的新型可充电池的离子导体。从此,人们对不同类型的聚合物电解质进行了深入研究,并致力于用其代替锂离子电池中的液体电解质[11~13],在全球范围内掀起了一股聚合物锂离子电池研究的热潮。

聚合物锂离子电池(Polymer Lithium Ion Batteries)也称塑料锂离子电池(Plastic Lithium Ion Batteries,PLI 电池),是指美国贝尔通信研究中心 1995 年申请美国发明专利[14,15],于 1996 年第三次国际会议上介绍的层压式锂离子电池,以与日本索尼株式会社 1990 年推出的锂离子电池[16~19]相区别。它是在液态锂离子二次电池的基础上逐渐发展起来的一种新型锂离子二次电池,具有较高的能量密度、较好的安全性和更稳定的循环寿命,并且可以做成任何形状,因此受到人们广泛关注[20,21]。

聚合物锂离子电池是指正极、负极与电解质三种主要构造中至少有 1 项或 1 项以上使用高分子材料的电池系统。目前开发的聚合物锂离子电池中,高分子材料主要被应用于正极及电解质。正极的材料包括有机导电性高分子、有机硫磺系化合物,或一般锂离子二次电池所采用的无机化合物。电解质则可以使用固态或凝胶态高分子电解质,或是有机电解液。

聚合物锂离子电池的关键技术在于开发一种综合性能良好的聚合物电解质,要求聚合物电解质具有高的离子传导率、适宜的机械强度、柔韧性、孔结构及电化学稳定性等。目前研究的聚合物电解质种类主要包括干态聚合物电解质、凝胶聚合物电解质和微孔型聚合物电解质三类,但从产业化的角度来看,微孔型聚合物电解质具有很大的研究价值和应用前景。

美国 Bellcore 公司于 1994 年开发出聚偏氟乙烯-六氟丙烯 P(VDF-HFP)共聚物多孔薄膜,吸附电解液后具有较好的电导率和力学性能,遗憾的是制备过程中需用丙酮等溶剂提取制孔剂邻苯二甲酸二丁酯(DBP),给规模化生产带来不利。目前,对微孔型聚合物电解质研究较多的主要为含氟聚合物体系,如聚偏氟乙烯(PVDF)、聚六氟丙烯改性偏氟乙烯(P(VDF-HFP))等[22~30]。

聚合物锂离子电池的工作原理与液态锂离子电池相同,不同的是聚合物锂离子电池是将液态有机电解液吸附在聚合物基质上,从而电极和电解质内部具有高的离子导电性。

8.2.2 聚合物锂离子电池的特点

聚合物锂离子电池采用具有离子导电性并兼具隔膜作用的聚合物电解质代替目前液态锂离子电池中的液体电解质,从根本上解决了漏液问题,具有更高的安全性,在遇到非正常使用、过充过放、撞击、碾压、穿刺等情况下,聚合物锂离子电池不会发生爆炸。

聚合物锂离子电池的电解液是"干态"而非液态,不仅具有特殊的安全性,而且还可以根据用户的要求做成各种形状。新一代的聚合物锂离子电池在形状上可做到薄形化(最薄可达 0.8mm)、任意面积化和任意形状化,大大提高了电池造型设计的灵活性,从而配合产品需求,做成任何形状与容量的电池,为应用设备开发商在电源解决方案上提供了高度的设计灵活性和适应性,以最大化地优化其产品性能。因此,更适合应用于军事、空间技术、便携式电器等领域。聚合物锂离子电池除了具有液态有机电解质锂离子电池的特点外,还具有包装简单、易于规模化生产等突出的优点[31,32]。又因为聚合物锂离子电池其结构及生产过程中无酸碱和铅、汞等污染,是新世纪倡导的绿色环保电池。因此,聚合物锂离子电池自问世以来强烈吸引着电池研究和生产单位。

8.2.3 聚合物锂离子电池在结构电池中的应用及研究现状

聚合物锂离子电池具有高电压、高比能量、长循环寿命、高可靠性等特点,而且可做成更轻、更薄,亦可任意切割形状,在实际应用中具有重要意义[33~36]。聚合物锂离子电池还具有成型容易、快捷、成型精确等特点。同时,通过调节电池的叠层数及添加结构材料(碳纤维编织布、碳纤维环氧树脂等)的方法,可以有效改善电池力学性能,满足一定的受力要求,是结构电池的理想选择。

美国的 Boundless 公司采用寿命长、工作电压高、比能量大和抗载荷能力强的锂离子电池,作为多功能结构电池蜂窝板的芯材,以大大提高多功能结构电池的能量密度和功率密度。

美国军方则开展了将聚合物锂离子电池和燃料电池做成结构电池的研究[37]。利用20世纪90年代出现的聚合物锂离子电池通过特殊的设计制成结构电池一体化的构件,该结构电池利用铝网作集电体,玻璃纤维做成的无纺布为隔膜,碳纤维为负极,使用聚合物电解质做成锂离子电池(图8-6)。该电池的力学性能由碳纤维结构和铝网提供,同时玻璃纤维布还可以提供额外的力学增强(图8-7)。

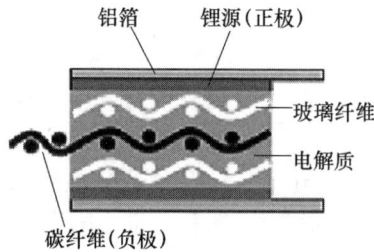

图 8-6　锂离子电池型结构电池

图 8-7　结构电池构件样品

而在燃料电池型结构电池的设计中,采用金属泡沫做结构支持体(图8-8),同时提供燃料和空气通道,还可以起到集电体的作用。复合电池外壳由碳纤维和环氧树脂构成,一方面仍旧可以提供力学支持,另一方面可以起到密封作用。这种燃料电池一体化的结构电池构件针对的是无人机的机翼部分。通过对聚合物锂离子电池和燃料电池结构的优化设计,达到力学性能和电性能的统一。但美国军方在这方面的研究工作公开报道的仅限于原理性样品。

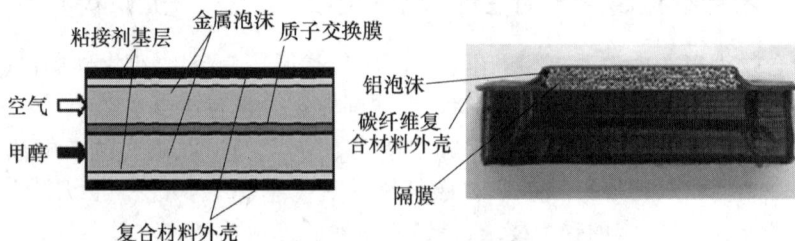

图8-8 燃料电池型结构电池

由于航天用电源和材料的使用环境较为苛刻,所以目前结构电池构件的应用研究主要集中在航空领域,尤其是对减重极为敏感的微型无人机领域。

微型无人机(Micro AirVehicle,MAV)可执行各种非杀伤性任务,包括侦察、监视、目标截获、诱饵及通信中继等,目前美国军方正大力开发微型无人机技术,其中电源技术是制约微型无人机性能的一项关键技术。国内外大部分电推进微型无人机的能量提供都以锂离子电池为主。表8-1列出了国外以锂离子电池推进的MAV主要型号及其电源系统基本情况。

表8-1 国内外 MAV 基本情况

型号	研究单位	总重/g	电池重/g	电池比例/%	功率/W	飞行时间/min
Microstar	Lockheed - Sanders	100	44.5	44.5	15	20 ~ 60
Wasp - 1*	Aerovironment	171	98*	57.3	—	107
Wasp - 2*	Aerovironment	170	97*	57.0	7.6	126
Black widow	Aerovironment	42	26	61.9	8	30
Microbat	Aerovironment	22	8	36.4	—	—
*注:已使用结构电池材料						

在整个微型无人机重量中,电源部分所占比重较大(30% ~ 60%),为延长航时,提高性能,当务之急是研制出一种整体重量轻、使用时间长的电源系统。在新的高比能量电池材料和电池体系尚未有明显的突破之前,结构电池技术不失为解决此问题的有效途径。

对于微型无人机而言,由于重量轻、速度小,飞行高度低,对于结构材料的要求并不苛刻。为减轻重量,其结构材料一般是发泡聚丙烯、发泡聚苯乙烯或轻木,本身的结构强度并不高。而在聚合物锂离子电池中,隔膜、正极膜、负极膜均是具有一定机械强度的聚合物膜,集电体(铜网、铝网)也可提供一定的力学支持,加上包装膜的机械强度,通过合理设计电池各层厚度和结构,就可以满足 MAV 受载的要求。因此,可利用具有较高比能量的锂离子电池经特殊设计和加工,制造成微型无人机结构件,如结构梁或固定机翼等,替代原有的结构件和电池。通过这种结构、功能一体化的设计,减轻飞机结构重量,提高电池有效重量,满足微型无人机长航时飞行的迫切需求。

2001 年,美国海军研究所的 Thomas J P 对能应用在微型无人机上的多功能结构电池复合材料进行了系列研究[38-41],主要是针对 Black Widow MAV,其目的是为了延长 MAV 的飞行时间。研究发现,在聚合物锂离子电池设计方面,二正一负结构较一正一负电池结构具有更高的比能量(图 8 - 9);同时建立了一个数学模型来计算结构电池材料复合后的力学性能和电性能;通过对多种材料的电性能和力学性能的组合计算,得到一种适用于 MAV 的结构电池:包括聚合物锂离子双电池、包装膜、聚碳酸酯膜、真空封装膜,聚丙烯膜和外层的增强结构(玻璃钢结构)。得到的结构电池构件模量为 2.9GPa,拉伸强度最高为 8MPa,远远大于 MAV 机体结构常用的聚苯乙烯发泡材料的力学性能(图 8 - 10)。

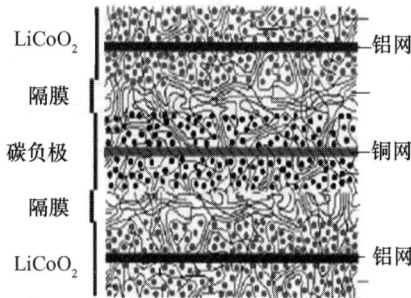

图 8 - 9　结构电池构件电池芯设计

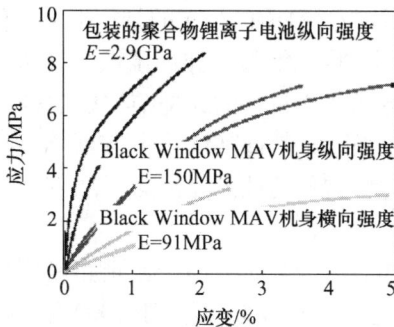

图 8 - 10　结构电池构件与 Black Widow Mav 力学性能比较

在两年后对 Wasp MAV 的结构电池构件的研究中,进一步验证了结构电池在 MAV 中应用的效果[42]。Wasp(图 8 – 11)是美国军方的无线遥控飞翼式飞行器,主要用于军事侦察和监视。其机型为翼展 32cm,重 171g。第一次结构电池改装时,由四个总重量为 98g 的结构电池组合成两套并行的系统嵌入在机翼内,整个结构电池系统在 7.5V 下提供 1.8A·h 电量,比能量为 136 W·h·kg^{-1},一次充电后可以飞行 106min。对结构电池结构进行调整后,将原来的三叠层聚合物锂离子电池结构变为六叠层电池结构,电池比能量提高为 161 W·h·kg^{-1},飞行时间延长到 126min,即通过结构电池的优化设计,使其效率提高 17%。与装配比能量为 185W·h·kg^{-1}的块状聚合物锂离子电池的型号相比,具有结构电池设计的 MAV 续航能力提高了近 26%。

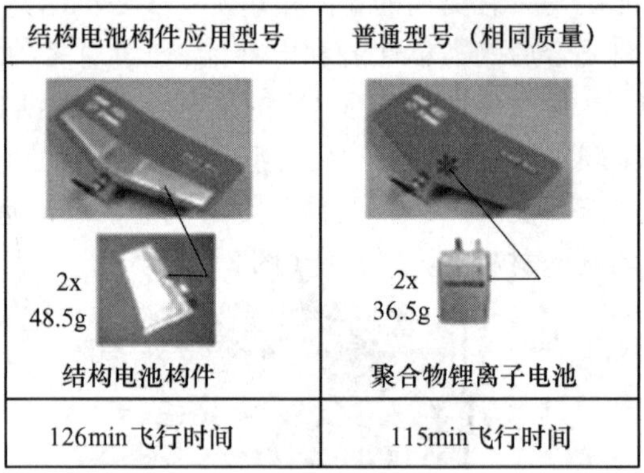

结构电池构件应用型号	普通型号（相同质量）
2x 48.5g	2x 36.5g
结构电池构件	聚合物锂离子电池
126min 飞行时间	115min 飞行时间

图 8 – 11　结构电池构件在 MAV 上应用效果比较

结构电池技术自 20 世纪 90 年代出现以来,在国外已取得了较大的进展。研究报道涉及镍氢电池、聚合物锂离子电池和燃料电池体系,已初步形成了包括结构分析设计、结构电池材料制作、性能评价到演示验证的完整研究体系,有原理性样品,并在微型无人机上进行了样机演示。美军 DARPA 支持的结构电池化全电微型无人机 Wasp II 水平可认为是目前已公布的结构电池构件先进技术水平。

国内,国防科技大学自 2006 年起始开展了微型无人机(＜500g)结构电池构件研究,建立了以 MAV 轻量化为目标的异型结构电池构件的设计方法,突破高能量密度聚合物锂离子电池异型化制备关键技术,建立结构电池的性能测试及表征技术,解决 MAV 用结构电池构件的性能评价问题,主要应用于重量在 200g 以内的微型无人机。

研制的机翼前缘形式的结构电池构件 98g,能量密度为 198W·h·kg^{-1},经历拉伸、弯曲、扭曲试验后,电池保持较好容量,于 2009 年 10 月在南京航空航天大学应用演示,延长飞行时间 83%(与同等重量的非结构电池型 MAV 相比),有效解决了微型无人机减轻结构重量、延长航时的问题。

8.2.4 聚合物基结构电池构件制备技术

把聚合物锂离子电池制作成复杂形状结构件是结构电池结构件异型成型研究的基础。为了保证结构电池构件的性能优势,需要一次性精确成型,这对于聚合物锂离子电池的制备技术是一个挑战,需要有不严重损害电池性能(与平板电池对比)和满足精确成型要求的成型方法,客观上要求其能够提供均匀可调的成型压力及温度可控。硅橡胶热膨胀模塑成型和硅橡胶液压软膜成型均具备成型压力可调、温度可控的特点,但又有着各自的特点。

1. 硅橡胶热膨胀模塑成型

硅橡胶热膨胀模塑法又称软模辅助热压成型,是应用较早的一种复合材料成型工艺方法,可用于成型型面较复杂的复合材料制品,尤其适合制备空腹、薄壁型高性能复合材料制品[43~48]。

硅橡胶热膨胀模塑成型依靠硅橡胶热膨胀而产生成型压力,成型过程中不需外部压力源,只需按顺序铺放好预成型件及硅橡胶软模,待温升即可。成型工序简单,且硅橡胶弹性好,受力易变形,具有液体流动的特性,所以硅橡胶热膨胀模塑成型各点成型压力相对均匀。

硅橡胶热膨胀模塑法一般以热膨胀系数较大的硅橡胶为芯模,以热膨胀系数较低的刚性材料(如钢)为阴模,制品的外型尺寸由刚性阴模的内轮廓线控制,内壁尺寸由芯模的膨胀控制。成型模具由阴模、阳模、套筒、前盖板、后盖板及硅橡胶芯模组成。阴模、阳模均是刚性材料(如钢等)制成,阴模的内侧轮廓线与所制备的结构电池的外侧尺寸相符。阳模的外轮廓线与硅橡胶芯模的内侧轮廓线相符。硅橡胶芯模是以热膨胀性能较好的橡胶材料(如硅橡胶等)制成,厚1~50mm,外侧轮廓与所制备的结构电池构件的内侧尺寸相符,内侧轮廓与阳模的外轮廓线相符。套筒是刚性材料制成,其上有放置电阻丝和温度传感器的孔,可以在热复合过程中较为精确地提供所需的温度。前盖板、后盖板也是刚性材料(如钢等)制成的平板,固定在套筒的两头,以限制硅橡胶的热膨胀进程。硅橡胶芯模放置在刚性阳模上,两者互相贴合,中间不留空隙。阴模再放置在硅橡胶芯模的上方,阴模和硅橡胶芯模中间的空腔为结构电池各层材料的放置空间,阴模、硅橡胶芯模和阳模一起放置在套筒中,最后加上前盖板和后盖板,构成一套完整的硅橡胶热膨胀模塑成型模具,其截面示意图如图8-12所示。

在异型电池热压成型过程中,将叠层好的电芯置入模具中加热,硅橡胶受热体积膨胀,受到电芯和钢模的限制,从而对预成型的电芯产生径向压力,借助芯模膨胀力对电池材料在热压过程中的各点施加相同压力,可使电池材料热复合过程更加均匀地进行,具有比模热压更好的热复合效果。

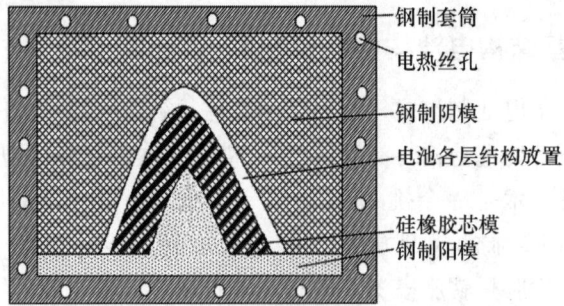

图 8 - 12　模具截面示意图

图 8 - 13 是硅橡胶热膨胀模塑成型方法流程示意图。①清洗并处理相应的正极负极集流体,即铜网和铝网。②添加了碳纤维粉增强的正极材料、负极材料按配方流涎成正负极膜后,与相应的集流体热辊压制成正极片和负极片。③聚合物隔膜材料按配方流涎成膜制成聚合物隔膜。将裁好的增强材料片(玻璃纤维布等)、正极片、隔膜、负极片按顺序多层叠放在图 8 - 14 中的硅橡胶芯模上。④紧固模具后加热,硅橡胶芯模受热在刚性阳模、刚性阴模、前面板和后面板的限制下受限膨胀,使各层材料受热受压复合在一起,外形轮廓与刚性阴模的内侧轮廓线相符,内侧形状与硅橡胶芯模的外形相符,得到曲面异型的结构电池构件的电芯。⑤取出复合好的电芯,包装,干燥,灌电解液,真空封装后化成,即得到所需形状的结构电池构件。

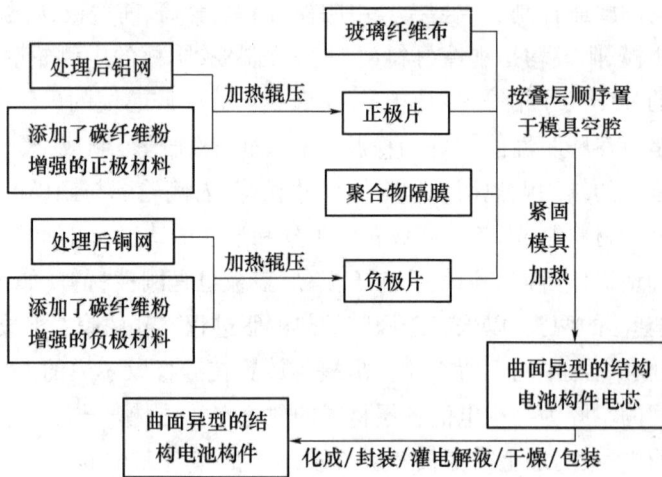

图 8 - 13　硅橡胶热膨胀模塑成型方法流程图

采用硅橡胶热膨胀模塑成型方法制备异型结构电池构件,首先要制备相应的正负极片和聚合物隔膜,再在硅橡胶热膨胀模塑成型模具中热复合成型,萃取封装活化后,得到所需形状的结构电池。

264

图 8 - 14　硅橡胶软模辅助成型模具

在热复合过程中,正极片、聚合物隔膜和负极片放置在刚性阴模和硅橡胶芯模中间的空腔中,按次序叠放在硅橡胶芯模上,如果结构电池构件需要额外的力学增强,需将起额外增强作用的增强材料片放置在最底层和最外层,与电池芯各层材料一起完成热复合过程。如果改变阴模的内轮廓线和硅橡胶芯模的外形尺寸,可制备得到不同形状的结构电池构件。

国防科技大学从理论上进行了硅橡胶热膨胀模塑成型方法的可行性研究,利用该模具探讨其成型工艺,制备得到弧型聚合物锂离子电池如图 8 - 15 所示。

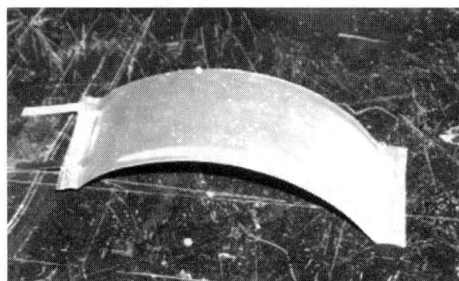

图 8 - 15　硅橡胶软模辅助成型工艺制备的异型电池构件

在研究中发现,在硅橡胶热塑成型中,合模间隙较小的改变会导致膨胀力发生较大的变化,所以制作不同层数或厚度的电池,需要制作与之对应厚度的橡胶软模,带来了资源浪费和大量的后续工作。

同时,由于在成型过程中模腔内的成型压力无法监控,只能通过温度的调节来间接完成对成型过程的控制。温度的升高有利于电池各层之间界面的黏合,但过高的温度会使得极片内部的黏合剂进入熔融状态,致使内部通道减少,不利于锂离子的传导。而且,熔融的聚合物将包覆正极材料,抑制材料活性的发挥。

2. 硅橡胶液压软膜成型研究

液压软膜成型设计思路:液压软膜成型通过液压提供成型压力,是依据液体内部同一水平面处压强相等的原理而设计得到的。同时,采用橡胶软膜将预成型件和液体隔离,橡胶软膜受力易变形的特性,将内部液体的压力与温度均匀的传递给预成型件,实现了压力均匀与温度的可调。

液压软膜成型方法是硅橡胶软模辅助成型法的改进。其改进主要在于:将硅橡胶模厚度减薄至 1 ~ 5mm,使之成为软膜,然后在装置中增加用于加热和加压的液压油泵,这样电芯材料热复合过程中的压力主要由液压油泵提供,软膜将受到的压力均匀传递给覆盖在其上的电池材料。在热压过程中,通过液压油泵的压力表和温度传感器可以精确控制热复合过程中的压力和温度,使电池材料的热复合过程更加稳定。

在模具设计方面,将硅橡胶软膜与刚体油箱形成一个密闭的腔体结构,结构电池构件外形尺寸由刚性阴模内轮廓线控制,预成型后的构件置于硅橡胶软膜与阴模腔体之间,液压泵向油箱内充油,硅橡胶软膜向外膨胀变形,受到阴模阻挡,而对预成型构件产生成型压力。其原理示意图如图 8 - 16 所示。

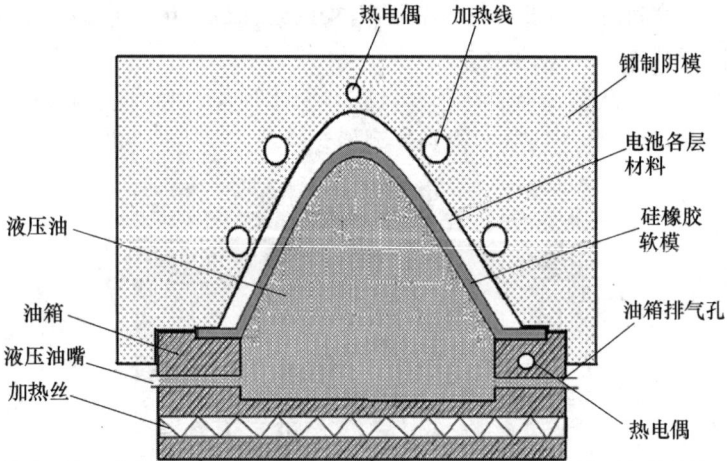

图 8 - 16　液压软膜成型模具示意图

图 8 - 17 所示是液压软膜成型过程的流程示意图。①正极材料、负极材料按配方流涎成膜后,与集流体热辊压制成正极片和负极片;②聚合物隔膜材料按配方流涎成膜制成聚合物隔膜;③将裁好的正极片、隔膜、负极片依次叠放在成型腔体中预成型,温度为 90 ~ 110℃,压力为 0.5 ~ 0.8MPa,使各叠层的材料形成大致的外形轮廓,形成初步形状的电池芯;④将初步形状的电池芯与增强材料片一起放置在硅橡胶软膜上,紧固模具后加热,温度达 110 ~ 130℃时,利用液压泵施加压力为 1 ~ 4MPa,硅橡胶受热膨胀,使各层材料受热受压复合在一起,外形轮廓与刚性阴模的内侧轮廓线相符;⑤取出复合好的电芯,乙醚萃取,干燥、包装、灌电解液,真空封装后化成,即得到所需形状的结构电池构件。

266

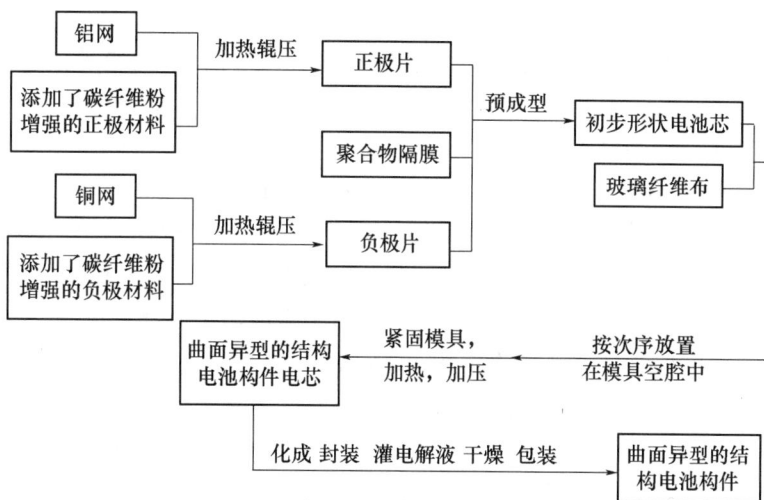

图 8 – 17　液压软膜成型过程的流程示意图

　　研究发现,液压软膜成型具有成型温度、压力可调,成型迅速快捷(整个成型过程约40s)的特点,同时可以满足不同层数电池成型的需求,是异型聚合物锂离子电池构件成型的有效方法。

　　液压软膜成型合适的成型条件为:成型温度小于110℃,成型压力小于2MPa。液压软膜成型的电性能对比研究表明,增大成型压力和提高成型温度有利于电池各层之间界面的黏合,但成型压力过大,会导致电池出现局部压穿短路的现象;温度过高,会使得极片内部的黏合剂进入熔融状态,致使内部通道减少,不利于锂离子的传导;同时,熔融的聚合物包覆正极材料,抑制了材料活性的发挥。而90℃,2MPa条件下的液压软膜成型制作的弧形电池,其电性能已经超越了平板电池,表现出潜在的优越性。

　　图 8 – 18 所示为由硅橡胶液压软膜成型制作的机翼前缘构件电芯。由图可见,电芯表面光滑平整,轮廓外形完好,显示硅橡胶液压软膜成型方法能够很好完成聚合物锂离子电池异型制备。

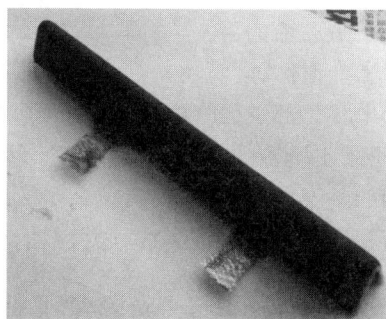

图 8 – 18　机翼构件电芯图

3. 异型封装系统

封装系统是为了实现异型结构电池构件的封装。以机翼前缘构件为例，构件两截面端为上窄下宽的抛物线形结构，使得封装过程中存在易变形、压力难以施加、局部产生应力集中等问题。

封装需要有适度的温度与压力，同时还需要有和构件截面形状吻合的封装模具。封装系统示意图如图8-19所示。封装系统由模具及控制电路两部分组成，模具设计主要是为了满足构件截面抛物线形的封装要求；控制电路用于控制加热丝的电压及加热时间，以满足不同厚度铝塑包装膜的封装需求，主要有时间继电器、中间继电器、变压器、按钮及信号灯组成。

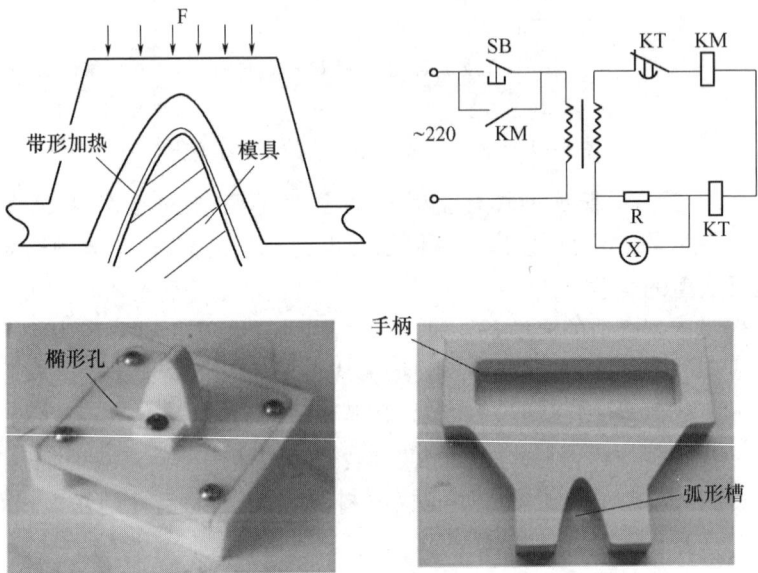

图8-19　封装系统示意图与聚四氟乙烯材料封装系统

封装温度由带形加热丝提供；对加热温度的监控，通过时间继电器控制加热时间的途径来实现。封装压力由手压提供，同时通过模具轮廓的参数设计实现施压的均匀性。模具组件用聚四氟乙烯加工，一方面可以保证加热丝和模具的绝缘，另一方面聚四氟乙烯的弹性和变形性，可满足构件弧形端面各点的受力均匀，避免采用钢制构件由于加工精度出现局部受力集中，而其他地方不受力的情形。

研究表明，在上下模具密实接触的情况下，加热35s即可完成铝塑膜的封装过程。但由于封装模具采用的是聚四氟乙烯材料，长期受热受压时，聚四氟乙烯发生较大变形。因此，在制造模具时需考虑聚四氟乙烯材料的变形，在凸膜凹膜中间留有缝隙，而钢质模具可紧密贴合。

图8-20所示是封装系统整体装配图。模具封装加压部分体现了简便快捷的特点。封装温度对封装质量影响显著，本系统通过控制加热丝的电压加热时间来

268

实现对加热温度的控制;为了保证安全性,加热电压控制在12V,加热时间控制范围为40~60s,且加热电阻丝均用绝缘膜隔离开以防止漏电。采用橡胶条来均匀刚性物件的压力,使得封装全面均匀。通过调整压模件的弧度可以封装不同厚度以及一定曲率范围内的大曲率封装。

图 8-20 封装系统整体装配图

利用上述制备与封装系统所研制的聚合物基结构电池构件如图 8-21 所示。该电池构件可直接作为微型无人机结构件使用,其能量密度为 $198W \cdot h \cdot kg^{-1}$,经历拉伸、弯曲、扭曲试验后,电池保持较好容量,于 2009 年 10 月在南京航空航天大学应用演示,延长飞行时间 83%(与同等重量的非结构电池型 MAV 相比)。

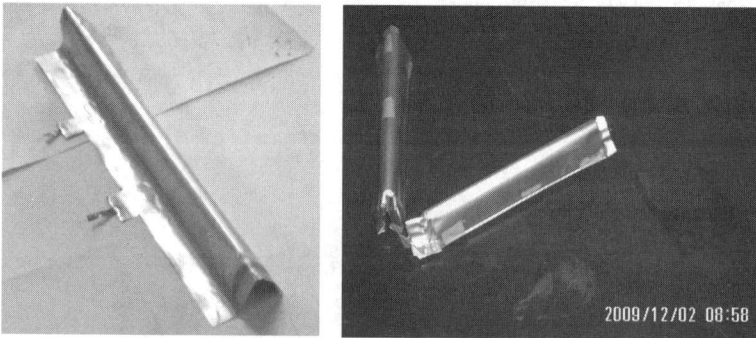

图 8-21 冲压预成型机翼前缘型结构电池封装膜表面形貌图

8.3 纤维电池

8.3.1 纤维电池基本概念

储能增强纤维就是将现有增强纤维(如玻璃纤维、高密度有机纤维、碳纤维等)的表面形成同心薄膜电池所构成的新型纤维(图 8-22)。这种全固态锂离子纤维薄膜电池具有更大的比表面和致密性,使力学功能与电化学功能在纤维水平上结合,从而在发挥其力学性能的同时降低电源系统在武器系统结构中所占的重量和体积。

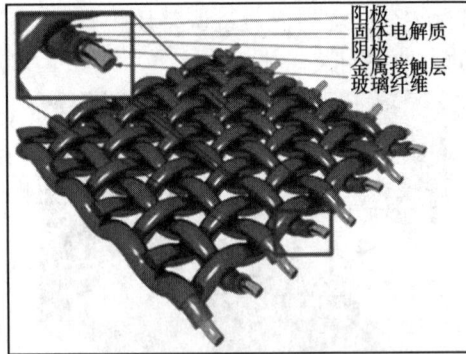

图 8-22 储能增强纤维基本原理

8.3.2 纤维电池仿真分析

1. 基本原理

采用自行开发的复合储能纤维电池仿真软件分析具有圆形横截面形状的柱形复合材料(图 8-23、图 8-24)的力学性能和电能存储性能。输入数据包括相关的几何、结构、材料性能等信息,而输出数据包括轴向、弯曲、扭转和剪切的机械刚度和强度、电容量、比能和功率密度等。力学性能分析以梁的经典材料力学方程为基准,同时利用"模量-权重"横截面性质应力应变方程作为适当补充。

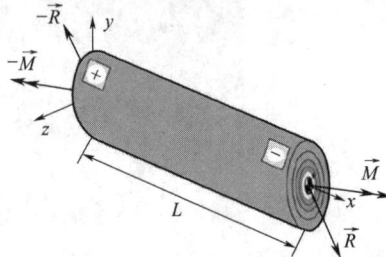

图 8-23 柱状结构电池材料示意图(内部载荷矢量为 R 和 M(定义见后))

软件要求通过各种模块输入的几何和材料参数的形式本质上是一致的。几何输入是定义各膜层材料的几何尺寸,如宽度、高度、位置和表面积等。材料输入由力学性能(如弹性模量、强度和密度)和电性能(如功率密度)组成。几何尺寸和材料性能输入的总和被应用于计算几何尺寸和模量-权重参数(如重心、横截面面积、面积的动量惯性)、力学参数(如硬度、最大位移和屈服强度)以及电性能(如比能、功率密度)等。每一个复合储能纤维电池仿真软件由一个主页面模块和六个分页面模块组成。主页面模块提供数据输入-输出和数据计算的接口。六个分页

270

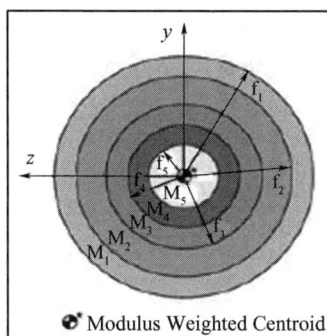

图 8 - 24　圆形复合材料横截面图(y - z 轴位于
模量 - 权重横截面重心;y' - z'轴是任意指定)

面模块分别是各层材料基本性能参数输入模块、全局计算变量输入模块、纤维电池几何及模量参数输出模块、纤维电池力学性能输出模块、纤维电池电学性能输出模块和纤维电池综合性能计算结果图形输出模块。

1）基本假设

（1）棱柱梁假设；

（2）非连续排列结构；

（3）以 y - z 加权模量重心坐标为基准坐标。

2）输入参量

半径 r、长度 L、密度 ρ、拉伸强度 σ、拉伸模量 E、参比模量 E_R、G_R、剪切强度 τ 和剪切模量 G。

3）输出参量

（1）几何参数:线表面积 S、横截面积 A、线密度 w_1 和加权模量截面性质（$A*$、$I*$、$K*$）。

（2）力学参数:弹性刚度 κ、κ_b、κ_t,弹性变形 δ_a、δ_b、θ_b、θ_t—刚度要求;屈服载荷 P、M、T—强度要求。

（3）电学性能:线功率密度 ρ_1、线能量密度 e_1、功率密度 P、能量密度 E、线电容量 C_1、功率系数 p 和比能 e。

2. 计算公式

1）复合储能纤维的力学性能分析

使用模量 - 权重横截面性质为计算柱状结构 - 电池复合材料的性质从而分析其力学性能方面提供了一个简单方法。梁的经典材料力学方程形式由模量 - 权重参数替代某一个横截面参数维持。

假设材料和横截面沿纤维（假设是柱形梁）的长度方向即 x 轴方向是常数。这时就可能有六种内部载荷产生。假设它们沿 x 轴方向为常数,并且穿过横截面的模量 - 权重重心。

2）模量－权重横截面性质计算

非连续材料分布的模量－权重横截面性质计算如下。横截面上的坐标轴可以任意。主坐标轴体系是模量－权重重心轴。

- 比模量面积：

$$A^* : = \sum_{i=1}^{n} \frac{E_i}{E_R} A_i \qquad (8-1)$$

- 比模量重心位置：

$$\bar{y}'^* : = \frac{1}{A*} \sum_{i=1}^{n} \frac{E_i}{E_R} A_i \bar{y}' \qquad (8-2)$$

$$\bar{z}'^* : = \frac{1}{A*} \sum_{i=1}^{n} \frac{E_i}{E_R} A_i \bar{z}' \qquad (8-3)$$

- 比模量第二面积惯性矩：

$$I_{yy}^* : = \sum_{i=1}^{n} \frac{E_i}{E_R} \{ (I_{yy0})_i + \bar{z}_i^2 A_i \} \qquad (8-4)$$

$$I_{zz}^* : = \sum_{i=1}^{n} \frac{E_i}{E_R} \{ (I_{zz0})_i + \bar{y}_i^2 A_i \} \qquad (8-5)$$

$$I_{yz}^* : = \sum_{i=1}^{n} \frac{E_i}{E_R} \{ (I_{yz0})_i + \bar{y}_i \bar{z}_i A_i \} \qquad (8-6)$$

$$I_{1,2}^* : = \frac{I_{yy}^* + I_{zz}^*}{2} \pm \sqrt{(\frac{I_{yy}^* - I_{zz}^*}{2})^2 + (I_{yz}^*)^2} \qquad (8-7)$$

$$2\theta_p = \arctan(\frac{2I_{yz}^*}{I_{yy}^* - I_{zz}^*}) \qquad (8-8)$$

- 比模量极惯性矩：

$$K^* : = \sum_{i=1}^{n} \frac{G_i}{G_R} (K_0)_i \qquad (8-9)$$

- 质量密度：

$$\rho : = \frac{\sum_i \rho_i A_i}{A} \qquad (8-10)$$

- 线密度：

$$W_L : = \rho A \qquad (8-11)$$

式中：n 是横截面积的材料种类；E_i 和 G_i 是第 i 种材料的拉伸和剪切模量；A_i 是第 i 种材料的横截面积；y' 和 x' 是任意单位坐标向量；$(I_{yy0})_i$、$(I_{zz0})_i$ 和 $(I_{yz0})_i$ 是第 i 组分材料关于其重心轴的第二面积力矩；y_i 和 z_i 是 i 组分材料重心在模量－权重重心坐标轴上的位置；$I_{1,2}^*$ 是第二面积主力矩；θ_p 是关于 $y-z$ 坐标轴的主转角；$(K_0)_i$

272

是第 i 组分材料关于其重心坐标的有效极惯性矩;E_R 和 G_R 是参考拉伸模量和剪切模量,其值可任意指定。

需要注意的是,对于圆形截面的复合储能纤维电池,$I_{yz}{}^* = 0$。这是因为复合储能纤维电池的横截面是双对称横截面,且该横截面的模量 – 权重坐标在主坐标轴上。当交叉的乘积项为零时,应力和应变可以大大简化。

3）应力计算

● 正应力:

$$(\sigma_x)_i = \frac{E_i}{E_R}(\frac{P}{A^*} - \frac{M_{xz}I_{yy}^* + M_{xy}I_{yz}^*}{I_{yy}^* I_{zz}^* - I_{yz}^{*2}}y + \frac{M_{xy}I_{yy}^* + M_{xz}I_{yz}^*}{I_{yy}^* i_{zz}I_{yz}^{*2}}z) \qquad (8-12)$$

式中:y 和 z 是模量 – 权重坐标重心到质点的正负位移。

● 扭转剪应力:

$$\tau_i = \frac{G_i}{G_R}\frac{T \times r}{K^*} \qquad (8-13)$$

式中:r 是模量 – 权重重心到质点的径向位移。

4）屈服破坏载荷

当任何一个组件材料发生屈服,则认为复合储能纤维电池发生破坏。屈服发生时,如果我们一次只考虑一个屈服,则可利用以下方程以及拉伸和剪切屈服强度输入值计算内部载荷值。

● 屈服轴向力:

$$(P_0)_i = \frac{E_R}{E_i}A^*(\sigma_0)_i \qquad (8-14)$$

$$P_0 = \min_i(P_0)_i \qquad (8-15)$$

● 产生屈服的弯矩:

$$(M_0)_i = \frac{E_R}{E_i}\frac{I^*}{(r_{\max})_i}(\sigma_0)_i \qquad (8-16)$$

式中,$M_0 = \min_i(M_0)_i$。

● 屈服转矩:

$$(T_0)_i = \frac{G_R}{G_i}\frac{K^*}{(r_{\max})_i}(\tau_0)_i \qquad (8-17)$$

式中:$T_0 = \min_i(T_0)_i$。

● 横向屈服剪力:

$$(V_0)_i = \frac{t_z I_{zz}^*}{Q_z^*}(\tau_0)_i \qquad (8-18)$$

式中,$V_0 = \min_i(V_0)_i$。

5）变形计算

计算该复合储能纤维电池的位移和旋转角时,假定内部载荷沿长度方向是常数(即与 x 轴无关)。

- 比模量重心位移:

$$(u_0)_0 = \delta_a = \frac{1}{E_R A^*} \tag{8-19}$$

$$V_0 = \frac{M_{xz}L}{2(K_b)_{zz}} + \frac{M_{xy}L}{2(K_b)_{yz}} \tag{8-20}$$

$$W_0 = \frac{-M_{xy}L}{2(K_b)_{yy}} + \frac{-M_{xz}L}{2(K_b)_{yz}} \tag{8-21}$$

- 质点关于比模量基准坐标的旋转角:

$$\theta_x = \frac{T}{K_t} \tag{8-22}$$

$$\theta_y = \frac{-M_{xy}}{(K_b)_{yy}} + \frac{-M_{xz}}{(K_b)_{yz}} \tag{8-23}$$

$$\theta_z = \frac{M_{xxz}}{(K_b)_{zz}} + \frac{M_{xy}}{(K_b)_{yz}} \tag{8-24}$$

式中: u_0、v_0 和 w_0 是模量-权重坐标重心的位移; θ_x、θ_y 和 θ_z 是质点关于模量-权重重心坐标的转角。

3. 计算结果讨论

1）数值输入

根据项目要求及软件设计思路,采用复合储能纤维电池仿真软件计算时,需要输入各组分材料的几何参数和性能参数,以及全局参考变量。由于复合储能纤维电池性能计算所涉及各组分材料(如正负极材料和电解质材料)的性能数值不能在手册中查出,因此我们在输入数据时一部分数据采用了实验测定值,而另一部分数据则由于实验测定非常困难,故采用了相似结构的陶瓷材料性能数据。输入数据如下。

（1）实验结果参数(表8-2)。

表 8-2　实验结果参数表

		纤维层	集电极层	正极	电解质	负极
材料名称		SiC	集流体	$LiCoO_2$	LiPON	SnN_x
膜厚/μm		90(直径)	0.296	—	4.4	—
密度/g·cm^{-3}		3.46	19.24	4.99	1.89	5.04
比容量/mA·h·g^{-1}		—	—	136	—	700

(2) 参考数据(表8-3)。

表8-3　参考数据表

	纤维层	集电极层	正极	电解质	负极
材料名称	SiC	集电体a	LiCoO$_2$	LiPON	SnN$_x$
拉伸强度/GPa	2.97	0.13	14850	11100	14850
拉伸模量/GPa	434	0.4	172	35	172
注 a:集流体的拉伸强度和拉伸模量值是通过手册查得值					

(3) 全局变量。根据复合储能纤维电池样品的实际尺寸和所用各组分材料的性能选择全局变量如下:

纤维有效长度:3cm;参考拉伸强度:1;参考拉伸模量:1;

正极半径范围:1~20μm;负极半径范围:0~5μm;

正极效率:1;负极效率:1.09。

2) 计算结果

单击"运行"后,得到计算结果如图8-25所示。从图中可以看出,随着复合储能纤维电池总厚度的增加,纤维电池的能量密度也随之增加。但从另一方面,可以看到,纤维电池能量密度增加的同时,其拉伸强度随之单调下降。因此图中两条曲线的交点即为复合储能纤维电池对应的计算最佳值。在这一点上,纤维电池的总厚度为12.3μm,计算得到的拉伸强度和能量密度分别为2.66GPa和216W·h·kg^{-1}。这为实际纤维电池的制备提供了计算依据。

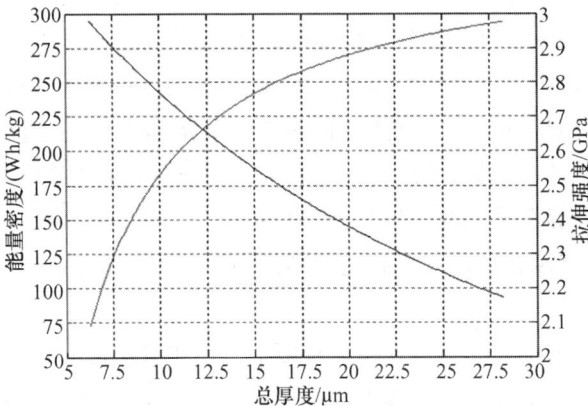

图8-25　模拟计算结果

8.3.3 纤维电池制备技术

1. 制备工艺流程

图 8-26 所示为 SiC 纤维基体纤维电池的制备工艺流程。制备过程如下：

（1）采用化学试剂浸蚀法将 SiC 纤维经过预处理清洗干净；

（2）干燥后将纤维安装到溅射室中的基台上；

（3）利用真空直流溅射法在纤维基体与金属集流体间沉积一过渡层；

（4）利用真空直流溅射法依次沉积正极集流体薄膜、正极薄膜、电解质薄膜、负极薄膜、负极集流体薄膜和保护层薄膜；

（5）纤维电池电化学性能和力学性能的测试。

其中，正极薄膜沉积完以后要退火一定时间以提高材料的结晶性能。

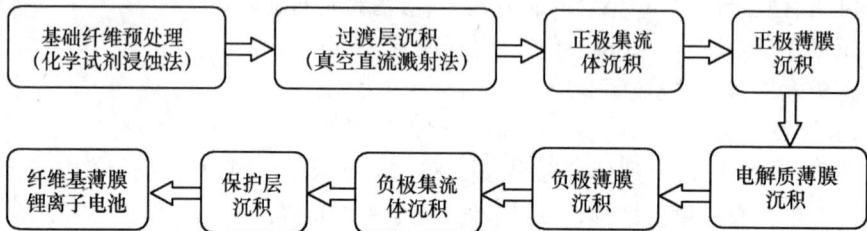

图 8-26　纤维电池沉积流程图

2. 碳化硅纤维的表面处理

碳化硅纤维具有比强度高、比模量高、耐高温、耐腐蚀、耐疲劳、抗蠕变、导电、传热和热膨胀系数小等一系列优异性能，在航天、航空等高科技领域中被广泛应用。以碳化硅纤维为纤维基体的复合储能纤维表层为正极集电体沉积层，它的综合性能不仅与正极集电体沉积层和基体纤维有关，更与两相的界面结合质量有关。复合储能纤维是由电池组件功能层相、基体纤维相和它们的中间相（界面相）组成，各自都有其独特的结构、性能与作用。基体纤维主要起连接电池组件功能层和承担载荷的作用，界面是电池组件功能层和基体纤维连接的桥梁，起到传递应力作用。界面的性质直接影响着复合储能纤维的力学性能，因而界面结合的问题就显得更为重要。

众所周知，纤维的表面活性在很大程度上取决于其表面的表面能、活性官能团的种类和数量、酸碱交互作用和表面微晶结构等因素。碳化硅纤维的表面状况与化学基团种类对碳化硅纤维的实际应用，特别是对复合储能纤维的增强作用影响显著。未经表面处理的碳化硅纤维由于具有表面光滑、惰性大、表面能低和缺乏有化学活性的官能团等缺点，反应活性较低，与正极集流体金属黏接性差，并且易与金属发生有害化学反应,与金属的界面浸润性欠佳,从而直接影响复合储能纤维的力学性能,限制了复合储能纤维高性能的发挥。经表面处理后,碳化硅纤维增强复合储能纤维的力学性能会有很大提高。因此,要改善复合储能纤维的界面性能,必须首先改善碳化硅纤维的表面性能。

对碳化硅纤维表面进行改性处理,改善碳化硅纤维与金属之间的黏结强度,以充分发挥碳化硅纤维优异的力学性能。目前在碳化硅纤维表面改性的研究中,使用较多的处理方法有氧化处理、表面涂覆处理、等离子体处理等方式。这些表面处理方法都是在碳化硅纤维表面发生一系列物理化学反应,增加其表面形貌的复杂性和极性基团含量,从而提高碳化硅纤维与金属的界面性能,实现提高复合储能纤维整体力学性能的最终目的。

1)碳化硅纤维的表面处理

提高碳化硅纤维表面活性的方法较多,如气相氧化法、液相氧化法、等离子刻蚀法等。不论哪种方法都能使碳化硅纤维表面的含氧官能团增加,从而增加碳化硅纤维表面的浸润性。

若要在碳化硅纤维表面镀金属集流体,仅仅增加碳化硅纤维的浸润性是不够的,还需要进一步增加碳化硅纤维表面的粗糙度以利于增加金属层与碳化硅纤维的络合力。采用空气氧化法来进行表面处理,氧化后碳化硅纤维表面以官能团形式固定了大量的氧,且高温氧化时会使碳化硅纤维表面显著起坑,从而增加碳化硅纤维表面的粗糙度。

如图8-27所示,碳化硅纤维的直径约90μm,表面光滑,采用空气氧化法对碳化硅纤维进行表面处理后在不同温度下一定浓度的铬酸液中浸泡1h左右,以进一步对碳化硅纤维表面进行刻蚀,然后取出洗净备用。表8-4是碳化硅纤维表面处理效果比较。由表中可以看出,经表面处理后的碳化硅纤维表面沟槽明显加深、加密,这说明碳化硅纤维表面粗糙度大大增加。

(a)　　　　　　　　　　　　(b)

图8-27　未处理(a)和处理后(b)的碳化硅纤维与电池层结合照片

表 8 - 4　碳化硅纤维表面处理效果比较

样品	表面状态
原始纤维	光滑
空气氧化后	出现沟槽
铬酸液处理后	沟槽明显加深、加密

2）碳化硅纤维表面处理对力学性能的影响

采用的气相氧化法是将碳化硅纤维暴露在空气中,在加温条件下使其表面氧化生成一些活性基团(如羟基和羧基)。

采用空气氧化时,氧化温度对处理效果有显著影响。一般来说,处理温度越高,空气的氧化能力越强,对纤维的刻蚀效果越好,从而得到的处理后的纤维黏结性越好。但由于碳化硅纤维的抗氧化能力很强,单纯只靠气相氧化作用得到的碳化硅纤维表面刻蚀效果不明显,其力学性能也未发生太大改变。因此,还需要在气相氧化的基础上再进行液相氧化,即铬酸液氧化。

经铬酸氧化后,碳化硅纤维的表面刻蚀效果较好,与金属的黏结性能如图8-27所示。从图中可以看到,未经处理的碳化硅纤维表面能很低,与沉积在其表面的金属集流体结合能力很弱,均存在剥落的现象。而经处理后的碳化硅纤维表面的结合能力大大加强,与金属沉积层的黏结性能得到较大改善,结合紧密。

但氧化处理对碳化硅纤维的拉伸强度损伤较大。图 8 - 28 所示是空气氧化后的碳化硅纤维经铬酸处理后的强度变化图。由此可见,氧化处理方法虽然操作简便,易于实现工业化,但对碳化硅纤维拉伸强度的损伤比较大。因此,处理时应尽量避免过度氧化。

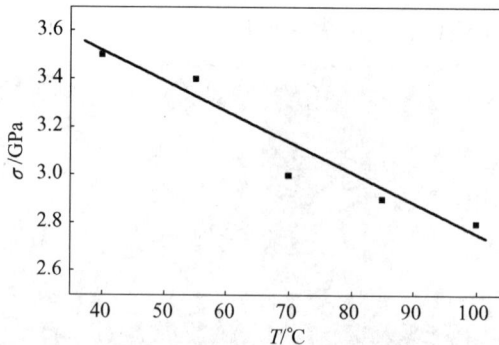

图 8 - 28　空气氧化后的碳化硅纤维经铬酸处理后的强度变化

3. 纤维电池制备

一般来说,全固态薄膜锂电池层的厚度范围为 $10\sim15\mu m$。在此基础上,纤维电池的拉伸强度和拉伸模量等力学性能仍能保持原纤维的 90% 以上。

国防科技大学提出了定长纤维电池的一种制备技术。该电池由圆柱形纤维基体和全固态薄膜锂电池层构成。其结构是在纤维基体的圆柱形表面上覆盖同心圆的全固态薄膜锂电池。这种纤维电池可以同时起到增强和储能双重作用,并且该纤维电池具有可编织性,以制备成复合材料。

国防科技大学设计了一传动掩膜装置以实现多根定长纤维电池的沉积制备,掩膜装置如图 8-29 所示。多根定长纤维经预处理后定长切割,然后固定在一可以旋转的装置上(该装置的旋转由一交流电极控制)。在旋转装置上,上下各有一掩膜挡板,当沉积完某一功能层后,通过活动的装置将旋转装置取出,进行掩膜高度的调节以及退火处理。同时,旋转装置固定在一旋转台上,通过蜗轮及蜗杆控制可以使之旋转到不同的溅射靶位上进行其他功能层的沉积。

定长纤维电池的制备流程如图 8-29 所示。首先在纤维基体表面沉积一层金属集流体层;然后依次沉积正极薄膜、电解质薄膜、负极薄膜、负极集流体薄膜、保护层薄膜,最后得到定长纤维电池。其中,正极薄膜沉积完后需在 $300\sim800℃$ 退火 $20min\sim10h$。

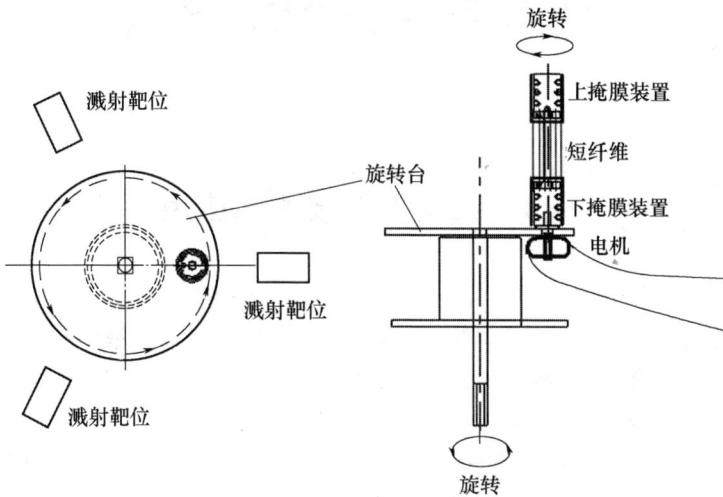

图 8-29　定长纤维电池制备的传动装置

纤维电池结构示意图如图 8-30 所示。定长纤维电池样品如图 8-31 所示。

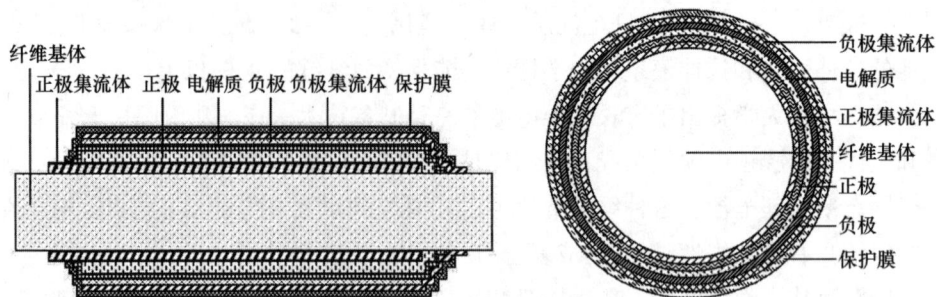

图 8 – 30　纤维电池轴向截面图和径向截面图

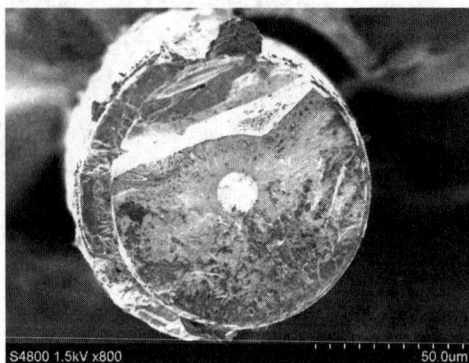

图 8 – 40　定长纤维电池样品图

8.4　结构电池技术的应用

　　结构电池一体化技术是一种新型军用电源技术,是军用飞行器用高性能电池新型应用形式,它直接将能源存储单元(电池组)集成到承载结构中,使之成为一体,达到军用飞行器整体系统减轻重量、电池有效容量提高、有效载荷空间提升的目的,对于军用飞行器作战性能的提升具有重要价值。

　　结构电池可应用于军用飞行器的结构电池一体化的设计、制造及实用化技术,可为微型飞行器、远距离投送侦察微型平台、微小卫星等小型无人作战平台等装备提供一种新型电源技术,节省飞行器的重量和体积,延长航时。若与复合材料制备技术相结合,制造大尺寸结构电池一体化部件,可进一步应用到卫星、空间站、临近空间飞行器及高空长航时飞行器等军用飞行器中,对于军事、航空及航天装备的性能提升具有重要价值。

参 考 文 献

[1] Momoda L A. The Future of Engineering Materials：Multifunction for Performance – Tailored Structures. SPIE, 2000,3818：176.

[2] Lyman. Ultracapacitor design having a honey comb structure [P]. U. S. Patent 5793603,1998.

[3] Lyman P C. Battery [P]. U. S. Patent 5567544,1996.

[4] Aglietti G S,Schwingshackl C W,Roberts S C. Multifunctional structure technologies for satellite applications [J]. The Shock and Vibration Digest,2007,39：381 – 391.

[5] Summers,Jeff. LiBaCore：Power storage in primary structure [C]. AIAA Conference,Albuquerque：NM,1999, 99 – 420.

[6] Owens B B,SMyrl W H,Jun J X. R&D on lithium batteries in the USA：high – energy electrode materials [J]. J Power Sources,1999,81 – 82：150

[7] Valence website. http：//www. valence2tech. com/News/News. htm. 1998 – 2001.

[8] 陈猛,史鹏飞,程新群. 塑料锂离子电池研究概况 [J]. 电池,2000,30(3)：129.

[9] Brodd R J,Huang W W,Akridge J R. Polymer battery R &D in the US [J]. Macromol Symp,2000,159 – 229.

[10] Ritchie A G. Recent developments and future prospects for lithium rechargeable batteries [J] . J Power Sources,2001,96：1 – 4.

[11] Fenton D E,Parker J M,Wright P V. Complexes of alkali metal ions with poly(ethylene oxide) [J]. Polymer, 1973,14：589 – 589.

[12] Armsnd M,Chabagno J M,Duclot M. Fast ion transport in solids [M]. New York North – Holland：Eds Lolland Publishing Co. ,1979.

[13] Gozdz A S,Scumuz C N,Tarascon J M. Rechargeable lithium intercalation battery with hybrid polymeric electrolyte [P]. U. S. Patent,5296318,1994.

[14] Gozdz,S Antoni,Schmutzet al. Method of making an electrolyte activatable lithium – ion rechargeable battery cell [P]. U. S. Patent,5456000,1995.

[15] Schmutz,Caroline N,Shokoohi et al. Method of making a laminated lithium – ion rechargeable battery cell [P]. U. S. Patent,5470357,1995.

[16] Shokoohi F K,Tarascon J M,Gozdz A S,et al. 13th Int. Seminar Primary and Secondary Battery. Technol. Appl. [R],Boca Raton,FL. USA. 1996.

[17] Tarascon J M,Amatucci G G,Schmutz C N,et al. 8th Int. Meet. Lithium Battery [R],Nagoya,Japan, June 1996.

[18] Shokoohi F K,Warren P C,Greaney S J,et al. Proc. 37th Power Source Conf. [R]. Cherry Hill. NJ, USA,1996.

[19] Nagaura T. Paper presented at the 4th Inter Rechargeable Battery Seminar [R]. Progress in Batteries & Solar Cells,1990,9 – 20.

[20] Dias F B,Plomp L,Veldhuis J B J. Trends in polymer electrolytes for secondary lithium batteries [J]. J Power Sources,2000,88：169 – 191.

[21] Boudin F, Andrieu X, Jehoulet C, et al. Microporous PVDF gel for lithium – ion batteries [J]. J Power Sources,1999,81 ~ 82：804 – 807.

[22] 于明昕,石桥,周啸,等. 微孔型聚丙烯腈固体电解质的结构与掉电性能研究 [J]. 高分子学报,2001, 5：665 – 669.

[23] 任旭梅,吴锋,白莹,等. 倒相法制备多孔 PVDF 薄膜的条件探索 [J]. 电化学,2001,7(4)：501 – 505.

[24] Cheng C L,Wan C C,Wan Y Y. Microporous PVDF – HFP based gel polymer electrolytes reinforced by PEGD-MA network [J]. Electrochem Commun,2004,6：531 – 535.

[25] Kataoka H,Saito Y,Sakai T. et al. Conduction mechanisms of PVDF – type gel polymer electrolytes of lithium prepared by a phase inversion process [J]. J Phys Chem B,2000,104(48)：11460 – 11464.

[26] Quartarone E,Mustarelli P,Magistris A. Transport properties of porous PVDF membranes [J]. J Phys Chem B,2002,106(42)：10828 – 10833.

[27] Boudin F,Andrieu X,Jehoulet C,et al. Microporous PVDF gel for lithium – ion batteries [J]. J Power Sources,1999,81 ~ 82：804 – 807.

[28] 任旭梅,顾辉,陈立泉,等. 新型锂离子电池聚合物电解质的制备 [J]. 高等学校化学学报,2002,23 (7)：1383 – 1385.

[29] Satio Y,Kataoka H,Stephan A M. Investigation of the conduction mechanisms of lithium gel polymer electrolytes based on electrical conductivity and diffusion coefficient using NMR [J]. Macromolecules,2001,34 (20)：6955 – 6958.

[30] 王占良,唐致远,耿新,等. 新型 PMMA 基聚合物电解质的研制 [J]. 物理化学学报,2002,18(3)：272 – 275.

[31] 阮艳莉,倪冰选,焦晓宁,等. 聚合物锂离子电池用凝胶电解质的研究进展 [J]. 电池技术,2010,1：41 – 45.

[32] Song J Y,Wang Y Y,Wan C C. Review of gel – type polymer electrolytes for lithium – ion batteries [J]. J Powder Sources,1999,77：183 – 197.

[33] 金明钢,尤金跨,林祖庚. 发展中的聚合物锂离子电池 – 电池性能的改进 [J]. 电池,2002,2(2)：104 – 1061.

[34] 宋杰,吴启辉,董全峰,等. 全固态薄膜锂离子电池[J]. 化学进展,2007,(01)：66 – 73.

[35] Abraham K M,Alamgir M. Dimensionally stable MEEP – based polymer electrolytes and solid – state lithium batteries [J]. Chem Mater,1991,3 (2)：339 – 348.

[36] 任旭梅,顾 辉,陈立泉,等. 新型锂离子电池聚合物电解质的制备[J]. 高等学校化学学报,2002,23：1383 – 1385.

[37] Carter R H,Snyder J F,et al. Multifunctional battery and fuel cell composite structures for U. S. arMy applications. http：//www. electrochem. org/meetings/satellite/pbfc/002/pbfc_2_mtg_prog.

[38] Qidwai M A. Structure – battery multifunctional composite design [C]. SPIE,2002,4898：180.

[39] Grasmeyer J M. Development of the black widow micro air vehicle [C]. AIAA – 2001 – 0127：1 – 9.

[40] Qidwai M A,Thomas J P,Matic P. Structure – battery multifunctional composite design rules and tools [C]. Proceeding of SPIE conference on smart structures and materials systems：industrial and commercial applications of smart structure technologies,Washington；2002,4698：180 – 191.

[41] Thomas J P,Qidwai M A,et al. Structural – power multifunctional materials for UAVs [C]. Proceeding of SPIE conference on smart structures and materials systems：industrial and commercial applications of smart structure technologies,Washington,2002,4698：160 – 170.

[42] Thomas J P,Qidwai M A. The design and application of multifunctional structure – battery materials systems [J]. J Miner Met Mater Soc,2005,57(3)：18 – 24.

[43] 钱玉林. 热膨胀硅橡胶的性质及用途 [J]. 玻璃钢/复合材料,1985(3)：19 – 23.

[44] Cremens W S,Reinrt H S. A general look as thermal expansion molding [C]. 21st National SAMPE Symposium and Exhibition,1976,21：6 – 8.

[45] 钱玉林. 复合材料热膨胀模塑法成型工艺简介 [J]. 玻璃钢/复合材料增刊,1986：13 – 15.

282

[46] Cremens W S. Thermal expansion molding process for aircraft composite structure. SAM transactions section [G]. 1981,89.

[47] Weiser,Eriks et al,Molding of complex composite parts utilizing Molding silicon Rubber tooling [J]. Adv Mater,1994,26(1): 2 −8.

[48] 杜刚,曾竟成,张长安,等. 硅橡胶热膨胀模塑成型法制备碳/环氧复合材料管研究 [J]. 纤维复合材料,2003,6: 26 −28.

第9章 展　望

高效率电能存储系统是人类社会可持续发展的能源利用重要途径之一。在未来的社会生活中以电作为清洁能源是一个重要的发展趋势。随着太阳能、风能等可再生能源利用水平的不断提高,高效电能存储系统作为可再生能源利用系统中的重要组成部分,一定会得到高速的发展。

对于中国而言,能源的利用和可持续发展尤为重要。中国是一个煤储量丰富的国家,而煤高效利用的途径之一就是通过电的利用,所以,如何根据中国国情形成有中国特色的能源高效利用和节能体系,是确保国家能源战略安全的重要课题。如果在电能源的高效利用上走出自己的特色,如电网的调控、独立高效分立可再生自洽交互供电、电动交通等方面,就有可能创建出减少对外部原油依赖的新格局。而锂离子电池作为高效储能的电化学系统,如果能在成本上有所突破,对于国家战略的发展将会有重大的贡献。

9.1　世界各国重视新型锂电池的开发

新能源的利用得到世界各国的高度重视。迄今为止,全世界许多国家开展了相应的研究计划。如美国的 ARPA – E 计划,欧洲的 FP7、ALISTORE 项目,日本的 METI,韩国的 Large Scale National Project 及国内的"863"项目等。因为计划非常多,下面仅以美国和日本为代表探究世界整个电能源技术的发展态势。

9.1.1　美国的研究计划

现以美国的 ARPA – E 计划为例来描述其关注的领域和情况。2009 年 4 月美国总统 Obama 在美国国会宣布开始实施 ARPA – E 计划。

ARPA – E 计划的使命是为美国减少能源进口;降低能源相关排放;改善能源效率,借以增强美国的经济和能源安全,确保美国在开发和部署先进能源技术方面的技术领导地位[1]。该计划的内容包括:

(1) 为美国石油独立寻找比其他生物燃料更有效的发电燃料;

(2) 运输业用电能存贮电池;

(3) 针对碳捕获技术的创新材料和工艺;

(4) 号巧传输的电力技术;

(5) 通过相号装置为改善建筑能源效率;

（6）网格尺度快速间歇调度存贮电能。

其中的 Batteries for electrical energy storage for transportation（BEEST）是以开发使美国在下一代高性能、低成本 EV 电池制造成为领导的新型电池及相关存储技术为主要目标的计划之一（表9-1）。

表9-1　美国 BEEST 计划电池技术的总体目标

系统水平	目前	BEEST 目标	倍数 e
能量密度/（W·h·kg^{-1}）	100	200	增加2倍
成本/（\$·kW·h^{-1}）	1000	250	降低4倍

在此总体目标的基础上，美国能源部在 2008 到 2012 年期间，支持了大量与先进电池相关的项目[2]，从表9-2 中不同年度支持项目的安排情况基本可以看出整个关于电池技术的技术走向。

表9-2　2008 年针对高能锂离子电池的材料与制造技术

承担单位	项目名称	DOE 投入	项目投入
SionPower	sulfur cathode/gel protected anode 硫正极/凝胶保护负极	\$ 832,215	\$ 2,828,854
EnerDel	Electrochemical shuttle　电化学穿梭	\$ 3,465,912	\$ 6,624,408
Angstron	Silicon/carbon anode　硅/碳负极	\$ 1,594,303	\$ 3,198,240
A123	High throughput manufacturing（fast coating and electrode cutting） 变通量制造（快速涂层和电极分切）	\$ 1,089,375	\$ 2,178,750
NC State	Nanofiber/silicon anode　纳米纤维/硅负极	\$ 1,349,752	\$ 2,700,451
FMC	Stabilize lithium metal powder　稳定化锂金属粉	\$ 2,999,424	\$ 5,998,849
BASF	Low cost cathode powder　低成本正极粉末	\$ 2,502,418	\$ 5,004,836
3M	Silicon alloy anode　硅合金负极	\$ 1,348,093	\$ 2,696,186
TIAX	Internal shorts 内短路	\$ 2,362,589	\$ 4,218,993
Totals 合计		\$ 17,544,081	\$ 32,620,713

从表9-2 中可以看出，美国在 2008 年安排的项目里已包括了碳/硅复合负

极、低成本正极、锂硫电池、电池制造工艺及稳定化锂粉等方面的研究。

表 9-3 2009 年 ARPA 针对电驱动车的电池制造

承担单位	技术	DOE 投入/M	整个项目
LG Chem, MI	锂离子聚合物电池	$ 151.4	$ 388.2
Exide Technologies	吸附玻璃毡铅酸电池	$ 34.3	$ 70.0
General Motors LLC	汽车电堆	$ 105.7	$ 235.5
East Penn Manufacturing Co.	阀控铅酸电池和超电池	$ 32.5	$ 131.0
Saft America Inc.	锂离子电池、模块和电堆	$ 95.5	$ 191.0
EnerDelInc.	双锂离子电池和电堆	$ 118.5	$ 236.0
DOW Kokam, MI LLC	锂离子聚合物电池	$ 161.0	$ 604.0
Honeywell International Inc	电解质盐	$ 27.3	$ 54.6
Celgard, LLC	聚合物隔膜材料	$ 48.8	$ 101.6
BASF Catalysts, LLC	正极 LNMCO 层状正极	$ 24.6	$ 49.2
Novolyte Technologies Inc.	锂离子电解液	$ 20.6	$ 41.2
Toda America Incorporated	锂离子正极材料	$ 35.0	$ 70.0
Pyrotek Incorporated	碳负极的石墨化	$ 11.3	$ 22.6
Chemetall Foote Corp.	硅梭锂和氢氧化锂	$ 28.4	$ 57.0
Future Fuel Chemical Company	碳负极先驱体	$ 12.6	$ 25.2
H&T Waterbury	铝壳电池	$ 5.0	$ 10.0
EnerG2, Inc.	用于超级电容的纳米碳	$ 21.3	$ 28.0
A123 Systems, Inc.	纳米磷酸盐正极, 电池制造, 完整电堆系统	$ 249.1	$ 875.0
Johnson Controls, Inc	电池制造, 电池组装, 隔膜生产	$ 299.2	$ 599.4
TOXCO Inc.	锂离子电池循环利用	$ 9.5	$ 19.1

在 15 亿美元的项目经费中,锂离子电池材料 & 电池/电堆制造占 94%,先进铅酸电池制造占 4%、超级电容器(碳)制造占 1.4%、锂离子电池的循环利用占 0.6%。而在锂离子电池的分类资助中[3]:镍钴电池系列占 27%,锰尖晶石系列电池占 19%,磷酸铁锂系列电池占 11%,电堆组装占 23%,镍酸盐材料占 5%,磷酸铁锂正极材料占 3%,碳负极材料占 2%,隔膜占 4%,电解液占 3%。其他诸如锂供应和壳体分别占 2% 和 1%。可以说基本覆盖了是现代电能源的相关方面。

表 9-4　2011 年开发电驱动车电堆用先进电池和设计技术[3]

承担单位	项目名称
Amprius	用于电动车的两倍能量密度的基于硅纳米线的锂离子电池
Nanosys Inc.	针对 300 英里里程全电动车的创新电池和材料设计
Pennsylvania State University	高能量密度锂—硫二次电池开发
Applied Materials	针对高容量方型锂离子电池采用合金负极的低成本单元制造工艺设备
Dow Kokam LLC	具有高于 500Wh/L 能量密度的大型锂子电池开发
Seeo Inc.	针对电池车的变电压固态聚合物电池
3M	变能量新型正极/合金电动车电池
Johnson Controls Inc	通过 NMP 电极涂覆,直接隔膜涂覆和补充化成技术明显改善锂离子电池成本
Miltec UV International	利用 UV 和 EB 固化技术来显著降低锂离子电池正极制造的成本和 VOC 值
A123	电极干法制造工艺
Optodot	低成本锂的创新制造与材料
Denso TIAX	独立电池热管理系统及内锂路

项目总投入为 $ 78,338,585,其中 DOE 投入 $ 50,112,756。研究内容包括硅基锂离子电池、锂—硫电池、合金负极电池、高能锂离子电池、低成本制造及电池管理。在 2011 年项目中,锂离子电池低成本制造工艺占有较大的比重。2012 年,美国开始支持 OPEN FOA – Transportation Energy Storage 项目[4],如表 9-5 所列。

表 9-5　OPEN FOA 运输能源存储项目一览表

领头研究单位	总投入	项目名称及简单描述
Ceramatec,Inc	$ 2,119,759	交通用中温燃料电池 开发一种固态燃料电池,它工作温度类似于内燃机。这个项目将设计一个燃料电池堆,它比现在的汽车设计更低成本运行
Georgia Institute of Technology	$ 2,115,000	采用结构修饰石墨烯的高效能超级电容器 开发一种超级电容器,采用石墨烯,碳原子的两维薄片,存储的能量密度是现今技术的 10 倍
Palo Alto Research Center	$ 935,196	印刷集成电池 开发一种针对锂离子电池的新发明制造工艺,降低制造成本并改善性能。PARC 的印刷工艺将在电池层内制造窄条,能改善能源存储的数量,延长电动车行驶里程
PolyPlus Battery Company	$ 4,500,000	高性能低成本水性锂—硫电池 和 Johnson Controls 共同开发一种新发明的水基锂硫电池。今天,锂—硫电池技术已给出完全自治体系的最轻高能量电池。在这些水基电池的新特征将使得 PolyPlus 的独特轻质电池,对于大量军用和客户应用非常理想

领头研究单位	总投入	项目名称及简单描述
University of California at Santa Barbara	$ 1,600,000	高能量电化学电容器 开发一种用于混合电动车的能量存储装置,它将电容器和电池的性质在一个技术中结合。这个能源存储装置能够在数分钟再充,延长行驶里程,并与今天车用电池相比具有更长的寿命预期
University of Nevada Las Vegas	$ 2,520,429	富锂反钙钛矿作为超锂离子固体电解质 开发一种新型防火电解质,使得今天的锂离子车用电池更安全。UNLV 将用防火、固体岩石类材料称作富锂反钙钛矿的来取代现今的可燃电解质
Vorbeck Materials Corp.	$ 1,500,000	用于混合动力车的低成本快充电池 开发一种用于混杂车的低成本、快充储能电池。这种电池基于锂硫体系,具有比现今锂离子电池更高能量密度

在新一轮 ARPA - E 计划中,关于电池技术的项目中,除大量的流动电池体系外(在其他项目中支持),支持了中温燃料电池、超级电容器(2 项)、固态电解质、电池工艺和锂硫电池(2 项)。已经看出,美国政府已经向下一代锂离子及锂电池方面进行布局。

综上所述,电能源技术是一个涉及非常广的领域,既包括大量不同类型的材料技术,也包括针对各种器件的制造技术。

自 2008 年计划实施以来,美国在新型锂离子电池的材料、制造、评价方面的研究和工业开发工作已取得明显进展。除磷酸铁锂体系外,美国在三元正极和镍锰正极体系及含硅负极等的方面的研究也处于世界领先水平,虽然有些支持的企业后来出现了破产,但从总体上而言,美国政府的计划支撑了美国电能源技术在世界的领先地位。从美国 2012 年的计划可以看出,电池技术研究的支持方向已出现改变,从锂离子电池相关材料、电池制造技术、电堆组装技术转向主要支持锂硫电池、超级电容器和固态电解质等未来一代电能源体系。

9.1.2　日本的研究计划

日本的研究主要是由 New Energy and Industrial Technology Development Organization(NEDO)主导的新型电池的研发[5,6],主要集中在两个不同的领域:一个是用于电动车,一个是固定使用(能源网格)。NEDO 已经主导日本车用电池研发项目近 20 年,目前主要有两个项目正在进行。

项目 1:"Applied and Practical LIB Development for Next Generation Vehicles and Multiple Application"。项目时间是 2012 至 2016 年。

项目目标是开发下一代锂离子电池,应用于在 2020 到 2025 年商业化的

plug-in混合电动车(PHEV)或纯电动车(EV)领域。①对于用于 PHEV 电池组的性能目标是,能量密度 $200W \cdot h \cdot kg^{-1}$,功率密度为 $2,500 \ W \cdot kg^{-1}$;②对于用于 EV 的电池组的性能目标是能量密度 $250W \cdot h \cdot kg^{-1}$,功率密度 $1,500 \ W \cdot kg^{-1}$。

目前,共有 6 个工业团体参与了该研究项目,2012 年的预算为 20 亿日元。研究领头公司为 Nissan、Toyota、Panasonic、Hitachi、Toshiba 和 NEC。这显然是一个工业为主导的项目,主要是实现新型电池的工业化技术研究。

项目 2:"R&D Initiative for Scientific Innovation of New-generation Batteries" (RISING)。项目时间是 2009 至 2015 年。

项目目标为实现能量密度 $500W \cdot h \cdot kg^{-1}$ 的电池体系,演示 $300W \cdot h \cdot kg^{-1}$ 锂离子电池的性能和可靠性的改善。项目的首席科学家是 Zempachi Ogumi 教授,共有 26 个单位参与了该研究计划(其中 10 所大学、12 个公司、4 个研究单位)。该项目是一个先进电池的研究计划,主要是原理性的探讨和基本性能的确认。

图 9-1 所示是 NEDO 计划中 Li-EAD(Lithium ion and Excellent Advanced Battery Development)的研究目标。从图中可以看出,NEDO 的电池计划主要分三步:① 从现有电堆的能量密度和功率密度水平提升到整体能量密度 $>100W \cdot h \cdot kg^{-1}$,功率密度 $>2000 \ W \cdot kg^{-1}$ 的水平;②在不远的将来,提升到能量密度 $>200W \cdot h \cdot kg^{-1}$ 和功率密度 $>2500 \ W \cdot kg^{-1}$ 技术水平;③下一代电堆技术研究目标是能量密度 $>500W \cdot h \cdot kg^{-1}$,在 2030 年之后电堆的能量密度 $>700W \cdot h \cdot kg^{-1}$,功率密度 $>1000 \ W \cdot kg^{-1}$。

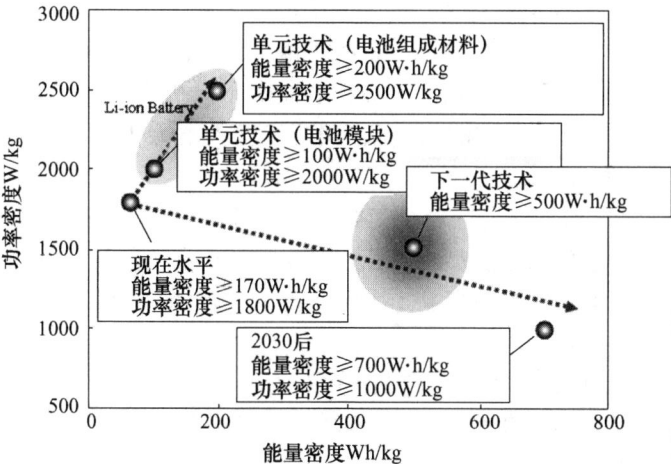

图 9-1 日本 NEDO 计划中电堆的性能变化趋势图

从有关资料来看,日本对于下一代电池体系中的相应正极、负极、电解液的体系安排可能表 9-6 所列,对 2010 年后电动车电池体系的预计如表 9-7 所列。

表9-6　日本下一代电池体系中的相应正极、负极、电解液的体系

正极	电解液	负极
MF_3 $LiMnPO_4$，$LiMPO_4F$ $LiMSiO_4$	含F、S、P离子液体	$Li-Si$
固熔体、硅酸盐系、过渡金属4配位体	FSA(FSI)离子液体	多孔材料、Sn、Si
Li_2MO_3（M：Mn、Fe）	固体聚合物凝胶电解质	—
$Li_{0.44+x}MO_2$（M：Mn和Ti）		—
$Li(NiCoAl)O_2$		—
$Li_{1+w}(Ni_aCo_bMn_c)_{1-w}O_2$		—
复合多孔体（V_2O_5、$LiMnPO_4$、$LiFePO_4$、$LiMn_2O_4$）	—	—

表9-7　日本2010年以后电动车所用电池体系

	2010年后	2015年后
EV/HEV	$LiMn_2O_4$ + NCA（$LiNiCoAlO_2$） $LiMn_2O_4$ + NCM（$LiNiCoMnO_4$） NCA（$LiNiCoAlO_2$）	NCA LMNO 尖晶石 LTO 或 Sn/C
EV	$Li-Rich-NiCoMnO_2$ $LiFePO_4$	富$Li-NiCoMnO_2$ Li_2MnO_3 系 Sn 或 Si

　　综上所述，日本电池研究以工业化为导向，电池所涉及的材料体系设计相对比较保守，在现阶段以现有电池材料体系的挖潜为主；在2015年后才考虑新一代电池材料的应用。但从目前的情况看，日本电池产品更新换代的思路是正确的。不论如何，我们可以看出：富锂正极材料、高电压正极材料及Sn或硅的负极材料是未来电动车电池的发展方向。

　　由于篇幅限制，关于欧洲、韩国等国家和地区的研究计划这里不做累述[7]。从资料上看，世界各国对于新型电能源技术支持的重点和落脚有所不同，美国以支持核心技术研发为主导，欧洲以新型电池制造为主体，日本则是以企业为主，更加关注可商业化的技术方向。

　　未来很可能形成以美国的先进电池材料专利技术、欧洲和日本的材料生产和电池精密制造技术、中日韩新型电池批量生产的格局。

9.2　新型锂电池的开发状态

　　前文概述了新一代锂离子电池和新型锂二次电池相关材料的研究情况。迄今为止，已有大量的公司和大学实验室采用新材料、新体系制造出原型电池，这些原

型电池的出现是进一步工业化和商业化的前奏。因此,有理由相信,下一代锂离子电池将在2015年前后进入市场。

9.2.1 新一代锂离子原型电池

目前,由于新一代锂离子电池材料的不断开发,导致新型电池体系更加多样化,已有许多关于在实验室或中试产品上开发出新型电池原理样品的报道。从一般的产业化规律而言,如果一个产品已经在实验室或中试状态开始稳定出现,则在5年后可能进入商业化。下面就最近出现的一些新型锂离子电池的报道进行部分汇总,从中可以看出下一代锂离子电池的商业化已经呼之欲出。

美国 Envia Systems 公司在2012年2月声称已经开发出是现有锂离子电池2~3倍能量密度的新型锂离子电池。根据公司报道,"已经采用45 A·h 的原理电池证明了电池的能量密度在378~418W·h·kg^{-1}之间,所对应的放电倍率为C/3到C/10。"这些电池已经在公司内的实验室循环超过300次,进一步的测试还在进行中。图9-2、图9-3所示是所宣传的电池样品照片和电池容量循环曲线[8]。

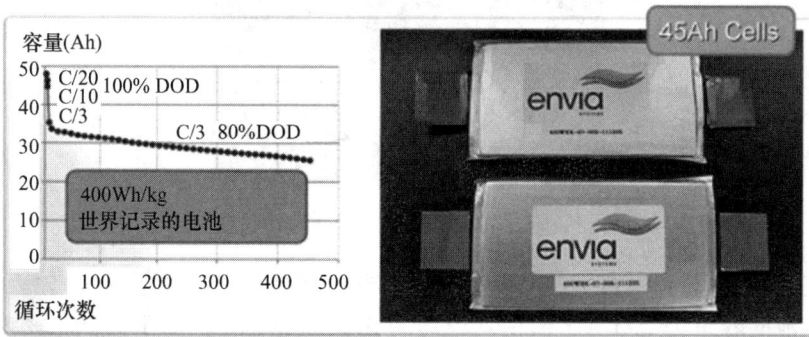

图9-2 Envia 公司的新型高能锂离子电池的原理样品照片和容量循环曲线

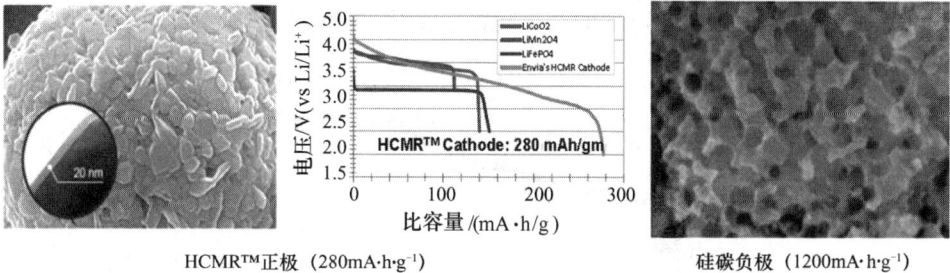

HCMR™正极(280mA·h·g^{-1})　　　　硅碳负极(1200mA·h·g^{-1})

图9-3 Envia 公司的新型高能锂离子电池的正负极材料

根据报道,这种电池的高能量是由于采用了具有专利技术的正极、负极和电解质材料。高容量富锰(HCMR)正极是一种精细调节型"层-层"正极,由阿贡国家实验室研究发明,它由镍、钴、锰和 Li$_2$MnO$_3$(锂锰氧化物)组成,前面的章节已经介绍。Envia 将专利纳米涂层工艺引入到这种混合物,增加其循环寿命和安全性。并采用低成本的硅－碳纳米复合物作为负极。据报道,Envia 开发的电解质在更高电压下比现有材料更稳定,但其组成没有披露。这是迄今为止所报道的能量密度最高的新型锂离子电池原理样品。但是,对于高电压富锰正极的随循环出现电压降低(导致能量密度下降)的情况没有报道。

2010 年,法国的 CEA 在实验室制备了 NCA－Si/C 电池。电池正极采用 NCA 的(镍钴铝氧化物),负极分别采用碳和硅/碳复合物,电解质采用混合碳酸酯。软包电池为卷绕构型(3.2 cm×3.6 cm×0.5cm),如图 9－4 所示。其中,石墨原型电池的容量为 850 mA·h,达到 200W·h·kg^{-1}和 450 W·h·L^{-1}的能量密度;而采用 Si－C 复合物负极原型电池的容量为 1250 mA·h,能量密度达到 260W·h·kg^{-1}和 600 W·h·L^{-1},较碳负极电池提高了约 30%。

图 9－4　法国 CEA 的新型锂离子电池样品照片

同年,采用具有高容量的富锂氧化物正极/硅碳复合负极组装成实验室原型电池。电池的容量为 2.5 A·h,平均电压为 3.23 V,C/10 倍率下的能量密度达到 278W·h·kg^{-1},但在 C/2 倍率下容量保持率仅超过 50%,在－10℃下的容量保持率为 81%,目前正进一步改善电池的循环寿命。未来期望大容量电池的能量密度可达 350W·h·kg^{-1}。电池的充电随温度变化的曲线如图 9－5 所示。

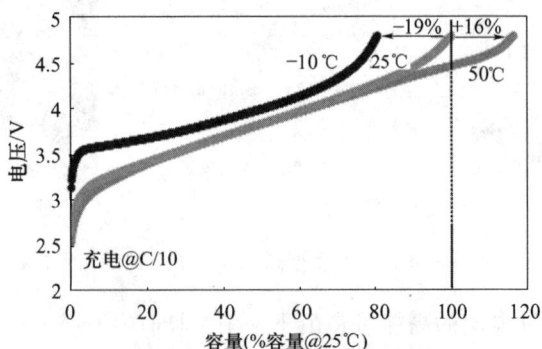

图 9－5　高容量富锰正极的充电容量随温度变化曲线

表9-8汇总了近期法国 CEA 研究室关于高能量锂离子原型电池的路线[9]。从表中可以看出,比能量在 $250 \sim 300 W \cdot h \cdot kg^{-1}$ 的新一代锂离子电池在实验室可以通过负极改进、正极 + 负极改进得以实现。但是,还有一些前面各章中所描述的材料问题需要解决。

表9-8　法国 CEA 研究室关于高能量锂离子原型电池研究的路线图

电极材料	单位	1 A·h 级别	3A·h 级别	10A·h 级别
LFP - G	$W \cdot h \cdot kg^{-1}$	—	140	155
	$W \cdot h \cdot L^{-1}$	—	280	340
LFP - Si/C	$W \cdot h \cdot kg^{-1}$	145	170	180[b]
	$W \cdot h \cdot L^{-1}$	320	340	370[b]
NCA - Si/C	$W \cdot h \cdot kg^{-1}$	270	290[a]	—
	$W \cdot h \cdot L^{-1}$	550	580[a]	—
HE LMO - Si/C	$W \cdot h \cdot kg^{-1}$	280[a]	300[b]	320[b]
	$W \cdot h \cdot L^{-1}$	570[a]	600[b]	620[b]
a:正在开发;b:下一步目标				

日本是先进电池材料和电池产业化的强国。以 18650 电池为例可以看出,日本新一代锂离子电池已经迈入商业运行轨道(表9-9)。

表9-9　日本 18650 电池从 2005 年至今的发展

日期	正极	负极	电池容量/mA·h	$W \cdot h \cdot kg^{-1}$	公司
2005	NiCoMn	C	2250	185	—
	NiCoAl	C	2800	230	—
2009	NiCOAl LCO 高电压	Sn 合金	3000	252	索尼
	新正极	碳	3100	265	—
2011	新正极	Si 合金	4000	—	松下

表9-9汇总了日本 18650 电池从 2005 年至今的发展[10]。从表中可以看出,迄今为止,电池的容量已经增加近 1 倍。日本企业在小容量电池的正极材料方面突破了 LCO 高电压技术,使材料的正极容量明显提升。这也从另一个侧面说明,不断稳定提升电池的工作电压是提升锂离子电池能量密度的一个有效途径。

同时,日本公司在新型锂离子负极的应用方面取得明显进展。2009 年索尼公司制备出碳包覆的 Co - Sn 超微粒子(~20 nm),并将其实现了商品化。这种无定形的 Sn - Co/C 合金负极,单位体积容量(mA·h·cm^{-3})相比传统石墨负极提高了 50% ,电池整体容量提高了 30% ,成为备受关注的新型锂离子电池负极材料。

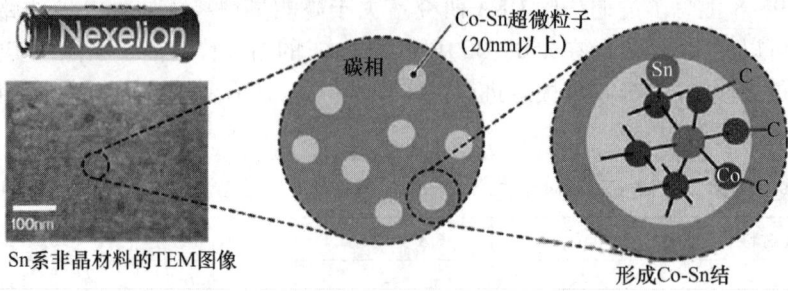

图 9-6　索尼公司锡合金负极原理示意图

此外,最近报道,日本日立麦克赛尔公司开发出基于硅负极的锂离子方形电池(图 9-7),并计划未来几年应用于电动汽车。据报道,该电池采用了粒径仅为 3 nm 的硅均匀分散在非晶 SiO_2 内。同时,为了提高导电性,SiO_2 外层采用石墨包覆,据称这种复合物负极重量比容量相比石墨约增加 20% 左右。

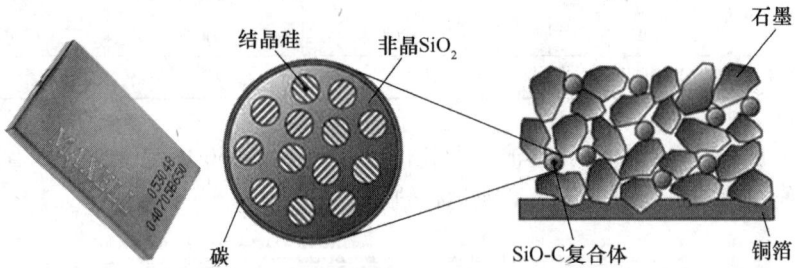

图 9-7　日本麦克赛尔公司开发的硅负极示意图

实际上,日本的 18650 电池具有世界最高水平。最近报道的 Talsa 电动车采用松下公司 3.1 A·h 的电池组成电动车的电池组,就是一个很好的例证。此外,日本索尼和松下电池公司合作,在锂离子电池商业化生产上,除标准型外,还分成 5 种类型进行开发,即:①标准型:(适中的性能)手机、对讲机;②高容量型:(高容量)用于笔记本电脑、汽车;③体积型:(适中的性能、良好的价格性能比)笔记本、对讲机;④高放电型:(高放电 & 容量、长寿命、低温)电动单车、助力单车;⑤高功率型:(高功率、长寿命、低温)工具、吸尘器。这些产品的精细分类是电池生产企业应该借鉴的。

9.2.2　锂—硫电池原型电池

迄今为止,世界上开发锂硫电池的公司有三家,分别是美国的 Sion Power 公司、PolyPlus 公司和英国的 Oxis energy 公司。但能够已非卖产品形式提供定型的锂—硫二次电池仅有 Sion Power 公司,其锂—硫二次电池的电压为 2.1V,额定容量为 2.4~2.8A·h,能量密度为 350~400W·h·kg^{-1},工作温度 -60~+65℃。目

294

前,该电池已在高高空无人机 Zephyr 6.1 上试用,不间断飞行了 83h,打破无人机长航时记录。

美国 DARPA-E 计划资助 Sion Power 公司、Lawrence Berkeley 国家实验室、BASF 公司战略合作,共同推进锂—硫二次电池的研发。中远期目标为 600W·h·kg^{-1} 及 1000 次循环寿命,以作为纯电动汽车用储能电源作为应用目标。

在 2009 至 2011 年,美国支持了 SION 公司进行了 "Protection of Li anodes using dual phase electrolytes" 项目,采用凝胶/液体不混溶电解质体系和凝胶聚合物包复负极制备了 2.5 Ah 电池,其性能如图 9-8 所示[11]。

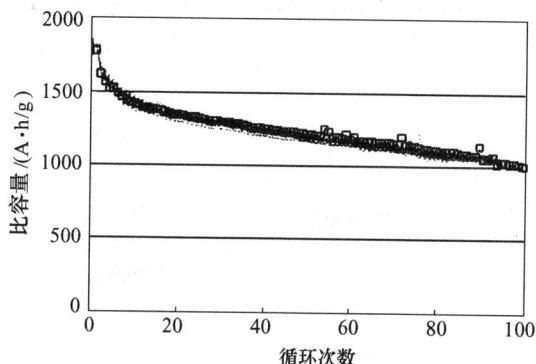

图 9-8 Sion 公司采用双相电解液的锂硫电池放电曲线

PolyPlus 公司目前主要进行以无机电解质保护锂电极的研究和开发,主要产品集中在锂—海水和锂—空气原电池方面,在锂—硫二次电池方面没有详细的产品或技术说明。据 2012 年的网络文学报道,PolyPlus 公司锂—硫二次电池样品外形尺寸为 50 mm×71mm,能够提供高达 2.1 A·h 的容量,能量密度可达到 420W·h·kg^{-1}。演示电池的厚度为 2mm,但没有公司正规的规格说明书[12]。

英国 Oxis 公司从 2004 年开始从事锂—硫二次电池的研究开发,一直致力于两种锂—硫二次电池的开发:以金属锂为负极的锂—硫二次电池和以碳负极为主的硫-锂离子电池。其主要技术特点为采用聚合物电解质体系和经过选择的电解液溶剂体系,图 9-9 所示是公司制备的锂—硫二次电池样品照片[13]。

图 9-10 所示是锂金属和锂离子硫化物(石墨负极)锂—硫二次电池的数据对比。其测试条件为 30℃ 下以 C/10 ~ C/5 倍率进行测定。据报道,该公司锂—硫二次电池的能量密度在 300 Wh/kg 左右。

据报道,德国在 "AlkaSuSi - Alkalimetall Schwefel und Silizium" 项目中希望通过硫与硅碳复合负极结合形成具有 400W·h·kg^{-1} 的新一代锂—硫二次电池技术[14]。采用的是由硫和直接在集流体上合成的 CNT 来组成硫电极。该硫电极有可能具有高容量,且稳定容量循环达到 200 次。特别是电极表面容量,与硫浆/糊电极相比高 2~3 倍。电池的负极采用具有纤维阵列的硅负极(可能预嵌

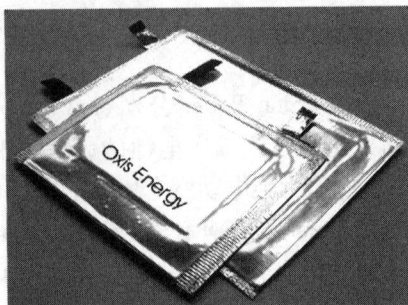

图 9 – 9　Oxis Energy 公司的锂—硫二次电池原理样品照片

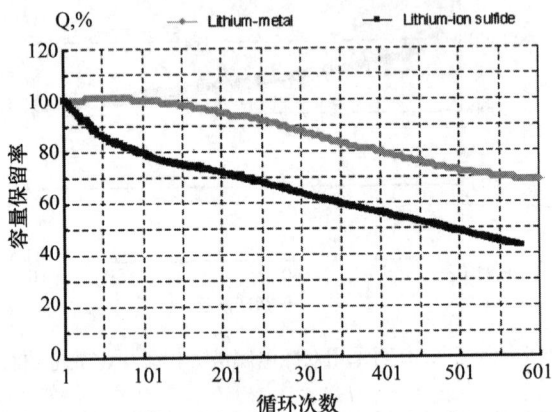

图 9 – 10　锂金属和锂离子硫化物（Oxis Energy 公司）锂—硫二次电池的归一化放电比容量曲线

图 9 – 11　德国硫–锂离子电池的组成示意图和样品照片

锂），充放电期间纤可避免体积变化期间的力学应力，从而具有高的循环稳定性。但研究单位还没有系统测试数据的报道，是否具有进一步工业开发的可能性无法判断。

296

此外,意大利的 Jusef Hassoun 和 Bruno Scrosati 所制造的实验室原型电池,采用 Sn–C 纳米复合物负极,凝胶电解质和 Li_2S–C 正极,制成所谓的硫–锂离子聚合物电池,如图 9–11 所示[15]。但该电池仅有部分数据报道,其正极的能量密度达到 $600mA·h·g^{-1}$,电池的工作电压为 1.7 V,据估计电池的能量密度在 $300W·h·kg^{-1}$ 左右,其实验室测试数据如图 9–12 所示。目前没有其他进一步的报道。

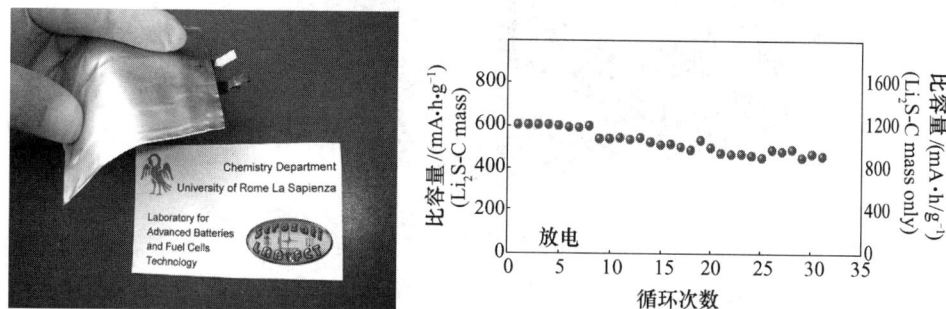

图 9–12 硫—锂离子聚合物电池及实验室测试数据

综上所述,世界上已经有部分公司开展锂—硫二次电池的工业化研发,但除了 SION Power 公司可提供锂硫电池的规格说明书以外,其他的公司和研究单位的原型锂—硫二次电池至今都没有系统的测试性能数据报道。

9.3 锂电池工业相关研究进展

9.3.1 电池制造工艺及附属材料选择值得重视

电池新型材料的应用和新型锂电池的商业化都需要大批量的工业化生产。而在电池的生产过程中还有大量的质量和优化问题存在。

目前,锂离子电池正极的克容量远低于负极,增加电池比能量的最有效方法是提高正极的克容量。Tarascon 声称正极存储容量增加 1 倍能够使电池比能量增加 57%,而提高 10 倍的负极容量才能使电池比能量增加 47%。

此外,电池中非活性材料的影响也不能忽略。因为电池不仅仅是由参与电化学充电和放电反应的活性材料组成。集流体和封装在电池和电堆重量分布上占有一定的比例,尤其是会影响电堆的比能量。与电池水平相比,在电堆水平上比能量要低 40% 以上。因此,依靠改善构造电堆技术来降低非活性材料在电池中的比重是有效的解决途径之一。主要的解决方式是采用聚合物袋来替代钢或铝壳来封装电池,这种方式可降低 5~10% 的成本,并提升 30% 左右的能量密度。但由于在电堆失效情况下提供的防护较差,因此需要更安全的化学体系。

图 9–13 所示是一般高能锂离子电池中各种组成的比例图[16]。由图可以看

出,电池中由于大量的组成材料的存在,活性组分在电池中的比例只有55%左右,而且在电池活化之后此比例还会降低,可能要低于50%。因此,提高电池产品的能量密度,在电池设计、工艺优化或先进工艺的采纳上大有潜力可挖。

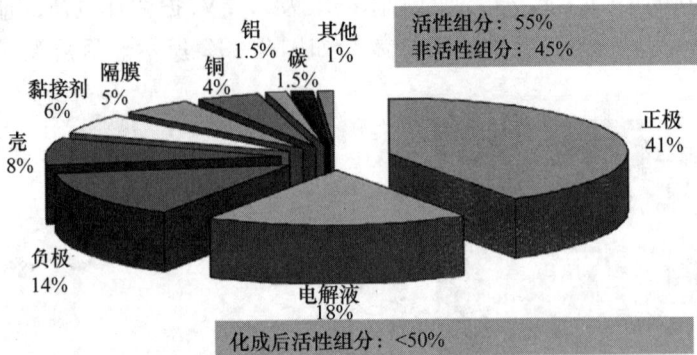

图9-13 一般高能锂离子电池中各种组成的比例图

图9-14所示是部分公司生产的锂离子电池的非活性材料比例与性能关系图[17]。从现有电池的工艺的来看,能量型电池的活性材料大约为57.4%,如果黏结剂和集流体可以省略(总计为10.9%)而用电池活性材料来替代,则活性材料的重量百分比将上升至67%左右,这里的正极材料将上升6%左右,负极上升3%左右,整个电池的能量密度提升6%左右。

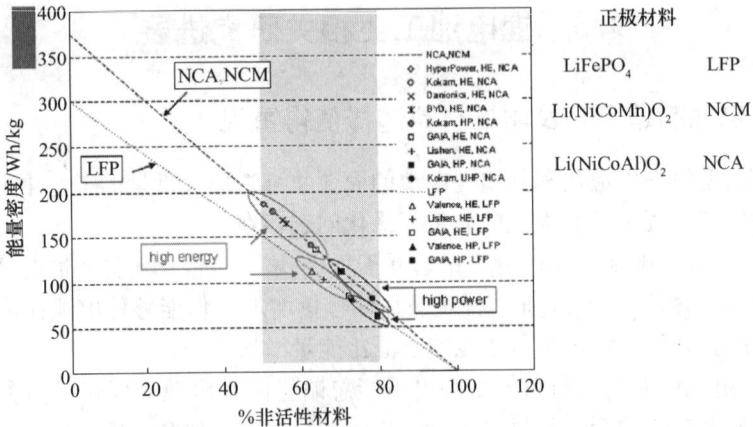

图9-14 部分公司生产的锂离子电池的非活性材料比例与性能关系图

功率型电池中活性材料的比例偏低,仅占27.2%;而电池壳和接线部分的重量占到31.5%,同时集流体的重量达到18.8%,这标志着整个电池中金属连接部分占到50%,如何降低这部分的重量还是一个重要的课题。

目前有大量的研究人员开展这方面的工作。如MIT的Yet-Ming Chiang所进行的"超高能量密度用新型电极设计"研究,开发了一种可工业放大的高密度、无粘接剂、低曲折率的电极设计与制造工艺,据报道与传统锂离子电池工艺相比可以增加电池的能量密度[18]。

9.3.2 电池及系统模型研究进展

电池体系本身是一个复杂物理化学体系,同时在使用过程中受许多因素的影响。由于涉及因素太多,因此无法用实验的方法一一进行深入研究,而采用建模和计算机模拟可以大幅度地提升电池材料选择、电池设计和电池组设计制造等多方面解决问题评估状态的能力。

University of Michigan 的 Thurnau 等所进行的锂离子电池"锂离子电池中的电极材料的多尺度模拟和实验"电极模型的研究工作,这些工作可进一步理解电池工艺对锂离子电池性能的影响。通过对基于基础材料的多物理模型耦合和实验,针对高功率、长寿命和能量 – 功率密度型电池系统,可以确定优化的粒子混合状态。在考虑电化学和力学效应的基础上对相关电池体系的失效机制进行确认和预测。图 9 – 15 所示是这种多尺度电池模型的原理示意图[19]。

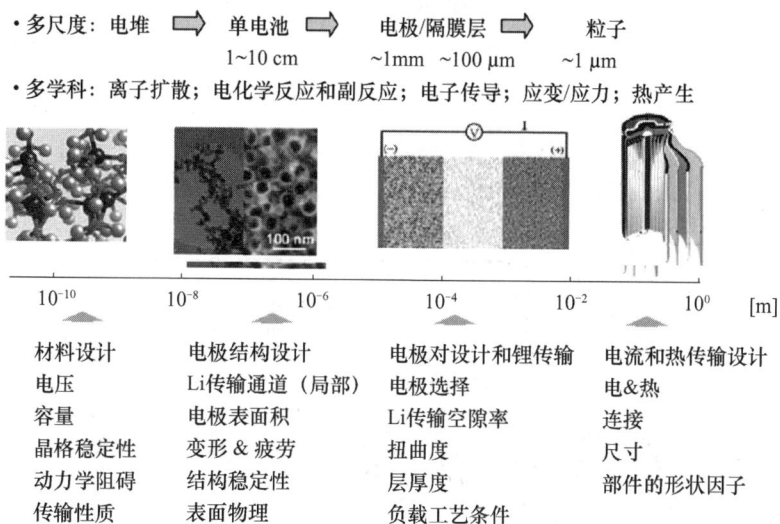

图 9 – 15　多尺度锂离子电池模型包含尺度示意图

美国 Argonne National Laboratory 的锂离子电池电极优化的流程的研究,建立锂离子电极优化过程流程化所需的科学基础。在粒子水平上确认和表征与电极性能相关的物理性质,并可以量化电极配方和预测与制作工艺相关的基础现象对锂离子电极性能的影响。CFD Research Corporation 的 Pindera 等所做的锂离子电池组的多解析度模型对电池组成热力电相互影响有很好的指导作用[20]。

总之,这些从分子水平到器件与系统水平的计算机模拟工作,将大幅度提升整个电池制造工业的科学性和可设计控制水平,对于新型锂电池的工业化发展和应用也具有重要的作用。同时进一步不断完善模型数据,强化模型与工艺的结合,形成对电池工艺的指导,并形成对未来电池以及系统的性能在极限环境或长期工况下性能演变的预测,将可以进一步提升整个新型电池的制造与应用水平。

9.4 结束语

按照美国能源部的锂离子电池的发展路线图来看,新型锂电池将在未来一段时间得到迅猛的发展。

图 9 − 16 所示是美国能源部 2015 年以及之后的研究路线图[21]。从图可以看出,在现有锂离子电池的基础上,预期下一代锂离子电池在 2015 年前后通过高电压正极和石墨体系或高电压正极与硅负极匹配来达到体积降低至现在的 1/2 或 1/3;在 2020 年左右通过锂负极的应用,正极采用高电压正极、硫或空气,或采用其他先进技术将体积降低至现在的 1/10。这标志着锂电池的性能水平达到一个崭新的阶段。同时,随着电动交通、能源网格化以及智能社会的推进,锂离子电池的应用前景一片光明。

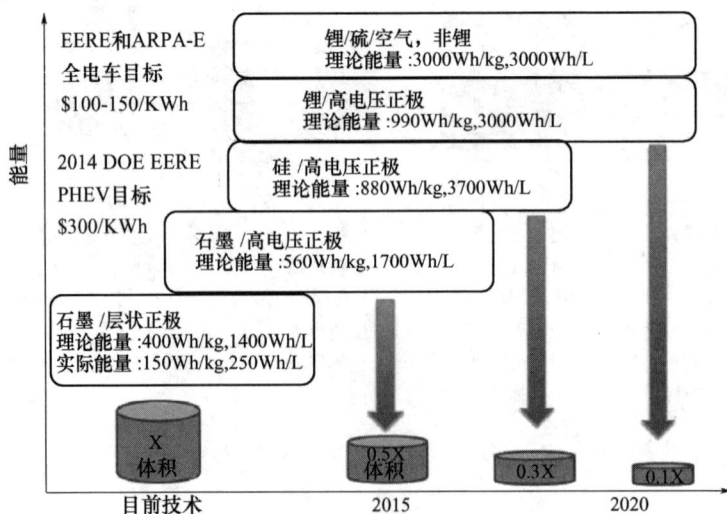

图 9 − 16 美国能源部 2015 年以及之后的研究路线图[21]

除本书所描述的体系外,低成本的高效电能存储体系也是关注的焦点,包括未来的钠电池、镁电池、锌 − 空气、铝 − 空气和大量的液体流动电池体系,它们共同构造成未来高效电能存储系统的框架。

总之,为了人类社会的可持续的发展,有可能作为高效电能存储基本单元的锂二次电池的研究开发将会持续不断的深入,相应的工业体系将不断发展壮大,这需要整个社会更多的投入和关注,我们坚信这些工作将为人类社会的光明未来奠定良好的基础。

参 考 文 献

[1] ARPA - E：A New Paradigm in Energy Research. http://www. arpa - e. energy. gov.

[2] Christopher Johnson. Grant Progress Review. May 15,2012.

[3] Christopher D Johnson. Progress of DOE Materials,Manufacturing Process R&D,and ARRA Battery Manufacturing Grants. May 10,2011.

[4] ARPA - E Project Selections,2012.

[5] Basic Plan：Li - ion and Excellent Advanced Batteries Development (Li - EAD Project). NEDO,http://www. nedo. go. jp/activities/portal/gaiyou/p07001/kihon. pdf.

[6] NEDO Li - EAD Project,Roadmap 2008. http://app3. infoc. nedo. go. jp/informations/koubo/ other/FA/nedoothernews. May 29,2009.

[7] http://www. helios - eu. org.

[8] http://www. gizmag. com/envia - systems - record - lithium - ion - battery/21653.

[9] Martinet S,Batteries - Technologies et Perspectives,Septembre 30,2011.

[10] Sicherheit,Langlebigkeit und Leistung von Panasonic Li - Ion Batterien. Electrical energy storage. November 15,2012

[11] Yuriy Mikhaylik. Protection of Li Anodes Using Dual Phase ElectrolytesSionPower. 2010 DOE Vehicle Technologies and Hydrogen Programs Annual Merit Review and Peer Evaluation Meeting,June 7 - 11,2010,Washington D. C.

[12] http://Mysite. wanadoo - members. co. uk/ecotech/lis4. htm.

[13] Ivanov G,Kolosnitsyn V,Pelton K. Development of Low Cost Light - Weight Automotive Battery at Oxis Energy,2009.

[14] Markus Hagen,et al. BMBF：AlkaSuSi - Lithium - Sulfur - Silicon Batteries for Elektromobility,November, 2011,Datei_handler - tagung - 559 - file - 5495 - p - 44.

[15] Hassoun J,Sun Y K,Scrosati B. Rechargeable lithium sulfide electrode for a polymer tin/sulfur lithium - ion battery [J]. J Power Sources,2011,196：343 - 348.

[16] Sarah Gondelach. Current and future developments of batteries for electric cars - an analysis. Master's programme Sustainable Development,Track Energy and Resources,November,2010.

[17] Erik M Kelder,Peter Notten. Battery materials research guiding new applications. HTAS - Battery day,May 19,2011,Helmond,The Netherlands.

[18] Yet - Ming Chiang. New Electrode Designs for Ultrahigh Energy Density. May 11,2011

[19] Wanga C W,Sastrya A M. Mesoscale modeling of a Li - Ion polymer cell [J]. J Electrochem Soc,2007,154 (11)：A1035 - A1047.

[20] Maciej Z. Multi - Resolution Prototyping of Li - Ion Batteries,2008.

[21] David Howell. Vehicle Technologies Program. 2011 Annual Merit Review and Peer Evaluation MeetingEnergy Storage R&D,May 9 - 13,2011.